数学建模
教学研究与竞赛实践

全国大学生数学建模竞赛广西赛区组委会 编

吕跃进 主编

清华大学出版社

北 京

内 容 简 介

广西高校在参加全国大学生数学建模教学与竞赛20年来，广大教师在实践中积累了丰富的教学改革经验，开展了丰富多彩的教学改革研究，取得了丰硕的教学成果。本书旨在从理论与实践两个方面，反映广西高校广大教师的研究成果、成功经验，对为什么要在高校中引入数学建模内容、如何进行数学建模教学与竞赛，从各个层面作了深入的研究与总结，同时也如实地反映了广西40多所高校开展数学建模教学与竞赛的历史和现状，揭示了未来的努力方向。

本书首次从全省（区）的层面，全面总结了高校开展数学建模教学与竞赛活动的经验，从理论与实践上深入研究了数学建模教学与竞赛对培养现代人才的重要意义，进一步探讨了在高校开展数学教育教学改革的模式与经验，是一本不可多得的兼有史料性、现实性的高校教育教学改革的参考书。

本书可供广大从事数学建模教学与竞赛的师生参考，亦可供从事高校教育教学改革的管理人员及广大科技工作者阅读参考。

图书在版编目（CIP）数据

数学建模教学研究与竞赛实践/吕跃进主编. —北京：清华大学出版社，2016
ISBN 978-7-302-46023-7

Ⅰ. ①数…　Ⅱ. ①吕…　Ⅲ. ①数学模型－教学研究－高等学校　Ⅳ. ①O141.4

中国版本图书馆 CIP 数据核字(2016)第 317588 号

责任编辑：陈　明
封面设计：傅瑞学
责任校对：赵丽敏
责任印制：刘海龙

出版发行：清华大学出版社
　　　　网　　址：http://www.tup.com.cn, http://www.wqbook.com
　　　　地　　址：北京清华大学学研大厦 A 座　　　　邮　　编：100084
　　　　社 总 机：010-62770175　　　　　　　　　　邮　　购：010-62786544
　　　　投稿与读者服务：010-62776969, c-service@tup.tsinghua.edu.cn
　　　　质量反馈：010-62772015, zhiliang@tup.tsinghua.edu.cn
印 装 者：北京泽宇印刷有限公司
经　　销：全国新华书店
开　　本：185mm×260mm　　印　　张：28.75　　彩　插：8　　字　　数：761 千字
版　　次：2016 年 12 月第 1 版　　　　　　　　　　印　　次：2016 年 12 月第 1 次印刷
印　　数：1～2000
定　　价：88.00 元

产品编号：058312-01

序

　　中国的未来发展,中华民族的伟大复兴,归根结底靠人才,人才培养的基础在教育。培养学生理论联系实际的作风,激发学生的创造性思维,引导学生在发掘兴趣和潜能的基础上全面发展,是时代和社会发展的需要。以"创新意识、团队精神、重在参与、公平竞争"为宗旨的全国大学生数学建模竞赛,正在努力实践着时代的要求,为培养具有团队精神和创新能力的高素质人才做出贡献。

　　全国大学生数学建模竞赛从创办之初的1992年只有74所学校的314队参赛,发展到2016年参赛队达到了1367所院校的31199队,成为了大学生每年翘首期盼的"节日"和"盛宴"。竞赛在高校中和社会上的影响力不断推升,有力地推动了我国高等学校的数学教学改革,成为了培养大学生竞争意识和团队精神、提高创新能力和综合素质的重要载体。全国大学生数学建模竞赛组委会与各赛区组委会、各地教育行政主管部门和参赛学校的有关领导、老师们为宣传、推广、组织这项竞赛,长期以来坚持不懈,密切配合,无私奉献,努力工作,付出了辛勤劳动,取得了显著的成绩,积累了丰富的经验,使这项赛事始终保持了快速健康发展。

　　广西赛区组委会组织编写的《数学建模教学研究与竞赛实践》一书,对广西赛区各高校开展数学建模教学与竞赛活动二十多年来的教学研究与实践探索作了一个很好的总结。书中第一部分收集了广西各高校从事数学建模活动的教师们撰写的教学研究论文52篇,从数学建模研究、教学到竞赛等各个方面作了有益的探讨;第二部分汇集了广西37所高校开展数学建模活动的实践总结报告,反映出广西各高校的努力与辛勤付出;第三部分收录了38位指导教师从事建模活动的体会与感悟、37名参加过数学建模竞赛同学的参赛感想与收获,展现了师生参与数学建模活动的风采;第四部分提供了广西赛区二十多年来获奖名单、指导教师从事科研与教学所获得的项目、奖励等,充分说明了数学建模活动对推动教学改革的巨大作用。全书内容非常丰富,既有理论探索,又有实践创新,还有参与师生的感悟,反映了数学建模的无穷魅力。

　　本书的出版是一件非常有价值的工作。广西赛区的数学建模活动是全国数学建模活动的一个缩影,他们的经验对其他赛区和高校也有一定的借鉴作用,值得从事数学建模教学与竞赛的师生们阅读。同时,前事不忘,后事之师,本书的出版,也反映出了广西赛区组委会细心保存与收集历史数据、认真开展教学研究和经验总结所作的努力,以及进一步推进数学建模活动发展的决心。

　　我相信,全国数学建模界的同仁们一定会积极进取,与时俱进,勇于开拓创新,不断提高数学建模课程的教学水平和数学建模竞赛的质量,增强竞赛的吸引力,进一步扩大竞赛的影响力,始终保持数学建模竞赛和相关活动的生命力,让我国的数学建模活动迈上一个更高的台阶。

谢金星

2016年12月

前　言

广西高校开展数学建模教学与竞赛活动之路

一、历史回顾

在计算机技术飞速发展与广泛使用的今天,数学正以空前的广度与深度日益深入到社会的各个领域,当今世界已经进入数学工程技术的时代。在这样的一个时代背景下,我国高校从20世纪末开始了一场伟大的教育改革实践活动,将数学建模引入高校数学教育,并由教育部和中国工业与应用数学学会联合举办每年一届的全国大学生数学建模竞赛。目前,这个竞赛已经成为我国高校大学生课外学科竞赛中规模最大、影响最大也是最为成功的竞赛。回顾二十多年来广西赛区高校数学建模的实践,也早已从星星之火走向烈火燎原之势,在此我们不妨摘取如下若干历史片段,共同感受数学建模给我们带来的数学之美。

1986年,广西大学席鸿建(现广西数学学会理事长、广西财经学院院长、全国大学生数学建模竞赛广西赛区组委会主任)、李飞宇两位青年教师参加了在西安举办的全国数学建模学术研讨班,拉开了我区高校开展数学建模教学与研究的大幕。

1991年,广西大学派出了3个队参加了全国部分省市大学生数学建模竞赛,开启了我区高校参加大学生数学建模竞赛的进程。

1992年8月,广西高校工科数学研究会在柳州举办了首届广西高校数学模型师资培训班,由徐尚进、谢钢礼主持,吕跃进主讲,参加培训班的有来自全区大中专院校的30多名代表。

1993年底,桂林工学院承办了一次数学建模师资培训既学术研讨班,邀请清华大学姜启源教授到会讲学。会上,广西几所高校的代表吕跃进、李正吾等人与姜启源教授进行了座谈并就成立全国大学生数学建模竞赛广西赛区进行了酝酿。

1994年初,广西大学戴牧民和吕跃进两人到广西区教委与高教处唐处长汇报了这项活动,获得了教委的大力支持,随后成立了广西赛区,第一任赛区组委会主任是时任广西数学学会理事长的广西大学李世余,吕跃进任秘书长。从此,广西高校开始全面参与全国大学生数学建模教学与竞赛活动。

1994 年,广西壮族自治区教委向全区高校发通知,要求组织学生参加全国大学生数学建模竞赛。广西大学、广西师范大学、桂林电子工业学院等 3 所院校 16 个队首次组成赛区参加了全国大学生数学建模竞赛。是年,广西大学首次在全国大学生数学建模竞赛中获全国二等奖,开创广西高校在全国性理工类竞赛中获全国奖的先河。

1995 年,广西大学再创佳绩荣获全国一等奖,为广西高校首次。

1997 年,广西大学由吕跃进主持的教学改革项目"改革理工科数学教育,建设数学模型课程"获广西壮族自治区教学成果二等奖。这表明我区高校已经不仅仅是参加竞赛,而是将竞赛与教学改革紧密联系起来,并开始获得了初步的成功经验。

1998 年,柳州师范高等专科学校参赛,是我区专科院校中第一所参赛学校。

1999 年,河池师范高等专科学校有一个队获专科组全国二等奖,这是我区高校首次有专科院校获全国奖。

2001 年,柳州师范高等专科学校有一个队获专科组全国一等奖,为广西专科院校首次。

2004 年,广西师范大学承办了当年全国大学生数学建模竞赛颁奖工作会议,以及广西赛区首次年度颁奖工作会议。来自全国各地高校的广大师生在领略桂林山水美景的同时,也感受到地处祖国边疆的广西高校数学建模活动的蓬勃气息。

2008 年,广西大学在北海承办了当年全国大学生数学建模竞赛评阅工作会议。热情周到的会务安排、充满特色的壮锦绣球让来自全国的数学建模专家惊喜不已,他们在紧张评阅之余欣赏了银滩风情涠洲胜景海豚靓影,还向我区高校师生传授了数学建模真谛。(参见照片 1)

2010 年,桂林电子科技大学承办了粤、桂、赣、琼四省区联合评阅工作会议。这是我区探索进一步提高评阅公平公正性的有益尝试,也加强了与兄弟赛区的交流与联系。

纵观过去的岁月,我区高校自 1994 年成立赛区以来,在区教育厅的领导下、在广西数学学会的指导下、在广西赛区组委会的精心组织下、在各高校师生的共同努力下,参赛学校不断增加,参赛队数屡创纪录,竞赛成绩不断刷新,呈现出一派生机勃勃、欣欣向荣的健康发展景象。参赛学校从最初的 3 所,发展到目前稳定水平的 43 所左右;参赛队数从最初的 16 个队,发展到 2011 年的 582 个队,平均以每年递增 23.5% 的速度快速增长,远高于全国同期平均水平(11.8%)。与此同时,获全国奖的队数也从最初的 1 个队发展到 2011 年的 47 个队。参赛队数、获全国奖数量在全国中小省(区、市)中名列前茅。(参见表 1、图 1、图 2)

表 1　广西赛区历年参赛及获奖情况

年份	参赛院校数			参赛队数			全国一等奖队数			全国二等奖队数			获全国奖总队数
	本	专	总	本	专	总	本	专	总	本	专	总	
1994	3		**3**	16		**16**	0		**0**	1		**1**	1
1995	6		**6**	26		**26**	1		**1**	1		**1**	2
1996	7		**7**	27		**27**	1		**1**	1		**1**	2
1997	5		**5**	22		**22**	1		**1**	1		**1**	2
1998	8	1	**9**	29	3	**32**	0		**0**	1		**1**	1
1999	9	4	**13**	43	12	**55**	2	0	**2**	2	1	**3**	5
2000	7	7	**14**	39	20	**59**		1	**1**	3	3	**6**	7
2001	8	6	**14**	52	22	**74**	2	1	**3**	5	2	**7**	10
2002	6	9	**15**	43	36	**79**	1	1	**2**	4	2	**6**	8
2003	7	13	**20**	59	52	**111**	2	1	**3**	5	4	**9**	12

续表

年份	参赛院校数			参赛队数			全国一等奖队数			全国二等奖队数			获全国奖总队数
	本	专	总	本	专	总	本	专	总	本	专	总	
2004	8	18	**26**	92	75	**167**	2	2	**4**	9	8	**17**	**21**
2005	11	20	**31**	128	94	**222**	3	2	**5**	10	6	**16**	**21**
2006	14	18	**32**	201	151	**351**	4	1	**5**	17	13	**30**	**35**
2007	19	21	**35**	263	121	**384**	5	5	**10**	20	5	**25**	**35**
2008	20	18	**38**	312	143	**455**	4	2	**6**	19	14	**33**	**39**
2009	22	20	**42**	330	145	**475**	2	2	**4**	27	9	**36**	**40**
2010	23	21	**44**	344	205	**549**	3	1	**4**	23	14	**37**	**41**
2011	22	21	**43**	364	218	**582**	2	5	**7**	29	11	**40**	**47**
合计				2390	1297	**3686**	36	23	**59**	178	92	**270**	**329**

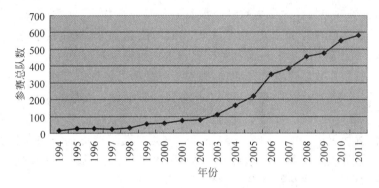

图 1　广西赛区 1994—2011 年参赛总队数曲线

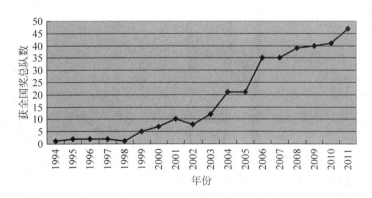

图 2　广西赛区 1994—2011 年获全国奖总队数曲线

我区高校数学建模教学与竞赛活动获得了自治区领导的大力支持,区政协副主席俞曙霞教授出席了 2007 年的赛区工作会议暨颁奖仪式(参见照片 2)。

二、政策支持

我区高校在数学建模教学与竞赛活动中所取得的成绩,是在自治区教育厅的一贯重视与大力支持下取得的,教育厅每年均向各高校发出要求组织学生参加全国大学生数学建模竞赛的通知,强调全国大学生数学建模竞赛的意义,认为它有利于培养学生运用数学方法和计算机技术解决实际问题的能力,有利于培养学生的实践能力、创新精神和合作精神,有利于推动教学改革和教学建设。要将组织参加大学生数学建模竞赛与推动教育教学改革结合起来。并多次在通知中指出:"根据教育部教高司函[2003]165号文件'关于鼓励教师积极参与指导大学生科技竞赛活动的通知'精神,各院校可根据本校实际情况对参与指导全国大学生数学建模竞赛的教师给予一定的教学工作量或科研工作量,并建立有效的激励机制,鼓励更多的教师积极地参与指导大学生数学建模竞赛活动。"特别是最近几年来,区教育厅以教改立项、专项资助等形式,对赛区组委会给予了充分的政策与资金支持。黄宇副厅长出席2005年颁奖仪式并作重要讲话。

而教育厅高教处则是对我区开展数学建模竞赛给予了许多具体而直接的政策与指导,并从多方面给予赛区组委会极大的帮助,对参加赛区工作会议、指导数学建模师资培训班等给予了充分的重视。如区教育厅高教处袁旭副处长出席了2003年全区数学建模会议。

我区各高校对大学生数学建模竞赛重要性也日益认识充分,纷纷出台了一系列的政策与措施,鼓励教师积极参与指导大学生数学建模竞赛活动。例如,广西大学以立项的形式,每年资助大学生数学建模竞赛若干万元,给学生记相应的创新学分,教师获得指导创新学分工作量,并对获全国一、二等奖的学生在推荐免试就读本校研究生时给予优先考虑。桂林理工大学主管教学的副校长领导数学建模竞赛活动,并对指导教师发放科研工作量补贴,学校教务处在经费的申请、培训场地的协调、比赛安排和工作量统计方面做了大量的工作。玉林师范学院成立了以学院领导、教务处处长、数信学院院长为领导兼指导教师的数学建模竞赛指导组,负责全院的数学建模竞赛工作。广西师范学院还专门为竞赛期间准备了停电应急预案,以保证竞赛的顺利进行。桂林航天高等专科学校采取了课时补助、奖金发放、评优树先等激励政策。更多的高校以各种有力的措施在推动着数学建模教学与竞赛活动。

三、精心组织

全国大学生数学建模竞赛广西赛区组委会自1994年成立以来,以在全区高校推广数学建模活动为己任,不断总结经验,完善竞赛规章制度,精心组织竞赛报名、赛题公布、考场巡视、论文评阅、面试工作等各个环节,制定《全国大学生数学建模竞赛广西赛区评阅工作规范》《全国大学生数学建模竞赛广西赛区优秀组织学校、优秀组织工作者、优秀指导教师评选办法》等规范文件,保障竞赛公平公正健康发展。赛区组委会成员几乎深入到区内各个高等院校作数学建模报告,宣传推广数学建模活动。组织各高校参加全国数学建模会议,学习交流。编辑年度优秀论文集,协助区内高校承办全国颁奖会议、评阅工作会议。

- 赛区组委会以广西大学教师为主讲教师,先后组织了6届全区高校数学建模研讨班暨师资培训班,培养了一大批数学建模师资。同时邀请全国数学建模的专家学者,如前全国大学生数学建模竞赛组委会(以下简称"全国组委会")秘书长清华大学姜启源教授、前全国组委会副主任北京理工大学叶其孝教授、全国组委会成员北京大学孙山泽教授、现全国组委会秘书长清华大学谢金星教授、全国组委会成员广东工业大学副校长郝志峰教授、全国组委会成员北京工业大学孟大志教授、国家级教学名师北京航空航天大学李尚志教授等为广西高校师生传经送宝。(参见照片3~照片10)
- 赛区组委会自2004年以来,坚持每年召开全区颁奖仪式及工作会议,这项工作得到了区内各高校的大力支持。

2004 年 11 月,桂林,广西师范大学承办 2004 全国大学生数学建模竞赛颁奖工作会议,同时承办广西赛区颁奖仪式及工作会议,广西师范大学副校长易忠教授、赛区组委会主任戴牧民教授出席。(参见照片 11)

2005 年 12 月,南宁,广西师范学院承办 2005 广西赛区颁奖仪式及工作会议,广西师范学院于瑮院长、教育厅黄宇副厅长亲自出席会议并作重要讲话,希望大家再接再厉,在高等教育教学改革各项工作中不断取得新成绩。(参见照片 12)

2007 年 1 月,玉林,玉林师范学院承办 2006 广西赛区颁奖仪式及工作会议,玉林师范学院党委张鹏书记、赛区组委会主任席鸿建教授、玉林师范学院谢尚果副院长等出席。(参见照片 13)

2008 年 1 月,南宁,广西大学承办 2007 广西赛区颁奖仪式及工作会议,区政协副主席俞曙霞教授、赛区组委会主任席鸿建教授、广西大学副校长韦化教授等出席。(参见照片 14)

2009 年 1 月,南宁,广西水利电力职业技术学院承办 2008 广西赛区颁奖仪式及工作会议,赛区组委会主任席鸿建教授、广西水利电力职业技术学院刘延东院长、教育厅高教处李向红副处长等出席。(参见照片 15)

2010 年 1 月,桂林,桂林师范高等专科学校承办 2009 广西赛区颁奖仪式及工作会议,桂林师范高等专科学校党委书记陈文开教授等出席。(参见照片 16)

2011 年 1 月,南宁,广西电力职业技术学院承办 2010 广西赛区颁奖仪式及工作会议,赛区组委会主任席鸿建教授、广西电力职业技术学院何佳院长等出席。(参见照片 17)

- 精心组织评阅工作会议。广西大学、广西师范大学、广西工学院、桂林理工大学、河池学院、钦州学院等多所院校对承办赛区评阅工作会议及其他赛区组织工作亦做出了不少的贡献。在每年评阅工作中,赛区组委会坚持公平公正原则,完善评阅规范,选择培养了一批业务精干、秉公评奖的数学建模评委,他们在评阅工作的认真负责精神是赛区评奖质量的保证。(参见照片 18~照片 27)

- 广西赛区的组织工作得到了全国组委会的肯定。跨入新世纪以来,广西赛区于 2003年、2004 年、2006 年、2008 年和 2010 年 5 次获得全国大学生数学建模竞赛优秀组织工作奖。(参见照片 28~照片 30)

四、师生受益

竞赛是手段,不是目的。在数学工程技术时代的环境里,深入开展大学生数学建模竞赛已经在以下几个方面发挥了重大作用:

对学生而言,可以培养他们综合素质与创新能力,具体包括运用学过的数学知识分析和解决实际问题的能力,利用计算机求解数学模型的能力,面对复杂事物发挥想象力、洞察力、创造力、独立进行研究的能力,关心、投身国家经济建设的意识和理论联系实际的学风,团结合作精神及进行协调的组织能力,勇于参与的竞争意识和不怕困难、奋力攻关的顽强意志,查阅文献、收集资料及自学的能力,撰写科技论文的文字表达能力等。

作为指导教师,有利于提高自身的数学建模素质和科研水平;有利于增强为人师表的荣誉感和关心爱护学生的责任心;有利于开展数学教育教学改革,撰写教学研究论文,申请教改项目。数学建模教学与竞赛是对现有数学教育体制的一种创新,包含许多很有价值的新问题、新课题值得教师们花力气去研究,这对数学教师既是一个挑战,也是一个极好的机遇。1997年以来,历届全国教学成果奖有关数学类项目中,与数学建模有关的项目占了 1/3 以上。这就充分说明了数学建模在教学改革中重要地位。指导教师的获奖也对教师评优、职称晋升等起积极作用,这一点在我区职改文件中有相关的规定。

对学校而言,可以丰富校园学生课外科技活动,提高学生创新能力与综合素质,建设良好学风;能够促进数学课程建设;推动学校进行教育教学改革。大学生数学建模竞赛是适应时代潮流的一项具有重大意义的学科竞赛,它促使高校数学教育从教育思想、教学方法、教学形式等各方面进行改革,它不仅对数学模型这一门课程的建设起了推动作用,而且对相关的高校数学课程的教学改革也起了推动作用,甚至对某些专业课程的教学产生了积极的影响。可以说数学建模思想是高校数学课程教学改革的一个重要切入点。许多学校因在数学建模教学与竞赛上的成绩而获省级和国家级教学成果奖。同时,竞赛成绩从一个侧面提高学校知名度,提高学校评估水平。

事实也充分证明了上述几点。

18年来,全区共有3686个队(其中本科2390队,专科1297队)参加了全国大学生数学建模竞赛,有329个队获全国奖(其中本科214个队,专科115个队),参赛的11 058位同学无论获奖与否,均从中感受到受益匪浅,可谓"参赛一次,受益终身"。其实,还有更多的同学在大学阶段学习过数学建模课,同样受益。在他们步入社会后,无论是继续学术深造还是就业工作,数学建模均对他们的人生起到了非常重要的作用,如广西大学农学专业的李伟明同学,在大学期间就在核心期刊上发表了一篇关于果树栽培的数学建模论文,解决了一个重要的果树栽培问题;再如曾获全国一等奖的广西大学朱艳科同学,本科毕业后继续深造至博士毕业,目前在华南农业大学任教,这几年她指导的几个队又分别获得了全国一、二等奖。类似的例子很多,本书感言篇有历年参赛同学的亲身感受。

- 大学生数学建模协会遍地开花。(参见照片31~照片36)
- 大学生勇敢挑战各种数学建模竞赛。(参见照片37~40)
- 学生获得各种奖励。(参见照片41~45)
- 数学建模活动剪影。(参见照片46~52)

我区各高校从事数学建模教学的教师早已充分认识到数学建模竞赛的作用,对其给予了足够的重视与精力投入,纷纷申报各级与数学建模相关的教学改革项目、建设数学模型课程、申报教学成果,而教师们的辛勤付出也得到了社会的承认,获得了各种各级教学成果奖及荣誉称号。根据各院校提供的数据(不完全统计),近10年来有3人获区教学名师奖,1人获八桂名师,8人次获其他区级以上荣誉称号,有3门数学模型课程获区精品课程,8门其他相关数学课程获区精品课程,9项成果获区级教学成果奖,63项区级教学改革项目(其中本科36项,专科27项)。获批更多的校级项目数不胜数,每一所学校都有数学建模老师成为教学良才、优秀教师。(具体情况参见表2)

表2　广西赛区从事数学建模科研教学竞赛活动的教师主持各种项目数汇总表(统计到2010年)

序号	项目名称	级别	本科数	专科数	合计数	备注
1	精品课程	区级	9	2	11	
		校级	12	15	27	
2	教改项目	区级	36	27	63	
		校级	39	11	50	
		国家级	1	0	1	

续表

序号	项目名称	级别	本科数	专科数	合计数	备注
3	教学成果奖	区级	7	2	9	
		校级	13	1	14	
4	教学名师（教学能手）	区级	4	0	4	
		校级	13	10	23	
5	荣誉称号	区级	6	2	8	
		校级	44	44	88	
		国家级	2	1	3	
6	科研项目	区级	89	15	104	含厅级
		校级	46	4	50	
		国家级	18	2	20	

　　看着这一串串充满汗水而又喜悦的数据,数学建模已经深入到各院校的数学教育教学过程中,数学建模竞赛的灿烂之花结出的数学教育改革的丰硕果实正挂满枝头。展望未来,天地间无穷奥秘等待师生探索,高校里也有不尽改革课题有待继续深化与创新,数学建模在这两方面仍将担当重任。我们的明天将更加灿烂辉煌!

吕跃进

2016 年 8 月于广西南宁

目　录

第一篇　理　论　篇

数学建模教学与数学建模竞赛的历史背景与意义　戴牧民　吕跃进 …… 2

基于数学建模的高校教学改革　袁　旭　吕跃进　戴牧民 …… 8

案例教学是培养学生数学素质的好办法　吴晓层 …… 14

日常教学中培养学生数学建模能力　韦程东 …… 18

发挥数学建模协会作用,营造数学建模活动氛围

　　韦程东　欧　阳　陈建伟　李振杰　熊月珍 …… 22

在常微分方程教学中融入数学建模思想的探索与实践　韦程东　高　扬　陈志强 …… 25

数学建模活动的幕后英雄——图书馆的老师们　韦程东　叶佩珍　闭炳华 …… 31

依托数学建模平台,提升财经院校数学基础课教师科研能力　冯　烽　黄　晗 …… 35

数学建模融入财经院校数学文化教学的探讨　黄凤丽　赖振丹 …… 39

数学建模思想融入大学数学教学的探索与实践　粟光旺　秦　斌　丁立旺 …… 42

论数学建模对创新人才培养的作用　涂火年 …… 46

将数学实验与数学主干课程结合的方法与实践　曹敦虔　黄敬频 …… 50

线性规划解的判别在数学模型中的应用　刘丽华 …… 54

建模中LINGO软件的快速掌握　刘丽华 …… 58

按"实事求是"观构建数学实验教学过程　韦泉华　赵展辉 …… 62

数学建模课的教学模式研究　邓国和 …… 66

大学数学创新能力培养的探讨　张军舰 …… 70

大学生数学建模技能的立体化培养模式探讨　毛　睿 …… 75

数学建模教学团队建设的实践探索　朱　宁　段复建 …… 79

大学生数学建模能力的培养与探索　朱　宁　段复建 …… 83

高校毕业生就业质量的分析与评价——以百色学院为例　黎　勇　陈延华 …… 87

关于数学建模思想渗入数学分析教学的思考　罗朝晖 …… 94

如何成功地参加全国大学生数学建模竞赛　欧阳云　王五生 …… 98

数学建模教学、竞赛与大学生的就业能力培养　王五生 …… 101

概率论与数理统计课程教学与数学建模思想方法的融入　赵丽棉 …… 105

数学建模竞赛活动浅析　刘　琼　黄雪燕 …… 108

数学建模思想融入应用型本科院校数学教学的探索与实践　许成章　覃桂茁 …… 113

在常微分方程教学中融入数学建模思想的探析　欧乾忠 …… 116

开展数学实验系列课程教学,提高理工科学生的创新能力 唐国强 林 亮 吴群英 … 120

独立学院数学建模教学与竞赛相结合的探索 高 扬 刘 逸 刘德光…………… 126

浅谈独立学院数学建模活动的探索与实践 宋 岩 …………………………… 131

独立学院数学建模竞赛培训模式的探索与实践 黄 坚 王春利…………… 134

数学建模的素质要求及其对学生素质拓展的启示 耿秀荣 ……………… 139

数学建模课程教学的实践与认识 蒋良春 苏 恒 ……………………… 144

独立学院参加数学建模竞赛的实践与探讨 温 鲜 霍海峰……………… 147

独立学院学生数学建模能力的影响因素及其培养策略 谢国榕 陈迪三…… 151

高职学院开展数学建模竞赛的探索与思考 冯超玲 施宁清……………… 155

高职院校数学建模培训现状及对策 秦立春 …………………………… 158

让数模竞赛成为高职学生成长的助推器 施宁清 麦宏元……………… 163

以四种能力为导向探索高职数学建模教学新模式 梁宝兰 莫亚妮 马南湘…… 166

提高高职院校数学建模教学有效性途径的探索 刘崇华 何远奎 杨 巍…… 170

高职院校开展数学建模教学中应注意的几个问题 高 英 ……………… 173

加强高职数学建模教学,提高学生创新素质 颜筱红 苏 坚 梁东颖…… 176

数学建模视角下的数学分析课程教学的探讨 段璐灵 ………………… 179

融入数学建模思想的常微分方程教学初探 阮 妮 …………………… 183

以数学建模为中心培养学生应用数学的能力 刘 剑 ………………… 187

浅谈数学建模在高职院校的重要性 韦碧鹏 …………………………… 190

用实例建模重构高职经济数学课程内容的探讨 李大林 林志红………… 195

参与式教学在高职高专数学建模课程教学中的探索与实践 周优军…… 198

高职院校数学教学中存在的问题与改革浅探——从数学建模谈高数教学改革 唐 冰 … 203

对高职高专数学建模培训的探索 王泸怡 …………………………… 207

高职弱电类专业"同步数学实验基础"课程的研究与建设
　　——以柳州铁道职业技术学院为例 吴 昊 李翠翠…………… 211

第二篇 实 践 篇

发达广西君武志,振兴中华建模情(广西大学) ………………………… 218

以数学建模活动为平台,探索实践育人长效机制(广西师范学院) ……… 220

数学建模教学与竞赛实践总结(广西民族大学) …………………………… 223

数模花开春满园(广西师范大学) …………………………………………… 225

参加全国数学建模竞赛经验(广西科技大学) …………………………… 229

平凡工作谱师德,师生共续数模情(广西财经学院) …………………… 231

建模竞赛展魅力,医学学子竞风采(广西医科大学) …………………… 233

开展数学建模活动,培养学生创新能力(桂林理工大学) ……………… 236

数学建模竞赛经验总结(桂林电子科技大学) …………………………… 238

参加全国大学生数学建模竞赛的工作总结(百色学院) ……………… 241

数学建模的甜美与辛酸(河池学院) …………………………………… 244

领略数模魅力,民师院学子竞风流(广西民族师范学院) ……………… 248

数学建模展风采,贺州学院塑未来(贺州学院) ……………………………… 251

展数学之魂,拓梧院之人(梧州学院) ……………………………………… 254

总结经验,再创辉煌,加快学校转型发展(钦州学院) ……………………… 256

激励制度促创新,建模空间任飞翔(桂林航天工业学院) …………………… 259

扬帆起航,志在千里(广西大学行健文理学院) …………………………… 262

以赛促学,以学育赛,赛学结合,受益学生(广西科技大学鹿山学院) …… 264

数模舞台,伴我博文学子同发展(桂林理工大学博文管理学院) ………… 267

数学建模教学与竞赛实践总结(桂林电子科技大学信息科技学院)……… 270

数模魅力领风骚,漓院学子展风采(广西师范大学漓江学院) …………… 273

年轻的北航北海学院数模掠影(北航北海学院) ………………………… 276

参加全国大学生数学建模竞赛的工作总结(广西电力职业技术学院)…… 278

结合专业特色,发挥思维优势,推进项目改革,渗透素质教育(柳州职业技术学院) …… 280

数学建模的苦与甜(柳州铁道职业技术学院)…………………………… 282

重在参与——开启数学建模新航线(广西幼儿师范高等专科学校)…… 285

参加全国大学生数学建模竞赛的工作总结(桂林师范高等专科学校) … 287

挑战自我,创先争优(柳州师范高等专科学校) ………………………… 289

数学建模竞赛组织工作总结(桂林理工大学南宁分校)………………… 291

数学建模风采展示(广西职业技术学院)………………………………… 294

千里之行,始于足下(广西经贸职业技术学院)………………………… 297

参加全国大学生数学建模竞赛工作总结(广西工业职业技术学院)…… 299

着眼实际,启迪智慧,铸造成功(广西水利电力职业技术学院)……… 301

高职院校参加全国大学生数学建模竞赛的经验与思考(广西交通职业技术学院)…… 304

大学生数学建模竞赛工作总结(广西教育学院)……………………… 307

数学建模总结(广西建设职业技术学院)……………………………… 310

数学建模竞赛实践总结(广西机电职业技术学院)…………………… 313

第三篇　感　言　篇

(一)指导教师感言集 ………………………………………………… 316

感受数学建模之美　吴晓层…………………………………………… 316

数学建模事业是我精神支柱　朱　宁………………………………… 317

十年磨一剑,尽志无悔于数模　林　亮……………………………… 318

自豪　韦程东………………………………………………………… 319

柳暗花明别样景,机缘巧合数模情　冯　烽………………………… 320

数学建模——师生受益之源　李修清……………………………… 321

数学建模——创新能力培养的舞台　王远干………………………… 322

教学能手的数学建模情　钟祥贵…………………………………… 323

数学建模伴我成长　梁　鑫………………………………………… 324

让数模之花美丽绽放　黎　勇……………………………………… 325

一分耕耘,一分收获　宋　岩 ……………………………………………………… 327

坚持自己的信念　刘丽华 …………………………………………………………… 328

感谢数模,伴我成长　曹敦虔 ……………………………………………………… 329

数学建模十六载,喜看人才年年出　黄敬频 ……………………………………… 330

谈对数学建模教学与竞赛的一点认识和体会　梁　霞 …………………………… 331

促进创新人才培养——指导数学建模竞赛有感　徐庆娟 ………………………… 333

未来科技发展之所需,创新人才之摇篮　王春利 ………………………………… 335

奉献与兴趣　苏　恒 ………………………………………………………………… 338

数模是我人生道路上的一块敲门砖　韦　师 …………………………………… 339

一次竞赛,终身受益　林浦任 ……………………………………………………… 341

敬业与坚持　耿秀荣 ………………………………………………………………… 344

风采绽放,展望未来　霍海峰 ……………………………………………………… 346

责任与毅力　陈迪三 ………………………………………………………………… 347

医学院校数学建模竞赛的开局、中局与残局　邓　洪　陈小军 ………………… 348

重在参与,用心做事　邹永福 ……………………………………………………… 350

我与数学建模的不解之缘　许成章 ………………………………………………… 352

指导教师新生力量心声——迎接挑战,放飞梦想　莫亚妮 ……………………… 353

数模竞赛之己见　陈可桢 …………………………………………………………… 354

宝剑锋从磨砺出,梅花香自苦寒来　陶国飞 ……………………………………… 355

参加全国大学生数学建模竞赛的感想　杨吉才 …………………………………… 356

指导数学建模竞赛的体会　白克志 ………………………………………………… 358

多面数学——教学中的反思　梁东颖 ……………………………………………… 359

在新的领域拓展自己的专业技能　潘　颖 ………………………………………… 360

艰辛而快乐的数学建模之路　冯超玲 ……………………………………………… 361

团队精神　李华胜 …………………………………………………………………… 363

知易行难,坚持才能获得胜利　刘　剑 …………………………………………… 364

挑战与魅力　周优军 ………………………………………………………………… 366

数学建模促进自我全面发展　吴　昊 ……………………………………………… 368

(二)参赛学生感言集锦 ………………………………………………………… 371

从参赛学生到指导教师:一次参赛,终身受益!　朱艳科 ………………………… 371

感受数学的艺术灵魂　陈志强 ……………………………………………………… 372

积累、合作、自信　黄　宁 …………………………………………………………… 374

衣带渐宽终不悔,为伊消得人憔悴　王云亮 ……………………………………… 375

团结奋斗、执着向前——数模精神助力梦想　张　沅 …………………………… 376

在比赛中成长　杨燕华 ……………………………………………………………… 377

收获在九月　耿超玮 ………………………………………………………………… 378

汗水下的星光　黄启彬 ……………………………………………………………… 380

数学建模让我坚定考研的决心　李圆利 …………………………………………… 381

结果并不重要,关键是过程　曾昭发 ……………………………………………… 382

数模路上的遗憾　黄盛君 …………………………………………………… 385

美妙的学术之旅——数学建模　王　丽 …………………………………… 387

参加数学建模竞赛的心得　莫明丽 ………………………………………… 389

有一种精神叫数模　王汝芳 ………………………………………………… 390

历练自我,感受建模快乐　苏加俊 ………………………………………… 392

痛苦并快乐着　韦星光 ……………………………………………………… 394

意志和勇气的磨砺与考验　黄玉茜 ………………………………………… 395

数学建模给了我什么　林自强 ……………………………………………… 397

从数学建模中学到的　苏晶晶 ……………………………………………… 398

数学建模打开我的百科全书　石小乐 ……………………………………… 400

数财院精英,敢"走火入模"　李玲玉 ……………………………………… 401

数学建模获奖感言　杨忠行 ………………………………………………… 403

数学建模感怀之决战 72 小时　文玉娟 …………………………………… 405

数模比赛,且赛且珍惜　张远生 …………………………………………… 406

乘风破浪会有时,直挂云帆寄沧海　刘祝池 ……………………………… 407

难以忘怀——逝去的日子　陈　婕 ………………………………………… 408

书到用时方觉少　陈　彬 …………………………………………………… 409

数模竞赛感想　颜荣湖 ……………………………………………………… 410

数学建模竞赛让我开阔了视野、锻炼了能力　张东妮 …………………… 411

团结就是力量　蔡彰艳 ……………………………………………………… 412

数学建模让我终身受益　甘红贤 …………………………………………… 413

建模求解真巧妙　鲁俊鸿 …………………………………………………… 414

祖国未来的走向　吴敏婵 …………………………………………………… 416

超越自我,挑战极限　韦　海 ……………………………………………… 418

学会建模,学会坚持,学会合作　邓琦斌 ………………………………… 420

数学建模的快乐　罗山民 …………………………………………………… 421

参加数学建模竞赛的心得体会　陈金生 ………………………………… 423

第四篇　数　据　篇

全国大学生数学建模竞赛广西赛区 1994—2013 年获全国奖名单 …………………… 426

广西赛区从事数学建模科研、教学与竞赛的教师所获奖励及主持各类教学项目统计表 … 439

第 一 篇

理 论 篇

数学建模教学与数学建模竞赛的历史背景与意义

戴牧民　吕跃进

(广西大学数学与信息科学学院，广西南宁 530004)

摘要

本文阐述了在高校设立数学建模课程与开展大学生数学建模竞赛的历史必然性及其对深化高校数学教育改革，提高学生综合素质方面的意义；介绍了我国和广西高校数学建模教学与参加数学建模竞赛的情况；对今后的工作提出了展望和一些建议。

关键词：数学建模；数学建模竞赛；素质教育；教学改革

一、数学建模的历史回顾

数学作为人类的一种知识体系，它的产生与发展从来都是与人类的社会生产活动密切联系着的。几何学的知识来源于丈量土地、水利建设、房屋与陵墓的建筑施工，器皿与工具的制作；算术的知识来源于产品的生产、储备、分配、交换与流通等社会实践，这是众所周知的。在运用数学知识来解决一个个具体的实际问题时，首要的一步是要把问题所涉及的各种物理量及各个物理量之间的关系暂时地剥离去它们的物理含义，转换成数学的量及数学符号、语言、表达式，通过数学的推理、演算得到结果，然后再结合原来的物理含义，得出实际问题的答案。这是简单的数学建模过程。17 世纪，牛顿为了研究机械运动的普遍规律，确立了变速运动过程中的瞬时速度，加速度的数学表示形式，从而建立了"$mx'' = f(x, x', t)$"（质量×加速度＝作用力）的质点动力学数学模型（在建模的同时也创立了微积分这一新的数学工具）。此后，关于热传导的数学模型，弦振动的数学模型，流体力学的数学模型，电磁场运动的数学模型，分子运动的统计力学模型等纷纷建立，这就使得物理学不再单纯是一种基于实验的实验科学，而且还获得了牢固的理论基础和强有力的推理工具，成了推动许多自然科学和工程技术科学发展的强劲动力。

以前，工程技术人员所以要学习和掌握高等数学和工程数学，主要是在于掌握和理解相关工程科学中的各种技术原理。如机械工程中的机械原理，化学工程中的传热传质原理，土木工程中的结构原理，电气工程中的电工原理、电磁学原理，以及支撑这些原理的应用基础科学如材料力学，流体力学，工程热力学，电磁场理论等。至于具体的项目设计、制造、施工等，由于计算技术和计算手段跟不上趟，大多数情况下只能全部或部分地根据经验，再通过查查有关的技术手册，拉拉计算尺，查查四位、五位对数表，大不了再摇摇机械计算机粗略地算一算来完成。在管理工作中情况也差不多。比如简单的一个物资或交通调度问题，尽管在理论上寻求最优的调度方案没有任何的困难，但是当涉及的变量很多时，面对着海量的计算，人们也感到束手无策。大学阶段所学的微积分,工程数学和概率统计知识,一到面临实际问题,往往很难用上,久而久之,也就逐渐遗忘,'还给了老师',以至于有些人还发出学了没有用的感叹。这种情况到了 20 世纪 50 年代随着电子计算机的出现和计算机程序设计方面的突破发生了转变。由于电子计算机以其飞快的计算速度,惊人的准确性使过去由于计算量太大,无法进行数学计算的问题具有解决的可能。所以它首先被应用于大型的科学计算、气象预报和军工科技领域。进入 70 年代,电子计算机无论从计算速度、存储容量、硬件的可靠性、人机对话、软件开发、设备价位等各方面都取得了巨大的发展,这就使一般的工程技术人员和管理工作人员在他们所从事的技术工作和管理工作中不但可以运用工程技术原理建立起相应问题的数学模型,而且具备了求解这些数学问题的计算手段。人们可以通过计算机对现实中的过程进行仿真,通过数字计算和逻辑演算寻求答案,做出最优的设计方案。其结果,或是大大地节约成本,或是大大地缩短技术开发周期,或是大大地提高工程质量或产品的技术含量,总之,大大地增进了经济效益。因此,运用数学建模的手段来解决工程领域和管理领域中的实际问题,将日益成为技术工作者和管理工作者所必须掌握的一种技能。这也是一个大趋势。

二、数学建模的教学与数学建模竞赛

如上所述,为了顺应这种趋势,在高等学校理工科人才的培养中,完全有必要把培养学生运用数学建模解决实际问题的意识,学习和掌握数学建模的方法和技能作为提高大学生综合素质的一项重要内容。为实现这一目标,一方面,在学校中开设数学建模的课程,一方面,开展数学建模竞赛活动,它们构成了相辅相成的两个方面。在国外,20 世纪 70 年代,一批有识之士就开始倡导,在欧美一些国家的大学里开设了数学模型课程。1985 年在美国首次开展了大学生数学建模竞赛,而且形成了今天仍在遵循的竞赛模式:(1)每个参赛队由 3 名大学生,1 名指导教师组成。指导教师负责平时的指导培训,竞赛时指导教师不得参与。(2)参赛者可以查阅任何可以找到的书籍,期刊资料,可以使用各种计算机,应用软件和软件包。(3)赛期三天,到时参赛队必须提交一篇论文。论文应当包含针对所选赛题作出的问题的叙述和阐释,模型假设和模型的建立,计算的结果和讨论等内容。同时也形成了至今仍在遵循的命题及评价模式:(1)竞赛题都是从工程技术及管理工作中提炼出来的具体课题(有些经过适当的简化和剪裁,以适应竞赛者的数学水平和计算量),这些问题事先都没有唯一的准确的标准答案。(2)竞赛题的内容及陈述方式应当适合大学生的理解,不能太过专业化,解题所需的数学工具应当适应理工科大学阶段数学教学的要求(微积分,常微分方程,线性代数和线性规划,概率论和数理统计等),不涉及太专业的数学如偏微分方程理论,随机过程理论等。(3)参赛论文的评判依据答案的正确性,模型的创造性和表述的清晰性等因素综合考虑。

从 80 年代开始,随着改革开放,我国的数学建模教学和数学建模竞赛活动也日益蓬勃地发展起来。1982 年复旦大学首先在应用数学专业学生中开设了数学模型课程,随后很多院校也相继开设。1982 年,朱尧辰、徐伟宣翻译出版了 E. A. Bender 的《数学模型引论》[1];1987 年,高等教育出版社出版了清华大学姜启源教授编著的《数学模型》一书[2]。这是我国学者的第一本数学模型的著作。1989 年,北京大学,清华大学和北京理工大学首次组队参加美国大学生数学建模竞赛并取得了可喜成绩。1990 年,上海市举办了本市大学生数学建模竞赛。1992 年 11 月首次举办了 10 个省市,79 所院校参加的部分省市大学生数学建模竞赛。1993 年底和 1994 年 3 月,国家教委高教司两次正式下文决定组织全国大学生数学建模,机械设计,电子设计竞赛[3],数学建模竞赛由中国工业应用数学学会具体组织实施。自 1994 年到 2002 年,参赛院校由最初的 196 所发展到 572 所,参赛队由 1994 年的 867 个队发展到 4448 个队。1999 年开始又增设了高校大专组的数学建模竞赛,当年有 416 个队参加竞赛,2002 年参赛队达到 913 个队。截至 2002 年,国内出版的有关数学建模的书籍达到 60 种以上。

　　我区的数学建模教学与数学建模竞赛得到了自治区教委的重视与支持。1994 年,区教委根据国家教委教高司[1993]178 号文件与教高司[1994]76 号文件精神,决定成立全国大学生数学建模竞赛广西赛区组委会。组委会成员由教委高教处,广西数学学会负责人及部分高等院校数学教师组成,挂靠在广西数学学会,并负责具体组织本赛区的竞赛工作。1994 年广西大学,广西师范大学,桂林电子工业学院 3 所院校组织了 16 个队参赛。后来陆续有广西师范学院、广西民族学院、广西工学院、桂林工学院(2009 年更名为桂林理工大学)、桂林陆军学院、桂林空军学院、柳州高等师范专科学校等院校参加。1999 年,钦州、河池、右江、梧州、南宁等高等师范专科学校及广西财政专科学校、桂林航空航天高等专科学校等大专院校也先后参加了大专组的数学建模竞赛。2003 年,广西大学首次组队参加美国大学生数学建模竞赛。

三、数学建模课程与数学建模竞赛的意义

　　十多年来数学建模课程的开设与全国大学生数学建模竞赛的开展充分证明,这项活动对深化高等学校的数学课程改革,促进第二课堂活动的开展,推进大学生综合素质教育等方面都起到了积极的、有益的作用。

　　(1) 在数学教育中理论与实际之间的桥梁作用

　　新中国成立以来形成的高等教育体系中,理论联系实际的问题一直是从中央到社会各界广泛关注的问题。几十年来人们从各种角度理解理论联系实际的内涵,也从各个方面批判大学教育中理论脱离实际的现象,探索理论联系实际的途径。尤其是大学数学课程的教学更是首当其冲。一方面,众多的在工作岗位上工作的大学毕业生反映在大学阶段学过的数学理论知识用不上;一方面,社会上以至党政部门不少领导人虽然在口头上不否认高等数学是有用的,内心却总存在着怀疑。文化革命中甚至还出现过认为数学理论不过是数学家们孤芳自赏的象牙之塔,是资产阶级故弄玄虚,用来对工农兵实行管、卡、压,维护资产阶级对高等学校的统治的工具的愚昧的偏见。话虽如此,实际上当时的大学中高等数学的教学内容与毕业后实际从事的工作之间确实也存在着很明显的脱节。究其原因,一方面,大学中设置的高等数学、工程数学课原意是为理解和掌握各种现代基础理论提供基本的工具。数学是一切现代科学广泛使用的语言。试想,如果不具备微积分、向量分析与场论、微分方程、线性代数、概率统计等比较系统的知识,怎么能理解和掌握现代物理学、化学、材料科学、电工学、电子学、无线通信等后续专业课的内容? 数学又是一门逻辑性特别强的学科,要掌握有关的系统知识,就不得不从函数的概念、性质,函数的变化率(导数)到微分、积分的概念,性质和计算;从线性方程的求解,n 维向量,向量组的线性相关,线性无关性到矩阵的概念,矩阵的运算;从抽扑克牌、丢骰子引出概率概念,古典概型,到随机变量,分布函数,数学期望,方差等,一个台阶一个台阶地拾级而上。在有限的课时内要完成这样一个教学过程,也就难免会使人们感到它是从概念到概念,从定理到定理,从理论到理论,学习起来枯燥乏味,学过后也不清楚它究竟如何应用。另一方面,就我国六七十年代工农业生产的总体规模和技术水平来看,离现代化还有着极大的差距。在这种状态下从事实际工作,大学阶段所学的数学知识难以用上也是可以想象的。进入

80 年代后,随着我国工农业生产水平的不断提高,科学技术进步的日新月异,加上计算机技术、计算技术的突飞猛进,计算机的应用日益普及,渗透到各个科研生产和管理部门。这就为数学理论与科研生产实际相结合提供了广阔的用武之地。面对这一形势,对大学阶段的数学教育进行深入的改革乃是大势所趋。在学校中开设数学建模课程,组织大学生参加数学建模竞赛,就是一项积极的措施。它在数学的理论知识与实际应用之间架起了一座桥梁。学生通过学习和实践,一方面加深、巩固了对数学理论知识的理解,摆脱了枯燥乏味的感觉,并进一步激励学生向更深入的数学理论层次进军;一方面锻炼了学生分析问题,动手解决问题的能力和初步掌握运用数学工具解决实际问题的方法。因此可以说,数学建模课程和数学建模竞赛,为大学数学教学理论联系实际架起了一座桥梁,为开启高校数学教育改革提供了一把钥匙。

(2) 提高大学生科技综合素质的有力措施

大学生数学建模竞赛有两个明显的特点。一个是竞赛题的现实性与开放性,另一个是它是由三人小组参赛,通过集体努力共同完成的。因此参加一次数学建模竞赛实际上相当于一个小组在限定的短短三天时间内进行的一项突击攻关的小型科研过程。这无论是对参赛队员的智力、体力还是组织协调能力,团结协作能力都是一次严峻的挑战。它对于培养和锻炼学生的科技素质无疑能起到积极的作用。

① 由于竞赛题的设置来源于科研生产实际,不是纸上谈兵,不是书本上现成的东西,也没有现成的标准答案。因此,正确地理解题意,善于从题目的文字表述中迅速地领会出文字背后所包含的实际含义,从而准确地把握住问题的实质,弄清楚问题所涉及的各种因素的地位(主要的,次要的;有关的,无关的;……),性质(确定性的,随机的;连续的,离散的;动态的,静态的;……)及这些因素之间的关系,然后才有可能找出解决问题的关键,思考解题的方案,着手建立模型;在分析问题的过程中,有时还需要通过各种途径查找文献资料和数据资料;在解题过程中还要通过电子计算机,使用各种语言和应用软件编程计算,计算出数字结果,制表绘图;最后还得以论文形式写出问题的分析过程,计算过程,并展开讨论。这就要求学生对各项应用领域的科技知识有比较广泛的了解,具有比较广阔的视野,掌握文献检索的方法,熟悉计算机的操作,具备较好的文字表达能力。因此数学建模竞赛对参赛队员除了要求数学的必备知识外,还对他们的文字理解能力,编辑能力,表达能力,文献检索能力,计算能力,计算机编辑、制表、绘图的能力提出了全面的要求。这些能力,如果不在平时就刻意地下一番功夫,一下子是绝对做不到的。它需要指导教师平时有意识地引导和培养,学生自觉地有意识地学习、锻炼。这样做就能在数学建模课程的教学和数学建模竞赛中很好地体现了对学生科技综合素质的培养。

② 作为一项全国性的竞赛,竞赛题的设置当然有一定的难度,有较大的工作量,而且具有较大的探索空间和发挥的余地。单靠一个人的能力是很难做出优秀的解案,甚至是难以完成的,只有依靠集体的智慧,合力攻关。参赛队员们虽然来自同一院校,但往往属于不同的专业或不同班级,平日里彼此不一定熟悉、了解。一旦参赛,三名队员就组成了一个小集体。队员之间如何合理分工,协调,尽量发挥各个人的特长,能否做到互相默契,当某个环节碰到困难或出现差错时,能否相互支持、鼓励,而不是互相埋怨、扯皮,这些都是参赛成败的关键,里面是大有学问的。一次成功的参赛,对参赛成员在发扬团队精神,培养指挥协调能力等方面都是一次很好的锻炼,是能够受益终身的。我们曾经和参加过数学建模竞赛的学生聊过,他们普遍认为,参加数学建模竞赛是一次毕生难忘的经历。虽然在三天时间内,废寝忘食,甚至通宵不寐,精神上处于极度紧张、亢奋的状态,交完文稿后感觉简直就像是脱了一层皮一样。但是,一种

战胜挑战后的成就感,一种在与同组队员共同奋斗中结成的战斗友谊,一种从事某项事业的切身的实践体验却会感到莫大的欣慰。这些都是在平常的学习生活中难以体验到的。

四、几点意见和展望

从广西赛区第一次组队参加数学建模竞赛至今已近十年。回顾这些年来我区的竞赛活动的开展情况,确实是成绩斐然。为了进一步推动这项活动健康地发展,使之在我区高校教学改革中期到更好的促进作用,我们提出下面几点意见供大家参考。

(1) 数学建模课程的教学与参赛队员的培训方面,应当突出"新"与"活"两个字。数学建模课程的教学内容与传统的高等数学及工程数学课程的内容明显不同之处是,一个是 18 世纪、19 世纪就已经形成,并且已经系统化、理论化了的知识;一个则是深深地植根于现代科学技术领域的实际课题和奠立在许多现代数学工具和计算技术的基础之上的。建模的新视野,求解的新方法层出不穷(如层次分析,灰色预测,模糊评价,神经元网络,遗传算法等)。就教材来说,虽然出版有多种书籍可供选用,但是教学过程中应当不拘泥于课本的内容,随时注意吸收最新的知识,补充最新的案例,不断更新和改进教学内容。教学方法上也应当避免固守教材的安排,按固定的程式一个套路一个套路地教。一些基本的套路固然需要让学生掌握,更重要的是要通过课程的教学让学生掌握活的灵魂,即培养学生科学的思维方法,分析能力和灵活运用的能力。

(2) 在开设数学建模课程的同时,应当配套开设"数学实验"课程。设置这门课程的立意与数学建模课程有所不同,主要是教导学生如何运用计算机和各种数学软件来计算各种不同类型的数学问题。它与数学建模课程恰好是相辅相成的。打一个不太确切的比方,前者着重教动脑(分析),后者则着重教动手(计算),两者配合,则会相得益彰。已经开设数学实验课的学校,应当做好两门课的协调,尚未开设数学实验课的学校,则要尽快创造条件开出来。

(3) 加强数学建模课程任课教师和建模竞赛指导教师的培训工作。现今我区数学建模竞赛活动规模在逐年扩大,新参加的院校逐年增多。要巩固这些成果,保持这一势头,争取更好的成绩,提高从事数学建模课程教学的教师和建模竞赛的指导教师的水平是极端重要的一环。这也是我们组委会的一件重要的工作。

(4) 做好宣传工作。这里包括两个方面,一个方面是要做好对学生层面的宣传,激发广大学生报名学习的积极性(看来大多数学校目前还是作为选修课安排的);一个方面是对领导层面的宣传,使学校领导了解数学建模课程及数学建模竞赛活动对促进教学改革,开展素质教育等方面的积极意义,争取他们在人力物力财力等方面的支持。

(5) 呼吁各级有关部门和领导对这一新事物多多给予关注,特别是对从事数学建模教学和数学建模竞赛的教师在各方面都给予关怀和照顾。因为从事这项工作是一项非常之吃力不讨好的工作,需要花费大量的时间和精力。它的成果仅仅体现为竞赛论文能否得奖和得奖的级别。而这又不是仅仅取决于教师个人因素的,它既涉及参赛学生的能力和发挥情况,也涉及其他各个院校参赛队的总体表现。一位教师全身心投入到这项工作,往往不得不在科研方面和其他方面做出一定的牺牲。而这又不能不影响到这些教师职称的晋升,以及奖金和福利等多方面的利益。这也是国内许多名牌大学的教师很多都不愿意从事数学建模教学和指导竞赛工作,宁愿多多申报科研项目的原因。所以我们在这里不得不大声疾呼,恳切地吁请各级部门和领导在职称评定方面,奖金及福利方面制定一些有利于数学建模教学和数学建模竞赛(以及机械设计,电子设计竞赛)活动开展的规定。比如,参赛队获得全国一、二等奖的指导教师在业绩上可以比照获得自治区某个级别的科技进步奖或教学成果奖获得同等的待遇。

在自治区教育厅领导的关怀和高教处的直接指导与支持下,我们广西赛区组委会计划今年7月在广西大学举行一次有关数学建模课程教学和数学建模竞赛的经验交流活动。同时我们也就此向各院校征集有关的论文,并征得《广西大学学报》同意,编辑一期增刊。我们期望通过这次交流活动和文集的出版能够促进我区数学建模教学和数学建模竞赛更蓬勃的发展。

（注：此文完成于 2003 年,有删节）

参考文献

[1]　BENDER E A.数学模型引论[M].朱尧辰,徐伟宣,译.北京：科学普及出版社,1982.

[2]　姜启源.数学模型[M].北京：高等教育出版社,1987.

[3]　李大潜.中国大学生数学建模竞赛[M].2 版.北京：高等教育出版社,2001.

基于数学建模的高校教学改革

袁 旭[1] 吕跃进[2] 戴牧民[2]

(1. 广西教育厅高教处,广西南宁 530022;2. 广西大学数学与信息科学学院,广西南宁 530004)

摘要

本文根据人才培养模式改革价值链模型,提出了基于数学建模的高校教学改革,对广西高校数学建模教学与竞赛活动作了深入分析,并提出了若干设想与建议。

关键词:数学建模;教学改革;价值全连;竞赛

世界科技、社会的发展,经济、产业结构的调整已经引起人才专业需求结构及专业人才知识能力素质结构的重大变化,为适应这种变化,各高校已经或正在进行新一轮的学科专业立体结构调整。数学科学的发展和求解现实问题的需要使数学的应用几乎渗透到一切领域。数学为其他科学提供科学的语言、观念和方法,它与计算机技术、计算机和工程的紧密结合产生了能直接应用于实际的数学技术,它们也是许多高新技术的核心。可以说,21 世纪是一切科学和工程领域数学化的世纪。而数学建模正是用数学去解决各种实际问题的桥梁。基于数学建模的教学改革就是培养学生既具有将实际问题"翻译"为数学问题的能力,又能求解已经建立的数学模型,最后还能通俗解释原始问题;数学建模的这三个阶段的全过程,大大提升了各门科学知识的应用水平和价值,在某种意义上成为一种国际竞争;但是,传统的数学教育只注重第二阶段即通过分析、计算或逻辑推理能够正确快速地求解已经建立起来的数学模型。因此,如何把数学建模全过程的思想和方法有机渗透、融合到数学课程甚至专业课程的教学中,并通过数学建模竞赛将数学和专业知识有机地融合应用,以此培养学生应用知识的综合能力、创新能力,从而提升专业能力价值,将是意义重大的一项教学改革。

一、高校专业教学改革的价值全连(网)模型

1. 人才培养模式改革价值链

学生进入高等学校前和接受高等教育后的成就、行为可测,则其价值差就是价值增值。高等学校通过自身的各项活动,人才培养的价值逐渐显现出来,正是各项增值环节创造了更多的价值,才使学校进入一个良性循环。其中,学科专业活动是核心增值环节。在新一轮学科专业立体结构调整中,人才培养模式的调整是重中之重,其调整力度可以用改革一词描述。人才培养模式即为学生(或学生自己)设计的知识能力素质结构及其实现方式,它通过学科专业科研、教学(简称科教)各环节得以实现。其改革活动价值链如表 1 所示。

改革基本活动主要包括上述七大逻辑步骤,5 项支持性活动则跨越并支撑这些基本活动,

其中 1、2、3 项活动实现知识能力素质及其结构调的设计,4、5、6 项活动实现前述设计,第七项活动则是前 6 项活动最终价值的一种体现。

表1　人才培养模式改革价值链

培养质量	支持性活动	科研与教育教学观念
		科研与教育教学管理
		综合后勤活动
		产学研结合
		师资队伍结构、质量与建设
	基本活动	设置学科专业
		培养计划、课程体系
		科教大纲与内容
		教辅资料建设及应用
		方式、方法、手段
		实验实习、实训实践
		考试考核、评估反馈

2. 价值链的扩展及分析目的

人才培养模式改革的出发点和归属都是基于社会需求主导,因此,改革活动的价值链向前延伸到生源价值(生源感知到的进入该校的受教育价值,当然生源质量好其权重大),自后延伸至就业(或个人素质提高)价值,即价值链是开环反馈的,以此形成人才培养模式改革的纵向价值链。学校可能处于某一环或某几环的高点上;整个高等学校而言,在一组互相平行的纵向价值链中处于同一环节的活动之间构成横向价值链。

随着交叉性、综合性等学科专业的柔性发展,学科专业不仅是依托某一实体(有编制有实验室的),而是更灵活的项目、课程模块整合式的柔性体,校内、校际学分互认,资源共享,远程教育的发展为柔性发展提供了更多的保障。从而人才培养活动价值链呈现价值网、价值星系和虚拟价值链(或网)状态。但无论怎样发展,价值链分析方法都是有益且一脉相承的,即:纵向价值链分析可以帮助我们制定人才培养模式各环节整合策略,以免盲目超越进入某环节改革而走回头路,增加改革成本。横向价值链分析,则比较同学科专业及相关学科专业之间各价值链环节,从而制定行之有效的战略(如哪些环节可以共享,哪些环节可以取舍等),以便突出自我优势,办出特色。

3. 基于数学建模的高校教学改革

数学建模的全过程包括三个循环的开环阶段,第一阶段是将实际问题转化为数学模型,第二阶段是求解数学模型,第三阶段依据求解的结果经检验正确后再应用于实际。表1所示的人才培养模式改革价值链是项系统工程,任何单项的改革都需要相关的配套的支持。在数学课程和专业教育中融入数学建模思想和方法,应主要解决并包含下列环节中。

第一,在数学课程教学中如何体现数学建模的思想和方法。

第二,构筑专业课程体系和教学内容时如何考虑数学建模的思想、方法和内容。

第三,如何在数学课程乃至专业课程中的教学方式、方法、实验及考核评价中体现建模能力。

第四,在各项支持性活动中教师队伍的建模观念、能力、素质如何实现。

第五,如何形成有效机制解决上述问题。

二、广西高校数学建模教学改革与竞赛

1. 我区高校开展数学建模教研活动回顾

（1）起步阶段（1986 年至 1992 年）

1986 年,广西大学数学系派了两位青年教师到西安参加了一届数学模型师资培训班暨学术研讨会,随后在数学专业学生中开设了数学模型课程,拉开了广西大学乃至全区的数学模型教学与竞赛的序幕。但直到 1992 年只有个别院校在开展数学建模教学活动。

（2）本科院校普及阶段（1992 年至 1997 年）

这一阶段主要是举办了多次数学模型师资培训班,为各院校培养了数学模型师资力量。最早是在 1992 年暑假,由广西工科数学研究会在柳州电大举办了我区第一次数学建模研讨班。1993 年底,桂林工学院（2009 年更名为桂林理工大学）请了清华大学的姜启源教授来桂主讲了一届数学模型师资培训班。1995 年暑期在区教委高教处和全国大学生数学建模竞赛广西赛区组委会的组织下在南宁由广西大学数学与信息科学系举办了第一届广西高校"数学建模师资培训班",有 6 所高校参加。至 1997 年,全区所有具有理工科学生的本科院校均已不同程度地开展了数学建模教学与竞赛活动。

（3）专科院校普及阶段（1997 年至今）

1997 年 7 月底 8 月初由广西大学举办了第二届广西高校数学建模师资培训班与学术研讨会,在这次会议上吸引了柳州师专等一些师专院校参加。1999 年,在柳州师专召开的广西师专数学年会上,把在师专院校开展数学建模教学与竞赛活动作为会议的一项主要议题。在这一时期,广西赛区组委会的同志也十分重视在专科院校中开展普及数学建模工作,先后派人到各专科院校中作有关数学建模教学与大学生数学建模竞赛的学术报告。

特别值得一提的是,由广西教育厅和全国大学生数学建模竞赛广西赛区组委会联合主办、广西大学数学与信息科学系承办的"广西高校数学建模学术研讨会暨师资培训班"于 2003 年 7 月 13 日至 7 月 20 日在广西大学举行,来自贵州大学、广西大学等区内外 32 所大专院校（包括 12 所本科院校、14 所专科院校和 6 所高职院校）76 名教师代表参加了会议。本次会议是广西数学建模科研、教学和竞赛活动开展十多年来最大的一次学术会议,是一次大总结、大交流、大学习、大普及。目前,所有师专院校均已开展了数学建模教学与竞赛活动,越来越多的其他专科院校包括高职院校也正以各种形式加入到这一行列。

2. 数学建模竞赛活动分析

1994 年,区教委根据国家教委教高司[1993]178 号文件与教高司[1994]76 号文件精神,决定成立全国大学生数学建模竞赛广西赛区组委会。组委会成员由教委高教处,广西数学学会负责人及部分高等院校数学教师组成,挂靠在广西数学学会,并负责具体组织本赛区的竞赛工作。十年来,我区参赛活动呈现如下几个特点:

（1）参赛院校数和队数逐年增长。1994 年仅有广西大学等 3 所院校共 16 队参赛,而到了 2002 年,参赛院校达 15 所 79 个队,参赛队数以平均年递增 22%的速度增长。参见表 2。

（2）先地方后军队,先本科后专科,专科后来居上。1998 年以前,参赛的院校均为本科院校,先后有广西大学、广西师范大学、桂林电子工业学院、桂林工学院、广西师范学院、广西工学院、广西民族学院等地方本科院校参赛,我区部队院校桂林陆军学院和桂林空军学院也先后于1998 年和 1999 年开始参赛,至此,全区 9 所含有理工类的本科院校全部参加了全国大学生数学建模竞赛。在专科院校中,柳州师专在 1998 年率先组队参加了全国大学生数学建模竞赛。1999 年全国组委会将全国大学生数学建模竞赛增设了大专组,专科院校开始大批参赛。到2002 年时,专科院校参赛的院校数为 9 所已经超过了本科院校参赛数 6 所,估计其参赛队数不久也将超过本科院校。

表 2　广西赛区各年参赛院校总数及获全国奖总数情况

参赛年份	1994	1995	1996	1997	1998	1999	2000	2001	2002
参赛院校数(本/专)	3	6	7	5	8/1	9/4	7/7	8/6	6/9
参赛队数:本科/专科	16	26	28	22	32	43/12	39/20	52/22	43/36
全国一等奖本科/专科	0	1	1	1	0	2	1	2/1	1/1
全国二等队本科/专科	1	1	1	1	2	2/1	3/3	5/2	4/2

(3)获全国奖的院校越来越多。1994 年,广西大学首次在全国大学生数学建模竞赛中获全国奖,开创广西高校在全国性理工科类竞赛中获奖的先河。1995 年,广西大学再创佳绩荣获全国一等奖,而桂林电子工业学院也获得了第一个全国奖(二等奖)。1998 年以前,广西大学和桂林电子工业学院在全国竞赛中比翼双飞,我区获全国奖的院校也只有他们。而从 1998年开始,获全国奖的开始出现了新面孔。桂林陆军学院在 1998 年异军突起,第一次参赛即获全国二等奖。1998 年以后,我区选送全国参评的队获奖率也大幅提高,特别是在 2001 年,所选送的本科组 7 个队和专科组 3 个队 100%获得全国奖,这在全国二十几个赛区中也是少见的,说明我区参赛水平也在迅速提高。广西民族学院、桂林空军学院、广西工学院、桂林工学院、广西师范学院、广西师范大学等本科院校也在 1999 年起先后获得了全国奖,到 2002 年,全区 9 所本科院校无一例外均获得过全国奖。在专科院校中,河池师范专科学校 1999 年率先获得全国二等奖。随后右江民族高等师范专科学校、钦州师范高等专科学校、柳州师范高等专科学校和广西商业高等专科学校也先后获取全国奖,其中第一个获全国专科组一等奖的是柳州师范高等专科学校。

三、数学建模能力培养与教学改革的目标与机制分析

1. 数学建模教学改革的目标

从数学教育思想上说,培养学生的数学素质和能力应该有两个方面,一是通过分析、计算或逻辑推理能够正确、快速地求解已经建立起来的数学模型;二是用数学的语言和方法去抽象、概括客观对象的内在规律,构造实际问题的数学模型。前者包括讲授各门数学课程(如高等数学、线性代数、概率论与数理统计等)的知识,后者正是我们现在需要大力研究的课题。

在我国高等学校数学教育中,传统的数学教育(几乎所有传统的数学课程),重视的是数学知识体系的传授,数学概念、定义、定理及基本计算方法的传授,简单地说就是重视概念、推理与计算,但不重视如何应用数学方法解决实际问题,不重视数学建模型能力的培养。这造成的后果就是培养出来的学生既不懂得如何运用数学知识来解决实际问题,又会认为学数学无用。这种状况很不适应现代社会对各类人才的要求。

从 20 世纪 80 年代起我国高等院校中开始引入了数学模型的教学,旨在解决这个带有普遍性的问题,其意义在于:(1)数学模型课程的设置是对传统数学课程体系的一个重大补充,使数学教育得以全面发展;(2)适应时代对培养现代人才的建模能力要求;(3)推动数学教育教学改革,数学教学模型化正成为一个主流改革方向;(4)促进高校数学师资力量优化。

2. 数学建模能力培养的主要形式

根据各校师资、学生、专业及设备等具体情况,可以采取以下 5 种主要形式来培养学生的数学建模能力:

(1) 专门设置数学模型或数学建模课程。数学模型课程的内容与传统的其他数学课程不同,它是一门综合性的课程,介绍数学模型和数学建模的基本概念、过程和方法,提供了众多的数学建模的案例,以培养学生的数学建模能力。

(2) 在高校各门数学课程中贯彻数学建模思想。随着数学模型与数学建模教学的开展,人们对数学建模的认识越来越深刻,在其他数学课程中实际上也蕴含着大量的数学建模思想、案例,如果能将数学模型与数学建模的思想贯穿在这些数学课程的教学之中,其效果会更佳。这是一个值得深入探讨的课题。

(3) 组织大学生参加全国的或美国的大学生数学建模竞赛。数学建模竞赛既是对数学模型课程教学效果的一种检验,也是数学建模课程的一个重要补充。学生通过参赛的全过程,包括培训、参赛、赛后总结等过程,可以进一步提高数学建模能力。

(4) 举办数学建模讲座。如果因条件所限,不能开设专门的数学建模课程,可考虑开设数学建模讲座,向学生介绍数学模型与数学建模的概念、思想与方法,激发学生学习数学模型的兴趣,灌输数学模型意识。

(5) 开展数学建模课外活动。组织学生成立数学建模小组或数学建模协会,结合实际问题进行数学模型研究。

3. 我区开展数学建模教学与竞赛中存在的问题及机制分析

尽管我区高校开展数学建模教学与竞赛活动已经取得了很大的成绩,如在 1997 年,广西大学"改革理工科数学教育,建设数学模型课程"还获得了自治区优秀教学成果二等奖,但与全国先进水平相比,还存在着较大的差距。主要存在的问题表现在如下几个方面:

(1) 院校之间数模活动开展不平衡。本科相对较好,但有个别本科院校还没有参加过全国大学生数学建模竞赛。有相当的专科院校还没有正式开展这项活动。

(2) 数学建模师资力量不足。这不仅在部分开展数学建模活动滞后院校中缺乏师资,就是在一些相对较好的院校中也因各种原因导致师资力量不足。

(3) 愿意长期从事数学建模教学的教师不多。

(4) 开展数学建模教学与竞赛的经费不足。区外有的高校一年的参加全国大学生数学建模的活动经费就已达数万元到 10 万元之间,而区内高校同样用于数学建模活动的经费通常只有不到 1 万元。

(5) 区内高校还没有正式出版过有关数学模型的教材,也缺乏适合于专科院校的数学建模教材。

(6) 参加全国大学生数学建模竞赛的队数与兄弟省区相比较少,获全国奖的队数相应的也较少。有的参赛院校和教师存在单纯为竞赛而竞赛的思想,一味追求名次。

之所以产生这些问题,其主要根源是:

(1) 部分学校的领导及教师对开展数学建模教学与竞赛的重要性认识不足。认识不到位,就会导致重视不够、投入不足。数学建模教学不是普通的一项小型的教学改革,所涉及的也不仅仅是一门数学课程,而是一项涉及面广、对整个高校数学教育改革以及对提高学生综合素质都有重要意义的教育改革实践。我们应当站在时代的高度来看待它,把它当作是时代竞争培养现代人才的一项大事来对待。一个重要的不容忽视的事实是:在 1997 年及 2001 年两次全国优秀教学成果奖中与数学模型有关的项目在数学类项目中占了 1/3 的比重,这已充分说明了数学建模在高校数学教育改革中的地位与重要性。全国大学生数学建模竞赛也不仅仅是一项单独的学科竞赛,它涉及众多的学科知识,对培养大学生综合素质、促进高校数学教育改革有重要意义。

(2) 缺乏激励机制来鼓励数学教师长期从事数学建模的教学与研究。既然数学模型教学在现代高校数学教育中占有重要地位,就需要一批热爱数学建模教学工作的高素质的数学教师来从事该项工作,而该项工作又需要教师付出大量的汗水。然而长期以来,为数学建模教学与竞赛付出辛勤劳动的教师们所得甚少。有的学校在指导学生参加全国大学生数学建模竞赛中获得了全国性或赛区性的奖项,但却未能获得学校相应的奖励;有的在数学建模教学与竞赛中成绩突出,但在评职称中却因科研论文少而未能得到晋升,等等。这既有学校的因素,也有全局性的因素。

因此,我们建议以下几点:

(1) 学校及教师要提高对数学建模教学与竞赛的重要性的认识,加大对数学建模的投入。从学校这方面来说,就是要加大包括经费、设备与人员等各方面的投入,特别应重视数学建模师资力量的培养;而从教师这方面来说,则是要加大时间与精力的投入,加大对数学建模科学研究的投入。数学建模是一座科研与教学改革的金矿,学生、教师、学校等各方面都能从中获益匪浅,深入研究挖掘必将大有所获。

(2) 研究制定适当的激励机制。如有的兄弟省市规定凡获全国奖的指导教师,给予相当于省级教学成果奖的奖励;对于获优秀教学成果奖的教师,在职称晋升中给予充分考虑;对于获奖的学生,在免试推荐研究生及评优中给予优先考虑;将开展数学建模竞赛的成绩作为评选优秀教务处的条件之一,等等。我们可以根据广西作为西部省份教育相对落后的现状,研究制定一些鼓励性的政策和措施以促进高校数学建模活动的健康发展。各院校对参加全国大学生数学建模竞赛应制定一套办法,从资金、设备、人员方面给予支持,也要落实相应的奖励方案。

(3) 应加大对数学建模教改项目的资助,鼓励教师钻研数学建模教学。我们有一批兢兢业业无私奉献从事数学建模教学与研究的教师,但苦于开会、发表论文、调研及购买资料等业务活动缺乏经费,应加大经费投入,高投入才能高产出。

(4) 拨出专款支持全区的大学生数学建模竞赛活动。我区成立赛区参加全国大学生数学建模竞赛以来,一直受到经费不足的困扰,很多必要的活动没能进行,如组织巡视员到各院校巡视、参赛院校优秀组织奖的评选、对获奖学生及指导教师的奖励、组织更有效的评阅论文工作、组织数学建模教学和竞赛的经验交流等。

(5) 要将参加全国大学生数学建模竞赛与开展数学教育改革结合起来,不能为竞赛而竞赛,要端正参赛指导思想,重在参与,公平竞争,扩大数学建模教学与竞赛的收益面。

(注:此文完成于 2003 年)

案例教学是培养学生数学素质的好方法*

吴晓层

(广西大学数学与信息科学学院,广西南宁 530004)

摘要

本文论述了数学建模课中案例教学法在学生数学素质培养中的独到之处,并结合实际教学实践,讨论了基于素质教育的要求下的数学建模案例的选择和教学组织。

关键词：案例教学；数学素质；数学建模；教学改革

一、引言

数学是研究现实世界数量关系和空间形式的科学,随着社会的发展、科学的进步,所谓的数量关系和空间形式的内涵、数学在各门科学和技术中的地位不断在变化,因而社会对数学教育的要求也不断在变化。自从 1998 年 6 月全国教育工作会议上通过了《关于深化教学改革、全面推进素质教育的决定》以后,培养知识、能力与素质并重的复合型人才已得到我国高等教育界的重视,素质教育也成为各高校的重点工作之一。从现今我国高校数学课的教学方法和教学内容来看,基本上沿用苏联 20 世纪 50 年代的模式,这种"原理＋练习"的模式,极少让学生在数学课中了解到数学在实际问题中的应用,从今天的素质教育的高度来看,该模式有许多有待改革之处。

我国自 20 世纪 80 年代首先在高校中开设数学模型课以来,取得了很好的效果,为学生运用数学工具和计算机技术建立数学模型来解决各种实际问题提供了方法,特别是一年一度的全国大学生数学建模竞赛,更是为数学教学改革起到了推动作用,而在建模教学中新萌发出来的数学建模案例教学法,则是以典型实际问题的建模例子(实际案例)作为教学内容,通过典型问题的建模实例,展现建模的基本过程,使学生掌握数学建模的思想方法。本文就数学建模案例教学法,探讨其在学生数学素质培养中的作用。

二、数学素质与数学建模案例教学

"素质"是认识主体对客观世界及其事物的反映和认识所拥有的悟性及潜能,所谓"数学素质"是指人认识和处理数形规律,逻辑关系及抽象事物的悟性和潜能,它包括数学知识、数学方法、数学思想和数学能力、数学意识、数学语言、科学精神和科学价值观以及使用计算机的技能

---

* 新世纪广西高等教育教学改革工程立项(编号：B08),广西大学重点建设课程项目。

和能力。"数学素质教育"则是通过系统的数学教学来启发人的这种悟性、挖掘这种潜能,从而达到培养能力、开发智力的过程[1]。也就是说,数学素质是通过数学教学赋予学生的一种学数学、用数学、创新数学的修养和品质。数学素质包括以下五个方面内容:主动探寻并善于抓住数学问题中的背景和本质的素养;熟练地用准确、严格、简练的数学语言表达自己的数学思想的素养;具有良好的科学态度和创新精神,合理地提出数学猜想、数学概念的素质;提出猜想后以"数学方式"的理性思维,从多角度探寻解决问题的道路的素养;善于对现实世界中的现象和过程进行合理的简化和量化,建立数学模型的素养[4]。

案例教学首创于哈佛大学商学院,20 世纪 50—60 年代在美国推广,目前在我国 MBA 教学中也广泛使用。案例原本的含义是把企业或单位中管理者所面对的真实情景与决策以简洁的书面或口头形式重新创造出来。案例分析是对这一情景和状态以及管理者所做的判断和决策进行分析研究。案例教学是指教师以案例分析为课程内容,向学生传授观察、分析和解决问题的方法,使学生掌握预测、决策和对策的基础理论,培养学生创新精神和实际操作能力的教学手段。我们这里所说的数学建模案例教学,是仿照工商管理案例教学中的思想和方法,以典型实际问题的建模例子作为教学内容,通过对问题的分析、简化、建立模型、求解和讨论,向学生展示数学建模的基本过程,让他们自觉地去学习新的数学知识或把学过的数学知识运用到解决实际问题中来,逐步掌握数学建模的思想方法。

三、数学建模案例教学法的特点

数学建模是联系实际问题与数学的纽带,而数学建模案例教学则是将这种纽带在教学过程中向学生展现出来。因此,与传统的数学教学方法相比,在数学素质的培养上,案例教学法有其独特之处。

首先,传统的数学教学模式是"定义—定理—方法技巧—例题—应用";案例教学法的教学模式是"待解决的问题—分析简化—建立模型—模型求解—结果检验—推广"。前一模式是封闭的,应用题是为掌握特定的方法和技巧而设立,答案是唯一的、已知的;后一模式是开放式的,其目的是为解决实际问题,不存在特定的方法和技巧,且答案往往也不是唯一的,判别标准是看所得的结果是否更接近于现实问题。这种开放的教学模式,更能激发学生的求知欲望和创新精神。

其次,案例教学以解决一个具体问题为线索,从分析问题、提出假设到模型建立,从计算方法的选择到软件包的应用等,都是循循诱导,渐入佳境,使人不禁被数学在处理实际问题过程中散发出来的美所吸引。如参考文献[2]中介绍的建模范例:椅子能在不平的地面上放稳吗?通过对问题的分析以及对椅子和地面的合理假设得知,"椅子能否放稳"与"地面是否存在一个位置使得椅子的四个脚同时着地"是等价的,这样很快就能建立起描述这个问题的数学模型。通过进一步的分析后得知,对这个问题的求解,等价于求解这样一个在数学分析中常见的问题:已知连续函数 $f(\theta)$, $g(\theta)$ 在 $\left[0,\dfrac{\pi}{2}\right]$ 上为非负函数,且满足 $f(\theta)g(\theta)=0$, $\forall\theta\in\left[0,\dfrac{\pi}{2}\right]$; $f(0)=g\left(\dfrac{\pi}{2}\right)$。问:是否存在 $\theta_0\in\left[0,\dfrac{\pi}{2}\right]$,使得 $f(\theta_0)'=g(\theta_0)=0$。通过这么一个身边很平常的问题,将数学上抽象的理论用于解决实际问题的魅力展现无遗。

再次,数学建模案例教学中,对解决问题不拘泥于某个方法,涉及面广,这有利于培养学生解决问题的综合能力和扩大知识面。传统数学教材中的应用题或习题,只是紧扣正文中刚讲过的理论和方法,而案例教学中以解决问题为目的,同一个问题通常有很多种求解的方法,且方法的优劣不取决于所用数学工具的高深,而是取决于解决问题是否有效和尽可能简便。同时,传统数学教材强调系统性,在深度与广度上常常受到一定的限制,案例教学由于以解决案例为目的,就有很广阔的发挥的余地。如参考文献[2]中关于人口预测模型,从 Malthus 模型、Logistic 模型、人口发展方程到随机人口模型,所涉及的数学工具有常微分方程、偏微分方程、差分方程及其解的稳定性,所涉及的数学方法有确定性的和随机性的、连续的和离散的方法等。这种围绕一个生动的案例而展开,介绍众多的求解模型方法和数学理论,极大地刺激了学生的求知欲望,有利于他们知识面的扩大和综合应用数学能力的培养。

此外,传统的教学方法是灌输式的,案例教学法通过学生的参与,能克服使学生被动接受知识的缺点。每一个案例都是对现实中的实际问题的生动的描写,案例教学通过组织学生进行讨论,让他们独立去分析问题,使其在教学过程中处于主动地位。而教师的地位从“教”变为“导”,不是去教学生使用某种方法解题,而是启迪他们开动脑筋认真思考,自己去寻找解题的数学工具和方法。所以,在讨论过程中,教师的地位与学生是平等的、互动的,有时是教师开导学生,有时教师从学生的讨论中得到启发,从而引导讨论更进一步深入。如我们在教学过程中曾经给过如下的案例:观察平时同学们的用水习惯,估计全校每天浪费多少吨水,并提出节约用水的措施。针对这个问题,学生根据自己提出的效用函数建立了各式各样的优化模型和提出节约用水的办法。在这一过程中,不仅学生在建模实践中解决问题的能力得到了提高,教师也从中得到很多启发。我们的体会是:这种教学方法,不但极大地锻炼了学生的解决问题的能力和激发他们学习的兴趣,同时还锻炼了他们思维快速反应能力和口头表达能力,以及独立决策的能力。

四、案例的选择及数学建模案例教学组织

要组织好案例教学,首要的任务是选好教学案例。我们认为,选择教学案例时,应遵循拟真性、生动性和针对性三个原则。

(1) 拟真性:学习数学建模的主要目的是解决实际工作中的问题,故数学建模教学中的案例应是理论应用的实证材料。不同其他数学课程中的应用例题和练习,案例更具有真实性和实用性,这不仅能增加学生学习的兴趣,更主要的是贴近现实的案例更利于开发学生的各项潜能和提高综合素质。

(2) 生动性:来自现实中的形象生动的案例能牢牢地吸引住学生,容易引起学生的共鸣,有助于学生发现问题和激发他们对问题的探索。在教学中形象生动的案例,理论联系实际,化难为易,化抽象为具体,深入浅出,给学生留下深刻的印象。

(3) 针对性:案例教学的选择必须服从理论教学的需要,不但要结合学生的知识水平和能力,还要很好地体现相关的知识点。数学模型涉及的内容很广泛,有工程、经济、管理、生物、医学、社会、军事等领域的内容,所以案例的选择与安排,应尽量避免涉及过多的专业知识,而应更多地凸显数学建模的理论和思想,让学生在对一系列案例的学习活动中,经过反复的分析活动,不断对比、归纳、思考、领悟,建立起一套对个人特别适合、有效的思维和处理问题的程序,从而带来学习和分析能力的升华与质变。此外,太难的或涉及其他专业知识太多的案例,

让学生望而生畏,会挫伤学生的自信心;而太容易的案例则又缺乏激励作用,因此,案例的难度应保持一定的水准。

好的案例是成功的教学的先决条件,而案例的教学则是教学思想的具体实施。在整个教学过程中,应时时体现"激励学生学习数学的积极性、提高学生建立数学模型和运用计算机技术解决实际问题的综合能力"宗旨。同时,以学生为主体,强调发现知识的过程而不是注重简单地获得一个特殊的认知过程,强调创造性地解决问题的方法和养成不断探索的精神。教学组织的指导思想是:以实验室为基础,以学生为中心,以问题为主线,以培养能力为目标。我们在教学实践过程中尝试了这样的教学组织形式:

(1)课堂教学:分教师讲授和探索讨论两种模式。课堂讲授重点突出学习重点,使学生了解和熟悉建模的困难与关键所在,同时又让学生有余地去钻研和进一步学习有关的数学理论;探索讨论则突出学生自己探索新知识,教师的作用是创造一个环境,让学生独立钻研。

(2)建模实践:教师制定出一些问题,将学生分成若干组,将问题分配给学生,让学生阅读相应的文献资料和学习新的知识,相互讨论,形成解决问题的方案,通过计算给出结果,并写成完整的报告。这样培养他们主动探索、努力进取的作风,同时充分发挥每个学生的特长,如:计算、分析、编程、写作等。

五、结语

数学建模教育在 21 世纪的数学教育中必将占有重要地位,这一点已被越来越多的人士所认可。长期以来,数学课程往往自成体系,处于自我封闭状态,数学教育也一直没有找到一个有效的方式将数学学习与丰富多彩、生动活泼的现实生活联系起来,以致学生在学了许多据说是非常重要、十分有用的数学知识以后,却不会应用或无法应用,有些甚至还会觉得毫无用处。近年来人们逐渐认识到数学建模的重要性,开设了数学建模乃至数学实验的课程,并举办了数学建模竞赛,数学建模案例教学才逐渐被人们所采用。这样,通过数学案例教学,为数学与外部世界的联系在教学过程中打开了一个通道,提供了一种有效的方式,对提高学生的数学素质起了积极的促进作用。我们在数学建模课程中采用案例教学法,取得了一些成绩,也积累了一些经验。我们相信,随着数学教育改革的进一步深化,数学建模案例教学在数学素质培养中的作用将日益凸显出来,将被越来越多的人士所重视。

(注:本文完成于 2003 年)

参考文献

[1]　陈海波,王家宝,等.素质教育观下的工科数学教育改革[J].工科数学,2001,17(2):54-56.

[2]　姜启源.数学模型[M].北京:高等数学出版社,1993.

[3]　李大潜.数学建模与素质教育[J].中国大学教学,2002,10:41-43.

[4]　顾沛.十种数学能力和五种数学素养[J].高等数学研究,2000,4(1):45.

[5]　萧树铁,谭泽光,等.面向 21 世纪大学数学教学改革的探讨[J].高等数学研究,2000,3(3):2-9.

[6]　李大可,李向军.加强数学建模教育,提高数学教育素质[J].西安联合大学学报,2002,5(1):109-112.

日常教学中培养学生数学建模能力

韦程东

（广西师范学院数学与统计科学学院，广西南宁 530001）

摘要

日常教学中，应有意识地给学生传授数学建模的思想与方法，培养学生数学建模的能力，从而促进教改的发展，提高学生应用数学知识解决实际问题的能力。

关键词：日常教学；数学建模；教改

一、在日常教学中培养学生数学建模能力是教改的需要

当今发达国家与发展中国家的差距基本上是知识的差距，因此，必须改变我们的教育模式，努力培养学生主动获取和应用知识的能力，独立思维能力和创造能力，而在传统教学中这些比较难做到，1997 年获诺贝尔物理奖的朱棣文教授认为，中国过多强调学生书本知识和书面应用能力，而对激励学生的创新精神则显得不足。这也是为什么中国人在奥林匹克比赛中频频获奖，而与代表真正"创新发明"的诺贝尔奖却无缘的一个原因。所以，如何在基础课程中体现知识的应用，使理论与实际联系起来是教育改革的一个重点，而对数学来说，我们知道"一切高科技可归结为数学技术"，所以数学在这方面的改革是重中之重，作为创新之本，数学的应用就高师专业的学生来说，应用能力普遍较差，而就当前数学教育来看，数学的应用已经引起重视，"数学与问题解决，将成为中学课堂教学模式改革的一个重要方面，并对未来数学教师从教能力提出新的挑战"[1] 因此，我们应该更多的考虑在基础课程中体现数学的应用性，渗透应用的思想，让学生知道自己所学能应用在哪里，怎样应用，而作为知识应用的一个方面，数学建模是一个很好的手段，我们应该广泛开展数学建模的教学，借此来促进我们的数学教育改革，数学建模本身就给学生创造了一个自我学习、独立思考、认真探索的实践全过程，提供了一个发挥创造才能的条件和氛围，培养学生多方面的才能，特别是创造性能力的一种手段。而数学建模竞赛，参与的人比较少，开设数学建模课程时间少，只是一种短期培训，虽然也收到一定的效果，但普遍来说，提高不了大多数学生的数学应用能力，所以，在日常教学中灌输数学建模思想，培养学生的数学建模能力，符合当代数学教育的主流，适应数学素质教育的需要。

二、在日常教学中向学生灌输数学建模思想

数学建模包括把现实对象的信息表述归纳为数学描述（或者说是数学语言），直到建立数学模型，然后对模型求解，这体现为数学材料的逻辑化，是用数学理论研究问题的过程。最后，

是体现数学的应用,利用所建立的模型结果指导实际,进行模型检验,所以从这方面看,在方法论上,建模是一种数学思想方法;从教学上看,建模是一种数学活动,而这种思想方法和活动能力是数学家和数学工作者所必备的一种重要素质。"纵观数学的发展史,数千年来,人类对于数学的研究一直是沿着纵横两个方向进行的,在纵方向上,探讨客观世界在量的方面的本质和规律,发现并积累数学知识,然后运用公理化等方法建构数学的理论体系,这是对数学科学自身的研究;在横向上,则运用数学的知识去解决各门科学和人类社会生产与生活中的实际问题,这里首先要运用数学模型方法构建实际问题的数学模型,然后运用数学的理论和方法导出结果,再返回原问题实现实际问题的解决,这是对数学科学应用的研究"[2],可见数学建模的思想是贯穿数学的发展史的,我们完全有必要在日常教学中渗透数学建模的思想,向学生教授数学建模的思想,逐步培养学生的数学建模能力。

三、在日常教学中教授学生数学建模方法

数学建模的思想渗透于数学的许多领域,我们强调向学生传授建模思想的同时,更重要的是向学生传授建模的方法,使学生应用这些方法去建立模型,培养他们实际的建模能力,我们可以适当的向学生传授一些建模的方法,例如用初等数学方法、量纲分析法、微分法、差分方法、图的方法、概率的方法等典型方法教给学生,让他们学会一些典型的方法,建立模型。

四、日常教学中培养学生数学建模能力的策略

1. 数学阅读能力。数学建模的材料总是很原始的,是没有加工过的"原坯",所以数学建模要求我们能从这些"原坯"中提取有实际价值的"成分"而去掉那些无关紧要的东西,或者忽略一些次要的因素,这就要求我们去读懂这些材料,要读懂它,就必须具备很强的数学阅读能力,这个能力想依靠临时培养,是不可能的,必须依靠平时学习中点滴培养成的。所以在日常教学中,要培养学生的数学阅读能力,这个能力可在教学中开展一些让学生阅读课本,教师在旁指点的教法,我们把这个教法叫数学阅读教学法。

2. 数学语言与生活语言的互译能力。数学建模要求我们把提取的材料(实际问题)翻译成数学语言,然后才能用数学方法解决实际问题,这种翻译能力也要求我们在平时多学习数学语言才能做到,而且在课堂上有大量这种练习。例如,在数学分析中都贯穿着一些重要的数学语言——极限、导数等,这些都需要我们教师在日常教学中有意识地培养学生掌握,同时,在数学建模最后强调的模型应用,要求学生把数学语言又翻译成使一般人了解的生活中的语言,这种双向的翻译能力,不单是数学建模的需要,还是一切应用数学的需要,也是一切数学工作者的必备能力,需要教师在日常的教学中有意识地教给学生。

3. 查阅资料、文献的能力。数学建模所需要的许多知识是学生没有接触过,没有学过的,教师不可能一一的教会学生,这需要学生自己去学习,自己去查阅文献,这正是学生自学能力的培养,而如何在浩如烟海的资料中迅速找到吸取自己所需的知识,这将大大的要求学生拥有很强的使用资料的能力,我们知道自学能力和快速查找资料的能力恰好是学生毕业后工作和科研中所需要的,这两方面的能力也应该在日常教学中逐渐培养起来。

4. 计算机的使用能力。数学建模中,模型的计算是非常庞大和繁杂的,不可能用手算去完成,论文的编辑、排版、打印也都离不开计算机,这就要求学生掌握现代的计算工具——计算

机,所以有必要开设一些计算机课程,教会学生应用常见的数学软件,如 MATLAB、Mathematica、MathCad 等。我们在培养学生使用计算机的同时,应该注重培养学生的编程能力,适当的让学生编造一些应用程序,因为数学建模有时用数学工具也是解决不了的。需要编程才能做。

5. 论文的撰写能力和表达能力。数学建模最后要求学生把自己的"想法"写成一篇论文,论文要求按格式写,同时要求清晰明了地阐述自己的观点。这些要求都需要我们平时有意识地培养锻炼学生的写作能力。

6. 学生的想象力、观察力、判断力、直觉、灵感和创造力。建模的方法与其他一些数学方法如方程的解法、规划解法等是根本不同的,无法归纳出若干条普遍适用的建模标准和技巧。目前建模与其说是一门技术,不如说是一种艺术,是技巧性很强的技术,经验、想象力、洞察力、判断力以及直觉、灵感等在建模过程中起的作用往往比一些具体的数学知识更大[3]。这方面的能力的培养更不能一蹴而就,更需要教师平时的发掘和培养,要求教师必须抛开平时满堂灌的传统教学教育思想,多增加一些开放性教学、研究性课,多鼓励学生大胆地发表自己的看法,对于各种"异想天开"不要轻易否决,鼓励他们多思考,以发掘具有这方面能力的学生,并有意的去培养他们。

7. 团队合作的能力。数学建模需要合作精神,需要多人的努力才能完成。例如数学建模竞赛需要三个人的合作,三人成败与共。所以要求三人能精诚合作、互相协作,积极发表自己的看法,又能虚心容纳、接受其他人的观点,集众人的所长,并能从众多的观点中综合出最优的方案,这种能力也是学生以后工作和生活所必需的,所以教师应在教学中有意识的培养学生的团队合作能力,例如在开展一项讨论时,应以小组形式进行,不要太过强调个体。

五、概率论与数理统计日常教学中培养学生建模能力实践

概率论与数理统计是数学专业的主干课程之一,是研究随机现象的主要学科,特色很鲜明,解决问题时更注重概念与思路,学生不容易掌握,所以在教学中,贯彻理论联系实际,加强与实际问题的联系,补充一些贴近于生活的例子,当作生活常识来讲,为真正建模积累一些"生活常识"。因为生活上的许多现象都是不确定的,而数学建模的材料又是来源于现实生活,所以往往应用到这些不确定的生活现象的随机性。例如,2001 年数学建模竞赛的第一题——公交车最优调度方案中人到站就是一个服从于参数为 λ 的泊松分布,而课本中提到在一个时间间隔内某电话交换台收到的电话的呼唤次数、一本书中的印刷错误数等[4]。如果学生能理解这些现象为什么是服从泊松分布的,那么也能理解 2001 年数学建模竞赛题中人到站是服从泊松分布的,对于解决这个问题就有了帮助,就是不参赛的学生,也会把自己所学的这个知识应用于实际解决类似问题。因而在每一章节里适当地给一些问题,引导学生进行分析,通过抽象、简化、假设、确定变量、参数建立一些简单的概率模型,解决实际问题,培养他们的实际操作能力及数学建模能力。如在概率论的基本概念中让学生"讨论同学之间的同生日问题";在随机变量及其分布中让学生测量本年级男、女同学的身高。看是否符合正态分布,分析苹果树、西瓜地的水果受虫害数是否服从泊松分布,在校门口,观察一分钟通过的汽车的数量,检验其是否服从泊松分布;在随机变量的数字特征中让学生分析某人在平均仅有二尺的河水溺水身亡原因;在大数定律与中心极限定理中让学生讨论为何筛子底下的谷堆呈钟形;在样本及抽样分布中让学生调查分析中学生的课外作业负担是否过重;在参数估计中让学生估计某水池

中鱼的数量；在假设检验中让学生分析高考标准分的合理性；在回归分析中让学生考察入学成绩与在校成绩的相关性、分析学习成绩与性别的关系、分析父亲的身高与儿子的身高有何关系；等等。平时还给学生布置一些能用计算机编程实现效果的概率模型让学生建立模型求解，培养学生应用计算机编程的能力，如组织学生制作课件，使大数定理、中心极限定理实现可视化等。

我们在广西师院数计系数 98 本 1 班，要求学生按以上策略进行训练，经过几年的努力，学生渐渐地养成了阅读数学资料、数学书籍的习惯，对数学产生了浓厚的兴趣，提高了同学们的数学应用能力。2002 年该班共有 15 位同学参加数学专业硕士研究生入学考试，并有同学考上了研究生。2001 年有三位同学参加全国大学生数学建模竞赛获广西一等奖，全国二等奖，是我院由 1995 年参赛以来取得的最好成绩。更可喜的是经过训练，同学们认识到数学应用的重要性，掌握了数学的方法和理论。因而我们应在日常教学中努力培养学生的数学应用能力，特别是数学建模能力，提高学生的数学水平。

参考文献

[1] 黄翔.面向新世纪的高师数学教育改革[J].数学教育学报,1999(3).

[2] 李玉琪.《数学建模》前言[J].数学通报,1995(5).

[3] 姜启源.数学模型[M].北京：高等教育出版社,1993.

[4] 盛骤,等.概率论与数理统计[M].北京：高等教育出版社,1989.

发挥数学建模协会作用，营造数学建模活动氛围[*]

韦程东　欧　阳　陈建伟　李振杰　熊月珍

（广西师范学院数学与统计科学学院，广西南宁 530023）

摘要

学生社团是高校文化的重要载体，是高校文化不可缺少的一部分，数学建模协会是学生社团的主要成员，数学建模协会在日常的工作中，让同学们深切感受到数学无所不在，感受到数学是解决实际问题的有力工具，在人类社会的发展中发挥着重要作用，从而激发学生应用数学的理论与计算机技术去发现、分析和实际问题兴趣，树立数学建模意识，提高创新能力。

关键词：词数学建模；协会；创新精神

一、引言

由教育部和中国工业与应用数学学会联合组织的全国大学生数学建模竞赛已成功举办了20届，这项赛事已发展成为我国目前规模最大、影响最大的大学生课外科技竞赛活动。数学建模竞赛活动对学生创新思维的培养和实践能力的提高具有很大的推进作用。

目前，我校学生参加数学建模活动已蔚然成风，每年有300多位学生参加全国大学生数学建模竞赛、全国研究生数学建模竞赛、数学中国数学建模网络挑战杯等数学建模活动，学生在参加数学建模活动的过程中，数学建模意识不断提高，许多人考上了硕士、博士研究生。从事教学工作的同学，注重培养学生应用数学思想方法去发现、分析、解决问题，促进了数学的教学改革，其中有20多位是高校数学老师，他们已成为所在高校数学建模的骨干老师，有的被评为全国大学生数学建模竞赛优秀指导老师、有的被评为全国大学生数学建模竞赛广西赛区优秀指导老师。我校在指导学生开展数学建模活动所取得的成绩，得到了全国大学生数学建模竞赛组委会，全国大学生数竞学建模赛广西赛区组委会，广西教育厅领导，教育部本科教学水平评估专家的高度赞扬，在全国大学生数学建模竞赛组委会举办的纪念全国大学生数学建模竞赛二十周年纪念活动中，我们学校被选为全国师范类院校的代表，在纪念文集中用专页介绍了我们学校开展数学建模活动的情况。这一成绩的取得与数学建模协会日常开展的活动是分不开的。

---

* 广西"十一五"教育科学规划项目；广西新世纪教改工程项目；广西研究创新计划项目；广西师范学院教学改革工程项目。

二、数学建模协会简介

我校数学建模协会的前身是广西师范学院数学科学学院(数学与计算机科学系)学生会科协数学建模分会,从 1995 年开始组队参加全国大学生数学建模竞赛,经过十多届科学生会科协会员的不懈努力,数学科学学院学生会科协数学建模分会发展成为广西师范学院数学建模协会。数学建模协会的理念是"以团队精神、创新意识为灵魂";宗旨是"致力于活跃学校的社团活动,营造学术氛围";活动方针"是宣传数模,发展数模,强我数模,让大多数人了解数模,为数模爱好者提供一个展示才华的舞台";目标是"营造浓厚的数学建模氛围,提高数学建模能力和创新能力"。

三、数学建模协会是广大学子的良师益友

数学建模协会在日常的活动中吸收全校数学建模爱好者,组织开展一系列与数学建模有关的活动,对会员进行数学建模的长期指导和培训,为会员进行经验交流提供平台,提高会员对数学建模的认识,树立团队合作精神,让会员的数学建模能力在日常的活动中能循序渐进地提高。会员们在活动中受益匪浅,都把数学建模协会当做自己良师益友。

四、数学建模协会出奇招,数学建模活动氛围浓厚

数学建模协会是我校学生认识数学建模、开展数学建模活动,交流数学建模经验平台的组织,在日常的活动中宣传数学建模,让全校学生了解数学建模,发展数学建模协会会员,为数学建模爱好者提供一个展示才华的舞台,具体的做法是:

1. 开设讲座。数学建模学会请全国大学生数学建模竞赛优秀指导老师、全国大学生数学建模竞赛广西赛区优秀指导老师来给会员们做学术讲座,老师们通俗易懂的讲解,大大提高了会员对数学建模的兴趣,激发和鼓舞会员们主动查阅数学建模的文献资料,开展数学建模问题的讨论、辩论。

2. 以老带新。已参加过全国大学生建模竞赛的师兄、师姐们积极主动对新会员进行培训,培训内容大多数是启发性的,讲一些基本的概念和方法,主要是引导同学们自己去学,充分调动同学们的积极性,充分挖掘同学们的潜能。培训中广泛地采用讨论班方式,同学自己报告、讨论、辩论,了解要使用计算机及相应的软件,如 MATLAB,LINGO,SPSS,甚至排版软件等。

3. 观摩成果展。在每年的学校社团文化艺术节中,展现历届师兄、师姐们在数学建模比赛中取得的优异成绩以及他们走上工作岗位后的风采,营造一种生动活泼的文化环境和学术气氛,让同学们更深入的了解数学建模,主动发扬刻苦钻研、努力拼搏的精神。

4. 建立网站。建立校园数学建模网站,宣传数学建模的有关知识、展示历年全国大学生数学建模竞赛试题和优秀论文,让同学们更加近距离接触数学建模竞赛。同时,在网站上给学生们提供有关数学建模的书籍、网址,方便同学们自主学习;在日常的数学建模学习过程中,如果同学们有什么疑难问题,可以发帖留言的方式咨询、请教;同学们也可以通过校园数学建模的网站相互沟通、交流,相互探讨、研究。

5. 校际合作交流。我校数学建模协会时常与其他高校数学建模协会进行学术交流,其中包括广西财经学院数学建模协会、广西电力职业技术学院数学建模协会、广西教育学院数学建模协会。具体的做法是先由各高校代表介绍各自的特色活动,发展中遇到的困难以及对未来的计划,随后讨论各高校数学建模协会今后的交流与合作可能会遇到的问题以及应采取的措施。各协会一致表示,万事开头难,要有克服困难的信心。各高校数学建模协间的合作与交流不仅是为了建立数学建模联盟,更希望各高校数学建模协会能取长补短,为数学爱好者提供更好的学习交流平台。与区内其兄弟院校协会的合作与交流,促进了我校数学建模学会的发展。

6. 开展数学建模知识竞赛。现代教育思想的核心是培养学生创新意识及能力,而能力是在知识的教学和技能的训练中,通过有意识地培养而得到发展的。教学中,数学建模方法和思想的融入,有助于激发学生的原创性冲动,唤醒学生进行创造性工作的意识,开展数学建模知识竞赛,学生要从错综复杂的实际问题中,抓住问题的要点,并将问题中的联系归成一类,揭示出它们的本质特征,找出解决问题的重点与难点,自觉地运用所给问题的条件寻求解决问题的最佳方案和途径,这一过程能充分发挥学生丰富的想象力和创新能力。

7. 环保展板宣传。为配合环保局的低碳宣传,我们协会以数学建模知识为基础,建立模型来对环保知识进行宣传,这一活动让同学们了解到数学建模的生活性、广泛性、实用性,大大地丰富了同学们的知识面,开拓了同学们在数学方面的视野,充分调动了同学们的学习积极性,激发了同学们的创造性思维。

五、结语

创新型人才推动着社会不断向前发展,培养创新型人才已成为教育的一大目的,而培养创新人才的内因是学生本身,没有学生自身的努力,一切说教、一切培养都是徒劳无功。"创新意识、团队精神、重在参与、公平竞争"为宗旨的全国大学生数学建模竞赛是培养大学生数学建模竞赛的一个平台,正在蓬勃发展的各高校数学建模协会是造就创新型人才的一支不可忽略的力量,相信同学们能在这数学建模活动中茁壮成长,为把我国建设成创新型社会做出自己的贡献。

在常微分方程教学中融入数学建模
思想的探索与实践

韦程东　高　扬　陈志强

（广西师范学院数学与统计科学学院,广西南宁 530023）

摘要

结合常微分方程理论性强和应用性强的特点,探索如何在教材、教学方法等方面融入数学建模思想的方法。

关键词：常微分方程；数学建模思想；教材；教学方法

一、引言

常微分方程是数学的一个重要分支,也是偏微分方程变分法控制论等数学分支的基础。在物理天文、医学、经济学、生物学、通信工程及航空航天技术等诸多领域都有重要的作用[1-4]。庞特里亚金说过,常微分方程在振动理论和自动控理论等很多领域中起到了相当重要的和引人入胜的应用[5],比如导弹弹道计算与飞机飞行中的稳定性研究可以归为微分方程的求解问题；化学反应中稳定性的研究可以归为微分方程的求解问题；电子计算机与无线电装置的计算问题也可以用微分方程来求解；在天文学中,海王星的发现也得益于微分方程,1846 年,法国巴黎天文台的勒威耶(1811—1877)对牛顿研究的微分方程进行数值计算的基础上,预言在太阳系中第八颗行星的存在,并计算出了该行星的具体位置。

然而,众多院校在常微分方程的教学中过多强调理论的严密性,淡化了该课程的实践性,缺乏对学生的动手能力和应用能力的培养,以致很多学生在学习了这门课程之后不知有何作用。因此,如何在教学中突出其实践性已成为近年来教学改革的热点。而数学建模是解决实际问题的一种方法,是数学学科与社会学科的交汇,它在本质上是一种训练学生思维和应用能力的手段或实验. 所以,要解决常微分方程教学中的问题,在该课程中融入数学建模思想非常有必要,势在必行。

我院至 1995 年组队参加全国大学生数模竞赛以来,一直注重在数学类主干课程中融入数学建模思想,注重培养学生数学建模能力,成效比较显著,报名参加全国及美国大学生数学建模竞赛的学生人数越来越多,05、06、07 年我院分别有 12、20、30 个队参加全国大学生数学建模竞赛,三年来我院学生共获得 2 项全国一等奖,4 项全国二等奖,50 多项广西赛区一、二、三等奖。

二、在常微分方程教学中融入数学建模思想的一些有效尝试

1. 充实《常微分方程》教材中的应用素材的原则与措施

20 世纪 90 年代后期起,全国掀起了一场新的教育改革浪潮,而教材的改革更是首当其冲。与国内的常微分方程教材相比,国外教材(如 Edwards 与 Penney 合写的《Elementary Differential Equations (5th Edition)》)有如下鲜明的特点:①通过大量的富有趣味性的实际例子突出数学的应用,让学生学会运用常微分方程建模并分析实际问题的本领;②密切配合计算机软件 Maple、MATALB、Mathematica 等的使用进行图示,求解析解,进行数值计算、推理以提高课堂教学的效果。而国内的常微分方程教材则缺乏这两方面的内容,因此,在用国内的《常微分方程》教材进行教学时,应注意充实教材中的应用素材,将常微分方程的理论、方法与解决实际问题有机地结合起来。其原则是既要体现国内传统教材中的理论性强,方法多样,技巧妙的特点,又要体现利用常微分方程进行数学建模思想等特点,力争使教材反映常微分方程理论严密性、方法多样性、应用广泛性。

在常微分方程的教材中,不打破原有系统的前提下,应有目地将社会经济生活和现代科学技术的热点问题引入教材,体现用常微分方程知识求解实际问题的全过程,即"实际问题→数学模型→求解→结果分析→修改模型→实际应用"。在教材中可采用以下几个典型的微分方程模型[6](例如,①人口增长模型;②传染病 SIS 模型;③一般战争模型;④捕食-被捕食模型等)和现实热点问题[7](例如,①为什么旗杆是空心;②预测一个彗星何时通过近日点;③核废料的处理问题)。

2. 注重常微分方程教学方法的改革

(1)采用启发型、讨论型教学方法

在教学中,要改变传统的学生被动学习的教学模式,培养学生自主学习能力,教师应从知识供应商转变成学生学习知识的顾问,引导学生发现问题,分析问题,解决问题。教师在整个课堂教学中充当组织者、管理者。例如,在讲解一阶微分方程的初等解法时,老师应引导学生把一些实际问题转化为伯努利方程,再把伯努利方程变换为一阶非齐线性微分方程,讨论并掌握其解法。

(2)采用双语教学方法

在常微分方程教学中,我们试探性地采用了双语教学,采用国外优秀的原版教材,自然地也引入先进的教学思想与方法,因为国外教材有大量的实际应用题,有利于在教学中融入数学建模思想。在课堂上主要采用中文讲解,英文板书的模式来进行。对于课本上较浅显的内容让学生自己阅读,这样适量的运用外语,不但没有加重学生的负担,反而激发学生的好奇心,让学生由被动学习转为主动学习,同时也培养了学生阅读数学外文书籍、资料的能力。

(3)采用案例教学方法

利用课本中已有的相应常微分方程理论、思想方法,结合日常生活中的实际问题进行建模,这样的教学过程虽然比直接解纯常微分方程问题要麻烦一些,但对学生来说,具有实用性、启发性,其教育价值更大,既加深了学生对常微分方程知识的理解,又强化了学生的应用意识,

培养了学生数学建模能力。这将在填补常微分方程理论与其在应用上的鸿沟起到积极的作用。

例 1 （范·米格伦伪造名画案[8]）范·米格伦在"二战"时把一幅历史名画卖给纳粹头子，在荷兰他犯了卖国罪，而他辩言出售的是一幅赝品，他死后有人称他为摆脱罪名而说谎，案件被蒙上了一层面纱，直到 1968 年，美国科学家利用放射性碳 14 测出售出那幅画的确是赝品。

实验表明，放射性物质的衰变速率与现有量成正比，由此建立微分方程 $\dfrac{\mathrm{d}x}{\mathrm{d}t}=-kx$，$x(0)=x_0$，并求解 $x(t)=x_0\mathrm{e}^{-kt}$，代入具体数据，即可得出结果。这个问题的解决既有趣，又展现了数学建模技术与科技发展的紧密相关性。通过这个案例，学生认识到数学建模不单纯是数学知识，而是多种知识的复合应用的结果。

例 2 （新产品的销售模型[6]）一种新产品（像电脑、空调等）问世，人们对其功能尚不熟悉，所以销售速度较慢。随着销售数量的增加，人们对其越来越了解，销售速度也增加，但这类商品销售到一定数量时，因人们不会重复购置，而使销售速度减慢。设计一个数学模型描述产品销售速度。

我们引导学生分析得到，需求量有一个上界 p，用 $y(t)$ 表示 t 时刻已售产品数量，则尚未售出量约为 $p-y(t)$；引导学生进一步分析知，产品的销售速度 $\dfrac{\mathrm{d}y}{\mathrm{d}t}$ 与销售量 $y(t)$ 和 $p-y(t)$ 的乘积成正比，比例系数为 k，则 $\dfrac{\mathrm{d}y}{\mathrm{d}t}=ky(p-y)$，解此方程得销售数量 $y(t)=\dfrac{p}{1+C\mathrm{e}^{-kp}}$，其中 C 是任意常数；为讨论销售速度的变化情况，需求出销售速度的加速度，于是再对方程求导得 $\dfrac{\mathrm{d}^2y}{\mathrm{d}^2t}=k\dfrac{\mathrm{d}y}{\mathrm{d}t}(P-y)-ky\dfrac{\mathrm{d}y}{\mathrm{d}t}=k\dfrac{\mathrm{d}y}{\mathrm{d}t}(P-2y)$，因而，当 $y=\dfrac{p}{2}$ 时，加速度 $\dfrac{\mathrm{d}^2y}{\mathrm{d}^2t}=0$，即销售速度达到最大值。从而求得 t_0，使 $y(t_0)=\dfrac{p}{2}$；学生从模型得到结论，当 $t>t_0$ 时，销售速度逐渐增大，当 $t>t_0$ 时，销售速度逐渐减小，这表明，在销售量小于最大销售量的一半时，销售速度是不断增大的，销售量达到最大销售量的一半时，产品最为畅销，其后销售速度开始下降。

例 3 （在"人口增长的马尔萨斯模型"中的应用[9]）人口问题是当今世界上人们最关心的问题之一。综观人类人口总数的增长情况，是可以利用一个微分方程模型来解释人口增长的规律的。人口的总数 $N(t)$ 是时间的连续、可微函数，而马尔萨斯认为人口在 t 时的增长率与当时的人口总数成正比，因此，有如下的方程 $\dfrac{\mathrm{d}N(t)}{\mathrm{d}t}=aN(t)$，其中 $a>b$ 为常数，与社会条件有关。而继续考虑更多的因素后，上述方程并不能很好的刻画这个问题，于是，在经过改进之后，该方程为 $\dfrac{\mathrm{d}N(t)}{\mathrm{d}t}=(a_0-bN(t))N(t)$，在有初值的时候，该方程是很容易求解的。

在教师引导下，学生通过实例总结出运用微分方程思想方法解决实际问题的基本步骤：①建立起实际问题的模型，也就是建立反映这个实际问题的微分方程，提出相应的定解条件；②求出这个微分方程的解；③用所得的结果来解释实际现象，或对问题的发展变化趋势进行预测。

根据教学内容，在各章节中可选择适当的案例进行教学，如表 1 所示。

表　1

第一章,绪论	(1) 物体冷却过程的数学模型,(2) 数学摆模型等
第二章,一阶微分方程的初等解法	(1) R-C 电路模型,(2) 放射性废物处理问题,
第三章,一阶微分方程的解的存在定理	(3) 人口的发展预测模型等
第四章,高阶微分方程	(1) 悬链线问题,(2) 质点振动模型等
第五章,线性微分方程组	(1) 药物在体内的分布与代谢模型,(2) 一般战争模型等

(4) 采用计算机辅助教学

计算机辅助教学[10]是一种很好的教学方法,在国外教学中非常流行。把多媒体引入到微分方程的日常课堂教学中,多媒体课件图文并茂,突破黑板二维空间的局限性,充分调动学生的学习欲望。以校园网为平台,建立网络教学,学习跟踪,在线答疑,在线交流,突破时间和空间的界限,实现最大程度的资源共享。结合微分方程的理论知识,运用 Maple、MATLAB、Mathematica 等软件来求解实际问题,为培养学生应用数学的思想方法和计算机科学技术解决实践问题打基础。

三、注重对学生学法的指导

用数学建模思想方法来指导学生学习常微分方程,会收到事半功倍的学习效果。如指导学生采用徐利治教授倡导的"关系映射反演"[11]原理学习。即在学习和研究各类微分方程(组)问题时,按如下 RMI 原理的图示进行思考。

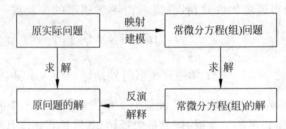

四、注重对学生数学建模能力的巩固与考核

1. 在课后巩固学生的数学建模能力

在课外练习中,让学生讨论相关问题。例如,把"请你破案"[9]作为课外作业,"请你破案"问题是:在一个冬天的晚上,警方于20:20接到报警,立即于第一时间赶到凶案现场。法医在晚上20:30测得尸体体温为33.4°,一小时后在现场再次测量得尸体体温为32.2°,案发现场气温始终为23℃,据死者王某家属称,20:15回家时发现空调一直是开着的,并设定在23℃上。警方经过初步排查,认为张某具有较大嫌疑。现在要确定张某有没有作案时间。有确凿的证据,说明18:00之前的整个下午张某一直在岗位上,但18:00以后谁也无法作证张某在何处,而张某的岗位到死者遇害地点只有步行5min的路程。请你根据牛顿冷却定理,确定能不能从时间上排除张某的作案嫌疑。学生在学习完第二章一阶微分方程的初等解法之后,许多学生都能较好地分析、解决"请你破案"问题。在学生学完某一章节内容后,给他们一些实际

问题,让学生在课后完成,学生既体会到用数学理论解决实际问题的乐趣,又巩固了数学建模思想和方法。

2. 在评价中注重对学生数学建模能力的考核

当前该课程的考试命题一般是课本上的理论部分,缺乏开放型的应用题以及考查学生灵活地应用数学知识解决问题的题目,导致许多学生高分低能。为改变这种现状,我们在考试命题和考试方式上可做一些改革,适当地增加一些开放型的应用题,要求学生按数学建模的方法去解答。改变了一试定终身的考试模式,将考试模式分为三块,平时作业和讨论占 50%,期末试卷考试占 50%。新的考试方式重在平时,重在积累,重在知识的应用和创造,重在"三基"的掌握,去掉烦琐的演算。并在上常微分方程的第一次课给学生介绍这一考试模式,让学生了解教师评价的方法,提醒他们要经常应用数学的思想方法去分析、解决问题。

五、结语

对于如何在常微分方程教学中融入数学建模思想来说,不单单是课程中的融入,更重要的还是在学生思维中的镶嵌。我们必须注意这样一些问题:①数学建模思想的融入要选准切入点,不要遍地开花,不追求自成体系,力争和常微分方程的内容有机结合,体现数学建模的思想;②选择适当的数学建模问题,创设合理的问题情景,改造一些贴近学生生活实际的数学建模问题,同时注意问题的开放性与可扩展性,尽可能地创设一些合理、新颖、有趣的问题情景来激发学生的好奇心和求知欲;③老师对有关数学建模的一般知识的传授可以接受,但是若深入讲解则不同程度地和课时产生冲突,所以老师应注意把握这个度;④由于竞赛的费用、场地及其他条件限制,不是每一位同学都能参加全国性的数模竞赛。因此,如何让对数学建模有兴趣的同学都得到锻炼是一个突出的问题。

当然,数学建模思想的培养是一个长期的任务,不可能立竿见影,需要广大教育工作者踏踏实实地钻研和工作。数学建模能力不同于纯粹数学的能力,它需要不断地锻炼、培养。在教学中,把常微分方程教学和数学建模有机地结合起来,在每一环节中注重培养学生的数学应用意识和创新能力。使学生能体会应用数学知识解决实际问题的乐趣,摆脱数学乏味论的思想,并自觉地应用数学知识和方法去观察和解决生活、生产和科技中的问题,使其由知识型向能力型转化,全面提高学生的数学素质,真正实现教学改革的目标。

参考文献

[1] Carletti M,Burrage K, Burrage P M. Numerical simulation of stochastic ordinary differential equations in biomathematical modelling[J]. Mathematics and Computers in Simulation,2004,64(2):271-277.

[2] MARCINIAK-CZOCHRA,KINMEL M. Reaction-dliffusion approach to modelling of the spread of ear tumors along linear or tubular structures[J]. Journal of Theoretical Biology,2007,244(3):375-387.

[3] UNAL G,YEZZI A,KRIN H. Information-theoretic active polygons for unsupervised texture segmentation[J]. International Journal of Computer Vision,2005,62(3):1992-19.

[4] LIU C-S. Non-oscillation criteria for hypoelastic models under simple shear deformation[J],Journal of Elasticity,2000,57(3):200-235.

[5] 庞特里亚金.常微分方程[M].北京:高等教育出版社,2006.

[6] 姜启源,谢金星,等.数学模型[M].北京:高等教育出版社,2004.

[7] EDWARDS C H,PENNEY D E.常微分方程基础(英文版,原书第 5 版)[M].北京:机械工业出版社,2006.

[8] 王高雄,周之铭,朱思铭,等.常微分方程[M].北京:高等教育出版社,1987.

[9] 龚成通.人学数学应用题精讲脑[M].上海:华东理工大学出版社,2006.

[10] VAN IWAARDEN J L. The computer as a teaching tool in ordinary differential equations[J]. Computer & Mathematics with Applications,1987,14(1):25-32.

[11] 张雄,李得虎.数学方法论与解题研究[M].北京:高等教育出版社,2005.

数学建模活动的幕后英雄
——图书馆的老师们*

韦程东　叶佩珍　闭炳华

（广西师范学院数学与统计科学学院，广西南宁 530023）

摘要

在数学建模模活动中，学生需要搜集、查阅大量的文献信息资料，而图书馆是学校的文献信息中心，是学校教学、科研的重要支撑部门，没有图书馆工作人员的辛勤劳动，提供优质服务，要想在数学建模活动中取得优异成绩是不可能的。

关键词：图书资料；数学建模；服务

一、引言

我校以数学建模课程为平台，以数学建模活动为抓手，培养学生的创新能力，成绩显著，得到了全国大学生数学建模竞赛组委会，全国大学生数竞学建模赛广西赛区组委会，教育部本科教学水平评估专家的高度赞扬，我们学校被评为 2005—2008 年、2009—2011 年全国大学生数学建模竞赛广西赛区优秀组织学校。在全国大学生数学建模竞赛组委会举办的纪念全国大学生数学建模竞赛 20 周年纪念活动中，我们学校被选为全国师范类院校的代表，在纪念文集中用专页介绍了我们学校开展数学建模活动的情况。我们所取得的成绩，与数学建模活动的幕后英雄——图书馆老师们的辛勤劳动是分不开的。

二、图书馆的社会职能简介

图书馆是一个专门搜集、整理、保存、传播文献并提供利用的科学、文化、教育和科研机构。文献是图书馆开展一切工作的物质基础。1975 年国际图联在法国里昂召开的图书馆职能科学讨论会上，一致认为主要是四种：一是保存人类文化遗产，图书馆的产生，是保存人类文化遗产的需要。为有了图书馆这一机构，人类的社会实践所取得的经验、文化、知识者得以系统地保存并流传下来，成为今天人类宝贵的文化遗产和精神财富。二是开展社会教育，在近代，资本主义大工业的产生，要求工人有较多的劳动知识和劳动技能，图书馆从而真正走入平民百姓当中，担负起了对工人的科学知识文化教育的任务。在现代社会，图书馆成为继续教育、终身教育的基地，担负了更多的教育职能。三是传递科学情报，传递科学情报，是现代图书馆的

* 广西教育科学规划项目；广西新世纪教改工程项目；广西研究生创新计划项目；广西师范学院教学改革工程项目。

一个重要职能。图书馆丰富、系统、全面的图书信息资料,成为图书馆从事科学情报传递工作的物质条件。在信息社会,图书馆的科学情报功能将得到加强。四是开发智力资源,图书馆收藏的图书资料,是人类长期积累的一种智力资源,图书馆对这些资源的加工、处理,是对这种智力资源的开发。同时,图书馆将这些图书资料提供利用,是开发图书馆用户的脑力资源。换言之,图书馆承担有人才培养的职能。

三、数学建模爱好者把图书馆当做自己的良师益友

我校的数学建模爱好者们认识到新的知识、信息,新的科学技术的传播和交流,很重要的一个途径是通过书刊资料来进行的;任何科学理论研究都必须从搜集、掌握、熟悉图书资料开始,掌握前人已经取得的成果,掌握国内外科学研究的现状,掌握相邻学科所提供的新的有利条件等有关文献资料,以便在前人研究成果的基础上,提出新问题,作出新概括,取得新发展,获得新结论。所以,他们把图书馆当做自己的良师益友,自觉地从记载已有科技成果的图书资料中去学习、消化和掌握自己所需要的优秀成果,以开阔眼界、扩展思路、受到启示,并以此为起点,去攀登新的科学技术高峰。他们说:如果说上课的老师是言传身教的老师,则图书馆便是无言的老师,它对每一位朋友都是公平的,只要你付出,便会有收获。

四、图书馆的老师们充分认识到数学建模的重要性

我校图书馆工作人员毕业于图书馆、考古、中文等二十多个专业,唯独没有毕业于数学专业的,但他们都认识到数学建模是一种数学的思考方法,是运用数学的语言和方法,通过抽象、简化建立能近似刻画并"解决"实际问题的一种强有力的数学手段;数学建模竞赛对于激励学生学习数学的积极性,提高学生建立数学模型和运用计算机技术解决实际问题的综合能力,培养学生的创造精神及合作意识,训练学生快速获取信息和资料的能力,提高分析问题、解决问题的能力等具有重要的现实意义。

五、图书馆把满足数学建模活动的文献信息需求当做自己责无旁贷的任务

我校图书馆历来都非常重视数模竞赛活动,把全力以赴支持和满足数模活动的文献信息需求当做图书馆责无旁贷的任务。一直以来,图书馆均高度重视数模竞赛的参赛工作,每一年的数模竞赛,无论是全国大学生数学建模竞赛,还是研究生数学建模竞赛,只要接到学校的相关通知,图书馆即召开专门的馆中层会议,全面安排、落实各项工作任务,指定专门负责领导,具体工作任务落实到具体负责人。图书馆要求全馆各部门及人员要高度重视并配合学校做好竞赛相关文献信息保障工作,全力支持参赛师生在文献信息资料方面的需求,对赛前训练、参赛期间的文献信息需求一律开绿灯,特事特办,特殊需求特殊满足。上至领导、下至员工的全员高度重视,全馆上下的一致支持和配合,加上采取特殊的服务措施,多年来,图书馆均很好地完成了数模竞赛的文献信息保障任务,为学校历年在全国的各种数模竞赛中取得好成绩作出了自己应有的贡献。

六、图书馆加强检索技能培训，提高学生文献检索能力

数模竞赛是全面考察参赛学生的数学知识，及利用数学知识分析、解决实际问题的能力，培养团队合作精神等的一项课外科技活动。其中通过互联网和图书馆查找文献、搜集资料是完成竞赛、建立数学模型、提出解决办法的首要基础，因此，能否快速地查找、搜集文献资料，直接影响到竞赛能否顺利进行，能否取得良好的成绩。而要快速地查找、搜集到所需的文献资料，文献检索技能必不可少，学生检索技能的高低直接决定着文献资料的查找速度及所搜集资料的质量和广、深度。故图书馆在日常期间就注意培养学生的信息素养，每学期均开设专题讲座及"走进院系"预约培训服务，通过不定期开展电子资源检索培训专题讲座，或由院系提出培训申请，图书馆派老师深入院系，按院系的要求举办针对性的检索培训讲座，加深学生对各个数据库资源的了解，让学生熟练掌握中外文电子图书、电子期刊等资源数据库的使用方法与技巧，从而提高学生的文献检索能力。

七、图书馆提供特殊、优质服务，满足文献信息需求

针对数模竞赛需要大量查阅各种纸质、电子资源的特性，图书馆认真研究并制定了特殊的服务措施，以最大化满足竞赛所需的文献信息需求。

7.1 针对数模竞赛需要查阅到不同的文献信息类型，图书馆成立了图书、期刊和电子资源三个工作小组，分别负责纸质图书、期刊及电子资源的保障、利用和咨询等三个方面的服务工作，并指定专门的负责人，负责人的联系方式上报学校及相关竞赛指导老师，任何时候有任何需求，指导老师均可直接与负责人联系解决。

7.2 针对竞赛需要查阅大量文献资料的问题，图书馆采取了特事特办的方针。如按图书馆的文献借阅规定，本科生每人每次最多可借图书 8 册，这一规定无法满足数模生一次需要借阅大量图书的需求。针对此问题，图书馆特设数模生这一读者类型，要求相关院系出具证明，附上参加数模竞赛的学生名单，对这些数模生图书馆给予每人 50 册的借阅权限，并延长借书期限，让学生在借阅图书方面不再有后顾之忧。

7.3 随着电子资源的日益多样、丰富，当前电子资源已成为查阅文献信息资料的重要途径，图书馆的电子资源是数模竞赛查阅文献信息资料的重要来源。因此，图书馆要求商家、技术部在竞赛期间全面保障所有电子资源 24 小时的正常使用，要求咨询部负责人保证随时解答竞赛期间学生遇到的使用上或检索上的咨询问题。

7.4 数模竞赛题目多样，涉及众多学科领域，需要查阅的文献资源也包罗万象，涉及各个学科。而我校是一所普通本科师范院校，图书馆在有限的图书经费下，不可能订购有数模竞赛需要查阅到的所有的数据库资源。如何为数模竞赛提供更丰富的电子资源，最大化满足数模竞赛在电子资源方面的需求，是图书馆需要解决的头等问题。针对这一问题，图书馆采取了三个措施：一是争取数据库商的支持，在数模竞赛期间，对国内的一些大型数据库，对我们没有订购的专辑数据，向数据库商申请开通试用，保证参赛学生在竞赛期间需要使用到这些数据库资源时能顺利使用；二是购买一些数据库的个人临时账号，提供给数模竞赛指导老师，让指导老师按需提供给参赛学生使用；三是要求咨询部做好文献传递服务，对一些特殊文献资料的需求，参赛师生无法获得全文的，可反馈至咨询部，由咨询部帮忙查找，与国内其他高校联系，

通过文献传递服务获取全文,满足参赛师生的需求。三项措施,三管齐下,图书馆在电子资源保障方面较好地满足了参赛师生的需求。

八、结语

我校图书馆老师们的辛勤劳动和优质服务深深地感动了数学建模的参赛队员和指导老师,队员们觉得身后有一群英雄在默默地支持他们,更加满江热情地投入到数学建模的活动中去。从这个例子可以看到数学建模教育教学与数学建模竞赛活动是一项系统工程,需要学校各部门的配合与支持。全国大学生数学建模竞赛已发展为全国、全世界参加人数最多,影响最大的大学生课外科技活动,在无数幕后英雄们的支持下将会得到更好的发展。

依托数学建模平台，提升财经院校数学基础课教师科研能力

冯　烽[1]　黄　晗[2]

（1. 广西财经学院信息与统计学院，广西南宁 530003；

2. 广西财经学院工商管理学院，广西南宁 530003）

摘要

提升指导教师的科研能力，既是扩大数学建模竞赛受益面的重要体系，也是提高高校教师综合能力和核心竞争力的主要任务。随着越来越多的财经类院校教师参与到数学建模竞赛的指导与教学，探究如何通过数学建模平台提升自身的科研能力，已成为财经类院校数学基础课教师在新的历史时期需要着力解决的重要问题。针对财经类院校数学基础课教师整体科研能力较弱的现状，在剖析其原因的基础上，提出了提升财经类院校数学基础课教师自身科研能力的对策：一是要立足数学建模教学搞科研，把教学工作与科研工作统一到数学建模一条线上；二是要加强与经管类专业教师的科研合作；三是要着力提高科研选题与立项能力。

关键词： 数学建模；财经院校；数学基础课教师；科研能力；自我提升

随着数学建模竞赛在全国高校的深入开展，越来越多的财经类院校数学基础课教师参与到竞赛的指导与教学中，这对他们在新形势下如何妥善处理教学与科研的关系提出了新的挑战。因此，在新的发展时期，如何依托数学建模平台，通过数学建模竞赛的指导与教学来创新科研工作、提升自身的科研能力和水平，是摆在财经类院校数学基础课教师面前亟待解决的一个难题。

一、财经类院校数学基础课教师科研能力薄弱的原因剖析

1. 缺乏数学专业的平台支撑

数学在财经类院校中属于非主流的学科，大部分财经院校没有开设数学专业，教师缺乏数学专业的平台支撑，缺少学术交流平台。数学基础课教师常年只讲授高等数学、线性代数、概率论与数理统计等少数几门公共数学基础课程，长此以往就容易出现知识结构单一、知识老化并阻碍其开展数学科学的基础研究。此外，由于学科的性质以及人才培养目标的特殊性，财经类院校重点扶持的是社会科学方面的研究，数学等自然基础学科的研究始终处于劣势。在这种政策导向下，数学基础课教师往往难以获得数学科学研究的项目资助，久而久之，数学基础课教师对开展科研失去信心。

2．师资队伍结构不合理，青年教师教学任务繁重

由于历史原因，财经类数学基础课教师队伍目前正处于新老交替的重要时期。从我们的调研情况看，"60后"及之前的教师比例约占 23％，"70后"的教师比例约占 11％，而"80后"的教师比例高达 66％，青年教师在师资队伍中比例较大、人数较多的现象普遍存在。"80后"青年教师大多经过硕士阶段专业系统学习，具备较好的知识结构和扎实的研究基础，理应在今后的 5 至 10 年成为学校的科研骨干。然而，从实际情况看，青年教师的科研状况不容乐观。大部分经过硕士阶段数学专业学习的青年教师，往往只熟悉其研究方向中的一个小问题，尚未形成可持续的研究能力。同时，由于高校扩招，基础课教学任务繁重，青年教师在超负荷教学的情况下，难以继续深入开展数学科学的基础性研究工作。

3．对科研活动的认识存在误区

科学研究、教书育人是新时期高校教师的两项基本工作，科研能力是教师教学能力的基础，科研工作是开展研究式教学的前提，二者相辅相成，相得益彰。高校教师从事科研工作最重要、最根本的意义在于通过亲身探索科学规律和实际应用，通过课堂教学向学生进行传播，以此来提高教学质量，把学生培养成为有能力的人才。但一直以来，财经类院校数学基础课教师在很大程度上存在着"重教学轻科研"的状况，不少教师认为"科研与教学无关"，认识不到科研对教学的促进和提升作用。

同时由于传统数学专业的学习侧重于理论训练，对于数学应用的能力训练极为匮乏，数学教师受这种传统学习模式的影响，只看到数学作为一门基础的自然学科和一种精确的科学语言的"抽象"一面，忽略了数学与现实世界的密切联系。因而，财经类院校数学教师往往认为只有进行"纯粹数学"的研究才算得上真正的研究，从而不屑于"用数学"的研究。

二、提升财经类院校数学基础课教师科研能力的途径

1．立足数学建模教学，将教学工作与科研工作拧成一条线

科研与教学的有机融合是高校教师全面可持续发展的关键，将科研与教学拧成"一条线"是财经类院校基础课教师有效解决"教学重、科研难"的途径。数学建模竞赛为财经类院校数学基础课教师实现教学科研"一条线"带来了机遇。一方面，数学建模竞赛为财经类院校数学基础课教师提供了一系列新的教学研究课题[1]。例如，财经类院校数学建模竞赛的组织与培训研究、经管类专业数学建模课程教学方法研究、数学建模思想融入财经院校数学基础课研究、数学建模竞赛对培养财经类专业创新人才的研究等。另一方面，数学建模竞赛为财经类院校数学基础课教师提供了丰富的极具研究意义的经济管理方面的现实选题。例如，企业退休职工养老金制度改革的研究、上海世博会对地方经济的影响研究、高等教育学费合理定价研究、彩票中奖方案的设计研究等。这些研究侧重于数学建模的应用与实践，大多数不需要研究者具备高深的数学专业知识，研究门槛相对较低，适宜作为财经类院校数学基础课教师的研究选材。教师通过数学建模的教学，边研究边学习，边学习边思考，缺什么学什么，边干边学，把所研用于所教，同时善于从教学中挖掘研究素材，真正做到教学与科研的统一。因此，财经类院校数学基础课教师可立足于数学建模教学搞科研，在搞好教学的基础上搞科研，在所教课程

中确定研究领域、研究方向和研究课题。

2. 转变观念，加强与经管类专业教师的科研合作

"重基础轻应用"的片面认识已成为阻碍数学实际应用的重要因素，也是财经类院校数学基础课教师科研整体水平不高的原因之一。

叶其孝教授在其报告《数学：科学的王后和仆人》中引用了美国 Morris Kline 教授的一段话"如果王后（数学）失去了和她的臣民（科学）的联系，那么她就可能会失去支持，甚至被她的王国罢免。数学家可能喜欢上升到抽象思维的云雾中去，但是他们应该，而且毫无疑问地必须，回到地面以获取赖以生存的食物，要不然就会因为精神挨饿而死亡。当他们和自然靠得很近时，他们就是站在更安全也是心智更加健全的坚实土地上"。也就是说，数学不应该只是优美的逻辑符号和语言，数学应用于其他科学也同样具有重要性。数学建模是其他学科应用数学方法解决实际问题的钥匙，在信息化时代经济、管理等社会科学的研究越来越离不开数学的支持，其中数学建模起到了极其重要的作用。财经类院校数学基础课教师在将数学应用于经济、管理问题进行交叉学科研究方面具有得天独厚的环境优势，经济管理类教师所从事的很多研究迫切需要数学建模方法的支持，这恰好为具有丰富建模经验的数学基础课教师提供了用武之地。因此，财经类院校数学基础课教师应当通过数学建模竞赛的指导与教学，提高"数学"与"实际问题"间的双向翻译能力以及数学软件的应用能力，同时应当转变"单打独斗""重基础轻应用"的观念，加强与经管类专业教师的科研合作，进而积累课题研究的实践经验。

3. 敢于突破，提高科研选题与立项能力

数学是一门自然科学，因此，多年来数学教师倾向于申报自然科学基金类课题。然而从历年国家、地区自然科学基金课题的立项结果看，财经类院校数学基础课教师甚少能获得立项。究其原因，与综合性大学、工科及师范类院校相比，财经类院校数学科学的科研竞争力明显不足。与之形成鲜明对比的是，财经类院校却是社科类项目申报和立项的常客，其中经济管理类专业教师就是命中国家社科基金项目、教育部人文社会科学基金项目的主力军。而数学教师将自己的研究视野局限于自然科学领域，缺乏对社会科学类项目的认识，忽略了社会科学研究这块沃土。

科研课题是科学研究的重要形式，以科研课题为支撑是科研成果系列化的重要途径，因此，选择好科研课题是科研工作取得成功的关键环节。寻找科研课题就是要寻找那些尚未解决但又亟需解决的矛盾，或从已知的东西中了解到的应予以研究和解决的重要问题。通过数学建模教学的积累，教师初步具备了运用数学解决实际问题的能力，也掌握了一定的建模方法作为工具。然而，要开展系统的社会科学研究还需要具备敏锐的科研选题能力。财经类院校数学基础课教师在提高科研选题能力方面恰好处于极为有利的环境：一方面可以通过与经济管理类专业教师进行科研合作提高自己对社会热点问题的敏感性。另一方面，通过自学或旁听微观经济学、宏观经济学、计量经济学三大经济专业基础课程提升自身的经济专业素养与研究方法。当然，一项课题能否成功立项除了取决于会选题、懂方法外，还取决于申报书的质量，财经类院校数学基础课教师还需要掌握课题申报技巧，积累申报经验，方能写出优质的课题申报书。也就是说，在具备敏锐的选题能力、积累一定的相关研究成果、掌握申报书的撰写技巧等条件后，财经类院校数学基础课教师就完全具备了冲击高级别社科类课题的能力。财经类院校数学基础课教师应当敢于突破，通过开展高级别的社科类基金课题的研究为自身科研能

力的提升开辟新的道路。

三、结语

依托数学建模平台搞科研,搞好科研促进教学,符合科学发展观对财经类院校数学基础课教师科研工作的要求。这不仅有利于财经类院校数学基础课教师自身的发展,也有利于学生、学校的发展,还有利于数学建模竞赛的健康发展,是一种全面发展观[2]。同时,有利于促进教学和科研的协调和可持续发展,以教学为科研的重要归宿,既是经济有效的教学方法,也是经济有效的科研方法。

教师科研能力的提升是一个复杂的、长期的过程,需要教师、学校和社会的通力合作。财经类院校数学基础课教师应根据自身的特点并结合学校的大环境,依托数学建模平台努力做好自身的工作,找到真正适合自己的研究方向。

参考文献

[1] 姜启源,谢金星.一项成功的高等教育改革实践——数学建模教学与竞赛活动的探索与实践[J].中国高教研究,2011(12):79-83.

[2] 吴秋生.高校教师要树立正确科研观[N].光明日报,2009-08-13(10).

数学建模融入财经院校数学文化教学的探讨

黄凤丽　　赖振丹

（广西财经学院信息与统计学院，广西南宁 530003）

摘要

本文讲述了数学建模和数学文化的内涵，分析得出"数学建模是数学文化教学理念体现"的观点。数学建模融入数学文化教学的教学模式，是财经院校实现培养"具有综合数学素质的经济管理人才"目标的一种有效的教学模式。文章还给出在具体教学中实践此教学模式的一些措施和建议。

关键词：数学建模；数学文化；数学教学

一、问题的提出

财经院校是培养经济管理人才的摇篮。随着社会的发展，在当今的知识经济时代，社会更需要具备较好的数学综合素质的创新型经济管理人才。因此，财经院校的数学教育对现在和未来的经济管理人才质量将产生重要影响。但现实中，数学教育却出现以下情况：多年来，数学教育专家一直呼吁大学数学教育要进行完整意义下的数学文化教育，即不仅要数学科学技术教育，更要进行数学素质教育。然而，由于受到课时、意识、职称评定政策等因素的影响，许多大学数学教师的教学行为仍然停留在重视数学知识的传授，忽视数学素质的教育。甚至有部分数学老师只是把数学结果、公式和计算方法告诉学生而已。这样的教学行为导致很多学生学完数学课程以后不知道"数学是什么"，对数学没有兴趣，容易产生"数学枯燥无味""数学没啥用"的感觉。针对这些现状，本文结合我校数学教育的特点，探讨将数学建模融入数学文化教学的一些观点和措施。

二、数学建模是数学文化教学理念的体现

数学文化是指人类在数学行为活动的过程中所创造物质产品和精神产品。物质产品指数学命题和数学语言等知识性成分，通俗来说就是数学科学技术；精神产品指数学思想、数学意识、数学精神和数学美等观念性成分，通俗来说是指数学素质。对财经院校的学生来说，他们从事的并不是数学专业的工作，更多的是从事经济管理类工作，因此，数学素质对他们以后的工作和生活影响更为长久。数学文化教学是知识经济时代的需要，是数学素质教学实现的一种选择。

数学建模是用数学的语言（符号或图形）和方法，通过抽象、合理简化建立能刻画或近似刻

画并解决实际问题的一种强有力的工具[1]。数学建模的题目一般来自工程技术和管理科学等方面的实际问题,以论文的形式完成,论文包括模型的假设、建立与求解,计算方法的设计与实现,结果的检验与分析,模型的改进等方面。数学建模的过程中,可以与3位同学合作,利用网络资料和各种文献资料帮助理解和解决问题;同时,数学建模过程会涉及较多的数据处理和一些定量的分析,所以解决问题过程中将应用计算机软件和数学软件。可见,数学建模是一个将抽象问题转化为数学问题、应用综合知识和软件解决实际问题、团结合作的一个过程,是学生获取数学素质的一个过程。

可见,数学建模是数学文化教学理念的体现,将数学建模融入数学文化教学中是适应时代的要求,符合财经院校培养人才目标的需要。在经济类院校开展数学建模教育有利于提高学生学习数学的积极性和综合素质,是启迪创新意识和创新思维,培养主动探索、锻炼创新能力,培养高层次的经济管理人才的一条重要途径。

三、数学建模融入数学文化教学的措施和建议

1. 学校明确数学文化教学目标

学校教学目标的选择将会对本校的教学理念起着决定性的作用。学校只有明确数学文化教学的目标,并从政策上、经费上给予支持,打破"重科研,轻教学"的理念,建立激励和保障机制,如对教学改革取得效果较好的教师在评职称、年终考核等方面上给予肯定,激励数学教师提升教学能力,营造本校数学教师积极参与数学文化教学改革的氛围,数学文化教学才能进行实质性的开展。

2. 加强教师数学文化教学理念

教学目标是否得以实现,关键的一个因素是教师的教学理念。教师在教学活动中扮演一个引导的角色,如果教师没有对数学文化充分的理解,没有强烈的数学文化教学意识,教师怎么能引导学生获取数学所蕴含的数学素质呢? 因此,学校可以组织数学教师进行数学文化认识的研讨,以及对当今社会发展趋势和需要人才所具备的素质的认识,让教师从本质上意识到数学文化教学的必要性和紧迫性,强化教师的数学文化教学理念,以实际行动为数学课堂带来新的改革气息。

3. 制定数学建模融入数学文化教学的教学大纲

对较多的教师而言,数学建模是比较难讲授的一门课程。要在全校中开展数学建模融入数学文化教学,首先要制定一份可行的教学大纲。这份大纲能够指导教师掌握讲授教学内容的深度、宽度和教学时间的安排,帮助教师如何选择适合的数学建模例子,达到融入数学文化教学的目标。为此,学校可以挑选部分有丰富教学经验的教师和对数学建模研究较好的年轻教师,一起探讨教学大纲的制定,在实践中不断完善和发展数学建模融入数学文化教学的教学大纲。

4. 开设数学实验课课程

数学中一些抽象的概念和结论,用语言难以表述清楚,学生不好理解。但是,计算机技术

的发展,已经可以利用计算机将数学的一些概念和结论通过图形来体现,让学生在直观的图像中通过观察来体会和理解数学的内涵,更容易接受数学思想。同时,数学建模也需要相关计算机软件和数学软件来解决问题。这些,都可以通过数学实验课得到实现。所以,开设数学实验课课程是数学建模融入数学文化教学的关键措施之一。同时,数学实验课应该与数学课堂理论课同步进行,效果更显著。

5. 鼓励和支持数学教师学习相关经济管理知识和计算机软件

财经院校的数学教学目标是培养具备综合数学素质的经济管理人才。因此,数学文化教学中应强化数学与经济管理知识的结合,使学生充分感受数学知识的生动性和有用性。数学建模的问题中,有相当多是与经济管理有关的问题。比如,连续复利的计算模型,可有效提升学生应用极限式 $\lim\limits_{x \to \infty}\left(1+\dfrac{1}{x}\right)^{x}=\mathrm{e}$ 于经济分析中的能力。但是,大部分数学教师都是数学专业毕业,缺乏经济管理知识,要数学教师从数学课本中走向与经济管理相关的实践,将有较大的困难。同时,较多数学教师,尤其是年纪较大的教师,计算机软件的操作能力不强,而数学建模融入数学文化教学却需要教师掌握相关软件。解决这一现状,学校可以鼓励和支持数学教师通过进修或培训等方式掌握相关经济管理知识和软件操作能力。

6. 积极参加全国大学生数学建模竞赛

鼓励和支持学生积极参加高教社杯举办的全国大学生数学建模竞赛或其他的数学建模竞赛,不仅让学生有机会使数学知识得以应用,获得一种成就感,更重要的是让更多的老师和学生了解并参与到数学建模活动中,感受数学建模中所蕴含的数学素质,师生能更深刻体会数学建模融入数学文化教学的意义。我校从 2002 年开始,每年坚持参加高教社杯举办的全国大学生数学建模竞赛,取得了较好成绩;更令人欣慰的是,通过竞赛,让我校领导和师生关注了数学建模,很多学生都希望自己有机会参加竞赛。因此,学校把《数学建模》作为一门选修课列入学校的教学课程中,体现学校对数学建模的重视。

四、结语

虽然数学文化教学在我国尚处于理论探讨为主、实践为辅的状况,但我国高校已普遍重视数学建模教育并有了较多的实践经验,计算机软件和数学软件也开发得比较完善,如果教育管理者能在政策和费用上支持和保障数学教学改革的开展,教育者在教学行动中实践数学文化教学理念,数学建模融入财经院校数学文化教学的教学模式将会在数学课堂上得到实践和推广,也将会使我们的数学教学充满活力,为培养具有综合数学素质的现代经济管理人才做出一些有效和实际的工作。

参考文献

[1] 姜启源,谢金星,叶俊.数学模型[M].3 版.北京:高等教育出版社,2003.
[2] 毕建欣.数学建模教育与金融学科人才培养[J].浙江万里学院学报,2007(5):146-148.
[3] 赵书峰.数学建模教育的素质培养内涵与文化特征[D].长春:吉林大学,2008.
[4] 韦程东,周桂升,薛婷婷.在高等代数教学中融入数学建模思想的探索与实践[J].高教论坛,2008(5).
[5] 严培胜.将数学建模融入大学数学教学中[J].湖北经济学院学报(人文社会科学版),2010(6):173-174.

数学建模思想融入大学数学教学的探索与实践

粟光旺　秦　斌　丁立旺

（广西财经学院信息与统计学院，广西南宁530003）

摘要

本文从培养学生的抽象思维能力与创新能力、提升自主学习的水平、培养团结合作意识三个方面论述了数学建模思想融入到大学数学教学的意义与作用，分别从高等数学、线性代数、概率论与数理统计三门课程中举例，探讨了如何将数学建模思想融入到大学数学教学中。

关键词：数学建模；大学数学；数学课程；创新能力

数学作为一门基础学科，在物理学、生物学、工程等领域有广泛的应用。传统的大学数学教学存在着教材内容老旧、教育观念滞后、教学模式单一等现象，教学模式多以教师"满堂灌"为主，课堂气氛沉闷，不能激发学生的积极性，学生缺乏自主学习的主动性。现在大学数学教育中普遍存在学生学习了基础性数学课程之后，不能深刻体会数学的魅力，也不能对所学的数学知识运用自如等问题。学生常常会困惑："学习了这么多数学知识，到底有什么用？"，诸如此类问题，很多教师也只能给出模棱两可的回答。久而久之，学生会有学习数学用处不大的想法，从而会影响学习数学的积极性，进入一个恶性循环。将数学建模思想融入到数学教学中，能够较好的激发学生学习数学的兴趣，同时也能培养学生的抽象思维与创新能力、提升自主学习的水平、提高对数学的认识。

一、将数学建模思想融入大学数学教学的作用与意义

数学建模，就是将实际问题，转化为数学问题，通过对实际问题的抽象、简化、明确变量和参数，做出必要、合理、恰当的假设，建立数学模型，然后去求解该数学问题，并将得到的结论回到实际中去解释问题，验证数学模型是否符合实际问题，如若不符合，将返回去改进或重新建立数学模型[1]。数学建模思想融入大学数学教学中，主要有以下几个方面的作用与意义：

1. 培养学生的抽象思维能力与创新能力

在目前大学数学的教学中，很少涉及实际的数学建模问题，学生很少从数学的角度出发，去研究和分析身边的实际问题，在教学中融入数学建模思想刻不容缓。事实上，数学建模具有很强的综合性和实践性，它没有固定的模式，也没有现成的答案，它需要学生具备丰富的想象力、敏锐的洞察力以及一定的抽象思维能力，窥视出问题的本质，在此基础上，加以创新，建立数学模型。

2. 提升学生自主学习的水平

数学建模所涉及的领域多、知识面广，大都是学生以前没有涉及的，这就需要学生提高自我学习的能力，去了解和掌握建模所需的知识，包括对常用的数学软件 MATLAB、SPSS、LINGO 的使用。本专科阶段的建模需要在 72 小时内完成，如何快速有效地从大量的文献资料中寻找对自己有用的材料，至关重要，这些在传统的教学中是学不到的。

3. 增强学生团结合作的意识

数学建模大多采用研讨式教学，可以极大地发挥学生的参与意识，也能较好地调动学生学习的积极性，是一种以学生为主的教学方式，真正凸显了学生学习的主体地位。在传统的满堂灌的教学模式下，学生与教师、学生相互之间交流较少，而建模的过程，需要三人或多人相互协作、取长补短，同时也要善于倾听他人的意见，能从不同争论、不同观点中达成共识，找到最优方案，这种团结合作能力的培养，对学生今后的学习、工作都会有很大的帮助。正所谓"一次参赛，终身受益"。

二、将数学建模思想融入大学数学教学的具体举措

1. 立足于教材，在教学中开展数学建模案例

将教材与实际生活相结合，有助于克服传统教学中知识与能力脱节的弊端，打破"数学没有用"的思想，同时也可以启发学生运用数学的意识和兴趣。在高等数学的教学中，应有意识的渗入数学建模的思想，选用一些经过分解的、较简单的案例进行讲解。在学习导数的应用章节时，会涉及经济学中边际成本、边际收入、边际利润的相关例子：

例 1　某煤炭公司每天生产煤 x 吨的总成本函数为 $C(x)=2000+440x+0.02x^2$，如果每吨煤的售价为 480 元，求：(1)边际成本函数 $C'(x)$；(2)利润函数 $L(x)$ 以及边际利润函数 $L'(x)$；(3)边际利润为 0 时的产量。

解析　在经济学中，导数 $f'(x_0)$ 表示 $f(x)$ 在点 $x=x_0$ 处的边际函数值，成本函数 $C(x)$、收入函数 $R(x)$、利润函数 $L(x)$ 关于生产水平 x 的导数分别称为边际成本、边际收入与边际利润，它们表示在一定的生产水平下再多生产一件产品而产生的成本、多销售一件产品而产生的收入与利润。因此 $R(x)=480x$，$L(x)=R(x)-C(x)=480x-(2000+440x+0.02x^2)=-2000+40x-0.02x^2$，从而 $C'(x)=440+0.04x$，$L'(x)=40-0.04x$，当 $L'(x)=0$ 时，产量 $x=1000$。

在教学中，要让学生明白，函数关系式的建立，其实就是建立模型的一个过程。在生活中，只要用心发现，数学模型无处不在。通过这个例子，不仅可以使学生理解边际成本、边际收入、边际利润事实上就是成本函数、收入函数、利润函数的导数，更重要的是让学生体会数学在解决经济领域实际问题中的应用。

2. 借助计算机，改善传统教学方式

大学数学教育不应仅仅满足于理论知识的学习，更应注重实际的运用，包括借助计算机，使用数学软件来完成。例如 MATLAB 具有很强大的模拟仿真功能，SPSS 可以运用于统计分

析,LINDO、LINGO 可用于线性规划。数学软件的使用,可以有效的改善传统的教学方式,学生对数学会有焕然一新的认识"原来数学这么强大"。在线性代数的教学中,可以举解多元一次方程组相关方面的例题;在概率论与数理统计的教学中,可以举一些简单的线性回归分析的例题讲解。

例2　求解 $\begin{cases} x_1+2x_2+3x_3=6 \\ 2x_1+3x_2+4x_3=9 \\ x_1+3x_2+2x_3=6 \end{cases}$。

解析　系数矩阵为 $A=\begin{bmatrix} 1 & 2 & 3 \\ 2 & 3 & 4 \\ 1 & 3 & 2 \end{bmatrix}$,变量 $X=\begin{bmatrix} x_1 \\ x_2 \\ x_3 \end{bmatrix}$,常数项 $b=\begin{bmatrix} 6 \\ 9 \\ 6 \end{bmatrix}$,$AX=b$。

常规的做法是对增广矩阵 $[A\ \ b]=\begin{bmatrix} 1 & 2 & 3 & 6 \\ 2 & 3 & 4 & 9 \\ 1 & 3 & 2 & 6 \end{bmatrix}$ 化简,得到 $\begin{bmatrix} 1 & 2 & 3 & 6 \\ 0 & -1 & -2 & -3 \\ 0 & 1 & -1 & 0 \end{bmatrix} \rightarrow$

$\begin{bmatrix} 1 & 2 & 3 & 6 \\ 0 & -1 & -2 & -3 \\ 0 & 0 & -3 & -3 \end{bmatrix}$,从而求得 $x_3=1,x_2=1,x_1=1$。其实可以借助计算机,在 MATLAB 里面输入

```
A = [1,2,3; 2,3,4; 1,3,2]; b = [6,9,6]; X = inv(A) * b
```

运行就可以直接出结果。事实上,计算机也是通过一步一步化简矩阵,得来的。可以让学生实际操作,体会数学的运用魅力。

例3　为研究某国标准普通信件(重量不超过 50g)的邮资与时间的关系,得到如下数据:

年份	1978	1981	1984	1985	1987	1991	1995	1997	2001	2005	2008
邮资/元	6	8	10	13	15	20	22	25	29	32	33

试构建一个邮资作为时间的函数的数学模型,在检验了这个模型是"合理"之后,用这个模型预测一下 2012 年的邮资[2]。

解析　这是典型的回归问题,一般我们分为四个步骤进行回归分析。①量化,确定自变量和因变量;②画散点图,大致确定拟合的函数类型;③通过软件编程计算,得到函数关系式;④利用得到的函数关系式,预测指定的 x 值或 y 值。

在本题中,① 可以设 x 为时间,y 为邮资,为简便计算,设起始年份 1978 为 0,就可以得到下表:

x	0	3	6	7	9	13	17	19	23	27	30
y	6	8	10	13	15	20	22	25	29	32	33

② 用 Excel 可以画出散点图(略),大致呈线性关系,可设 $y=kx+b,k,b$ 为待定系数;

③ 通过 Excel 相关功能可分别计算 $k=0.9618,b=5.898$,直线方程 $y=0.9618x+5.898$;

④ 在散点图中添加上述回归直线(略),可见拟合相当好,说明模型是合理的;

⑤ 要预测 2012 年的邮资,此时 $x=34$,代入得 $y=39$。

精选一些简单易操作的例题,融入数学建模思想,辅以计算机教学,让学生自己动手操作,不仅可以激发学生对数学的兴趣,也培养了学生的实际动手能力。在实际的教学中,应努力寻找数学建模思想与教学内容的融合点,改善教学方式,同时挖掘和培养学生的创新意识。

3. 开放性问题,研讨式教学

在大学数学课程教学中,可以跟学生探讨一些在生活当中遇到的社会问题。比如,从我们学校到市中心应该走哪条路线最好? 在这种开放性的问题中,同学们大都会各抒己见。在讨论的环节中,教师可以适当的引导,考虑交通拥堵、红绿灯等情形,又该选择哪条路线。实际上,选择路线问题归根结底就是数学规划模型。开放性问题,研讨式教学,会吸引更多的学生参与到教学当中,更进一步激发学生学习数学的兴趣爱好。

三、结语

大学数学是专业学习和从事科技工作必不可少的重要工具,是培养理性思维的重要载体。实践证明,将数学建模思想融入大学数学教学,是我们今后数学教育改革努力的一个发展方向。在实际大学数学教学中,如何成功的融入数学建模思想,培养学生的创新意识、提升学生自主学习的水平,任重而道远,有待进一步研究。

参考文献

[1] 杨曙光,李治明.数学建模思想方法融入高等数学教学的思考与实践[J].大学数学,2010(1).
[2] 吴赣昌.微积分(经管类)上册[M].北京:中国人民大学出版社,2011.

论数学建模对创新人才培养的作用

涂火年

（广西财经学院信息与统计学院，广西南宁 530003）

摘要

　　大学数学建模对创新型人才培养起到非常大的促进作用，在培养师生能力方面起到不可或缺的重要作用，对提高教师素质，促进教学意义重大。

　　关键词：数学建模；创新人才培养；人才素质

一、绪言

　　大学数学课程是学生掌握数学工具的主要课程、培养理性思维的重要载体和接受美感熏陶的一条途径。数学教育本质上是一种素质教育，大学数学教育的质量直接关系到一个国家大学人才培养的素质和能力。教育特别是大学教育应该及时反映并满足科技和社会发展的需要。在认识到数学建模对科技和社会发展的巨大促进作用和数学建模能力的培养对学生素质提升的重要意义后，一些西方国家的大学在 20 世纪六、七十年代开始开设数学建模课程。我国的几所大学也在 80 年代初将数学建模引入课堂。为了促进大学生学习数学建模课程、开展数学建模活动，美国数学及其应用联合会（COMAP）1985 年发起并开始主办大学生数学建模竞赛，我国几所大学的学生 1989 年起开始参加美国的竞赛。1992 年，由中国工业与应用数学学会组织举办了我国 10 个城市的大学生数学模型联赛，有 74 所院校的 314 队（每队 3 名同学）参加。教育部领导及时发现、扶植并培育了这一新生事物，决定从 1994 年起由教育部高教司和中国工业与应用数学学会共同主办全国大学生数学建模竞赛，每年一届。十几年来这项竞赛的规模以平均年增长 20% 以上的速度发展，2008 年的第 17 届竞赛有来自全国 31 个省（市、自治区，包括香港特区）的 1000 多所院校 12 800 多队的 38 000 多名同学参加，是目前全国高校规模最大的基础性学科竞赛，也是世界上规模最大的数学建模竞赛。竞赛 2007 年被列入教育部质量工程首批资助的学科竞赛之一。

二、数学建模对创新人才培养所起的作用

　　（1）数学建模竞赛对培养学生实践能力、创新能力和综合素质的促进作用

　　数学建模竞赛与传统意义上的数学竞赛完全不同。传统意义上的数学竞赛都是要求学生解决纯粹的数学问题，而数学建模竞赛的题目由工程技术、经济管理、社会生活等领域中的实际问题简化加工而成，具有很强的实用性和挑战性。竞赛紧密结合社会热点问题，吸引学生关

心、投身国家的各项建设事业,培养他们理论联系实际的学风。竞赛让学生面对一个从未接触过的实际问题,对解决方法没有任何限制,学生可以运用自己认为合适的任何数学方法和计算机技术加以分析、解决,他们必须充分发挥创造力和想象力,从而培养了学生的创新意识及主动学习、独立研究的能力。竞赛没有事先设定的标准答案,但留有充分余地供参赛者发挥其聪明才智和创造精神。竞赛评奖以假设的合理性、建模的创造性、结果的正确性以及文字表述的清晰程度为主要标准。竞赛以通信形式进行,在三天时间内同学可以自由地使用图书馆和互联网以及计算机和软件,需要学生在很短时间内获取与赛题有关的知识,锻炼了他们查阅文献、搜集资料的能力。竞赛中三名大学生组成一队,他们在竞赛中分工合作、取长补短、求同存异,不仅相互启发、相互学习,也会相互争论,培养了学生们同舟共济的团队精神和进行协调的组织能力。竞赛要求每个队完成一篇用数学建模方法解决实际问题的科技论文,提高了他们的文字表达水平。可以说,数学建模向学生传授了综合的数学知识和方法,培养了综合运用所掌握的知识和方法来分析问题、解决问题的综合能力,培养学生丰富灵活的想象能力、抽象思维的简化能力、一眼看穿的洞察能力、与时俱进的开拓能力、学以致用的创造能力、会抓重点的判断能力、灵活运用的综合能力、使用计算机的动手能力、信息资料的查阅能力、科技论文的写作能力、团结协作的攻关能力,等等。此外,竞赛是开放型的,三天中同学们要自觉地遵守竞赛纪律不得与队外任何人(包括指导教师在内)以任何方式讨论赛题,公平地开展竞争,锻炼了诚信意识和自律精神。总之,这项竞赛从内容到形式与传统的数学竞赛完全不同,有利于学生综合素质的全面提高。

(2)数学建模竞赛对数学教师的促进作用

对于我们每一个教基础课的教师来说,在上第一堂课的时候,按惯例都会讲一下课程的重要性,一方面要强调课程的基础性作用;另一方面,免不了都要说它在实际中有多么重要的应用价值,等等。对大多数学生来说,可能对这门课程在实际中的应用更感兴趣。但是,往往等到课程上完了以后,经常是让这些学生大失所望,主要是因为他们没有看到课程在实际中的应用,仅仅是做了几道简单的应用题而已。学生免不了就会质问教师:"你既然说本课程在实际中有重要的应用,那么为什么不教我们如何应用本课程的知识来解决实际问题呢?"这个问题对一般的基础课教师可能是难已明确回答的,原因是单学科的知识能够解决的实际问题是很少的,尤其是对于某些基础数学课程而言更是如此。而当他们学习了数学建模以后,这个问题也就不存在了,因为数学建模就是综合运用所掌握的知识和方法,创造性地分析解决来于实际中的问题,而且不受任何学科和领域的限制,所建立的数学模型可以直接应用于实际中去。另外科学研究可以分为工程应用与理论研究两大类,从某种意义上来讲,工程与理论存在着客观的对立。特别是工程与数学、工程师与数学家之间在处理问题的方式方法上都客观地存在一些不同或对立的观点。实际中,工程师往往对工程中的实际问题了解多,而对解决问题的数学知识和方法了解少,而数学家正好相反,于是二者之间在具体问题上缺乏共同的沟通语言。对于数学建模和数学建模的人才可以在工程与数学、工程师与数学家之间架起一座桥梁,能使二者之间的建立起共同的语言,沟通无限。因为数学建模的人才具有一种特有的能力——"双向翻译能力",即可以将实际问题简化抽象为数学问题——建立数学模型;利用计算机等工具求解数学模型,再将求解结果返回到实际中去,并用来分析解释实际问题。这就使得工程与数学有机地结合在一起,工程师与数学家之间可以无障碍地沟通与合作,这也是使得近些年来能起这种桥梁作用的数学建模人才备受欢迎的主要原因。作为一名大学数学基础课的教师,何去何从,何作何为,是值得我们每一个人思考的问题。实际中,我们的工作往往就是从这个讲台到那个讲台,日复一日,年复一年,辛辛苦苦,到头来往往是收获与投入不成正比。尤其是到评职称的时候,更显得底气不足。其原因是大量的精力和时间都投入到基础课的教学上,影响了专业知识的学习和科研工作的开展,发表高水平的学术论文难上加难,只撰写几篇教学论文显得分量不够,同等条件下不具备与专业教师科研成果相竞争的实力。难道是我们无能吗?不! 只是我们工作环境限制了我们的发展空间。但是,现行的教育体制客观上一时难以改变这种状况,也不要怨天尤人,因为这是我们的职业和工作,只有靠我们自己来改变自己的命运,寻求适合自己的发展空间。数学建模为我们带来了契机,给了我们广阔的发展空间,通过数学建模的教学、组织培训和指导竞赛等工作,可以扩充我们的知识面、学习新理论和新方法,增强自身的理论学术水平和科研能力,特别是能够学习掌握一种用数学建模的思想来分析问题和解决问题的方法是最最重要的。几年来,根据我和我的同事们走过的路程,可以让我们感慨、自豪地讲:"数学建模是我们数学基础课教师的一条发展之路、光明之路,我们是数学建模的受益者。"

就我自己而言,对于数学建模的感受和体会更是深刻的。曾有人问我:"你在数学建模上投入了那么多的精力和时间,这对你个人有什么帮助和收获?"其实,我是一个教"高等数学""概率统计"出身的基础课教师,如果不是数学建模,直到现在我可能也只会教"高等数学"和"概率统计"。正是数学建模促使我学习了大量的现代应用数学的知识和方法,掌握了计算机的编程和工具软件的使用技术,从而具备了一定的科研能力,特别是具备了综合应用所掌握的知识解决实际问题的能力,这就是我们常说的数学建模的能力。让我感受最深的还是对数学建模思想的认识和理解,这也是我在近些年来的实际教学中贯穿始终的,即一方面要把知识传授给学生,更重要的就是把这种应用的思想和意识传授给学生。建模思想也可以说是认识问题、分析问题的"一种悟性"。有人可能会问:"你哪里来的那么多的实际问题?"事实上,在我们的日常生活中,"数学模型无处不在",关键是看你是否有发现它的意识。作为我们搞数学建模的人都应该具备这种善于发现问题、解决问题的洞察力,或者叫做灵感,或者说就是用我们特有数学和数学建模的思想去观察生活、观察社会和自然的一种意识。日常生活中有很多与数学建模有关的问题,只要你注意留心,多一点数学建模的意识,小的问题可以作为一个建模案例,大的问题可以做一篇文章。只要我们"融入社会,善于观察;博览群书,拓宽视野;积极探索,勤于思考;归纳总结,发掘规律",相信我们一定会有所作为。

三、总结

数学建模对培养师生创新能力方面都有很大的促进作用,这是显而易见的。数学建模在激发学生学习数学的兴趣,培养学生能力方面起到很大的作用,尤其是在培养综合运用所掌握的知识和方法来分析问题、解决问题的综合能力。结合数学建模的培训和参加建模竞赛等活动,来培养学生丰富灵活的想象能力、抽象思维的简化能力、一眼看穿的洞察能力、与时俱进的开拓能力、学以致用的创造能力、会抓重点的判断能力、灵活运用的综合能力、使用计算机的动手能力、信息资料的查阅能力、科技论文的写作能力、团结协作的攻关能力等方面都产生不可估量的影响。有一点是肯定的,经历过数学建模的同学写出来的毕业论文整体质量要比没有参加数学建模的学生要高,这点在我今年指导本科毕业论文上得到印证。另外一方面,数学建模对青年数学教师的成长也起到非常大的作用,数学建模有利于把教学型教师转变成科教并举型的教师,数学建模为我们带来了契机,给了我们广阔的发展空间,通过数学建模的教学、组织培训和指导竞赛等工作,可以扩充我们的知识面、学习新理论和新方法,增强自身的理论学术水平和科研能力,特别是能够学习掌握一种用数学建模的思想来分析问题和解决问题的方法是最最重要的。同时还有更多的机会参加学术会议,跟同行有了更多交流的机会,如数学建模和应用的教学国际会议、数学与计算机建模国际会议等,另外还有很多期刊供广大数学教师发表论文,总之,数学建模对师生的贡献是双向的,是相互有利的促进。

参考文献

[1]　谢金星.科学组织大学生数学建模竞赛,促进创新人才培养和教学改革[J].中国大学数学,2009(2).
[2]　韩中庚.浅谈数学建模与人才培养[J].工程数学学报,2003(12).
[3]　姜启源,等.数学模型[M].3版.北京,高等教育出版社,2003.

将数学实验与数学主干课程结合的方法与实践[*]

曹敦虔　黄敬频

（广西民族大学理学院，广西南宁 530006）

摘要

数学主干课程是指某专业设置的主干课程中所含数学类的系列课程。本文主要讨论在数学主干课程中增设数学实验课的必要性、可行性及具体方法。将数学实验引入数学主干课程，是对传统教学手段和教学方法的一种补充，是一种新的尝试，目的是让学生能够通过自己动手体验数学的学习过程、探索过程和发现过程，进一步领悟数学概念，培养兴趣，掌握学习和科学研究方法。

关键词：数学实验；数学主干课程；数学软件

一、引言

数学实验教学是当前高等院校数学教育课程中的一门重要新兴课程，数学实验课程的开设，改变了学生在教学过程中认识事物的过程，改变了某些教学原则、教学内容和教材形式，改变了教学过程中教师、学生、教材三者之间的关系，使抽象的问题具体化、直观化，缩短了教材内容和现实的距离，使学生感到在现实中处处存在数学问题，进而养成用数学的眼光观察问题、分析问题的习惯和能力[1]。目前，我国部分高校开设数学实验课的教学安排大致有两种：一是作为独立课程开设，往往作为数学建模课程的后继课程，讲课和上机实验各占一半；二是结合在某一数学基础课内，根据内容适当安排相应的数学实验[2]。

然而，李大潜院士的观点是，应将数学建模思想融入数学类主干课程，而不是用数学实验课的内容抢占各个数学类主干课程的阵地。因为数学类主干课程的原有体系，是经过多年历史积累和考验的产物，没有充分的根据不宜轻易彻底变动。数学建模思想的融入宜采用渐进的方式，力争和已有的教学内容有机结合，充分体现数学建模思想的引领作用[3]。这里，数学类主干课程是指某专业的课程设置中，主干课所含数学类的系列课程。

作者认为，既要独立开设数学实验课程，也要在数学主干课程中同步地增设辅助性质的实验课。这些辅助性质的实验课主要是为主干课程服务，帮助学生更加深刻地领会数学概念、数学模型和数学方法。但其原则是：要针对该门课程的核心概念和重要内容，同步地精选数学实验内容。

---

* 教改项目："十一五"新世纪广西高等教育教改工程项目（桂教高教［2006］194 号）。

本文主要讨论在数学主干课程中同步地增设实验课的必要性、可行性和方法。

二、将数学实验与数学主干课程结合的必要性

长期以来,由于受传统教学思想的影响,在数学主干课程的教学中,以灌输为主的教学方法始终占有重要地位。如果数学建模思想不能融合到数学类主干课程,仍然孤立于原有的课程体系之外,就不能打破陈旧的教学模式。开设"数学实验"或"数学模型"课程,正是对原有专业课程体系的补充或调整,目的是优化课程结构,体现时代特征,提高人才培养质量,是对传统教学手段和教学方法的一种补充,是把数学建模思想有机融合到数学类主干课程的好途径,值得深入探讨。

那么,数学实验课的形式如何开展?我们认为,既要独立开设数学实验课程,也要在数学主干课程中同步地增设辅助性质的实验课。独立开设的数学实验课强调实验的综合性,主要训练学生运用计算机和数学软件进行科学研究、解决数学问题和实际问题的能力,实验内容可以是学生熟悉的内容,如极限、积分、概率等,也可以是学生从未接触过的内容,比如分形、混沌、密码学等。学生在实验中学习,在实验中探索,在实验中获得真知,也在实验中掌握一定的方法和工具。现在国内大部分高校的数学实验课程都是以这种形式开设的。而在数学主干课程中增设的实验课,在教学内容上与主干课程紧密相关,在时间上与主干课程同步,通过学生自己动手,生动形象地展现一些数学过程和结果,从而帮助学生进一步掌握主干课程中的内容。这些实验不要求大而全、深而难,而要少而精、浅而易,达到理解掌握主干课程的教学目的即可。这两类实验课的教学目的不同,教学内容也不同。它们互相不能代替,都有存在的必要。

现代多媒体引入数学教学过程,能够生动直观地展现一些抽象的数学对象。但经过多年的实践,我们发现,仅仅使用多媒体技术,学生在课堂上看到的内容"只入眼,不入脑"。工工整整的推导过程,漂亮的数学公式,似乎只是一道道美丽的风景线,过眼烟云。公式之间的内在关系是什么?公式的本质内容又是什么?学生在快速切换的幻灯片下无所适从。久而久之,学生容易产生"多媒体疲劳症",进而产生厌学情绪。与使用多媒体技术授课不同的是,数学实验是让学生自己动手做,过程是学生的,结果也是学生的。教师只是设计好大体的实验步骤,介绍一些用到的工具,其他由学生自己去思考,去尝试,具有很大的开放性。通过实验,学生所学习到的数学概念、数学公式和数学方法将会深深印在他们的脑海里。

所以,我们认为,在数学主干课程中同步地增设辅助性质的实验课是必要的,独立开设的数学实验课程和使用多媒体技术都不能代替它的作用。

三、将数学实验与数学主干课程结合的可行性

数学软件的飞速发展,使得运用计算机进行数学科学研究、求解数学问题和快速高效产生数学对象的图形成为可能。当今的数学软件涉及了几乎所有的数学领域,如初等数学、微积分、代数、几何、数论、概率统计、微分方程、运筹优化以及计算方法等。不仅能做数值计算,还能做符号运算;不仅能求解方程,还能推导公式;不仅能进行大数计算和高精度计算,还能作出精美的三维图形和动画,并且实现这些看起来非常复杂的工作实际上只需要数学软件的一些简单命令。能够实现这些功能的软件主要有 MATLAB、Mathematica、Maple 等。另外,还有一些专用的数学软件,在解决数学中的某一学科方面有它的特长,如专门解决统计分析问题

的 SPSS,专门解决运筹学问题的 LINDO/LINGO。这些数学软件在数学领域取得了成功的应用,也为数学实验课的开设提供了技术支持。

在师资方面,由于近几年数学软件的普及,使得一大批数学类专业的本科生、硕士研究生、博士研究生在进行科学研究过程中掌握了相关数学软件的应用,毕业后他们进入高校,成为既有深厚数学功底,又有较丰富的编程经验的数学教师,也有部分教师通过自学掌握了相关数学软件的运用。这为数学实验课的教学提供了师资保证。

在教学设备方面,数学实验所需要的实验设备不同于物理、化学实验,它只需要为每位学生配备一台计算机和相关的软件,并且实验过程对实验设备损耗率低,实验成本低。近年来,大部分高校通过教育部的评估,加强了计算机实验室等硬件设施建设,许多学生还自己购买了电脑。这对数学实验的硬件支持十分有利。

因此,将数学实验与数学主干课程相结合,在数学主干课程中同步地增设实验课是可行的,一般高校都具备必要的基础条件。

四、将数学实验与数学主干课程结合的方法

主干课程一般是依据该学科专业的核心课程以及形成大学生基本素质而确定的最主要课程。因此,不同的学科专业其数学主干课程也不同。比如,数学与应用数学专业,其主要课程通常包括数学分析、高等代数、解析几何、常微分方程、复变函数、实变函数、概率论与数理统计、近世代数、泛函分析、微分几何、拓扑学、运筹学等。

由于做数学实验一般需要用到数学软件,所以在实验之前应介绍数学软件的使用方法。不同的实验可能用到的数学软件不同。为减轻学生的学习负担,不宜使用太多种数学软件。考虑到软件的通用性和易用性,作者推荐使用 Maple。

将数学实验与数学主干课程结合的方法是,在开设数学主干课程的同时,为主干课程的关键内容增设一些实验课,学生学完某个重要的数学内容之后马上安排实验课,以加深学生的理解和记忆。在设置实验内容时应注意如下几个原则:

① 精选原则　针对该门课程的核心概念和重要内容,同步地精选数学实验内容;

② 难度控制原则　实验内容应注意难度的控制,特别是编程不宜过于复杂;

③ 开放性原则　实验步骤要有一定的灵活性,做到循序渐进。实验方法由熟悉到陌生,最后让学生尝试自己设计实验方法。

在实验过程中,教师的角色是:介绍实验目的、方法、基本步骤;观察学生实验过程、解答学生的提问;提出一些猜想及验证思路。最后,要求学生撰写实验报告。

为节省篇幅,下面仅以数学分析、高等代数和概率论与数理统计作为例子说明(见表1~表3)。

表 1　数学分析实验课

课 程 内 容	实 验 内 容	使用软件	实验课时
数列极限	通过几个经典数列体验极限的概念	Maple	2
导数	通过平面曲线的切线体验函数导数	Maple	2
定积分	通过大和与小和逐渐逼近函数积分	Maple	2
泰勒级数	正弦余弦函数的逐级展开	Maple	2
二元函数偏导数	通过曲面及其切线图像理解偏导数	Maple	2
二重积分	通过作图理解二重积分的概念	Maple	2

表2　高等代数实验课

课 程 内 容	实 验 内 容	使用软件	实验课时
矩阵运算	矩阵运算	MATLAB	2
初等矩阵	矩阵的初等变换	MATLAB	2
线性方程组的解	使用多种方法求线性方程组的解	MATLAB	2
线性空间	图形在线性变换下的形变	MATLAB	2
矩阵的特征值与特征向量	求解矩阵的特征值与特征向量	MATLAB	2

表3　概率论与数理统计实验课

课 程 内 容	实 验 内 容	使用软件	实验课时
随机变量的产生	产生服从各种分布的随机数	MATLAB	2
几何概率	使用 Monte Carlo 法计算定积分	MATLAB	2
随机变量的数字特征	计算各种分布的期望、方差等	SPSS	2
大数定律与中心极限定理	验证大数定律与中心极限定理	MATLAB	2
回归分析	一元线性回归实验	SPSS	2

以上实验内容仅供参考,在实践过程中各学校应根据自己的教材及学生特点重新设计。

当前,许多高校担任数学主干课的教师与实验指导教师严格分开,是制约数学实验课发挥其功效的主要障碍,我们应采取有效措施加以解决。比如,加强主干课教师与实验指导教师的沟通合作,或培训提高主干课教师的计算机应用能力包括数学软件的应用能力,都是较好的措施。另外,针对本校实际组织相关教师编写数学实验指导书也是有益的实验建设过程。

五、结语

在数学主干课程中增设辅助性数学实验课,在当前仍属探索阶段,没有太多的经验可循,在实践过程中必须结合学校各自的特点,与哪些数学主干课程结合、分配课时多少、实验内容如何选取、实验方式怎样设计等,都有待深入探讨,并通过长期的教学实践去逐步完善。

改革创新是提高人才培养质量的必由之路,我们旨在通过数学实验与数学主干课程相结合的研究,培养出既有深厚数学功底又能熟练使用数学软件的"多功能"新型数学人才。

参考文献

[1] 郭宗庆,毋胭脂.论数学实验的内涵及相关概念的区别与联系[J].教育与职业,2007(8).
[2] 唐耀平.基于数学专业的数学实验课程研究[J].湖南科技学院学报,2005(12):287-288.
[3] 李大潜.将数学建模思想融入数学类主干课程[J].中国大学教学,2006(1):9-11.

线性规划解的判别在数学模型中的应用

刘丽华

（广西科技大学理学院，广西柳州 545006）

摘要

线性规划模型是数学建模中常用到的规划模型之一，本文介绍线性规划问题解的判别方法，并举出两个线性规划模型的实际例子说明。

关键词：线性规划；解的判别；数学建模

一、引言

在以往的全国大学生数学建模竞赛题目中，大概有 70% 的问题属于优化问题，而其中绝大部分又是属于线性规划问题[1]，并且许多文献中（如参考文献[1～3]等）都是利用软件直接求解，因此尽快掌握线性规划的基础知识，了解线性规划解的判别方法，除了能用现成的软件求解得到结果外，能从理论上更深层次地分析问题是建模竞赛学生同样需要掌握的必要知识。下面通过介绍线性规划的求解方法单纯形法，以及根据单纯形法得出的解的判别，利用解的判别思想对数学建模中遇到的线性规划问题进行理论分析。

二、基础知识

1. 单纯形法的介绍

自从 1947 年 Dantzig 提出求解线性规划的单纯形法以来，线性规划在理论上趋向成熟，实用中日益广泛和深入。它的理论依据是：线性规划问题的可行域是 n 维向量空间 R^n 中的多面凸集，其最优值如果存在必在该凸集的某顶点达到[4]。顶点所对应的可行解称为基本可行解。单纯形法的基本思想是：先找到一个基本可行解，对它进行鉴别，看是否是最优解；若不是，则按照一定法则转换到另一改进的基本可行解，再鉴别；若仍不是，则再转换，按此重复进行。因基本可行解的个数有限，故经有限次转换必能得出问题的最优解。如果问题无最优解也可用此法判别。单纯形法的一般解题步骤可归纳如下：（1）把线性规划问题的约束方程组表达成典范型方程组，找出基本可行解作为初始基本可行解。（2）若基本可行解不存在，即约束条件有矛盾，则问题无解。（3）若基本可行解存在，从初始基本可行解作为起点，根据最优性条件和可行性条件，引入非基变量取代某一基变量，找出目标函数值更优的另一基本可行解。（4）按步骤 3 进行迭代，直到对应检验数满足最优性条件（这时目标函数值不能再改善），即得到问题的最优解。(5)若迭代过程中发现问题的目标函数无界,则终止迭代。因此这个时候判别解的情况对于问题的求解是至关重要的。

2. 线性规划问题中解的判别

(1)唯一最优解的判断:最优表中所有非基变量的检验数非零,则线规划具有唯一最优解。

(2)多重最优解的判断:最优表中存在非基变量的检验数为零,则线性规划具有多重最优解。

(3)无界解的判断:某个检验数 $\lambda_k < 0$ 且所对应的单纯形表中的列元素 $a_{ik} \leqslant 0 (i=1, 2, \cdots, m)$则线性规划具有无界解。

(4)退化基本可行解的判断:存在某个基变量为零的基本可行解。

三、常见的线性规划模型举例

1. 生产计划问题

某家具公司制造书桌、餐桌和椅子,所用的资源有三种:木料、木工和漆工。生产数据如下表所示:

所用资源	每张书桌	每张餐桌	每把椅子	现有资源总数
木料	8 单位	6 单位	1 单位	48 单位
漆工	4 单位	2 单位	1.5 单位	20 单位
木工	2 单位	1.5 单位	0.5 单位	8 单位
成品单价	60 单位	30 单位	20 单位	

如何安排三种产品的生产可使利润最大?

解 设分别生产三种产品 x_i 个,$i=1,2,3$。根据题意建立线性规划模型如下:

$$\max Z = 60x_1 + 30x_2 + 20x_3$$

$$\begin{cases} 8x_1 + 6x_2 + x_3 \leqslant 48 \\ 4x_1 + 2x_2 + 1.5x_3 \leqslant 20 \\ 2x_1 + 1.5x_2 + 0.5x_3 \leqslant 8 \\ x_1, x_2, x_3 \geqslant 0 \end{cases}$$

将数学模型化为标准形式:

$$\max Z' = -Z = -60x_1 - 30x_2 - 20x_3$$

$$\begin{cases} 8x_1 + 6x_2 + x_3 + x_4 = 48 \\ 4x_1 + 2x_2 + 1.5x_3 + x_5 = 20 \\ 2x_1 + 1.5x_2 + 0.5x_3 + x_6 = 8 \\ x_1, x_2, x_3, x_4, x_5, x_6 \geqslant 0 \end{cases}$$

不难看出 x_4, x_5, x_6 可作为初始基变量,单纯形表计算结果如下:

C_j		-60	-30	-20	0	0	0	b	θ
		x_1	x_2	x_3	x_4	x_5	x_6		
C_B	X_B								
0	x_4	8	6	1	1	0	0	48	6
0	x_5	4	2	1.5	0	1	0	20	5
0	x_6	2	1.5	0.5	0	0	1	8	4
λ_j		-60	-30	-20	0	0	0		
C_B	X_B								
0	x_4	0	0	-1	1	0	-4	16	—
0	x_5	0	-1	$1/2$	0	1	-2	4	8
-60	x_1	1	$3/4$	$1/4$	0	0	$1/2$	4	16
λ_j		0	15	-5	0	0	30		
C_B	X_B								
0	x_4	0	-2	0	1	2	-8	24	
-20	x_3	0	-2	1	0	2	-4	8	
-60	x_1	1	$5/4$	0	0	$-1/2$	$3/2$	2	
λ_j		0	32	0	0	10	10		

此时最优表中所有非基变量的检验数非零,则线性规划具有唯一最优解,最优解 $\boldsymbol{X}=(2,0,8,24,0,0)^{\mathrm{T}}$,最优值 $Z=280$。

2. 工业原料的合理利用

要制作 100 套钢筋架子,每套有长 2.9m、2.1m 和 1.5m 的钢筋各一根。已知原材料长 7.4m,应如何切割使用原材料最省。

解 为了得到 100 套钢筋架子,需要混合使用各种下料方案,如下:

下料数长度/m	方 案				
	I	II	III	IV	V
2.9	1	2	0	1	0
2.1	0	0	2	2	1
1.5	3	1	2	0	3
合计/m	7.4	7.3	7.2	7.1	6.6

设备方案用原料分别为 x_i 根,$i=1,2,3,4,5$。建立线性规划模型如下:

$$\min Z = \sum_{i=1}^{5} x_i$$

$$\begin{cases} x_1 + 2x_2 + x_4 = 100 \\ 2x_3 + 2x_4 + x_5 = 100 \\ 3x_1 + x_2 + 2x_3 + 3x_5 = 100 \\ x_i \geqslant 0 \quad (i = 1, 2, \cdots, 5) \end{cases}$$

添加人工变量后,上述线性规划模型变为

$$\min Z = x_1 + x_2 + x_3 + x_4 + x_5 - Mx_6 - Mx_7 - Mx_8$$

$$\begin{cases} x_1 + 2x_2 + x_4 + x_6 = 100 \\ 2x_3 + 2x_4 + x_5 + x_7 = 100 \\ 3x_1 + x_2 + 2x_3 + 3x_5 + x_8 = 100 \\ x_i \geqslant 0 \quad (i = 1, 2, \cdots, 8) \end{cases}$$

用单纯形法计算如下：

C_j		1	1	1	1	1	M	M	M	b	θ
		x_1	x_2	x_3	x_4	x_5	x_6	x_7	x_8		
C_B	X_B										
M	x_6	1	2	0	1	0	1	0	0	100	100
M	x_7	0	0	2	2	1	0	1	0	100	—
M	x_8	3	1	2	0	3	0	0	1	100	100/3
λ_j		1-4M	1-3M	1-4M	1-3M	1-4M	0	0	0		
C_B	X_B										
M	x_6	0	$\frac{5}{3}$	$-\frac{2}{3}$	1	-1	1	0	$-\frac{1}{3}$		
M	x_7	0	0	2	2	1	0	1	0		
1	x_1	1	$\frac{1}{3}$	$\frac{2}{3}$	0	1	0	0	1/3		
λ_j		0	1-5M/3	(1-4M)/3	1-3M	0	0	0	(4M-1)/3		

由于表中存在非基变量 x_5 的检验数为零，则该线性规划具有多重最优解。于是下料方案有：方案Ⅰ下 30 根，方案Ⅱ下 10 根，方案Ⅳ下 50 根；方案Ⅱ下 40 根，方案Ⅲ下 30 根，方案Ⅳ下 20 根。

四、结论

本文采用单纯形法求解线性规划模型并且给出解的判别，填补了最优化方法[4]中没有实际例子的空白，同时还给出了运筹学模型[2]中对解的唯一解和多重解的原因。

参考文献

[1]　朱光军,谭洁群,王云.线性规划在数学建模竞赛中的应用[J].广西大学学报(自然科学版),2008,33(增刊):226-229.

[2]　张杰,周硕.运筹学模型与实验[M].北京:中国电力出版社,2007.

[3]　杨丽,高俊宇.最优化方法在数学建模中的应用[J].沧州师范专科学校学报,2008,24(2):38-39.

[4]　孙文瑜,徐成贤,朱德通.最优化方法[M].北京:高等教育出版社,2004.

建模中 LINGO 软件的快速掌握[*]

刘丽华

（广西工学院信息与计算科学系，广西柳州 545006）

摘要

文章首先是就数学建模的概念、近些年来常出现的问题和数学建模竞赛的优秀工具——LINGO 软件作了简要介绍，然后着重介绍了笔者在参加全国大学生数学建模竞赛集训中关于 LINGO 软件教学的一些方法。

关键词：数学建模；数学软件；LINGO

数学建模（Mathematical Modeling）是对现实世界的一个特定对象为了一个特定目的，根据特有的内在规律，做出一些必要的简化假设，运用适当的数学工具，得到一个数学结构的过程。在电工数学建模以及全国大学生数学建模竞赛中，最常碰到的是一类决策问题，即在一系列限制条件下，寻求使某个或多个指标达到最大或最小，这种决策问题通常称为最优化问题。每年的数学建模比赛都有一些比如解决最优生产计划、最优分配最有设计、最优决策、最佳管理等最优化问题，它主要由决策变量、目标函数、约束条件三个要素组成。当遇到实际的最优化问题转化为数学模型，对于较大的计算量，可以使用 LINGO 系列优化软件包求解。

一、LINGO 软件简介及其在建模比赛中的应用

LINDO 和 LINGO 是美国 LINDO 公司系统开发的一套专门用于处理线性规划与非线性规划方面问题。求解最优化问题的软件包，其线性、非线性和整数规划求解程序已经被全世界数千万的公司用来做最大化利润和最小化成本的分析。LINDO 和 LINGO 能在产品分销、成分混合、生产与个人事务安排、存货管理、生产线规划、运输、财务金融、投资分配、资本预算、混合排程、库存管理、资源配置等问题的数学建模中发挥巨大作用。LINGO 是一套快速、简单与更有效率求解线性、非线性与整合最佳化模型的完整工具，除了具有 LINDO 的全部功能外，还可以用于求解非线性规划，也可以用于一些线性和非线性方程组的求解以及代数方程求根等。LINGO 提供了完整的整合套件，包含：求解最佳化模型的语言、完整建构与编辑问题的环境以及快速求解问题套件。其内部优化问题的建模语言为建立大规模数学规划模型提供了极大方便，包括提供的 50 多个内部函数，其中有常用数学函数、集合操作函数、变量定界函数、

* 广西工学院 2007 年教学改革立项项目，项目编号：J0707；广西工学院院科硕 0816205。

文件输入函数和自编函数供参赛者建立优化模型时调用,通过这些函数的使用,能大大减少参赛者的编程工作量,使求解大型规划变得不再费时费力。并提供了与其他数据文件(如文本文件、Excel 电子表格文件、数据库文件等)的接口,易于方便地输入、求解和分析大规模最优化问题。LINDO 和 LINGO 软件的最大特色在于其具有的快速建构模型、轻松编辑数据、强大求解工具、交互式模型或建立完成应用、丰富的文件支持等特点,2000 年全国大学生数学建模竞赛 B 题(钢管订购和运输)中的非线性规划问题、2003 年的全国大学生数学建模竞赛中 D 题(抢渡长江)的优化问题、2004 年全国大学生数学建模竞赛 C 题(酒后驾车)、2005 年全国大学生数学建模竞赛中 B 题(DVD 在线租赁)、2007 年全国电工数学建模竞赛中 A 题(机组组合问题)等可以充分展示用 LINGO 建模语言求解的优越性。

二、LINGO 软件短期训练教学策略

为了让学生尽快掌握学习这个在数学建模中应用比较方便的软件,在培训时本人借鉴参考文献[2]中财经大学的教学经验以及本人在 2007 年电工数学建模竞赛带队的经验总结了以下我们短期学习 LINGO 软件的方法。

1)模仿式(即学即用 LINGO 软件)

所谓模仿式就是让学生照着同类模型的编程格式练习。用数学建模当中具有的普遍性的四种模型给学生学习软件,在教学过程中用幻灯片给学生逐一演示。

(1)一般模型

线性规划:(参考文献[3]中的实例)

$$\max f(x) = 800x + 500y + 620z$$

$$\text{s. t.} \begin{cases} 15x + 11y + 10z \leqslant 8960 \\ 13x + 10y + 12z \leqslant 10500 \\ 12x + 10y9z \leqslant 8500 \end{cases}$$

在 LINGO 窗口中输入如下代码:

```
max = 800 * x + 500 * y + 620 * z;
15 * x + 11 * y + 10 * z < = 8960;
13 * x + 10 * y + 12 * z < = 10500;
12 * x + 10 * y + 9 * z < = 8500;
```

然后单击工具条上的 ◎ 即可。

(2)数据量较小的模型

2004 年全国大学生数学建模竞赛 C 题(酒后驾车)中给出某人在短时间内喝下两瓶啤酒后,间隔一定时间得到数据。建立了无约束的非线性规划模型[4]:

$$\min Q(a_1, a_2, a_3) = \sum_{i=1}^{n} [a_1(e^{-a_2 t} - e^{-a_3 t}) - y_i]^2$$

程序如下:

```
Model
    Sets:
    Bac/r1..r23/: T,Y;
    Endsets
    Data:
```

```
    T = 0.25,0.5,0.75,1,1.5,2,2.5,3.5,4,4.5,5,6,7,8,9,10,11,12,13,14,15,16;
    Y = 30,68,75,82,77,68,68,58,51,50,41,38,35,28,25,18,15,12,10,7,7,4;
  Enddata
  Min = @sum(Bac: (a1 * ((@exp( - a2 * T) - @exp( - a3 * T)) - Y)^2);
End
```

LINGO 求解多元函数极小值时内部所采用的算法效率高,速度快,精度高,无需初始值,能准确地得到回归系数的最小二乘解,程序简洁,易于修改和扩展。

（3）一些特殊模型

当出现分段函数时如何解决,2000 年全国大学生数学建模竞赛 B 题（钢管订购和运输）就是这样的例子。大家可以参看文献[5],这里最主要介绍的是如何处理分段函数。LINGO 软件是利用符号"♯LT♯"即逻辑运算符,用来连接两个运算对象,当两个运算对象不相等时结果为真,否则为假。类似的逻辑运算符共有 9 个。

（4）数据量较大的模型

当遇到数据量比较大的题型的时候,LINGO 的输入和输出函数可以把模型和外部数据（文本文档、数据库和电子表格等）连接起来。比如 2005 年全国大学生建模赛题 B 就是需要处理 1000×100 维数据的题型。它的 LINGO 程序如下:

```
model:
sets:
guke/c0001..c1000/: zulin;
dvd/d001..d100/: zongliang;
links(guke, dvd): x, pianhao;
endsets
max = @sum(1inks: x/(pianhao) k);
@for(guke(i): @sum(dvd(j): x(i,j))< - 3);
@for(dvd(j): @sum(guke(i): x(i,j))< = zongliang);
@for(1inks: @bin(x)); k - 2;
```

利用@OLE 命令便可以轻易的调取出需要的数据。程序如下:

```
zongliang = @OLE( 'f: \B2005Table2.xls','zongliang' );
pianhao = @OLE( 'f: \B2005Table2.xls','pianhao' );
```

通过上面的编译之后,很容易出结果,但是由于结果是一个 1000×100 的数值矩阵,因此同样用@OLE 命令,利用它将结果输出到表格,可以更直观的读取。

程序语言:@OLE('f: \k1.xls','x') = x;

将以上四个模型的编程形式逐一讲授,并且学生不需要记忆它们,只需将它们对应的程序进行备份,当比赛中遇到同类型是调用修改就可以了。

2）函数对应法,边学边练

对模型求解的 LINGO 编程形式同学们已经有了了解,这时候需要进一步到细节上去,具体练习一些函数的表达式,将我们历年在建模竞赛中遇到的如:求和函数,分段函数,0-1 函数等逐一给学生讲解。教练组针对数学软件的特点（它兼有数学和计算机的特点,学数学要多做题,学计算机要多上机）采取了上午讲课,下午上机的教学方式,这样学生在下午上机过程中可就上午所学知识中存在的疑问向老师提出。教师也可针对性地进行一些辅导和讲授。

参考文献

［1］　杨涤尘.数学软件与数学建模[J].湖南人文科技学院学报,2006(6)：8-13.

［2］　常新功,郝丽霞.如何让学生短时间内掌握 Maple 软件[J].山西财经大学学报(高等教育版),2001,52(3)：30-32.

［3］　周甄川.数学建模中的优秀软件——LINGO[J].黄山学院学报,2007,9(3)：112-114.

［4］　袁新生,龙门.非线性曲线拟合的三种软件解法比较[J].徐州工程学院学报,2005,20(3)：74-76.

［5］　袁新生,廖大庆.用 LINGO6.0 求解大型数学规划[J].工科数学,2001,17(5)：73-77.

［6］　姜英姿.大规模数据的计算机处理技术[J].徐州工程学院学报,2005,20(5)：13-15.

按"实事求是"观构建数学实验教学过程*

韦泉华　赵展辉

（广西工学院信息与计算科学系,广西柳州 545006）

摘要

怎样建设好数学实验课程是近几年来国内各高校共同关注的焦点。本文以实事求是的观点,从"实事""求""是"三个方面讨论怎样构建符合学校实际情况的有效的数学实验教学过程。

关键词：数学实验；实事求是；数学实验教学过程；教师主导作用

一、引言

按"实事求是"观构建数学实验教学过程,就是教师充分发挥教师主导作用,在努力掌握数学实验课程的内在规律的基础上,依据学生的素质、能力、爱好、数学和计算机基础知识掌握的程度、学科特点、学校的相关课程安排、学校的人才培养目标和数学实验课程本身的培养目标,建立科学的、完整的数学实验教学过程。"实事",就是"小"状况——学生的状况和"大"状况——学校的人才培养体系和目标的总和,"是",就是从对教学师生双方的充分了解、依据这种了解有针对性地备课、发挥学生主体性和教师主导性的直接课堂教学到课程评估和反馈的数学实验教学的全过程。"求",是教师在整个课程的各个环节上精益求精、殚精竭虑地投入度的体现。

二、从"实事"的角度理解数学实验的内涵

"数学实验"泛指利用计算机和数学软件学习数学,它是在教师的指导下,学生利用学到的数学理论知识和计算机科学技术,强化数学理论和数学思维,提高分析和解决实际问题的一种带有较强实践意义的教学活动。传统数学教学模式的显著特点是"大容量,高强度,多反复"、"教师讲,学生听；教师问,学生答",教师成为教学的中心,学生成为了配角,只能被动跟在教师后面。引入数学实验后,数学教学可以在一种"问题—实验—交流—猜想—推证(验证)—创新"的新模式中进行,使学生从实验中学习、探索和发现数学规律及其应用,既深化对所学理论知识的理解,又培养了创新意识,同时也增强了学生独立思考和充分利用数学解决实际问题的能力,也极大地提高了学生对数学的学习兴趣。

* 广西工学院教改项目(J0707)资助。

上述概念的表述似乎已经十分明确,但深刻、准确地理解数学实验的内涵并不是一件轻而易举的事情。作为专业教师,对数学实验内涵的理解程度和水平如何,是构建一个科学的数学实验教学过程的核心、关键和基础。对这一内涵的理解的偏颇或失败,将直接导致构建数学实验教学过程的失败。或者可以说,对数学实验的理解没有完成之前,专业教师就无法进入备课、授课的数学实验教学程序。

1. 关于数学实验的"学""用"之争

目前,国内对"数学实验"的看法,大致有两种观点:一是认为数学实验就是数学的应用。在此观点指导下的数学实验课的模式主要是采取"数学建模＋数学软件"的模式,着眼点在于培养学生熟练地使用数学软件解决实际问题的能力;目前国内多数数学实验教材赞同此种观点,较有代表性的如姜启源、何青等编著的《数学实验》和傅鹂等编著的《数学实验》。二是认为数学实验就是利用计算机为主要工具,采用观察、归纳、分析的方法去探索数学、认识数学和学习数学。这种数学实验课的模式主要是:从某个具体的数学问题出发,以计算机为工具,让学生通过数学软件或自编的程序进行自由探索,从中发现、总结出可能存在的规律,然后加以论证。基于第二种观点的理解的教材以李尚志的《数学实验》为代表,他认为数学实验重在"学"数学,而数学建模才是"用"数学。

2. 根据实际情况理解数学实验的内涵

数学实验重"学"抑或重"用",不应当机械地理解。数学实验是一个复杂的、内容丰富的课程,可能此情况、此条件下重"学",彼情况、彼条件下重"用",再一条件下可能应该"学""用"并举,并重。从实际情况和条件出发来理解数学实验的内涵,符合辩证教学的基本观点。

数学实验重"学"还是重"用"的争论,主要是从宏观的、基本的、学术本身的内在规律和外在功效出发,这样的探讨虽然更加深刻,难度更大,但由于这种争论和过多的探讨不利于数学实验实际教学的实施。从学校总体人才培养目标、专业性质、学生特性三个层次来审视数学实验内涵的实现,是正确、有效的方法。

人才培养目标大致有两种,一是培养基础理论型人才,二是培养实际应用型人才。前者更重视问题的"发现"和"归纳",后者更重视工程的"设计"和"实施"。显然,对前者而言,数学实验应该重"学",后者则重"用"。

根据学校的人才培养目标来实现数学实验内涵是大方向的行为和理念,但这也不能简单地"一以贯之"。还要根据各专业性质来均衡"学"和"用"的比重,因为基础性学科重于"基础",应用性学科重于"应用",这也是显而易见的。

第三个层次是,根据学生的特性来决定数学实验内涵的具体实施。尊重学生、发挥学生学习主体性、鼓励创新是教学的灵魂。

如果不按照实事求是的原则而从以上几点出发生硬地、机械地、"一视同仁"地进行数学实验教学,无异于以陆军的训练方法训练海军,以海军的训练方法训练陆军,效果适得其反,至少也要大打折扣。

三、"是"的课堂实施——尊重学生的主体性和发挥教师的主导性

学生的主体参与应该是数学实验课堂最明显、最本质的特征,而教师的主导协调作用则是课堂教学得以顺利进行的重要保证。在一次实验课教学中,教师讲授实验所涉及的必要的基础理论知识后,应留下足够的时间作为学生的主体活动时间,让他们亲自做实验,通过实验体验探索知识、应用知识的乐趣,从而增加学习数学的信心和积极性。教师在课堂上应进行精"导"巧"点",使课堂教学效果提高。这种协调、辅导性作用主要体现在以下两方面:

(1) 合理组织实验教学

课前的大量准备是为了最后在课堂上实现期望的教学效果。

首先,要正确处理独立思考与团队协作的关系。依据数学实验课程开设的宗旨和目的,既要注重锻炼学生独立分析问题、思考问题的能力,又要培养学生分组合作、团队协作的素质。长期受传统教学模式下"灌输式"教育影响的学生大多动手能力很差,主体参与实践的渴望,同时又有一种近乎畏惧、退缩的情绪,表现出来的往往是一种惰性行为,实际上是一种缺乏信心的表现。这时,教师的鼓励作用就尤其重要了。而对于应用性、探索性、综合性较强的实验,可安排学生分组进行,鼓励学生多提问题,分组讨论,要承认学生分析问题的层次性、思考问题的深浅性、解决方法的多样性。

其次,把教师的课堂指导转化为学生课外自学。这是教师课堂主导性作用在课外的延伸和扩展。如在指导学生做迭代算法的实验时,可以简单补充介绍复变函数的迭代和分形图,并在课堂上演示一些分形图形,激发学生进一步学习的兴趣。并且鼓励部分学生在课外查阅相关的资料,动手自己编写程序绘制分形图,最好是能用高级程序语言编写。这样不仅可以让学生加深对迭代算法的理解,还可以体会数学的美,增加学习数学的兴趣。最后,引导学生填写实验报告或撰写小论文。写实验报告是数学实验的最后环节,也是必不可少的一个重要环节。教师在实验中应提醒学生记录所观察到的现象和数据,以此为依据对实验进行分析、归纳、总结。

(2) 适时点拨学生

虽说在数学实验课堂教学中,应尽量让学生主体参与,教师不能替代学生进行分析、思考和动手实现,尽量放手让他们去"折腾",去研究,但也绝不能放任自流、撒手不管,这样容易导致学生的随意性和消极心理。当学生在实验中遇到困难时,如发现不出规律、思维走进死胡同或未能把问题数学化等,教师应适当地加以点拨,及时拨正"航向",拨开令学生困惑的迷雾,以主导作用带动学生能动作用的发挥,让学生学有目标,学有方向,并重获学习的信心。

四、"求"是教师主动发挥主导作用的体现

态度决定一切。没有"求"的精神,"实事"不会自动进行,"是"也出不来。缺乏"求"的精神主要体现在三个方面。

(1) "实事"的功课完全不做。这样的教师游离于学校的大教学环境之外:只了解自己的专业知识,不管学生的专业,所有的专业上一样的课;对学生的性格、素质、能力等要素全然不顾,对学生要学什么、想学什么、能学什么一无所知;甚至对配套课程的进程也不加了解,从而谈不上给学生补充必要的知识基础,更不会主动调整自己的教学计划。

（2）在"教"和"学"上体现惰性。只讲授或只侧重讲授自己喜欢、擅长的教学内容，即使这方面内容不是最重要、最必需的教学要求；对自己不喜欢、不擅长的教学内容，即使是最重要、最必需的教学要求，也是草草应付；与学生缺乏交流，不能"因材施教"，不善于鼓励和激发学生主观能动性，是表面上讲课声音很大实为"沉默式"教学。

（3）用手头现成教材"照本宣科"。实验题材是数学实验课程教学的主要内容，好的实验内容则能更好地服务于我们的教学宗旨和目的。因此设计实验是该课程教学中最重要的环节，它直接影响到学生主观能动性的发挥，直接影响到最终的教学效果。教材的选择是要服务于我们自己的教学目的的。上面讨论现在国内对"数学实验"的看法时简单提到了现在的现有教材多是"用"这一性质的，或是偏"学"的。要选择怎样的教材，设计怎样的教学内容一定要以教学大纲为指导。一般来说我们提倡自己制定符合本校实际教学情况的教材，但这对于师资队伍的水平和师资力量要求是很高的。对于开始建设该课程的或是课程建设还很不成熟的学校，教师还只能选择现成的教材，但有一点应值得注意，不应全部照搬，设计内容更不应该流于形式。以所选教材为依据，适当补充其他内容以满足教学需要。但这一切工作，缺乏"求"的精神的教师，常常置之不顾，只对现成教材照本宣科。

因此，教师要发扬"求"的精神，把上述三条翻过来，积极发挥教师的主导作用。

参考文献

[1]　萧树铁,姜启源,何青,等.数学实验[M].北京：高等教育出版社,1999.

[2]　傅鹏,等.数学实验[M].北京：科学出版社,2000.

[3]　元如林,等.数学实验课的教学模式研究[J].工科数学,2000,16(3)：87-88.

[4]　乐励华,等.数学建模教学模式的研究与实践[J].大学数学,2002(6)：9-12.

[5]　叶其孝.把数学建模、数学实验的思想和方法融入高等数学课的教学中去[J].工程数学学报,2003,20(8).

[6]　李尚志,陈发来,等.数学实验[M].北京：高等教育出版社,2004.

[7]　胡京爽.数学实验方法与大学数学实验课程教学[J].洛阳大学学报,2006,21(2)：105-108.

[8]　刘龙章,蔡军伟.对工科数学实验课教学的研究[J].东华理工学院学报,2006(2)：198-200.

数学建模课的教学模式研究

邓国和

（广西师范大学数学科学学院，广西桂林 541004）

摘要

主要探讨数学建模课的多层次教学模式，并结合广西师范大学开设数学建模课程的具体情况介绍了三种开设方式及具体教学方法。教学实践表明，这种教学模式的应用有利于提高学生数学学习能力、应用能力，从而提高学生的综合数学素质。

关键词：数学建模竞赛；教学模式；教学实施；教学效果；数学建模课程；教学方法改革

数学建模课是 20 世纪 80 年代以后在国内外理工科大学开设的一门重要的数学课程，它是利用数学的思想、理论和方法，通过对实际问题的抽象、简化，应用某些规律建立数学结构的创造性思维过程的一门应用型、综合性强的课程，是从实际到数学，再从数学到实际的过程。自 1994 年开始每年一度的全国大学生数学建模竞赛活动开展以来，各高等院校的许多学生积极参与比赛，从中学到了课堂以外的知识，同时为了更好地普及推广这项活动，各高校相继开设了数学建模课教学及其教学改革等方面的研究，有力地推动了数学教育教学的发展和培养大学生的科研能力与创新意识以及应用数学能力，对于发挥学生的主体作用、促进学生主动学习和进一步培养学生创新能力非常有益。然而，由于这门课程所涉及的知识面广、杂、综合、创造能力强，侧重于数学知识的运用，要求学生思维方式飞跃等特点，不仅要求教师教得好而且有较丰富的知识和较强的实践能力，这对任课教师的教学提出了更高的要求，增加了授课的难度，同时从近年来国内外数学建模竞赛的命题及学科的发展趋势上看，应用数学正迅速地从传统的用数学进入了现代应用数学的阶段，现代应用数学的一个突出标志是应用范围领域空前扩展，从传统的力学、物理等领域扩展到生物、化学、经济、金融、信息、材料、环境、能源……各个学科和种种高科技乃至社会管理、生活、服务等领域，对数学建模课的教学是一种新挑战。随着计算机科学在数学教育中的广泛应用，计算机在应用数学中的作用和地位也日益加强，越来越显得十分重要，对教师的教学带来了很大的困难，2000 年我们立项建设《应用数学系列课程的教学改革与实践》教学改革课题并获得校级、自治区教育厅的资助，以此推动应用数学的教学改革，加强和提高师范类学生数学应用意识与数学实际应用能力等综合素质的培养。由于数学建模是一项综合性强、多学科知识应用的创造思维过程，不可能在短时期、一门数学模型课程的教学中就能讲解清楚，能使学生有很强的建模能力，而是需要多层次、多方式、多角度的持续开展教学，才能利于学生学习数学建模后有所得，有所为，从而带动学生更好地学习专业课程。因此本文主要探讨数学建模课的教学层次、开设方式以及介绍一些具体实施做法。

一、数学建模课教学的四个层次

数学建模课的教学对我们师范院校来说是一个新事物,无论是它的教学内容、教学方法,还是教学手段等都值得认真研究和探讨。由于我们师范院校的数学课程的教育教学模式历年来受传统应试教育的影响,学生学数学的目标了解不清,四年下来只会做结果、方法或解题过程已知的验证式数学题,怕用数学去解决实际问题,这也是我们师范类学生在应用能力方面与工科院校的根本差异。为了提高学生的数学应用能力,通过认真调查研究,我们认为师范院校的数学建模课的教学应当从四个层次循序渐进展开。

1. 基本层次的教学:主要介绍数学建模的概念、步骤以及基本方法等知识,并通过分析具体简单的实例让学生掌握建模过程以及一些数学方法、数学工具和常用数学软件(MATALB,Mathematic,SPSS)的简单应用。例如,初等数学模型中介绍初等数学方法(像变量之间比例关系、方程组等)的应用模型、高等数学中的微积分建模等,通过该层次的教学,有助于提高学生对数学建模的认识,从而引导学生理解数学建模是从简单到复杂、从特殊到一般、从局部到整体的分析解决过程。

2. 建模案例层次的教学:在数学建模课堂教学的过程中,以简单、有代表性、能激发学生学习兴趣的、与教学目的相适应的案例为教学内容(注:我们自己编写了数学建模案例集教案),通过分析具体案例的建模过程,让学生能加深理解数学建模的思想方法、步骤、技巧以及建模创造性的特点,从中体会数学思想、理论方法在解决实际问题时的魅力。案例层次的课堂教学可以采用教师讲授,也可以开展课堂讨论,由学生来报告对案例所描述问题的理解和所建模型的认识(包括思想、方法、结果特点及优缺点等),并能提出该问题的新模型,进行求解、分析结果,最后对新模型与原模型进行比较、评价,还可以是教师讲解与学生讨论相结合,但不论采用何种教学形式,实施案例教学应当注意突出案例的背景、建模的目标、抓住问题的主要因素与已知信息的关系、所运用的数学工具、方法以及案例的进一步改进和发展,在不同学科领域的应用。例如,传染病中 Logistic 模型的建立机理,可以移到研究人口发展与控制、产品的销售量与广告以及鱼类等自然资源的合理开发等问题,达到举一反三,拓宽知识应用面的教学效果。

3. 课题实践层次的教学:这个教学层次主要培养学生数学实际应用能力,锻炼学生分析问题、解决问题、团结合作、正确进行科学研究等综合素质,通过让学生积极参与教师的科研课题、去附近企业,工厂等搜集问题或从自己身边的实际出发去发现问题,亲自做具体实际建模实践活动,严格按照全国大学生数学建模竞赛活动的要求和标准要求学生组队训练,书写提交论文,最后由建模导师组进行评价,排出名次,优秀的答卷送学院"创业杯"和学校大学生"创新杯"科技竞赛委员会评审颁奖。通过具体实践课题的教学层次,不仅提高了学生数学应用的意识和创新能力,加强了学生综合素质的培养,而且培养了学生的竞争能力、适应能力,有利于专业课程的学习和毕业论文的创作。

4. 评价、总结与交流层次的教学:这个层次的教学是一种开放、自由式的教学活动,通过同学与同学之间、教师与同学之间、本校同学与外校同学之间的交流、讨论,让同学从教师的评价、总结中找到自己的不足和存在的问题,从取得好成绩的同学中学习到优秀的一面,为后面的教学工作做好铺垫,有利于激发学生学习数学的动力和积极性,能带动多数同学踊跃参加数学建模活动,提高数学学习的兴趣,深刻理解数学实际应用给各行各业、各个领域、各个学科等带来的优势和便利,同时有利于改善非数学专业的学生学习数学的悲观思想和轻视观点。这个教学层次与上述三个层次的教学是相辅相成,互相融合的统一体。它们之间的教学层次关系如图 1 所示。

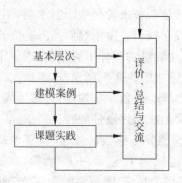

图 1   课程教学的四个层次关系

二、我校开设数学建模课的三种方式

根据以上分析,结合本校的实际情况以及有利于数学建模课程开设的顺利实现,做到有点有面,点面结合,多层次的教学特点,我们认为开设数学建模课的教学可以采用以下三种方式:

方式 1:在基础课程教学方面,如数学分析、高等代数、常微分方程、概率统计和高等数学等课程,课堂教学过程保持原来教学内容传授的同时增加数学思想、方法以及知识简单应用的描述,在遇到有实际问题的教学时尽量地使用数学建模的过程来解决,从而促使学生能尽早地知道数学应用的方式和数学建模的特点、要求。这种方式相对简单、操作方便、教师易于适应(注:我们课题组有几位教师从事这些课程的教学任务),学生无需太多的预备知识,而且扩展了本课程教学内容,有新意,并结合数学实验课的教学,可以达到第一层次教学的要求,适合于大多数学生的学习特点和愿望。

方式 2:在上述基础课程之后,独立于基础课程的教学专门开设数学建模课,课时在 80 学时左右,该课程系统讲授数学建模的概念、理论、方法并结合具体实际案例,分析建模过程,通过这种方式可以达到第二层次的教学要求,但对任课教师提出了高标准,我们选用姜启源编《数学模型》教材作为教学蓝本。

方式 3:开设综合建模辅导课,在方式 2 的基础上,通过专题讲座、报告和交流,让学生全面掌握数学建模的知识,并能亲自参与具体实际课题进行问题分析、解决、评价等工作,达到数学建模的要求,掌握数学应用的特点,提高自己的创新意识,可以完成第三层次教学目标,使学生能深刻地理解数学的本质所在。

三、课程教学的具体做法

我校教务处非常重视学生课外实践活动的开展和学生综合素质的培养,大力开展了有我校特色的大学生"创新杯"科技竞赛活动,从 1998 年至今已有八届,这项全校性的大学生科技竞赛活动,不仅调动了学生学习、科研的热情和积极性,而且推动了教师进行课程教学改革,学校在软硬件建设方面加大了力度,学院建有"大学生数学建模创新基地"实验室。导师组的全体教师,重视课程教学改革和数学建模的研究,特别是对计算机的应用,计算机辅助教学、数学实验等方面十分关心。因此在这种背景下,开展应用数学系列课程的教学改革与实践课题,在数学建模课的建设方面,主要做了以下几个方面的工作。

1. 制定教学改革计划,明确教学目标,广泛搜集建模资料,整理编写建模有关资料。在查阅大量国内外资料的基础上,经过课题组全体教师的集体分析、研究和讨论,确立了数学建模课的教学指导思想,教学大纲和培养目标,并在此基础制定了课程教学改革具体实施计划,整理编写了《数学建模应用专题案例》资料集,出版了《SPSS统计软件应用基础》教材,深受学生的欢迎。

2. 多层次、多方式的开展数学建模的教学与实践活动,积极宣传建模信息。我们首先在数学教育本科专业开设了"数学建模"必修课,在此基础上扩展到其他专业的全校选修,其次开展形式多样的讲座、辅导、讨论等教学与实践,满足不同层次,不同专业的学生学习、了解数学建模课程的要求,同时还在学院网页上建立了《数学建模网络资源系统》链接进行宣传、介绍、讲解数学建模的有关知识,开辟了若干学习模块。

3. 改革课程考核形式,组织、指导学生参加学校"创新杯"大学生科技竞赛和全国大学生数学建模竞赛。由于数学建模课程自身的特点,我们突破常规闭卷考试模式的限制,除了常规闭卷考试方法外,采用了各种灵活的考核方式,如写课程小论文、某一专题的综合报告、课堂讨论与答辩等来考查学生掌握数学建模的基本知识、建模能力和创新意识,结果表明,这种考核方式有利于提高学生的综合素质。为了加强学生的竞争意识和团队协作精神,我们认真组织、指导学生参加学校"创新杯"大学生科技竞赛和全国大学生数学建模竞赛活动,通过参加这些竞赛活动,一方面锻炼了学生的综合能力,激发了学生积极上进心,另一方面又检验了数学建模的教学效果,促进了课程教学改革。我校参与这两项活动的人数年年上升,成绩越来越好,2000年、2001年听数学建模辅导课的人数不足30人,实际参加这两项活动的人数只有12人,在学校"创新杯"科技竞赛中获得的成绩只有1项二等奖,1项三等奖,在全国大学生数学建模竞赛中只获得广西赛区1项二等奖,2项三等奖;2002年听数学建模辅导课的人数达到了70多人,在学校"创新杯"竞赛的成绩有2项二等奖,3项三等奖,有10个队参加全国大学生数学建模竞赛获得广西赛区2项一等奖(也是全国二等奖),1项二等奖,3项三等奖;2003年听辅导课的人数达到了120多人,有10个队参加全国大学生数学建模竞赛获得广西赛区2项一等奖,其中有全国一等奖1项,实现了零的突破,取得了参赛以来最好成绩。2003年至今,我校数学建模参与的学生日益高涨,竞赛取得的成绩居广西高校前列,目前累计获得区级一等奖以上奖项有30多项,参赛队伍已有20多个。

四、结语

数学建模课的教学是一种密切联系实际的开放性、灵活性的教育模式,它不仅对学生综合能力的培养和创新精神教育有着不可低估的作用,而且在促进高等教育,特别是师范教育的思想转变,推动教学改革等方面有很高的实践价值和广泛的指导意义,数学建模课程的教学研究仍有许多问题值得我们去思考、去探索。

大学数学创新能力培养的探讨

张军舰

（广西师范大学数学与统计学科学学院，广西桂林 541004）

摘要

大学数学教育中创新能力培养是近年来数学教育改革的重要议题之一。论文给出了讨论这个问题的必要性和一些认识误区，然后从教材、教师数学思想、教学形式、评价制度、非智力因素等方面对培养大学生创新能力进行了探讨。

关键词：大学数学；创新能力；教学改革

最近几年，在数学专业研究生面试和本科生高年级交流中，我发现许多学生不知道如何学习数学。这些已经完成本科或即将完成本科数学学习，且很有可能将来也成为老师的同学们，还没有认真体会出大学进校时老师的谆谆教导：要在大学四年内学会如何做人和如何学习。他们中许多人在学习中还是沿用高中的学习模式，对数学公式和结论是靠死记硬背式学习，这便导致如下一些现象：前面学习后面忘。要解决一个问题必须得有一个现成的解题模板给他们套用，否则便束手无策。这些问题实际上就是在学习中缺乏创新，那么如何在大学数学教育中学会创新？大学老师该如何做才能培养学生的创新能力？实际上，这些问题已有一些学者探讨过。本文计划结合自己在教学中的经验和对数学的认识，谈一谈自己的一些看法和思考。

一、加强数学创新能力培养的必要性

众所周知，随着社会的不断发展，越来越多的研究和应用工作者认识到数学的重要性。数学作为各学科的基础已得到大家的共识，得到了广泛的应用。

事实上，早在 100 多年前，马克思就提出"一门科学只有成功地应用了数学时，才算真正达到完善的地步"。这么多年的社会发展和科技进步也进一步验证了这个论断。事实上，任何一个学科都需要数学，甚至连许多人认为不需数学的文学研究、语言学研究，现在都热衷于从数学中寻找研究工具。目前数学已从"自然科学的皇后"变成人们参与社会生活、生产和科学研究的重要工具，数学社会化、社会数学化已是明显的事实。大学作为培养人才的摇篮，给予大学生较好的数学思维和创新能力培养，是一项义不容辞的责任。

加强教学创新能力的培养，是中小学数学教育的需要。新编《全日制普通高中数学教学大纲》（试验修订本）对数学作了如下的解释："数学是研究空间形式和数量关系的科学，数学能够处理数据、观测资料、进行计算，推理和证明，可提供自然现象和社会系统的数学模型。"这就决定了数学不仅是从事生产、生活、学习、研究的基础，而且是一门解决实际问题的工具。中学数学的学习目的之一，就是培养学生解决实际问题的能力，要求学生会提出、分析和解决带有实际意义或相关学科、生产、生活中的数学问题,使用数学语言表达问题,进行交流,形成应用数学的意识和能力。从考试角度上说,国家从 1993 年起在高考中正式出现数学应用题,经过多年的摸索,近年应用题在高考试题中又出现加大考查力度,重在考查能力的趋势,应用题的教学更加成为中学数学教学中的热点难点问题。小学数学教学更是强调这一点。特别是近几年。我国许多地区把概率统计基本知识、微积分初步引入中小学教学,引起了部分老师的极大恐慌,部分数学教师自己都搞不清楚所教问题的来龙去脉,呆板的灌输式教育已经引起了一些连锁式反应,使得一些学生从小学开始便对数学失去了兴趣。我所接触到的许多人都认为只有非常聪明的人才能学习数学,把数学当做是一种锻炼思维或者纯粹的工具学科。这些误区极大地限制了大家学习数学的积极性。大学,特别是师范大学,作为培养中小学教师的主要基地。更应该担负起这项社会责任,使每一个人不要把数学看得太神秘,使每一个人都能感受到数学的乐趣,这便需要培养中小学老师的数学思维和创新能力。

二、数学创新能力培养中的一些误区

事实上,在培养数学人才时,我国的许多专家和学者早已注意到创新能力欠佳的问题。也提出了许多解决办法,这在国内的期刊上很容易找到一大批的文献。我就不再一一细述。就我自身的经历和接触学生的情况来看。目前主要存在着以下几个方面的认识误区。

1.过分强调数学的应用性,忽视数学内在的抽象性

我国旧的数学教育内容的选择,由于受苏联模式的影响。以在体系结构上追求严格的理论推导和论述为主的"理论型教材"占多数。现在改革的结果,使得一些老师完全抛弃了这些教材中的理论,纯粹强调实际问题及其数学解决办法,而不再对实际问题加以总结、提升而形成抽象的数学理论。这样培养的学生,只能够用计算机或某些软件处理这类问题或类似的问题。遇到生活中的其他问题就束手无策。换句话说,这种教学模式,实际上是在培养具体的操作工人。而不是真正培养学生的能力。这些观念在数学类的研究生中也普遍存在,认为老师讲抽象的数学没有意义,也不愿去花功夫学习和理解,只想尽快学一点找工作有用的技术。事实上。把抽象的问题具体化,把具体的问题抽象化,这正是数学的魅力所在。

2.对数学直观思想的认识不够

众所周知,任何一种数学方法,其提出和应用都有具体的直观思想背景,在学习时要尽可能地理解这些思想。但笔者听到和见到的高校数学授课方式,大多都是照本宣科,书上怎么写就怎么讲,至多加几个实际例子加以说明。如果你说他不注重数学意识和能力,他会说我讲了好多实例,而不管这些实例为什么要用这些方法。实例的侧重点和讲解顺序。

一本教材不可能把书本每一种方法的思想背景都解释得很清楚,这就需要老师认真查阅大量资料。积极思考去准备,但许多老师忙于在自己的研究或者课题,根本无暇顾及本科或研究生教学。这样培养的学生自己对数学直观思想的认识就不够。将来从事教学或研究,很可能无法领会数学的魅力,自然无法培养学生的数学思想和学习数学的兴趣。例如数学期望这个概念,我曾听过许多老师讲过,但 90% 的老师都是从数学定义出发解释,甚至有好多研究生已经毕业了还讲不清这个概念。事实上。这个概念侯振挺教授很早就给出过直观解释,他是这样解释的:"什么是条件期望?好比长沙铁道学院刚建校,学校处在几个小山之间,地面不

平整。为了建房子,先平整土地。如果把地面先画成小块儿。在每个小块儿上平整,但不许把小块儿中的土挪走,这样就得到了局部的平整。如果再次画出更大的片。再局部平整就会得到稍大的平整。最后把铁道学院整个画成一片,就得到了一个完好的校园,实际上,条件期望就是划分区域,然后局部平均。如果整个区域只有一个,那么得到的就是平均,也就是随机变量的数学期望"。

3. 过分强调老师的责任,忽略了一些制度和现实对老师的约束

现在还有一种现象是。认为学生数学创新能力不强,是老师的责任。实际上,有哪一个老师不想作好老师?但现在大学的教育制度和模式,以及一些现实问题正在严重制约老师的发挥,大学教育中学化趋势比较明显。最近几年,大学扩招,使得进入大学的学生基础参差不齐。而且许多学校为学校声誉和招生考虑,也不愿意有太多的学生补考,这就给大学老师提出了许多要求。例如讲课不能超越大纲规定,不能自由发挥,课时要尽可能的少(减轻学生负担),考试要保证及格率,讲课要用投影等现代化设备,等等。这样学生负担和老师负担都减轻了不少,教务管理也比较容易,但学生学到的知识点非常有限。众所周知。一种好的数学思想和方法要想讲清楚是要花费较多时间的,时间的规定会使老师尽量压缩书本外的知识,完全为考试而教学。另一方面,现在许多大学在评价老师业绩,晋升职称时都比较看重科研,这就导致老师把主要精力都花在科研上。教学仅仅是走过场,完成任务即可。当然,经济利益也是一个重要的方面。

三、培养大学数学创新能力的一些思考

鉴于前面的一些问题。下面我想谈一些培养大学生数学创新能力的想法。

1. 教材方面的改革

现在许多学者认为大学生数学教材是影响大学生数学创新能力欠缺的一个主要因素。因此近几年引进了国外的许多教材。也组织了一些专家编写了许多教材,但效果并不是非常明显。事实上,由于每个专家或老师的经历不同。对数学的认识也不尽相同,再者由于版面的限制,也不见得把什么问题都写得很清楚。我个人认为,基础数学教材应该涵盖基本的知识点。给出每一种方法的简单起源、思想及应用展望。如果版面页码受限的话。起码给出相应的参考文献。非基础数学教材,应加强数学思想、数学基础知识的运用提示、软件以及最后的数学抽象总结。

2. 加强教师数学创新思维的培养

教材方面尽管很重要,但我个人认为这不是主要的原因,主要的原因是教师数学思想的讲解。这就需要大学老师有较高的数学修养,对每一个方法和问题都要思考为什么、是什么、怎么办,另外还要考虑如何让学生明白这个方法和问题。这对老师提出了非常高的要求,也就是说,大学老师要有较多的时间去思考书本之外的东西,如何让书本的知识和思想变成学生自己的东西。因此。加强教师的数学思想培养应该是重中之重。那么。如何才能培养老师的数学思想。我个人认为可从以下几个方面进行:

(1)进修,通过向有经验的专家请教或进一步学习来提高;(2)交流,通过会议或讨论或论

坛的形式向有经验的学者请教,尤其是近年来网络的快速发展,使这一点变得非常简单、省事;(3)深入研究和广泛阅读,一个从不进行数学研究的人,要想把数学讲好是不可能的,当然在作数学研究的过程中,广泛阅读会使你进一步理解自己的研究问题和思想,进而寻找到较好的研究工具。对数学思想的认识也可以得到较高的提升。

3. 探索新的教学形式,培养学生学习数学、应用数学的兴趣

前面两点是从教师主体本身来说。当然教学活动也是一个主要的方面。我认为能够培养学生数学创新能力的教学方式非常多,每一位老师都可以结合自身和所教学生的具体情况采取相应的方法。学生能否对你教的这门数学课产生兴趣,主要依赖于我们的教学实践,与我们的教学内容和教学方法的选择和应用密切相关。

一般来说,老师在主讲一门课时,首先要让学生懂得开这门课的价值。这比一上来就介绍某些数学结论重要。我们要使学生对数学有一个较为全面、科学的认识,不仅要认识到数学中有计算,有逻辑推理,对提高人的逻辑思维、空间想象能力都有好处,而且要认识到数学的产生和发展中有许多非逻辑因素,有美的因素;数学来源于实践,应用于实践;数学与人的生活质量和工作效率息息相关;数学为其他学科的建立和发展提供了条件和基础、方法和思想;数学是人类文化的一个重要组成部分。

具体的教学过程中,我个人倾向老师讲授基本知识点,学生自己通过课外阅读和实践不断扩充新的思想和知识。教师在课堂上要教给学生学习和思考的方法,要多给学生留一些思考的问题。目前实施"问题解决"形式的研究式教学,通过数学建模等课外实践活动教学,案例教学,协作教学等都是较好的培养学生数学创新能力的教学方法。有关这方面的讨论文章比较多,有兴趣的读者可参考相应的文章或讨论。

4. 改革现有的一些评价制度

我个人认为,这应该从两个方面入手考虑:一是从教师角度;二是从学生角度。从教师角度考虑,要根据学校自身的特点。制定相应的评价体制。这个体制要能体现出教师教学、科研、教师职称晋升、福利等诸多方面的均衡。不应该在教育系统采用一刀切、不考虑学科之间的差异,人才之间的差异。从学生角度考虑,要改变学生的考核和考试方式,加大数学思想和创新题目的分量,不应该考太多死记硬背的题目。要变单纯考知识为兼顾到考核综合能力,变应付考试的被动式学习为发挥创造力的主动式学习,变专门考学生弱项为兼顾到考核学生的强项(帮助学生树立自己的特长)。我自己在"多元统计分析""线性回归分析""常用统计方法"等课程的考核中就一直采用小论文和文字叙述等方式来进行。课程小论文要求学生从自己生活中选题。完全按照寻找问题、分析问题、解决问题、总结问题和方法的数学建模思路进行,我一般不加干涉,只起引导作用。分值一般要占到总评的一半。学期结束时,要让学生写一篇总结,主要是学习这门课程的收获,包括所学方法的直观思想、背景和应用。最后的考试也是强调思想和基本学习方法。目前反馈回来的信息还是比较欣慰的,大多数学生认为通过这些课程的学习,才知道原来所学知识的重要性。更主要的,是通过学习,掌握了书本知识的应用和许多书本上没有的知识和方法。

5. 充分利用非智力因素的影响

大家知道。现在网路和科技的发展很快。大学生的外部环境对他们的影响太大。一个大

学生能够把自己的 50% 课外时间用在学习上。那就非常不容易了。有些老师总是抱怨学生不来上课、课后不看书、不做作业等问题。作为老师我个人认为应该改变思想,不要总拿我们自己读书的情况来与现在的学生作比较。我们应该想办法把学生从别的诱惑中吸引过来,减弱非智力因素所造成的负面影响,并把这些因素转化为学习的动力。实际上大学数学在这方面有其他学科无法替代的优势。例如让学生自己分析各种非智力因素对大学生学习的影响。并建立相应的数学模型;分析各种非智力因素、学习因素等对将来工作的影响并建立相应的数学模型等;从所玩的游戏中提出合理的数学模型等。当然,这是一项非常复杂的工作。我们现在的尝试效果还不太明显。

总之,以上仅仅是一些个人见解。培养大学生数学创新能力是一个非常复杂的系统工程。老师要根据学生的特点和自身优势,因材施教。希望有兴趣的读者共同讨论。

大学生数学建模技能的立体化培养模式探讨*

毛　睿

（桂林电子科技大学数学与计算科学学院，广西桂林 541004）

摘要

大学生数学建模技能培养是一项长期持续性的教育工作，本文以整个大学本科数学教育的角度，提出了从基础教学课堂到数学建模竞赛再到创新项目实践的全方位数学建模立体化培养模式。该模式在具体实施中已体现出较好的教学效果并对大学生的学习积极性和创新性起着促进作用。

关键词：数学建模；立体化培养；案例教学；自主实验

一、引言

大学生数学建模教育是大学数学素质教育的一个重要体现，也是大学生综合素质教育的一种体现。随着全国各项数学建模竞赛的广泛开展，数学建模教育在各个高校的不断深入，对数学建模教学模式和培养方案也在不断进行着改革和创新。无论是数模教学还是数模竞赛，其目的都是让大学生充分认识数学知识的实际应用价值和培养解决实际问题的逻辑思维和方法技巧。如何实现这一目的一直是数学教育工作者所追求的目标。

二、数学建模教育的发展

近年来数学建模教育已经有着长足的发展，各高校都在对数学建模的教育教学模式进行着不断地摸索并且也提出了相应的经验和方案[1~3]，但是仍有不少高校的教学模式变化仅仅局限于教学课堂的授课模式转变或者对课程教材的简单重新编写。另外，为了参与全国各项数学建模比赛，在组织学生参赛时，赛前的培训也往往流于形式或者仅就竞赛而训练，并没有真正体现竞赛激励学生学习科学知识，运用科学知识解决实际问题的综合能力，培养创造精神及合作意识的宗旨。

针对当前数学建模教学改革存在的问题，结合我校多年的教育经验，本文以整个大学学习阶段的角度提出了从基础课堂到创新项目的立体化教学模式。该模式在实际实践中对大学生的数学素质培养已凸显了良好的效果。

---

　* 新世纪广西高等教育教学改革工程项目（2009C028）；2011 年桂林电子科技大学教改项目《数学模型立体化教学改革研究与实践》。

三、数学建模教育立体化模式

数学建模教育立体化模式主要是从大学生进入大学数学课堂开始,逐步培养大学生对数学的学习兴趣,让大学生在很多实际问题中体会数学知识的应用价值并能切身体会到所学知识的实用价值。

1. 基础课程改革

大学生进入大学数学的课堂是从高等数学、线性代数、概率论数理统计等课程开始的,而这些课程由于自身的教学内容和任务,通常都会给学生带来枯燥无味的感觉。因此,在这一阶段的课程教学内容应尽可能地加入合适的实际应用实例,如高等数学中微积分相关的实际问题求解等,将教学重点向解决实际问题的技巧倾斜。

开设数学建模课程是数学建模教学的重要环节,也是将学生带入数学知识应用领域的关键课堂。一方面,针对不同的学生群体,数学建模课程可设置为公共选修课程和专业必修课程等。根据不同课程性质,制定不同的教学培养方案,如公选课程,可以有趣的实例、简单的方法为主,提升学生的学习兴趣;专业限选课程则可以根据相关专业的性质,在实例设置和解决方法技巧上更为适合对应专业技术;而对于必修课程,针对的通常是理科学生,那么无论从问题的提出还是求解方法的分析都应具有一定的深度。

另一方面,数学建模课堂的教学模式则以案例教学为主、研究讨论为铺的方式进行。案例教学是数模课程的一大特点,但仅仅局限于教材内容的一般讲解并不能体现该教学模式的效果,无异于照本宣科。我校在数学建模课堂的教学上进行了多次的教学改革,值得推荐的是在每次案例分析的时候,以学生为主体,老师为引导,让学生自己发现问题,自己分析问题并解决问题,也就是课前准备问题,课堂讨论指导,课后总结分析。有时甚至可以把课堂交给学生,让学生充分体会分析和解决问题的方法和技巧,提高学生的学习积极性。

2. 数学建模实验设置

数学模型实验课程是数学建模课堂不可或缺的一部分,也是理论课堂的补充和延伸。数学模型实验与数学实验应有本质的区别,而传统的数学模型实验课程内容往往与数学实验内容相似,仅就一些简单的数学问题进行计算机求解,并没有体现数模实验的真正作用。数学模型实验改革措施可以从两方面考虑,一方面是实验内容的设置,将理论课堂讨论的问题和求解技巧融入到实验中,同时加入易于在课堂上操作的实际问题,如相对简单的优化问题和数据处理问题等。值得注意的是学生在学习相关计算软件时,更应注重学生的自主学习能力的培养,加强课后的操作练习。另一方面,教师在实验课堂上应培养学生的团队协作、交流学习的良好习惯,在适当的时候可采取小组分工、任务分配等方式进行教学,使得学生能充分发挥学习主动性和积极性。同时,还应及时关注学生的学习效果和反馈信息并给予学生正确的指导。

3. 开设培训讲座

在基础的数学建模课程完成后,对于学生来说仅仅具备基本的求解技巧。由于实际问题的解决在不同的领域会有相应不同的求解方法和技巧,那么开设一些相关的专业知识培训讲座则是一种较好的模式。

　　培训讲座的内容安排可以从两个角度入手。第一,拓展学生的知识面。因为常规课堂的学习还仅仅对一些基本的建模方法进行学习,而一些较新的或一些较实用的专业技术方法则较少涉及,那么在培训内容的设置上则因考虑对这些方法的介绍。比如增加灰色预测模型、简单的智能算法模型、非参数统计模型等相关的基本讲解。第二,加深学生的求解技能,进一步强化学生运用数学知识求解问题的技巧。学生通过常规课堂内容的学习获得的求解技巧一般都是针对教材的课后习题、极其简化的应用问题,而对处理有一定规模的实际问题则有一定的困难。在培训阶段可以通过某个具体的实际问题较为详细的分析和讲解对学生进行介绍,使得学生从问题描述到问题结论的整个过程都有所收获,例如讨论数据分析技巧,可以 2011 年竞赛试题《城市表层土壤重金属污染分析》为例进行分析,利用软件作图造表,从数据特征入手,然后建立相应数理统计模型并进行相关的软件求解,最后分析求解结论并对问题提出相应的建议和看法。

4. 组织数学建模竞赛

　　数学建模竞赛是学生对所掌握的数学建模方法技巧的一次很好的检验,同时也是对学生学习过程的一次很好锻炼。作为学校方面,则应为学生尽可能地提供必需的环境和条件,使得学生能较好地参与到竞赛中去。

　　对于数学建模比赛的组织和赛前准备相关工作,很多高校通过多年的比赛经验都在总结有效的措施和合理的模式,也有不少成功的模式值得大家借鉴[4~6]。但是,由于各个学校的具体情况不尽相同,因此在设置相应模式时应充分考虑到学生专业水平和师资力量,摸索出符合自身特点的模式。值得说明的是,组织学生参与比赛,其目的还是让学生体会到团结协作的乐趣、求解问题的价值、学习技巧的功效,从而使得学生在比赛的过程中真正体会到数学知识的魅力。

5. 设立创新项目

　　整个大学的数学知识学习,通过数学建模使得学生体会到数学知识的价值所在,而通过设立相应的创新项目则是让学生发挥学习积极性和创新性的良好平台。创新项目相对于课堂教学和相关比赛不同,创新项目首先来源于教师自身课题或实际的生产活动,在项目设定的初期教师的作用不容忽视,如何从课题或生产活动中提取出一部分数学相关问题应是教师重点考虑的方面。而在项目完成的过程中,教师的监督和指导也应发挥有效的作用。也就是说,整个项目的过程可以按照阶段进行任务布置,定期检查学生的完成情况,按照数学建模的基本步骤进行指导。可以说,创新项目的设立将会加强和深化学生运用数学建模知识解决实际问题的能力,同时也让学生在完成创新项目的过程中,充分掌握自主学习的方法、团队合作的能力,也能培养学生逻辑分析的能力和坚持不懈的精神。

四、结语

　　大学生数学建模能力的培养和数学综合素质的提高一直是数学教育工作者为之奋斗的目标,这是一个需要长期努力探索的过程。本文总结了我校多年来的数学建模教育经验,针对整个大学阶段,提出了对大学生的数学建模教育的立体化培养模式,为大学生学习掌握和理解运用数学知识提出了全方位立体化的教育模式,并从学习的主动性和创新性出发,结合多方资源进行了实践和探讨。依据本文提出的培养模式,学生对学知识的认识和运用上有着相对明显的提高,同时为师的数学教学和研究也起着积极的促进作用。

参考文献

[1]　陈绍刚,黄廷祝,黄家琳.大学数学教学过程中数学建模意识与方法的培养[J].中国大学教学.2010(12):44-46.

[2]　陈东彦,李冬梅,刘凤秋,李善强.基于创新型人才培养的大学生数学建模竞赛培训模式研究[J].科技与管理,2011(4):124-126.

[3]　蒲俊,张朝伦,李顺初.探索数学建模教学改革提高大学生综合素质[J].中国大学教学,2011(12):24-25.

[4]　姜启源,谢金星.一项成功的高等教育改革实践——数学建模教学与竞赛活动的探索与实践[J].中国高教研究,2011(12):79-83.

[5]　费伟劲,姚力民.以数学建模竞赛为基础推动大学生素质教育[J].教育与职业,2008(17):182-184.

[6]　王秀梅.数学建模竞赛培训和课程建设的探索[J].中国成人教育,2007(4):148-149.

数学建模教学团队建设的实践探索[*]

朱　宁　段复建

（桂林电子科技大学数学与计算科学学院,广西桂林 541004）

摘要

在校数学建模的教学和培训中,就如何充分发挥教学团队的核心作用和主导作用,打造一支有凝聚力,战斗力,创造力,生命力的数学建模教学团队进行了实践探索。

关键词：数学建模；教学团队；实践探索

在国家中长期教育改革和发展规划纲要（2010—2020 年）中,明确指出：把改革创新作为教育发展的强大动力,把提高质量作为教育改革发展的核心任务。高等教育的主要任务之一就是培养具有创新精神和实践能力的高级专门人才,而创新人才培养的关键在于素质教育。其中数学素质是人才素质教育中不可或缺的重要组成部分。而数学建模是培养创新精神和实践能力的有效途径。秉承我校"正德、厚学、笃行、致新"的办学指导思想和主要为广西区的社会发展及区域经济建设培养高层次应用型电子类人才的办学理念,打造一支老中青结合、责任心强、团结合作、治学严谨、热心从教、重教育人的数学建模指导教师队伍,有着重要的现实意义和深远的战略意义。在近年来的数学建模教学团队建设中我们主要作了以下几个方面的实践和尝试。

一、建设一支过硬的指导教师团队

要搞好数学建模的教学活动,促进教学质量改革的顺利进行,组建一支优秀的指导教师队伍,关键就在于建设一支有较高业务水平、教学经验丰富和勇于奉献的数学建模指导教师队伍。打造在教学方面能成为骨干中坚力量,具有专业建设能力、社会影响力、资源整合力和号召力带头人；在学术科研方面能成为站在学科专业前沿、引领科研转化为生产力、掌握应用型新技术动态的领军人物。目前,我校参与培训指导工作的师资队伍有：博士教授 2 名,副教授 3 名,具有博士学位的教师 4 名,平均年龄 35 岁。成员主要从事：概率统计、数据分析、矩阵分析、数值分析、数学规划、非线性优化、计算机编程、微分方程等方向学科前沿的学术研究和应用探索。他们每年承担着全校数学模型课程的教学和数学建模培训工作,已经形成了年龄、职称、学历、知识结构合理的教学团队。要想有一支优秀的指导教师队伍,就必须加强指导教师队伍的素质建设,尤其是青年教师的教育理念,教学水平,科研能力及应用能力和水平的提高,

---

* 基金项目：新世纪广西高等教育教学改革工程项目（2009C028）。

以适应培养新世纪复合型人才的教学需要。为此,我们虚心向在数学建模方面已有丰富经验的兄弟院校学习[1]。鼓励指导教师钻研业务,并撰写与建模相关的高水平学术论文;参加相关的师资培训和交流活动;指导学生积极参加课外数学建模活动,并撰写数学建模论文;师生定期交流建模经验,形成了一个良好的数学建模团队氛围。近五年来,承担并完成相关省级以上教改课题三项,获一项省级教改成果三等奖。撰写相关学术论文十余篇。指导本科生撰写数学建模论文三篇。指导本科生获 2008—2009 年国家级大学生创新性实验立项项目两项。

二、建设一支业务能力强、教学经验丰富的指导教师团队

数学建模教学要与解决实际问题相结合。我们的数学建模教学内容实时关注当今社会热点问题(如我校今年的校内数学建模竞赛题:上证指数的数学模型和枢纽机场的选址问题。希望同学们通过适当的简化假设、根据问题的复杂程度、定性问题与定量问题相结合地建立数学模型)。将实际问题数学化,即用数学语言来表示,这就是数学化的一个综合、归纳能力。所以,我们以数学建模为交流平台。充分发挥大学生的主观能动性,把大学生培养成为求真务实,用于创新的应用型人才。要提高学生解决实际问题的能力,就必须首先以培养大学生对学习数学建模相关知识极大热情为出发点,提高他们阅读文献、分析问题、有效利用网络信息、合理运用数学软件及论文写作的能力。其次,加强数学建模集体训练,重视问题系统的分类、归纳、提取、总结。培养大学生如何相互配合、优势互补、分工明确、团结进取的永不放弃精神。同时加强学生的心理训练,克服依赖心理和急躁心理,培养出良好的心理素质。数学能力的培养是一个复杂工程,只有具有良好的数学知识、阅读能力、分析能力和心理素质,才能建立较好的数学模型。比如,在我们的数模实验课的综合性实验,要求学生对已给的条件计算国土面积模型。在实验课考试中我们从网上下载了桂林市地图,要求学生将面积计算出来,看似简单问题,但在建模过程中培养了学生的数学应用能力。

三、建设一支管理、运行机制健全的指导教师团队

1. 整合资源

建设以提高教育质量为导向的管理制度和运行机制,把我院现有资源配置和数学建模教学的重点集中到强化建模教学环节、提高教育质量上来。完善数学建模竞赛的选拔机制,扩大参赛队伍。数学建模竞赛代表了一种全新的竞赛模式,由于它符合当代国家方针大计和大学生们的特点,激起了大学生们的参与热情。这一竞赛成本低,而无论是否获奖,参赛同学通过高强度的研究思考,以及指导教师赛前的"传、帮、带",使大学生们都能得到锻炼,获得提高。我校从 1995 年原有 4 支队参赛逐渐扩大到 2009 年 20 支队参赛,让更多的同学得到了锻炼和参与机会。另一方面,我们建立了合理的选拔和组队机制,让更有实力的同学和最好的组合参加正式比赛。基本程序是:每年 5 月底举办"桂林电子科技大学数学建模竞赛",校内竞赛优胜者参加全国竞赛,全国竞赛优胜者参加美国竞赛。并取得了较好的效果。

2. 建立良好的培训体系

在课程教学中结合实际,随时更新教学内容,主要通过案例教学,让同学体会数学建模从

提出问题、建立模型、求解计算、结果认证到撰写论文的全过程;采用多种形式综合的教学方式[4]。包括传统黑板教学、多媒体教学、网络教学、讲座和讨论等;主要面向报名参赛同学举办数学建模系列讲座,主讲人有指导老师、参赛学生,也有其他做有关学科研究的老师;对于已选拔参加全国竞赛的同学,对其进行为期半个月的暑期集训,并有老师现场指导;开学后通过双向选择确定指导教师,然后由指导教师在周末进行赛前模拟训练,一直到全国竞赛开始。

四、建设一支训练制度完善的指导教师团队

1.建立良好的培训制度

注重层次与创新思维相结合的数学建模过程。第一阶段:结合教材[2],以实际问题为突破口,以简化模型为出发点,运用初等数学建模方法、微积分建模方法,微分方程建模方法,概率论与数理统计建模方法,等等。第二阶段:我们每年的第二学期为学生开设了十多次专题讲座,就建模中的常用方法,由有着深入的理论基础、丰富的教学经验、广泛的应用能力的教师开设专题讲座。并且,安排与培训教材[3~5]内容有关的典型案例。以典型问题的建模为讨论内容,通过典型问题的建模交流,介绍数学建模论文的写作和常用数学软件应用。第三阶段:在建模集训阶段,师生组成"共同体",优势互补,资源共享,合作交流。在指导教师的点拨下,以小组为单位开展建模活动。

2.构建良好的数学建模平台

在知识、素质和能力的三维空间中,全方位构建了集教与学为一体、理论教学与实践活动教学为一体的数学建模教学平台。创建数学建模实验室,促进理论学习与上机操作相结合,全面提高学生的动手能力和联系实际考虑问题的能力;同时,要创建具有特色的数学建模网站,学生可以在网站上学习建模的基本知识,下载建模资料,了解国际或国内数学建模的最新动态;开辟师生互动交流区,拓展师生交流空间,及时解答学生在建模时所遇到的问题。数学建模平台给学生的自我扩充性学习和师生互动交流提供了场所。

3.强化数学软件的应用

"数学建模竞赛"要求在三天时间内解决一个有相当难度的实际问题,建立数学模型,给出运算结果,写出建模论文。由于绝大多数竞赛题需要使用计算机运算,一些问题牵涉到相当复杂的算法,使用普通高级语言编写程序效率太低,费时费力,往往没有足够时间检验结果,精益求精。为了弥补这一薄弱环节,我们开设数学实验课,教学生学会一些常用的数学软件,如MATLAB、Maple、SPSS、SAS、Mathematica等,并且编写了适合本校学生的实验指导书。如《数学模型 A 实验指导书》和《应用多元统计分析实验指导书》以及《数据分析实验指导书》等。

五、指导教师团队建设成果

2001 年我校有一位教师获全国大学生数学建模竞赛优秀指导教师称号;

蔡惠民等同学 2006 年参赛论文被全国大学生数学建模竞赛组委会推荐发表在《工程数学学报》上,也是广西区自参加全国大学生数学建模竞赛以来首次被全国大学生数学建模竞赛组

委会推荐。

我校大学生共获得全国大学生数学建模竞赛一等奖五个,10年获美国大学生数学建模竞赛一等奖四个。

已完成了"数学建模与教学管理""数学建模实验的研究与实践"和"数学建模教学体系改革实践研究"等多项区级和校级教学改革研究项目,并获得区级教学成果奖三等奖一项。在研新世纪广西高等教育教学改革工程立项项目"数学建模教学团队建设的研究与实践",2009年国家级大学生创新性实验立项项目两项。

为了加强素质教育、充分发挥"数学建模"对于我校数学及相关学科教学改革的促进作用,从1995年起,学校就启动了对于"数学建模"活动的支持。十几年来我们有效推动了我校"数学建模"活动的开展,并为把"数学建模"建设成为区级精品课程创造了良好的条件。也为我校的数学建模教学团队的建设积累了大量的有益经验。桂林电子科技大学数学建模课程建设也得到了兄弟院校的高度评价。多年来,我校数学建模教师应邀为全国大学生数学竞赛阅卷评委。许多参加数学建模竞赛的大学生已升为研究生,也有的已成为高校的骨干教师,扩大了受益面。

参考文献

[1] 王移芝,鲁凌云.教学团队建设的实践与体会[J].中国大学教学,2009,12:52-54.
[2] 姜启源.数学建模[M].北京:高等教育出版社,2003.
[3] 叶其孝.大学生数学建模竞赛辅导教材[M].长沙:湖南教育出版社,1998.
[4] 李大潜.中国大学生数学建模竞赛[M].北京:高等教育出版社,2009.
[5] 韩中庚.数学建模方法及其应用[M].北京:高等教育出版社,2006.

大学生数学建模能力的培养与探索

朱　宁　段复建

（桂林电子科技大学数学与计算科学学院，广西桂林 541004）

摘要

本文介绍了数学应用与数学建模能力的关系，同时阐述了数学应用与数学建模的实践活动以及数学建模对提高学生综合能力的重要性，最后进行了数学应用与数学建模教学改革的探索与实践。

关键词：数学应用；数学建模；教学改革；实践活动

温家宝在 2010 年政府工作报告中指出："人才是第一资源，优先发展教育事业，推动高等学校人才培养、科技创新和学术发展紧密结合。"经国务院同意，国家教育部、财政部在实施《教育部财政部关于实施高等学校本科教学质量与教学改革工程的意见》中指出"高等教育肩负着培养数以千万计的高素质专门人才和一大批拔尖创新人才的重要使命。提高高等教育质量，既是高等教育自身发展规律的需要，也是办好让人民满意的高等教育、提高学生就业能力和创业能力的需要，更是建设创新型国家、构建社会主义和谐社会的需要"。但是，高等教育质量还不能完全适应经济社会发展的需要，不少高校的专业设置和结构不尽合理，学生的实践能力和创新精神亟待加强，教师队伍整体素质亟待提高，人才培养模式、教学内容和方法需要进一步转变。目前国家采取种种措施培养大学生科研创新能力，例如大学生创新性试验，大学生科技创新立项，全国大学生数学建模竞赛等，但由于种种原因，使得学生科研立项计划在大学的实施遇到了许多困难，特别是地方高校，尤为突出。因此，"迫切需要采取切实有效的措施，进一步深化高等学校教学改革，提高人才培养的能力和水平，更好地满足经济社会发展对高素质创新性人才的需要"[1]。我们设想在全校范围内广泛开展科学实验研究和数学建模培训，鼓励大学生踊跃参加课外科技活动，开拓知识面，培养创造精神，团队协作精神，探索新时期学校办学的新思路，寻找到一定的规律，总结出实施创新教育、培养学生创新意识的一些途径，同时在实践中获得成效。为此，我们对数学建模的教学做了许多有益的摸索和探讨。在我们的数学教学中有意识地为学生创建应用数学情境，以利学生的应用意识和创新能力在教学过程中不断得到提高。

一、数学应用与数学建模能力的关系

所谓的数学应用意味着从其他领域或现实生活问题出发，进行数学的翻译和建立数学模型。然后对模型做数学分析、处理。并且把处理结果运用于原始问题，如果这个数学处理结果能够很好的解释原始问题。那么,这个数学模型就应认为是一个较好的数学建模[2]。"其他领域"意思不仅仅限于物理学,还包括生物学,社会研究,管理,商业等方面。而数学建模能力即是现实问题数学化的能力,数学建模问题来自社会实际问题,通过一定加工,简化一些复杂因素、文字和数据融合在一起的一个数学化过程。因此,如何将实际问题数学化,即用数学语言来表示,这就是数学化的一个综合、归纳能力。所以,要以数学建模为突破口,把大学生培养成具有创新能力的应用型人才。首先要提高学生解决实际问题的能力,必须以培养学生的阅读和分析能力为出发点;其次加强建模训练,重视系统归纳、总结。培养学生合理运用互联网搜集信息、合理使用数学软件和计算机的应用能力为基础;同时加强学生的心理训练,克服依赖心理和急躁心理,培养出良好的心理素质和合作意识。总之,数学能力的培养是一个复杂工程,只有具有良好的数学知识、阅读能力、分析能力、心理素质和合作意识,才能建立较好的数学模型[3]。比如,在我们的数模实验课的综合性实验,要求学生对已给的条件计算国土面积模型。在实验课考试中我们从网上下载了桂林市地图,要求学生将面积计算出来,看似简单问题,但在建模过程中培养了学生的数学应用能力和团结合作意识。

二、数学应用和数学建模训练题的编制原则与编拟途径

1. 数学应用与数学建模训练题的编制原则

导向性:选编的数学建模训练题,应在思想内容上富于时代性,并将真实性,科学性,趣味性和探索性作为其出发点,同时使问题具有过程的完整性,方法的多样性,既有助于培养大学生分析问题和解决问题的能力,也加强同学们的团结合作意识。

创新性:编制数学建模训练题时,必须培养学生的创新精神和创造能力,为此应注重一题多模或多题一模,统计图表等训练题的编拟,密切关注现代科学技术的发展,使学生创新意识与高科技密切结合,融入当代科学发展的主流[4]。

2. 数学应用与建模例题的编拟途径

编制数学建模训练题主要从以下几方面着手:

(1)改造课本例题和习题;(2)结合教学实践经验改编;(3)从大学生数学建模竞赛"成品"中简化移植[5];(4)从教师的教学实践中提炼和挖掘;(5)从发动学生关注生活,体验生活,从中寻求实际问题;(6)从指导教师的科研项目和科研论文中提取素材。例如《河流水污染模型》《电网管理模型随机存贮模型》《飞机订票策略模型》《食堂服务效率问题》《中国 A 股市场优选股票与投资策略的数学模型》《城区学校分配学生》,均带有很强的时代性和真实性。它与我国现今的经济发展密切联系。我们将这些模型整合到数学的教学过程中,也提高了同学们的学习兴趣。2006 年全国大学生数学建模竞赛 B 题:艾滋病疗法的评价及疗效的预测。显然是针对 2006 年防治艾滋病提出的具体问题,其实际意义是明显的。因此,我们在培训时,启发学生可以用非参数统计分析理论和方法去解决。然后指导学生做出相应的假设以简化问题,如疗效 X 可视为变量,且 X 的分布非正态分布。适合考虑用秩和检验的方法处理问题。在讲解这些方法的时候,我们以学生关心的生活话题,关注的热点问题为背景,使学生感受到数学建模来源于现实生活,并用之于现实生活。

三、数学应用与数学建模教学的实施层次与重点

数学应用与数学建模教学的实施也应该体现层次性,过程性,阶段性,具体来讲大学数学应用与数学建模教学的实施应分为以下三个阶段:

第一阶段:结合教材[6,7],以实际问题为突破口,以简单模型为出发点,运用初等数学建模方法,微积分建模方法,微分方程建模方法,概率论与数理统计建模方法等。培养学生运用已学过的数学知识建立数学模型的意识和兴趣。然后介绍一些未曾见过的数学建模方法,如常微分方程稳定性方法,差分方程建模方法,非线性规划方法,多元统计分析方法,时间序列分析方法,随机过程分析方法。这个阶段的教学应体现从具体的问题情景中抽象出数学问题,使用各种语言表达问题,建立数学关系,获得合理的解答,理解并掌握相应的数学基本知识与基本技能有意义的学习过程为主要目标。围绕所要学习的数学主题,选择有现实意义的,有利于学生培养创新能力的内容,使学生在自主探索和合作交流的过程中建立并求解包含该主题的数学模型。此阶段的重点是把渗透数学应用与数学建模的意识作为首要任务,指导学生分析数量之间的关系,并注重培养学生的阅读理解能力和数学语言的转换能力,不断丰富学生解决应用问题的策略,提高解决应用问题的能力。

第二阶段:安排与教材内容有关的典型案例,以典型问题的数学建模为教学内容,通过典型问题的建模实践,介绍数学建模论文的写作和常用数学软件运用[5]。比如在分析 2000 年"DNA 序列分类"问题,2010 年"2010 年上海世博会影响力的定量评估"时,我们安排学生首先熟悉教材中有关这方面的内容(让学生了解教材《数据分析》,《应用多元统计分析》中的判别分析,主成分分析等方法,并做相应的练习);让同学们学习符号序列如何提取数字特征算法,并进行预处理;给出它们的数学表示,建立多元统计模型,用判别分析统计方法分类;也可以用动态规划方法,比较算法等。这样,把课本内容带到实际问题上,做到理论与实际相结合,提高了学生的动手能力和运用数学应用软件能力。

第三阶段:鼓励指导教师和大学生对范围并不固定、影响因素较多的实际问题,通过适当的简化假设,分析并提出多种可能解法,通过这种方式鼓励师生积极参与并强调实现完整的模型构造过程。既要对来源于实际的问题做出合理分析、建立适当的数学模型,也要对建立的数学模型在求解、检验、结果的分析和模型优缺点的讨论等上下功夫。为此,在建模训练阶段,师生应该组成"共同体",优势互补,资源共享。在指导教师的指导下,以小组为单位开展建模实践活动。

四、数学应用与数学建模教学的设计

1. 数学应用与数学建模实践有利于数学教学内容改革,拓宽知识面,完善大学生的知识结构

在数学教学过程中,要加强数学思想方法、现代数学技术的基本概念和基本方法的传授。在讲解经典内容的同时,注重渗透现代数学技术的思想和方法,相应地增加相关领域科技知识的传授,拓宽学生的知识面和知识结构[8]。针对当前教材中存在的内容陈旧,知识面过于狭窄等问题,我们在相应的教学课程中,逐步渗透数学建模的思想,适当增加一些实际案例。同时在教学中,有意识地培养学生的数学素质,注重数学建模思想的介绍,努力培养学生具有宽口

径,厚基础,适应能力强等特点。

2. 更新教学观念,改革传统的教学方式和手段

为了广泛地开展数学建模活动,促进学风建设,实施素质教育,提高学生学习兴趣和创新能力。2009 年,我校由数学与计算科学学院更新了"数学建模创新实践网站"。这个网站的更新,为同学们提供了一个参与数学建模讨论与交流更加方便的实践平台。并逐步地健全校内数学建模竞赛试题、样题、模拟题库,将会有效地推动学生在网上积极参与讨论,给出自己的意见与见解;同时学生们也可以在网上了解历年获奖名单,激励他们学习和参与数学建模的热情和兴趣。他们还可以在网上留言,其他同学可以根据自己的情况给予回答,这样有力地推动了学生的交流和合作。指导老师在网上给出同学们常见的问题的解答,同学们可以看到自己不懂的地方。如果我们在教学过程中以教师课堂讲授为主,多采用注入式,缺乏师生间必要的沟通与互动,这样的话,不利于学生之间与老师之间的交流。因此在教学中,改变过去传统教学方式单一性,强化"启发式"教学方法的实施。给学生在网上留言,鼓励学生大胆发表不同的见解,激发学生的创新意识和创新的精神。同时借助多媒体和计算机辅助教学手段,提高学生的学习数学的兴趣。

3. 建设一支高水平,高素质的师资队伍

建设一支优秀的指导教师队伍,关键在于建设一支有较高业务水平、教学经验丰富和勇于奉献的数学建模指导教师队伍。目前,我校数学建模创新基地有指导教师 11 名。其中有:博士教授 1 名,博士副教授 3 名,平均年龄 35 岁。成员主要从事:概率统计、数据分析、矩阵分析、数值分析、数学规划、非线性优化、计算机编程、微分方程等方向学科前沿的学术研究和应用探索。已经形成了年龄、职称、学历、知识结构合理的教师团队。要想有一支优秀的指导教师队伍,就必须加强指导教师队伍的素质建设,尤其是青年教师的教育理念,教学水平,科研能力及应用能力和水平的提高,以适应培养新世纪复合型人才的教学需要。为此,我们虚心向在数学建模方面已有丰富经验的兄弟院校学习。鼓励指导教师钻研业务,并撰写与建模相关的高水平学术论文;参加相关的师资培训和交流活动;指导学生积极参加课外数学建模活动,并撰写数学建模论文;指导教师定期交流建模经验,形成了一个良好的数学建模团队氛围。近五年来,承担并完成相关省级以上教改课题三项,获一项省级教改成果三等奖。撰写相关学术论文十余篇。指导本科生撰写数模论文三篇。指导本科生获 2008—2009 年国家级大学生创新性实验立项项目两项。近 5 年,我校大学生共获得全国大学生数学建模竞赛一等奖 2 项,二等奖 13 项;近 10 年,获美国大学生数学建模竞赛一等奖 4 项。

参考文献

[1] 钟小伟.高等数学课程教学改革与实践[J].高等建筑教育,2011,20(2):83-85.
[2] 史炳星.数学应用与数学新课程[J].数学通报,2005,44(5):7-9.
[3] 姜礼平.数模竞赛与创新教育[J].数学的实践与认识,2001,31(5):633-634.
[4] 任善强,杨虎.抓好赛区数学建模竞赛促进工科数学教学改革[J].大学数学,2005,21(5):22-24.
[5] 李大潜.中国大学生数学建模竞赛[M].北京:高等教育出版社,1998.
[6] 赵静.但琦.数学建模与数学实验[M].北京:高等教育出版社,2003.
[7] 姜启源.数学建模[M].3 版.北京:高等教育出版社,2003.
[8] 叶其孝.大学生数学建模竞赛辅导教材[M].长沙:湖南教育出版社,1998.

高校毕业生就业质量的分析与评价
——以百色学院为例

黎　勇　陈延华

（百色学院数学与计算机科学系，广西百色 533000）

摘要

该文章是以百色学院毕业生为研究对象，通过问卷调查和毕业生就业质量评价指标体系的构建，运用模糊综合评判法设计出毕业生就业质量评价指标模型，对高校毕业生就业质量做出了评价，并在此基础上，对调查结果进行了分析，对百色学院就业指导工作给出了一些建议。

关键词：就业质量；评价指标；模糊综合评判法

高校大学毕业生作为人才资源中较高层次的一类，其就业过程是国家高层次人力资源配置最为重要的一个环节。随着我国高等教育已由"精英教育"转变为"大众化教育"，高校大学毕业生就业问题特别是就业的质量问题越来越受到社会广泛的关注。毕业生就业工作是学校整体工作中的一个重要组成部分，能否做好毕业生就业工作，关系到每个毕业生的切身利益，关系到学校自身的生存和发展，关系到国家经济发展和社会稳定。

为了更好地服务于地方经济，了解社会对百色学院各专业人才知识结构及能力素质的要求，促进我院教学改革，进一步提高教学水平，客观地反映我院毕业生就业质量和社会声誉，及时发现我院在专业设置、素质教育、教学改革、学生管理等方面存在的不足，根据百色学院毕业生就业进展情况的社会调查实施方案，我们对 2010 届毕业生进行了跟踪调查。在参考国内研究人员构建的大学生就业质量评价指标基础上，结合一些教育主管部门、社会测评机构及人力资源部门等专家的意见，构建了一套高校毕业生就业质量评价指标体系，并就指标体系进行实证分析。

本文是以百色学院毕业生为研究对象，通过问卷调查和毕业生就业质量评价指标体系的构建，运用模糊综合评判法设计出毕业生就业质量评价指标模型，对高校毕业生就业质量做出了评价，并在此基础上，对评价结果进行了分析。

一、高校毕业生就业质量评价指标体系的确定

模糊综合评判法是指在模糊环境下，考虑多种因素的影响，为了某种目的对一事物作出综合评价的方法，也称为模糊综合决策。模糊综合评判法的特点主要表现在：第一，它不直接依赖于某一项指标，也不过分依赖于绝对指标，而是采用比较的方法，这样可以避免一般评价方法中由于标准选用不尽合理而导致的评价结果的偏差。第二，评价指标的重要程度通过权数加以体现，但允许在选择上有一定的出入，而不至于改变最终的评价结果。根据所建立的评价

指标体系的不同,模糊综合评判可以分为单层模糊综合评判和多层模糊综合评判法[1]。

对高校毕业生就业质量状况进行定量分析、评价,首先需要建立起一套科学的、操作性强的评价指标体系。由于缺少完全符合本研究项目的相关指标体系,本文在前人研究的基础上,结合对调查问卷的分析,并广泛听取各方的专家意见,以就业质量的内容为确定评价要素的依据,按照突出重点、简单易行等原则,确定高校毕业生就业质量评价要素,建立了高校毕业生就业质量评价指标体系。

毕业生的就业质量应该是毕业生就业能力、就业单位层次和就业竞争力的综合体现。决定毕业生就业质量的指标很多:有的认为应体现在就业信息、毕业生满意度、用人单位满意度、政府部门满意度等[2];有的则认为应包括就业地区流向、就业单位性质、薪金水平、就业满意度、入职匹配度、职业发展前景等[3];有的则设计出一套集就业率、重要需求、就业结构、用人单位认同度、毕业生主体、社会美誉度等 6 个一级指标和 16 个二级指标[4]。我们根据影响程度和可操作性与原则,把毕业生就业率、就业结构、个人发展空间、个人主体等作为 4 项一级指标,其中,毕业生就业率包含本科就业率与专科就业率两项二级指标,就业结构有就业单位的性质、就业地区流向与升学率(读研究生、专升本)三项二级指标,个人发展空间集工作与专业的关联程度、工作稳定性、社会保障三项二级指标,个人主体由薪资福利水平、工作适应度、所学专业的作用、主观满意度四项二级指标构成,总和 12 项二级指标作为毕业生就业质量的衡量指标。

高校毕业生就业质量的评价综合性强,影响因素多,不仅受到评价者主观判断的影响,而且在众多影响因素中各因素对就业质量的影响程度是不一致的。利用模糊综合评判法可以根据各因素影响的程度不同而赋予其不同的权重,从而降低主观因素对评价结果的影响,并减少误差,从而得到较为公正合理的评价。

二、建立评价模型

建立高校毕业生就业质量评价指标体系是进行评价的基础。影响高校毕业生就业质量的因素很多,为进行有效考评,根据模糊综合评判法建立高校毕业生就业质量综合评价指标体系。

1. 确定评价指标集

建立一级指标集 $U=\{U_1,U_2,\cdots,U_n\}$,二级指标集 $U_i=\{U_{i1},U_{i2},\cdots,U_{im}\}$,其中 $i=1,2,\cdots,m$ 是各二级指标集的指标个数。同理可得三级、四级指标集。

本文设定一级指标集有四个:就业率(U_1)、就业结构(U_2)、个人发展空间(U_3)、个人主体(U_4),二级指标十二个,详见表 1。

表 1　一级指标集及其对应的二级指标集

一级指标(U)	二级指标(U_i)
就业率(U_1)	本科就业率(U_{11})
	专科就业率(U_{12})

续表

一级指标(U)	二级指标(U_i)
	就业单位的性质(U_{21})
就业结构(U_2)	就业地区流向(U_{22})
	升学率(读研究生、专升本)(U_{23})
	工作与专业的关联程度(U_{31})
个人发展空间(U_3)	工作稳定性(U_{32})
	社会保障(U_{33})
	薪资福利水平(U_{41})
个人主体(U_4)	工作适应度(U_{42})
	所学专业的作用(U_{43})
	主观满意度(U_{44})

2. 确定评语集

本文由四个等级,即 $m=4$, $V=\{V_1,V_2,V_3,V_4\}$,即就业质量为很好(V_1)、较好(V_2)、一般(V_3)、较差(V_4)四个等级。

3. 对子因素集 U_i($i=1,2,3,4$)分别进行分析以及综合评价

先进行单因素评判,构建模糊关系矩阵,确定单因素关于上述评语集的隶属度函数;再根据历史数据分别计算出历年来该因素相应的隶属度;最后根据各评价者给出的对应个评语的隶属度阈值,分别统计出属于各评语的个数之和,除以总个数后即得到该因素的模糊评价向量。

分别计算各单因素相对应的各子因素相对评语集的隶属度,得模糊评价矩阵:

$$\mathbf{R}_i = \begin{bmatrix} R_{i1} \\ R_{i2} \\ \vdots \\ R_{im} \end{bmatrix} = \begin{bmatrix} r_{11} & r_{12} & r_{13} & r_{14} \\ r_{21} & r_{22} & r_{23} & r_{24} \\ \vdots & \vdots & \vdots & \vdots \\ r_{m1} & r_{m2} & r_{m2} & r_{m4} \end{bmatrix}$$

因为各因素对就业质量的影响不一致,所以给它们赋予不同的权重。采用层次分析法确定子因素集 U_i 的权重分配:

$$\mathbf{A}_i = (A_{i1},A_{i2},\cdots,A_{im}) = (a_{i1},a_{i2},\cdots,a_{im}), \quad m=1,2,3,4$$

其中 m 为相对应子因素的指标个数,$A_{i1}+A_{i2}+\cdots+A_{im}=1$,得到一级综合评价。其中运算采用加权平均型算子,即

$$\mathbf{B}_i = (b_{i1},b_{i2},\cdots,b_{im}) = \mathbf{A}_i \cdot \mathbf{R}_i = (a_{i1},a_{i2},\cdots,a_{im}) \cdot \begin{bmatrix} r_{11} & r_{12} & r_{13} & r_{14} \\ r_{21} & r_{22} & r_{23} & r_{24} \\ \vdots & \vdots & \vdots & \vdots \\ r_{m1} & r_{m2} & r_{m3} & r_{m4} \end{bmatrix}$$

其中“·”和“+”分别表示乘法、加法运算。$b_{ij}=(a_{i1}\cdot r_{1j})+(a_{i2}\cdot r_{2j})+\cdots+(a_{im}\cdot r_{mj})$,$j=1,2,\cdots,m$。同理,我们可以进行二级综合评判。

4. 结论

经过归一化处理,根据最大隶属原则得出评价结果,并对结果进行分析。

三、运用该模型对高校毕业生就业质量的实例进行评价

以百色学院为例,对该校 2010 届高校毕业生就业质量进行评价。百色学院与其他重点高等院校不同,百色学院在 2006 年 2 月 14 日才从高等专科学校升格为普通高等本科学校,同时招收本科生和高等专科生。而 2010 届毕业生是本学院第一批本科毕业生,其中还包含专科毕业生。

本文采用随机抽样问卷调查的形式,运用电子邮件发放调查问卷,对该校 2010 届 125 位毕业生进行调查。调查的毕业生中,男生占 41.6%,女生占 58.4%;数学与应用数学类学生占 32.0%,计算机科学与技术类学生占 16.0%,英语类学生占 24.0%,生物技术及应用类学生占 16.0%,汉语类学生占 12.0%;本科学生占 72.0%,专科学生占 28.0%。请他们对影响自己就业质量的子因素集中每一个因素的评价指标在 V 中四个等级上打分,结果见表 2。在那 125 位毕业生中,回复调查问卷的有 106 份,回收率达到 85%,其中,有效问卷为 100 份,有效率为 80%。这些调查数据具有一定的实验性、代表性。同时还以该校招就处的毕业生就业进展情况统计表中的信息作为参考。

表 2 随机抽取的毕业生对子因素集中评价指标的打分一览表

代　号	二级指标	很好	较好	一般	较差
U_{11}	本科就业率	22	41	38	9
U_{12}	专科就业率	25	46	26	3
U_{21}	就业单位的性质	15	45	40	0
U_{22}	就业地区流向	30	50	15	5
U_{23}	升学率(读研究生、专升本)	5	20	40	35
U_{31}	工作与专业的关联程度	25	40	17	18
U_{32}	工作稳定性	10	60	25	5
U_{33}	社会保障	25	45	25	5
U_{41}	薪资福利水平	16	17	58	9
U_{42}	工作适应度	30	50	15	5
U_{43}	所学专业的作用	5	40	50	5
U_{44}	主观满意度	25	50	17	8

分别计算各子因素相对评语集的隶属度,得模糊评价矩阵:

对 U_1,有

$$\mathbf{R}_1 = \begin{bmatrix} \mathbf{R}_{11} \\ \mathbf{R}_{12} \end{bmatrix} = \begin{bmatrix} 0.22 & 0.41 & 0.38 & 0.09 \\ 0.25 & 0.46 & 0.26 & 0.03 \end{bmatrix} \tag{1}$$

对 U_2,有

$$\mathbf{R}_2 = \begin{bmatrix} \mathbf{R}_{21} \\ \mathbf{R}_{22} \\ \mathbf{R}_{23} \end{bmatrix} = \begin{bmatrix} 0.15 & 0.45 & 0.40 & 0 \\ 0.30 & 0.50 & 0.15 & 0.05 \\ 0.05 & 0.20 & 0.40 & 0.35 \end{bmatrix} \tag{2}$$

对 U_3,有

$$\mathbf{R}_3 = \begin{bmatrix} \mathbf{R}_{31} \\ \mathbf{R}_{32} \\ \mathbf{R}_{33} \end{bmatrix} = \begin{bmatrix} 0.25 & 0.40 & 0.17 & 0.18 \\ 0.10 & 0.60 & 0.25 & 0.05 \\ 0.25 & 0.45 & 0.25 & 0.05 \end{bmatrix} \tag{3}$$

对 U_4，有
$$R_4 = \begin{bmatrix} R_{41} \\ R_{42} \\ R_{43} \\ R_{44} \end{bmatrix} = \begin{bmatrix} 0.16 & 0.20 & 0.58 & 0.06 \\ 0.30 & 0.50 & 0.15 & 0.05 \\ 0.05 & 0.40 & 0.50 & 0.05 \\ 0.25 & 0.50 & 0.17 & 0.08 \end{bmatrix} \quad (4)$$

其次，进行权数分配。通过问卷调查及访问方法，咨询一些有经验的就业指导老师、班主任和一部分学生分别对各指标的权重的看法。运用模糊统计方法和加权平均法得到子因素集中各因素的权重分配：

$$A_1 = (0.55 \quad 0.45)$$
$$A_2 = (0.45 \quad 0.35 \quad 0.20)$$
$$A_3 = (0.50 \quad 0.30 \quad 0.20)$$
$$A_4 = (0.40 \quad 0.20 \quad 0.10 \quad 0.30) \quad (5)$$

运用加权平均型算子，求出从 U 到 V 的模糊转换，得出各单因素相对子因素的一级模糊综合评判结果：

$$B_i = A_i \cdot R_i, \quad i = 1, 2, 3, 4$$

$$B_1 = (0.55 \quad 0.45) \cdot \begin{bmatrix} 0.22 & 0.41 & 0.38 & 0.09 \\ 0.25 & 0.46 & 0.26 & 0.03 \end{bmatrix} = (0.23 \quad 0.43 \quad 0.33 \quad 0.06)$$

同理可得

$$B_2 = (0.18 \quad 0.42 \quad 0.31 \quad 0.09)$$
$$B_3 = (0.21 \quad 0.47 \quad 0.21 \quad 0.12)$$
$$B_4 = (0.20 \quad 0.37 \quad 0.36 \quad 0.06) \quad (6)$$

进行二级综合评判。以 U_1, U_2, U_3, U_4 为元素，用 B_1, B_2, B_3, B_4 构造单因素评判矩阵：

$$R = \begin{bmatrix} B_1 \\ B_2 \\ B_3 \\ B_4 \end{bmatrix} = \begin{bmatrix} 0.23 & 0.43 & 0.33 & 0.06 \\ 0.18 & 0.42 & 0.31 & 0.09 \\ 0.21 & 0.47 & 0.21 & 0.12 \\ 0.20 & 0.37 & 0.36 & 0.06 \end{bmatrix} \quad (7)$$

同样先采用专家打分，然后运用模糊统计方法及加权平均法得出 U_1, U_2, U_3, U_4 四个因素的权重。四个一级指标的权重分配为

$$A = (0.35 \quad 0.20 \quad 0.25 \quad 0.20) \quad (8)$$

因此，二级模糊综合评判为

$$B = A \cdot R = (0.35 \quad 0.20 \quad 0.25 \quad 0.20) \cdot \begin{bmatrix} 0.23 & 0.43 & 0.33 & 0.06 \\ 0.18 & 0.42 & 0.31 & 0.09 \\ 0.21 & 0.47 & 0.21 & 0.12 \\ 0.20 & 0.37 & 0.36 & 0.06 \end{bmatrix}$$

$$= (0.22 \quad 0.43 \quad 0.30 \quad 0.08) \quad (9)$$

四、结论

通过以上各指标对百色学院毕业生的就业质量进行实证分析，经过归一化处理得到 $B =$ (0.21 　0.42 　0.29 　0.08)，根据最大隶属原则，可以得出模糊综合评判结果：该校毕业生总

体就业质量较好。具体表现在以下几个方面：

1. 毕业生就业率分析。根据百色学院招生就业处的统计表，截至 2010 年 9 月 3 日，2010届本科毕业生的就业率为 78.62%，专科毕业生的就业率为 85.27%，全院毕业生就业率则达到 82.25%。从毕业生自身角度来看，学成从业，服务社会，实现自身价值，是每个高校毕业生的美好愿望；实现就业，回报父母、学校、祖国，促使学生积极从业。学生普遍认为我院毕业生就业率较好。这些说明了我院毕业生就业质量较好。

2. 就业结构分析。从就业单位性质来看，主要集中在国家机关或事业单位和中小型企业，这是因为，在国家机关、事业单位及国有大型企业中工作，不仅收入稳定，而且还可以享受到各种社会福利，有着较为可靠的社会保障，同时还和该校各专业性质相符合。从就业地区流向来看，主要集中在中小城市。虽然在大城市里就业机会多，但伴随而来的竞争更严峻；而城镇、乡村及边远地区就业条件比较艰苦，未来发展前景不理想。所以大多选择中小城市，他们普遍认为，在中小城市就业机会更多，就业条件还好，就业质量相对更高。这也符合百色学院服务地方经济的办学定位。就升学率情况来看，毕业生再升学情况一般、较差。一方面是因为毕业生学习成绩差，英语能力较差，再者想早点毕业参加工作，以减少家庭的负担；另一方面是学院的教学水平还有待进一步提高，百色学院正处在由普通专科院校转向普通本科院校转型阶段，学院的办学理念，教师的教学理念、教学水平、教学方法等离高水平的本科院校要求还有一定的差距。但总的来看，就业结构还是比较好的。

3. 个人发展空间分析。从调查结果来看，毕业生就业工作与专业的关联程度（专业对口程度）、工作稳定性及社会保障都较好。个人的择业目标应当和自身能力相符合，运用自己扎实的专业知识，迅速掌握工作要领，提高个人发展空间；工作不稳定，这说明人才流动加快，而人才流动过快，个人价值就无法体现出来，这会导致自身缺乏自信，对再就业产生消极影响；自身价值的实现和长远发展，要有完善的社会保障作为基础，保证个人利益，留住人才，创造美好的发展空间。从以上的数据分析上看，百色学院毕业生有较好的个人发展空间。

4. 个人主体分析。在对毕业生薪资福利水平的调查中，可以看出：月薪在 1000～2000 元的占 58%，月薪在 2000～3000 元的占 17%，3000 元以上的占 16%，毕业生薪资福利水平一般。根据我们对毕业生的访问，对于刚毕业 1～2 年的学生来讲，目前的薪资福利水平基本符合学生的期望值。随着工作经验的增加及职称的上升，毕业生普遍看好未来的升职加薪。工作适应度和所学专业的作用密切相关，精通专业知识，专业对口了，对工作的帮助自然就大了，从而使毕业生更好地适应工作，能够独立按时地完成工作。从统计表二可知，2010 届毕业生对目前的就业单位满意程度较高，占 92%。满意的主要原因在于，毕业生对目前薪资福利和单位未来的职业发展前景感到满意。总的来看，高校毕业生对自身的主体意识有较好的评价。

总的来说，百色学院毕业生就业质量较好，其原因主要有以下几个方面，第一，该校拥有高素质的师资队伍，在办学上积累了较为丰厚的经验，这为培养出符合市场需求的应用型的人才，使其能够获得良好的就业竞争优势奠定了良好的基础；第二，该校重视实习实训环节，由系领导直接负责实习工作，采取"集中为主，分散为辅"的实习方式，积极为学生联系较好的实习单位，帮助学生提高实际动手能力，使该校毕业生在求职过程中具有较强的就业竞争力；第三，该校毕业生通过几年的专业学习，具有较为扎实的专业知识，有良好的实践动手能力；第四，该校毕业生择业时能立足于基层，放低就业期望值，提高了就业质量；另外还有学校和政府出台的一系列相关政策，对毕业生就业质量的提高也起到了积极的促进作用。

百色学院的毕业生的就业工作取得了很好的成绩，但也存在不足，正是这些不足促使我们要不断地去实践和探索,开创毕业生就业工作的新局面。对高等院校而言,要转变办学思路,以就业为导向,树立以人为本的教育理念,要改革高校课程设置和培养方法,努力提高教育质量,做好高职毕业生的就业指导工作。对大学生个人而言,要努力学习,做好职业发展规划,积极转变观念,不断提高自己的就业竞争力。

虽然利用模糊综合评判法可以根据各因素影响程度的不同而赋予其不同的权重,从而降低主观因素对评价的影响,并减少误差,因而评价结果是较为科学合理的。但是该模型只对短期影响高校毕业生就业质量的因素进行讨论,而对长期影响高校毕业生就业质量的因素的讨论由于既耗时又耗力,操作时效性较差,因此,该模型并未将长期影响就业质量的因素纳入讨论。这一问题仍有待我们再作进一步的研究。

参考文献

[1] 李安贵,张志宏,等.模糊数学及其应用[M].2 版.北京:冶金工业出版社,2005.

[2] 陈韶,何绍彬.高校毕业生就业质量评价系统的建设[J].广东工业大学学报(社会科学版),2010,10(3):10.

[3] 柯羽.浙江省大学毕业生就业质量现状调查[J].统计科学与实践,2010(4):12.

[4] 谭璐,陈志波.地方高校本科毕业生就业质量评价方法研究与实践[J].继续教育研究,2009(7):119-120.

关于数学建模思想渗入数学分析教学的思考

罗朝晖

（百色学院数学与计算机科学系，广西百色 533000）

摘要

把数学建模思想方法融入数学分析课程教学是培养学生创新能力和实践能力的一个有效途径，是当前大学数学教学改革的一个重要方向，文章从几个方面指出了将数学建模思想渗入数学分析教学时应注意的几个问题。

关键词：数学建模；数学分析；思想；渗透

一、数学分析教学中渗入数学建模思想的必要性与可行性

数学分析是数学教育专业的一门重要基础课。这门课程对于学生加深理论基础的学习，增强基本技能的训练，提高数学修养和业务素质，培养数学能力，帮助学生居高临下地用现代数学的观点分析处理中学数学教材，在数学教育专业课程建设的系统大工程中担负着承前启后，继往开来的艰巨任务。

然而，传统的数学分析教学，过于讲究理论体系的完整与严密性，追求天衣无缝的推理，滴水不漏的论证，把知识的获取当成唯一目的，忽略了知识的获取本身就是一个创造性的过程这一实质。例如数学分析中的主体内容微积分，从理论的创立到完善，一直在各领域发挥着巨大作用，学生花了大量时间和精力进行学习，但学了大量的定义定理公式之后，可能还不知道微积分是怎么来的，它的作用和意义是什么，学生学习没有动力和方向，学习起来索然无味，达不到预期的教学目的。

而数学建模对数学素质的培养有着重要的意义。数学建模问题来源于现实生活，所提出的问题容易引起学生的兴趣，但问题往往没有清晰的条件和结论，可用的信息和最终的结论得靠学生自己去挖掘，更没有一套典型的解法，用已知的方法和传统的方式去处理往往会失败，需要学生重新组合所学的知识，提出一套新的程序甚至新的理论才能解决。建模过程充分体现了知识可以通过"体悟"，"构建"，"再创造"等创造性认识过程而获得。如果在讲授时，结合适当的数学模型，展现数学思想的来龙去脉，把枯燥的知识和丰富的现实架起桥梁，这不但利于展现知识发生的过程，同时能增强数学知识的目的性，体现数学知识的应用价值，对培养学生兴趣，提高数学素质有着重要意义。

就实践而言，在数学分析教学中渗入数学建模思想是可行的。数学分析的概念定理有着大量丰富的现实原型，通过以"用"为标准，对教学内容进行适当取舍、扩充，通过适当的案例的分析，展现数学建模的基本思想和过程，将数学建模思想渗透到教学内容中去。如微积分的产

生与社会生产有着密切联系,大量的概念定理都有其现实原型。教学中可以从物理学,生物学,社会学,经济学及自然现象中的许多数量变化关系的分析,建立起引力场,人口增长等模型,由此引入相关概念定理,体现数学的应用价值及使用方法。

在将数学建模思想渗透到数学分析教学中时,基本途径多为在概念上的渗透;在定理证明中的渗透;在应用问题上的渗透;在习题课上及考试中的渗透,等等。具体实践中有几个问题是要注意的,以下逐一说明。

二、注意教材内容适当取舍这一前提

传统的数学分析教材,注重内容编排形式而忽略了思维过程的叙述。严谨的公理化系统使得只见结构形式,不见复杂的思维过程,数学被当作一个已完成的形式理论,看不到思维情节,学起来枯燥无味。因而,对数学分析教材的删、补、改、融合是渗透数学建模思想的重要前提。

增删的基本原则为:根据社会需求,结合学生实际,本着"以应用为目的,以必需、够用为度"的原则,在不降低基本要求的基础上,增加应用实例、数学建模基本思想方法及实践环节,强调微积分及多重积分本身的模型特征,突出其模型规律与应用价值,达到启发应用的目的,通过提高应用能力,促进学生数学知识的整合,达到提高学生数学素质的目的。

具体实现中,应注意以下问题。

1.建模思想只是渗入教材内容,而不是抢占主阵地

只针对本课程中的核心概念和定理进行渗入,如极限、导数、定积分等概念和定理上可花大力度去渗入,而不必满地开花。所选模型背景不应纷繁复杂,拖泥带水,应简明扼要,文字简洁,朴实无华。所涉及建模思想不追求大而全,不必自成体系,在教材中当好主体内容的配角,起到承上启下的画龙点睛作用。

2.建模内容切忌给学生制造思维上的新难点

牢记数学分析教学的重点是理论基础的学习,基本技能的训练,数学能力的培养,并非数学模型的建立。引入数学模型是为了增强应用意识,激发学生学习的积极性与主动性,所选案例应结合教学内容,简洁、直观。通过对问题的抽象、归纳、思考,利用原有的知识,自然引进、理解新知识,建立新方法。因而,所选的模型应避免繁难,冗长,超出学生所学知识范围,给学生制造思维上的新难点。

例如导数与微分中可选用瞬时速度、切线斜率、最大收益原理、边际成本、边际收益等模型,而级数可考虑选用阿基里斯追龟模型。

三、注意数学建模嵌入的时机

数学建模在什么时机嵌入是最合适的? 当所学的内容与已有的经验联系起来时,这样的学习才是最有效、最有意义、最有价值的,才能最大限度地调动学习者的积极性。教学中有这样的体验,给学生做的题,一看似乎并不难,但是用原来的方法又解决不了,这个时候,新方法、新知识就该出现了,怎么办? 大家动手去探索,这个时候学生的思维是最活跃的,最有深度的。

引进数学的模型,所用的大部分知识应是学生所熟知的基本定理、定义,借助已知的概念、定理,在解决模型的过程中,引出新的定义定理方法,这个时候,嵌入数学建模的时机是最合适的,效果是最理想的。我们熟知的求瞬时速度引出导数定义,求曲边梯形面积引出定积分定义等例子都是这方面的典范。

例如在引入无穷级数这一个概念时,可以介绍古希腊哲学家芝诺所提出的"阿基里斯追龟"悖论。芝诺的悖论在于他把阿基里斯追乌龟时,乌龟向前爬的距离分成无限段,然后一段一段加以叙述。芝诺认为阿基里斯永远追不上乌龟,实质就是在无限次追赶中,乌龟向前爬的距离之和为无穷大。在此提出了无限项求和的未知问题,此前,学生熟知的是有限项求和的概念,如何将有限转为无限?很自然地就用到了学生已知的极限这一工具。

设乌龟在阿基里斯前 S_0 处出发,其速度为 v_0,若阿基里斯速度 v 为乌龟速度的 k 倍,即 $v=kv_0$,则第一次追赶时乌龟向前爬的距离为 $S_1=\dfrac{S_0}{k}$,第二次追赶时乌龟向前爬的距离为 $S_2=\dfrac{S_1}{k}=\dfrac{S_0}{k^2}$,$\cdots$,第 n 次追赶时乌龟向前爬的距离为 $S_n=\dfrac{S_0}{k^n}$,此时,乌龟总共向前爬的距离为 $L_n=\dfrac{S_0}{k}+\dfrac{S_0}{k^2}+\cdots+\dfrac{S_0}{k^n}=\dfrac{S_0}{k-1}\left(1-\dfrac{1}{k^n}\right)$,在无限次追赶中,乌龟向前爬的距离 $L=\lim\limits_{n\to\infty}L_n=\lim\limits_{n\to\infty}\dfrac{S_0}{k-1}\left(1-\dfrac{1}{k^n}\right)=\dfrac{S_0}{k-1}$ 为一有限数,并非无穷大,从而就反驳了芝诺的悖论。在本例中,提出了无限项求和的未知概念,利用已知的有限项求和概念,结合已知的极限方法,给出了无项限求和的可能性及基本方法,不但能更好地引进无穷级数的概念,也能极大激发学生兴趣。

四、在概念上渗透建模思想要注意的问题

数学分析中的函数、极限、连续、导数、微分、积分、重积分、级数等概念都是从客观事物的某种数量关系或空间关系抽象出来的数学模型。教学中可从其"原型"和学生熟知的日常生活中自然而然引出来,让学生感受数学其实就在身边,并非凭空想象捏造。因而,从概念上入手,渗透数学思想可以取到良好效果。此处要注意以下两个问题:

1. 所引用实际问题要有原始背景资料,应讲清来龙去脉

数学理论体系的完善蕴藏着丰富的数学建模思想,充满着创造性。如果在介绍数学建模时,能介绍一下思想轨迹,来龙去脉,效果会更好。如我们常用瞬时速度及切线斜率模型来引入导数概念,可取得较好的效果。但由于此处我们是用已严格化的分析语言集速度、斜率之共性给出导数定义的,反映先驱者在严密化的创造性工作方面做得不够,如果再能补充介绍费马在 1629 年设计透镜求曲线在一点处的切线这一典故,生动的史实让学生了解前人在创立新理论时的建模过程,更能激发学生学习的兴趣。

2. 重视每一个概念,但不必逢概念必模型

有观点认为,每引出一个新概念或一个新内容,都应有一个刺激学生学习欲的实例,说明该内容的应用性,如果将此作为一个教学模式,不得越雷池半步,这不可能,也没有必要。恩格斯说得好:"自然界对这一切想象的数量都提供了原型",这里并没有说"这一切想象的数量都是由原型引进来的",这也是数学本身的一个特点。数学一旦形成基本概念,就可以不借助外

界的刺激，只需数学内在的规律，就可以发现新的定义定理，推动数学发展，先有数学原理再发现生活原型的例子比比皆是。因而，在将建模思想渗入数学分析教学的时候，我们不必形而上学、机械地在每一个概念定理前添上一个模型，把本来一个完整的系统用支离破碎的模型加以解释说明。我们要抓住重点，只针对本课程中的核心概念和定理进行渗入，有时也可以反其道而行之，即先给概念，再给原型。例如：已知 xy 平面上线密度为 $\rho(x,y)$ 的曲线 C，求其质量，由此可引出第一型曲线积分定义 $I=\displaystyle\int_{C(A,B)}f(x,y)\mathrm{d}s=\lim_{\lambda(T)\to0}\sum_{k=1}^{n}f(\xi_k,\eta_k)\Delta s_k$。形式地，可定义 $I=\displaystyle\int_{C(A,B)}f(x,y,z)\mathrm{d}s=\lim_{\lambda(T)\to0}\sum_{k=1}^{n}f(\xi_k,\eta_k,\zeta_k)\Delta s_k$，此时，可说明 $\displaystyle\int_{C(A,B)}f(x,y,z)\mathrm{d}s$ 指三维空间中密度为 $f(x,y,z)$ 的物质曲线 C 的质量。

五、注意改变重理论轻实践的现状，重视数学软件的应用

在计算机日益发展的今天，如果数学不能与之很好地结合起来，将会大大降低数学应用与地位。传统数学分析教学，重理论而轻实践，采用的是填鸭式的灌输教学，以知识传授为目的，学生动手机会很少，纵使动手也是做一些机械的计算证明，学生不了解知识发生过程，不利用培养动手能力和创新能力。通过做数学实验，一些概念变得形象直观，一些复杂的运算，用计算机迎刃而解。复杂运算的训练减少了，更可以把更多的时间精力放在基本概念的理解和解决实际问题上了。数学实验不应仅作为概念定理引入的演示道具，更重要的是能展示知识的发生过程。通过运算，对比，分析，验证，引导学生去探索、发现规律，从而能更好地了解知识的发生过程，对所学知识才能有更深入的理解。

课外适当布置一些需借助数学软件(如 MATLAB 或 Mathematica)完成的数学实验题，如绘制函数图像，导数、定积分的计算，将会让学生体会计算机的应用，更深一步理解数学为基础，计算机只是手段。例如学习了泰勒多项式展开式，可考虑让学生做这样一个实验：求 e 的近似值。由指数函数 $f(x)=e^x$ 的泰勒展开式 $f(x)=e^x=1+x+\dfrac{x^2}{2!}+\dfrac{x^3}{3!}+\cdots+\dfrac{x^n}{n!}+\cdots$，取 $x=1$，有 $e=1+1+\dfrac{1}{2!}+\dfrac{1}{3!}+\cdots+\dfrac{1}{n!}+\cdots$，取不同的 n 值计算可得下表：

n	3	4	5	6	7	8	9	10
近似值	2.666 667	2.708 333	2.716 667	2.718 056	2.718 056	2.718 279	2.718 282	2.718 282

表中的最后两值相差已小于 10^{-6}，可将 2.718 282 作为 e 的近似值。由此，不但让学生进一步认识泰勒多项式就是函数的近似逼近，同时了解泰勒多项式在近似计算上的应用。

参考文献

[1]　范英梅.高等数学、计算机与数学建模教学的关系分析[J].广西大学学报，2004(9).
[2]　李大潜.将数学建模思想融入数学类主干课程[J].中国大学教学，2006(1).
[3]　刘玉链，傅沛仁.数学分析讲义[M].4 版.北京：高等教育出版社，2003.
[4]　姜启源.数学模型[M].北京：高等教育出版社，2003.
[5]　车燕.应用数学与计算[M].北京：电子工业出版社，2000.

如何成功地参加全国大学生数学建模竞赛[*]

欧阳云　王五生

（河池学院数学系，广西宜州 546300）

摘要

根据多年来指导学生参加全国大学生数学建模竞赛的经验，本文深入分析了赛前准备、慎重选题、团结协作、思路整理、论文写作等几方面的问题，为今后的参赛者提供了相关的建议。

关键词：数学建模；赛前准备；团结协作

中国大学生数学建模竞赛（China Undergraduate Mathematical Contest in Modeling，CUMCM)是全国高校规模最大的四项课外科技活动（数学建模、软件设计、电子设计、机械设计）之一。竞赛是国家教委高教司和中国工业与应用数学学会共同主办的面向全国大学生的群众性科技活动，目的在于激励学生学习数学的积极性，提高学生建立数学模型和运用计算机技术解决实际问题的综合能力，鼓励广大学生踊跃参加课外科技活动，开拓知识面，培养创造精神及合作意识，推动大学数学教学体系、教学内容和方法的改革。竞赛以当前社会和经济发展中的热点问题为选题，规定参赛队 3 人一组，要求参赛者在 72 小时内对其中一道应用问题进行分析，建立数学模型，用数学软件进行计算得出结论，最后以论文的形式上交赛区评委。数学建模竞赛可以培养了大学生的实践能力、创造能力、就业能力和创业能力（简称"四种能力"）。

目前全国大学生数学建模竞赛在高校范围内发展迅猛。近年来河池学院参加数学建模竞赛的队数越来越多。学院数学系自 1999 年以来，已经开设数学建模课和数学建模培训 9 年，参加全国大学生数学建模竞赛 8 次，有一批数学建模任课教师和数学建模竞赛指导老师。所指导的学生参加全国大学生数学建模竞赛荣获全国一等奖 2 次、二等奖 5 次，并多次获赛区一、二、三等奖。本文是作者在四年来指导学生参加全国大学生数学建模竞赛的一些经验，旨在交流如何指导学生成功地参加大学生数学建模竞赛。

一、赛前准备

不仅要开设数学建模课，而且要对学生进行赛前数学建模培训。数学建模课是对全体数

* 广西教育厅科学研究项目（桂教科研[2007]34 号文件）《差分不等式研究》200707MS112；广西新世纪教改工程"十一五"第三批资助项目（桂高教[2007]109 号文件）《基于"四种能力"培养目标上的数学建模教学改革研究与实践》61；河池学院（院科研[2007]2 号）"应用数学"重点学科，重点课程"数学建模"（院教学[2008]9 号），教改项目 2006E006 和 2007E006，自然科学研究项目 2006N001。

学专业的学生开设,它将数学知识、实际问题与计算机应用有机地结合起来,旨在提高学生的综合素质与分析问题、解决问题的能力。然而,为了使学生成功地参加全国大学生数学建模竞赛,在赛前还必须对准备参赛的队员进行重点内容和动手能力的培训。培训的主要内容有数学规划模型、概率论与数理统计相关模型、回归模型、离散模型及数学软件包 Maple、LINGO和 MATLAB 等。指导老师从参加培训的学生中选择优秀者来参赛。学生在这些集训中,应掌握常见类型问题的数学建模思想和建模方法,熟练掌握几种数学软件的使用方法,提高学生的创新能力。在集训后竞赛前的这段时间里,每队参赛组要分好工,其中一名学生加强数学软件操作能力的训练,一名学生应加强论文写作能力的训练,一名学生要到图书馆了解相关的书籍(比如数学实验、数学模型)的情况,对建模方法进行训练。

二、慎重选题

竞赛时间很紧,只有三天。在竞赛的第一天,学生们下载好赛题后,首先仔细审题,分析每个题是哪类模型,参看历年的竞赛题,赛题类型基本分为:数学规划模型、概率论与数理统计相关模型、回归模型、离散模型等。然后三人积极讨论,分析哪个问题更适合本队做。选好题后,应要坚定地做下去,一般不要换题。有的组选好 A 题后,讨论一天,第二天,觉得组员还是适合做 B 题。这样就浪费了一天宝贵的时间了。竞赛时间很有限。我们最好还是在第一天中午就定好题。

三、发扬民主,团结协作

定题的过程和做题的过程,组员都要在各抒己见的基础上,团结协作。在选题和做题的过程中,组员要各抒己见,要互相尊重,但最终选题和做题思路、方法要服从组长的决定。如果其中一员觉得自己的思路很有价值,偏离团队思考的方向,那么结果一定不会好。应加强团队精神教育,参加数学模型竞赛是以团队为单位,不是以个人为单位。

四、及时整理记录

讨论中会有很多火花产生。那么此时,应将这些火花记录下来,做好笔记,保存好数据。完成一篇论文是需要时间的,不能在最后一天才开始赶写论文,那样写不好论文。所以,平时应将阶段性成果输入电脑。本科组的数学建模竞赛题特点是数据繁多,竞赛越来越重视考察学生用数学软件处理数据的能力。我们在处理数据时,应将文件分类存档,不管最后决定采用不采用这些数据,都应将它们存入电脑。

五、论文写作

如果思路很清晰,在第二天,便可以开始撰写论文初稿。最晚也要在第三天上午开始撰写论文。写作论文时,应按培训时老师说的论文写作步骤写作。论文应包含以下部分:摘要、问题提出、模型假设、符号说明、问题分析、模型建立、模型求解、结果分析、模型的评价与推广、参考文献、附录。写作时要注意使用数学术语,语言要精炼,而不是大量使用口头语言。评奖时,摘要是考察的一个重要指标,因此摘要一定要写好。摘要内容不要超过一页,摘要包括模型的建立方法、思路和结论,尤其是自己的创新点。当然,写论文时,也没有必要特意对某些字句反复的推敲。主要是把自己的思路明确的表达好。

参考文献

[1] 姜启源.数学模型[M].北京:高等教育出版社,1993.
[2] 叶其孝.大学生数学建模竞赛辅导教材[M].长沙:湖南教育出版社,1997.

数学建模教学、竞赛与大学生的就业能力培养[*]

王五生

（河池学院数学系，广西宜州 546300）

摘要

本文首先讨论大学生就业能力概念和提高就业能力的重要性，然后阐述数学建模教学、竞赛有利于提高大学生就业能力，最后提出进行数学教学改革和开展多种形式数学建模活动的设想。

关键词：数学建模教学；数学建模竞赛；就业能力；创新能力；实践能力

近年来，全国高校都十分重视数学建模课程的教学改革与数学建模竞赛，出版了具有不同风格的多种数学建模教材，撰写了一系列数学建模教学改革和数学建模竞赛对培养大学生综合素质作用的文章（参见文献[1～3]）。本文在人们研究的基础上主要说明数学建模教学和数学建模竞赛有利于培养大学生的就业能力，阐述如何进行数学教学改革，如何开展多种形式的数学建模活动，使每个学生都能受到数学建模训练，普遍提高大学生的就业能力。

一、关于大学生的就业能力

近年来，随着我国高等教育事业的快速发展和招生规模的不断扩大，社会各界高度关注大学生的就业和就业能力的培养问题。人们开始研究大学生就业困难的原因、就业能力的概念和就业能力的培养（参见文献[4～6]）。可以说，当前大学生的就业能力不仅关系到大学生个体自我价值的实现，也关系到我国高等教育和国民经济的持续发展与社会的和谐稳定。关于就业能力目前还没有准确的定义，英国原教育与就业部（DFEE）将就业能力解释为获得和保持工作的能力，国内研究者郑晓明认为：大学生就业能力是指大学生在校期间通过知识的学习和综合素质的开发而获得的、能够实现就业理想、满足社会需要、在社会生活中实现自身价值的本领。就业能力在内容上包括：具有扎实的专业基础知识和熟练的专业技能，掌握新知识和新技术的自学能力，发散而灵活的思维应变能力，创新能力，应用知识解决实际问题的实践能力，计算机应用能力，人际沟通与协作的能力，文字和口头表达能力，适应能力等。审视我国高等教育的特点，不难发现，我国大多数高等院校比较注重专业知识的传授，但对就业所需要的综合素质缺乏系统性培养，使相当数量的学生缺乏就业能力。

---

* 广西新世纪教改工程"十一五"第三批资助项目（200710961）；广西自然科学基金项目（200991265）；广西教育厅科学研究项目（200707MS112）；院级重点学科（院科研200725）；重点课程（200896），教改项目2006E006和2007E006，自然科学研究项目2006N001。

二、数学建模教学、竞赛有利于提高大学生的就业能力

数学建模的过程是把现实世界中的实际问题简化、假设、抽象、提炼出数学模型，然后运用数学方法和计算机工具，求出模型的解，验证模型的合理性，并用该数学模型所提供的解答来解释现实问题的过程。若结果符合实际或基本符合，就可以用来指导实践，否则再假设、再抽象、再修改、再求解，是多次循环，不断深化的过程。所以，这个过程也是提升学生综合素质和就业能力的过程。

1. 自学能力和使用文献资料的能力

数学建模的过程，使学生感到自己所学的知识和技能面太窄，虽有一定的深度，但在"广"和"博"上还远远不够；激发学生主动复习已经学过的专业基础知识，积极查找相关文献资料、自学新的知识，从而使学生巩固了专业知识，拓宽了知识面；培养了大学生掌握新知识和新技术的自学能力。

2. 思维应变能力

数学建模没有学科和专业的划分，题目的灵活性很大，所得结论也千差万别。数学建模是多学科知识、技能和能力的高度综合运用。这种问题的复杂性、新颖性及变化性，可以培养学生的发散而灵活的思维应变能力。

3. 解决实际问题的实践能力和创新能力

数学建模的重要特点是：要解决的实际问题是复杂的千差万别的，一般没有现成的方法可用，即使有现成的方法，也需要寻找、选择、改造。几乎没有哪一个方法原样照搬照套就能解决问题，必须分析讨论问题的实质和特征，作出合理的假设，通过对数学知识与其他相关知识的学习和综合运用，确定或建立数学模型，用计算机工具对模型进行求解，分析数值结果，解答实际问题。如果不符合实际，还要进行模型改进，多次循环，不断深化，最后研究模型的优缺点等。这样一个假设、分析、综合运用知识、学习新知识、探讨、建模、求解和分析改进数学模型的过程能够培养大学生的创新能力和应用知识解决实际问题的实践能力。

4. 人际沟通、协作能力

全国大学生数学建模竞赛要求三名参赛队员三天三夜里，要完成分析问题，查找资料，学习新知识，提出合理的假设，确定或建立数学模型，思考算法、编制程序设计语言，在计算机上进行运算，结果分析检验，反复修改，撰写论文等环节的工作。工作量非常大，涉及的知识面非常广，任何一个队员都无法独立完成。参赛队员们必须根据每个人的特长，分工合作，精诚团结，才可能取得成功。参赛过程中队员们既分工又合作，有利于培养参赛队员的人际沟通与协作的能力。参赛过程中撰写参赛论文，有利于培养参赛队员文字和口头表达能力，论文写作能力。

5. 计算机应用能力

由于数学建模竞赛题中的问题涉及的数据量大，而且比较复杂，求解过程的计算十分繁

琐,手工计算显然很难甚至无法得到结果,于是必须利用计算机强大的数值计算功能,对数学建模过程中复杂而又繁琐的数据进行处理.例如使用 MATLAB、Maple、Mathematica 等数学工具软件,进行初建模型,并确认模型是否合理,以便进一步改进为较理想的模型;使用 GAUSS,SPSS 等数理统计类软件,在建模中完成数据处理、图形变换和问题求解等工作。可以说,没有一定的计算机应用能力是无法在比赛中取得好成绩的。

数学建模和数学建模竞赛是综合运用数学知识、其他学科知识解决实际问题的过程,是培养大学生创新意识和创新思维、发散思维、创新能力、应变能力的一条重要途径;也是激发学生求知欲望,主动探索、努力进取、团结协作的有力措施。数学建模教学、竞赛对大学生能力的培养正是大学生就业能力的主要内容。所以说,数学建模教学、竞赛对培养大学生的就业能力具有重要作用。

三、数学建模的教学和竞赛的现状

当前全国各高校十分重视数学建模竞赛活动,并把《数学建模》作为数学专业学生的选修课或必修课程开设,重视数学建模课程的教学改革。

例如河池学院数学系从 1999 年开始每年都举办数学建模培训,2003 年以来,随着学校办学层次的提高、办学规模的扩大,又把数学建模作为数学与应用数学专业和信息与计算科学专业的专业必修课程开设。参加数学建模培训的学生 2007 年由数学系扩大到物理系,2008 年又扩大到计算机系。组织学生参加的全国大学生数学建模竞赛,先后获得了全国一等奖一次,二等奖三次。

毋庸置疑,数学建模教学和竞赛活动的开展促进了数学教学内容和教学方法的改革,培养了学生应用数学知识解决实际问题的意识和能力,学生的综合素质得到了显著的提高,参赛队员毕业时受到用人单位的青睐。但是,目前数学建模教学与竞赛仍然存在很多问题,例如学生普遍感觉数学建模太难,参加全国大学生数学建模竞赛的只是少部分学生,多数同学不愿意参加或无法参加。

四、数学教学改革和开展多种形式数学建模活动的设想

1.开展多种形式数学建模活动的设想

利用学校网站、学生社团、知识讲座在大学生中广泛开展数学建模活动的宣讲工作,不仅要动员理科专业的学生参加数学建模培训、校级竞赛、全国竞赛,而且要动员文科专业的学生参加数学建模培训、校级竞赛。在大学生中营造一种"人人知数模,人人爱数模,人人都参与数模"的良好环境。在大学生中积极开展形式多样的数学建模活动,开设数学建模必修课、选修课、培训班,成立校级、系级数学建模协会,成立班级数学建模兴趣小组。使每个学生都能通过数学建模提高就业能力。

2.数学建模教学改革

在大学 1~2 年级教学中渗透数学建模的思想。结合数学各门课程的实际情况,教师在教学中,举一些简单的、离学生生活较近的例子,通过分析、假设、建立数学模型,说明建立数学模

型的一般定义、方法和步骤。让学生知道建模是怎么一回事,使学生知道数学在实际中有用、怎样用,从而使学生体会到数学来源于生活实际,又应用于生活实际之中,激发学生学好数学的兴趣,增强求知欲,为学生在今后的学习数学建模打基础。教学中注重培养学生解决实际问题的能力,努力创造机会,让学生自己动手解决一些简单的实际问题,并要求学生用自然语言解释数学结果。这样可以降低后继数学建模课教学、培训的难度,培养学生的应用能力和实践能力。

在大学 2～3 年级开设数学建模必修课或选修课,系统介绍各类数学模型的建立方法和步骤,使学生初步形成一定的数学建模能力,能模仿建立一些简单的数学模型。理解经济、管理学中的数学模型,生物、化学中的数学模型,金融学中的数学模型,物理学中的数学模型,综合及其他问题中的数学模型。开设数学实验课和数学工具软件课,使学生掌握几种数学建模软件(MATLAB,LINDO,Mathematica,SAS,SPSS),具有设计算法、编制程序的能力。

在大学 3～4 年级,结合教师的科研项目,把大学生创新性实验项目、毕业论文和毕业设计结合起来,对生产、生活、工程等实际问题进行调查研究,采集、整理、分析判断数据和信息,发现量与量之间的关系,运用数学和相关知识,建立数学模型,对所建立的数学模型设计算法、编制程序、利用计算机进行计算,对计算结果进行分析处理、检验与评价,从而有效地解决实际问题,最后写成科技论文。举办数学建模竞赛集训班,采用讨论班的形式组织教学。与就业单位联系,把他们的实际问题作为校内数学建模竞赛的题目或学生毕业论文(毕业设计)的题目,选出学生的优秀论文供就业单位参考。组织学生参加每年的全国大学生数学建模竞赛,培养学生综合运用数学知识、其他学科知识解决实际问题能力;培养学生的创新意识、创新思维、发散思维、创新能力和应变能力;培养学生团结协作的品质。从而有效地提高大学生的就业能力。

参考文献

[1] 何伟.在高等数学教学中如何体现数学建模的思想[J].数学的实践与认识,2003,33(10):142-144.

[2] 乐励华,戴立辉,刘龙章.数学建模教学模式的研究与实践[J].工科数学,2002,18(6):9-12.

[3] 李宝健.开展数学建模活动,培养学生综合素质[J].北京邮电大学学报(社会科学版),2003,5(2):48-50.

[4] 郑晓明."就业能力"论[J].中国青年政治学院学报,2002,21(3):91-92.

[5] 刘清亮,黄堃.大学生就业与就业能力研究[J].山西财经大学学报,2008,30(1):72-73.

[6] 王欢.拓展素质教育,提升就业能力[J].高等农业教育,2006(3):79-82.

概率论与数理统计课程教学与数学建模思想方法的融入

赵丽棉

（河池学院数学系，广西宜州 546300）

摘要

探讨在概率论与数理统计课程教学中融入数学建模思想方法的途径，指出在概率统计教学中融入数学建模思想，是提高学生学好概率统计课程的有效途径。

关键词：概率统计；数学建模；途径

一、引言

数学建模的基本思想方法是利用数学知识解决实际问题。概率论与数理统计是一门应用数学课程，有大量抽象的概念和理论知识，在其教学过程中融入数学建模思想方法，将部分概念、性质、理论寓于一些实际问题当中，选择有现实意义、应用性较强，又便于操作实现的实例，让学生运用学过的概率统计知识去解决，将有助于学生学习其理论知识，培养学生运用数学思想和方法解决实际问题的能力和意识，激发学生学习的主动性和积极性。

二、概率论与数理统计教学中融入数学建模思想方法的途径

1. 通过概念与实际背景相联系的教学模式融入数学建模思想

概念是数学课程中最基本的内容。对概念的理解程度直接影响学生对该课程的学习和掌握。概率论与数理统计是具有很直接实际背景的数学课程，有不少概念都是实际问题的抽象，所以在教学中要再"回归"到实际背景，一方面易于学生理解，另一方面更重要的是让学生看到如何从实际问题抽象出概念、模型，从而增强学生数学建模的意识与能力。例如，在讲概率的统计定义时，我们可以让学生作"抛硬币"试验，观察出现正面的频率，让学生看到：抛硬币次数较少时，频率在 0，1 之间波动，其幅度较大，但随着抛硬币次数增多，频率总是在 0.5 附近摆动，其幅度较小，即频率总是稳定在 0.5 附近摆动，再给出概率的定义。这样可以让学生理解概率与频率的关系，加深对概率的概念的理解。再比如，讲解"数学期望"这个概念时，我们可以从生活中的"算术平均数""加权平均数"引入，加深学生对"数学期望"就是"均值"的理解。

2. 通过案例教学融入数学建模思想方法

案例教学是要求学生结合所学的理论,以实际情况为背景,对客观现象进行深入的分析,找出其存在的问题、根源,并策划出解决问题的方案。这种方法有利于激发学生的学习兴趣,培养学生的实际应用能力。所以案例教学是实现数学建模思想方法的基本途径之一。概率统计课是一门应用性很强的学科,教师应充分利用教材中的案例或自己设计案例进行讲解。使学生学会如何搜集、分析数据,建立模型解决实际问题。

例 1　如何估计池中的鱼的数量?

问题的分析:要估计池中的鱼的数量,不可能把鱼全部打捞上来数,但可以通过抽样来估计。我们可以这样搜集资料:先从池中钓出 r 条鱼,作上记号后放回池中;再从池中钓出 s 条鱼,看其中有几条标有记号(设有 m 条)。然后再根据搜集到的资料进行估计。

问题的解决:设池中有 N 条鱼,第二次钓出且有记号的鱼数是个随机变数记为 ξ,则

$$P(\xi = k) = \frac{C_r^k C_{N-r}^{s-k}}{C_s^N}, \quad k \text{ 为整数}, \max\{0, s-N+r\} \leqslant k \leqslant \min\{r, s\}$$

记 $L(k, N) = \dfrac{C_r^k C_{N-r}^{s-k}}{C_s^N}$,应取使 $L(k, N)$ 达到最大值的 $\hat{N}$ 作为 N 的估计值。但用对 N 求导的方法相当困难,我们考虑比值 $R(k, N) = \dfrac{L(k, N)}{L(k, N-1)}$。

可以看出,当且仅当 $N < \dfrac{rs}{k}$ 时,$R(k, N) > 1$,即 $L(k, N) > L(k, N-1)$;当且仅当 $N > \dfrac{rs}{k}$ 时,$R(k, N) < 1$,即 $L(k, N) < L(k, N-1)$,故 $L(k, N)$ 在 $\dfrac{rs}{k}$ 附近取得最大值,于是 $\hat{N} = \left[\dfrac{rs}{k}\right]$。

这个例子不仅使学生学会了如何搜集、分析数据,建立模型解决实际问题的方法,也加深了学生对最大似然估计的理解,增加了学生学习概率统计的积极性和主动性。

例 2(摸球模型)　摸球模型是指从 n 个可分辨的球中按照不同的要求,一个个地从中取出 m 个,从而得到不同的样本空间,然后在各自的样本空间中计算事件的概率。一般来说,根据摸球的方式不同,可分四种情况讨论:

	摸球方式		不同摸法总数
从 n 个球中取出 m 个	有放回	计序	n^m
		不计序	C_{n+m-1}^m
	无放回	计序	A_n^m
		不计序	C_n^m

把可分辨的球换成产品中的正、次品,或换成甲物、乙物等就可以得到形形色色的摸球问题,如果我们又能灵活地将这些实际模型与表中的模型对号入座,就可以解决很多有关的实际问题,例如产品的抽样检查问题、配对问题等。

例 3(质点入盒模型)　质点入盒模型是指有 n 个可分辨的盒子,m 个质点,按照质点是否可分辨,每盒可容纳质点的多少等不同情况,把 m 个质点放入 n 个盒中,从而形成不同的样本空间,然后在各自的样本空间中计算事件的概率。一般来说,根据放入的方式不同,可分四种情况讨论:

	放入方式	不同放法总数	
m 个质点随机放入 n 个盒中	每盒可容纳任意一个质点	质点可分辨	n^m
		质点不可分辨	C_{n+m-1}^m
	每盒最多只容纳一质点	质点可分辨	A_n^m
		质点不可分辨	C_n^m

　　质点入盒模型概括了很多古典概率问题。如果把盒子看作 365 天,(或 12 个月),则可研究 n 个人的生日问题;把盒子看作每周的 7 天,可研究工作的分布问题(安排问题);把人看作质点,房子看作盒子可研究住房分配问题;把粒子看作质点,空间的小区域看作盒子又可研究统计物理上的模型;把骰子看作质点,骰子上的六点看作盒子,可研究抛骰子问题;将旅客视为质点,各个下车站看作盒子,可研究旅客下车问题,等等。

3. 通过课后作业融入数学建模思想方法

　　布置课后作业是进一步理解、消化和巩固课堂教学内容的重要环节。针对概率统计实用性强的特点,有目的地组织学生参加社会实践活动。只有把某种思想方法应用到实践中去,解决几个实际问题,才能达到理解、深化、巩固和提高的效果。如,测量某年级男、女生的身高,分析存在什么差异;分析下课后饭堂人数拥挤程度,提出解决方案;分析某种蔬菜的销售量与季节的关系,等等。学生可以自由组队,通过合作、感知、体验和实践的方式完成此类作业。他们在参与完成作业的过程中,培养了不断学习、勇于创新、团结互助的精神。

三、结语

　　在概率与统计教学中融入数学建模思想,不但搭建起概率统计知识与应用的桥梁,而且使得概率统计知识得以加强、应用领域得以拓展,是提高学生学好概率统计课程的有效途径。在教学中应注意激发学生学习的主动性和积极性,结合案例,培养学生发现问题、分析问题、解决问题的能力。

参考文献

[1]　姜启源.数学模型[M].北京:高等教育出版社,1993.
[2]　王梓坤.概率论基础及其应用[M].北京:北京师范大学出版社,2007.
[3]　盛骤,等.概率论与数理统计[M].北京:高等教育出版社,2001.

数学建模竞赛活动浅析

刘 琼　黄雪燕

（钦州学院数学与计算机科学系，广西钦州 535000）

摘要

结合钦州师专几年来数学建模竞赛活动的实践，分析了钦州师专数学建模活动的现状和存在问题，并提出解决问题的若干建议和设想，以推动数学教育教学改革。

关键词：数学建模竞赛；师专学生；数学课程改革

数学建模竞赛（MCM：Mathematical Contest in Modeling）位列教育部四大学科竞赛（数学建模，软件设计，电子设计，机械设计）之首，规模最大，影响最大。自 1994 年由国家教委高教司和中国工业与应用数学学会共同举办，每年 9 月份开展，历时十年，发展非常迅速。至 2004 年，全国已有 30 个省市自治区及香港特别行政区共 724 所高校、6881 个参赛队、2 万余名队员参赛。我校自 1999 年开始组队参加全国大学生数学建模竞赛，是区内较早参加竞赛的专科院校之一，也是区内获奖次数较多、奖项较高的专科院校，历年来获得大专组（乙组）全国二等奖两次，多次获广西赛区奖项。但目前状况与形势发展及区外同级学校的水平，以及数学课程改革的要求相比，已存在较大差距。基于此，本文就如何立足师专学生的具体情况，结合本校实际，对数学建模课程的开设和更好地开展参赛活动来推动教学改革，进行一些粗浅的探讨。

一、数学建模及其竞赛活动

1. 数学建模

大家知道，数学是一门在非常广泛的意义下研究自然和社会现象中的数量关系和空间形式的科学，是各门科学的重要基础。它以极为抽象的形式在对宇宙世界和人类社会的探索中追求最大限度的一般性模式，特别是一般性算法。这种极为抽象的形式有时会掩盖数学科学丰富的内涵，并可能对数学的实际应用形成障碍。因而，在通常情况下，要用数学方法解决一个实际问题，不论这个问题是来自工程、经济、金融或是社会领域，都必须设法在数学与实际问题之间架设一个桥梁，即首先要将这个实际问题化为一个相应的数学问题，然后对这个数学问题进行分析计算，最后将所求得的解答回归实际，看能不能有效地回答原先的实际问题。这个全过程，特别是其中的第一步，就称为数学建模，即为所考察的实际问题建立数学模型，简而言之，数学建模就是建立数学模型来解决各种实际问题的过程。这一过程包括三个循环的开环阶段，第一阶段是将实际问题转化为数学模型，第二阶段是求解数学模型，第三阶段依据求解的结果经检验正确后再应用于实际[1]。

2．数学建模竞赛活动

数学建模的教学及竞赛活动是近年来规模较大也是较为成功的实践，而大学生数学建模竞赛也是我国高等教育改革的一次成功实践，是 1994 年由教育部高教司与中国工业与应用学会创办的，面向全国大学生的群众性科技活动，目的在于激励学生学习数学的积极性，提高学生建立数学模型和运用计算机技术解决实际问题的综合能力，鼓励广大学生踊跃参加课外科技活动，开拓知识面，培养创造精神及合作意识，推动大学数学教学体系、教学内容和方法的改革。竞赛重视的是让学生参与创造和发现的过程，鼓励、提倡学生自由思想、大胆创新[2]。赛题由工程技术、管理科学等领域的实际问题简化加工而成，要求参赛者结合实际问题灵活运用所学到的数学和计算机软件以及其他学科的知识，通过建立、求解、评估、改善数学模型，充分发挥其聪明才智和创造精神，完成一篇包括模型的假设、建立和求解，计算方法的设计和计算机实现，结果的分析和检验，模型的改进等方面的论文（即答卷）。评奖以假设的合理性、建模的创造性、结果的正确性和文字表达的清晰程度为主要标准。竞赛分甲、乙两组，农、林、医、文等部分本科院校和专科院校可参加乙组竞赛，形式是大学生以队为单位参赛，每队三人，专业不限，竞赛期间参赛队员可以自由地搜集、查阅资料，调查研究，使用计算机和各种软件，浏览互联网，但不得与队外任何人（包括网上）讨论。可以说，数学建模竞赛以大范围的知识综合、高现实的经济和社会应用、极强的挑战性，要求大学生应用所学的数学知识来解决现实的经济和社会技术问题。是大学生在学习期间亲自运用知识于实际、亲身体验发现和创造的一次大演练。不仅有利于提高大学生运用学过的数学知识分析和解决实际问题的能力，面对复杂事物发挥想象力、洞察力、创造力、独立进行研究的能力，利用计算机求解数学模型的能力，主动查阅文献、搜集资料进行自学和撰写科技论文的文字表达能力，而且还培养了大学生关心、投身国家经济建设的意识、理论联系实际的学风和团结合作精神，以及勇于参与的竞争意识和不怕困难、奋力攻关的顽强意志。

二、我校数学建模教育及竞赛活动的现状及主要问题

1．发展过程

组建、参赛年份	1997	1999	2000	2001	2002	2003	2004	2005
参赛队数：专科/本科	组建建模小组	3	4/1	3	3	3	3	3
全国二等奖			1			1		
广西赛区一等奖		1	1			1		
广西赛区二、三等奖		2	2	2	1	1	1	1

2．学生状况

学生是数学建模竞赛活动的主体，参赛队员要具备必需的数学基础知识、创造性解决问题的能力、一定的计算机和运用数学软件的能力、良好的心理素质、较强的团队合作精神。师专生进校时的分数普遍较低，显然在知识基础和能力素质上，就存在"先天不足"，而在师专学习

阶段,由于所学专业、年限及课程设置的局限,又会在知识的涉及面和深度上存在"后天缺陷",因而给建模活动增加了难度。像我校数学及计算机专业的二、三年级学生,他们也仅开设数学分析、解析几何、高等代数、线性代数或高等数学等基本的数学课程,对建模过程中常用的微分方程、线性规划、图论、概率等实用的数学专业知识知之甚少,有些甚至根本就没有接触过,在计算机方面的数学应用软件及互联网的应用也较欠缺,再加上由于师范属性使得他们对其他学科领域内的知识涉猎甚少,因而无法与本科和其他工科专科学生在知识面和知识深度上一较高下,这无形中给师专生参加建模活动乃至参赛增加了畏难情绪和压力[3]。

当然,虽然师专学生整体水平不高,但是并不意味着没有好学生;师专学生入学成绩较低,并不意味着他们的思维能力都差;师专学习课程有限,并不等于无法涉足建模。俗话说:三个臭皮匠顶一个诸葛亮,把具有不同特长的学生组合在一个参赛队里,优势互补,参赛队的整体素质也就提高了。2003年我们选拔参赛队员时,发现数普2001(2)班一位同学已经参加数学教育自学本科专业学习,考完了本科专业绝大部分数学专业课程,并且喜欢钻研数学问题,各方面素质较好,就让他参赛,结果他这个队获得了当年全国的二等奖、广西赛区一等奖。

当前我校学生最大的问题是对数学建模认识不够深刻,对参加竞赛活动积极性不高。

3. 师资状况

数学建模涉及的知识非常广,单个教师对这些内容不可能都精通,我校数学教师大都来自综合性大学或师范大学的数学系,工作多年,没有课题,写论文多半靠自己立题,自己阐述。在教学方式上习惯了"教师讲、学生听、做习题、改习题、考试"的模式,久而久之,从理论到理论,对所教的内容与专业有何联系,自己也难说清。通过参与指导数学建模活动,在没有"标准答案",只有"答案优劣"的解题理念导引下,教师必须从不同角度多方位地去考虑解决实际问题。由此,给教师尤其是青年教师提出新的要求、新的挑战,激发他们涉猎更广泛的知识领域并进行专业研究的热情。激励他们不断学习、不断探索、不断创新,适应新的教学要求,做一名新世纪合格的高校教师。显然,这种实践对师资水平的提高是行之有效的,对目前的数学教学的改革与提高起到了推动作用。在这一点上,区内不少新升格的高职高专院校的做法很值得借鉴,他们为了筹备参加数学建模竞赛,组织相关教师参加建模竞赛指导培训班,回到学校再培训本校学生,所以今年我区不少首次参赛的高职高专院校都取得不错的成绩。我校作为老牌的师专院校,又在积极申办本科,更不应该落在它们之后。当前不妨采取派出去、请进来的办法,开阔大家的视野,起到互相学习、共同提高的作用。同时教师自身也需花费大量时间和精力查阅、分析、研究有关资料和书籍,不断提高自己的业务素质。

三、对策及建议

1. 认识问题

认识问题,主要是指对数学建模的意义和重要性要认识到位,尤其是领导要认识到位,所谓认识到位就是要思想重视、形式落实、机制健全、投入充分。因为数学建模竞赛不单纯是一种竞赛形式,从它的外在表现力来说,它不仅可以检测出一个学校学生的综合素质和创新能力,也可检测出一个学校的综合办学能力和发展水平。这一点正是数学建模竞赛在国内和国际上越来越火的根本原因[4]。从它的内在要求来说,数学建模涉及方方面面,不仅需要理论知识,还要做实验;不仅需要本专业的知识,还需要跨学科的知识,这不是一个或几个指导教师就能解决的问题,需要领导的重视、领导的协调、领导的支持,在经费与政策上给予适当倾斜。通过这几年的数学建模竞赛,可以看出区内大多数院校,如广西大学、广西师大、广西民院、柳州师专等,领导非常重视,都成立了专门的组织机构来负责此项工作,在各方面给予了大力支持,所以近年来它们均取得了好成绩。相比较而言,我校领导虽然也重视此项活动的开展,但由于多种原因,还未建立有关竞赛机制,也没有预算专项经费。

2．课程开设

作为培养未来中小学数学教师的师专院校,担负着树立学生数学应用意识、培养学生数学建模能力的使命。近几年来,我校为适应数学教育及考试制度的新一轮改革,进行了师专数学课程设置改革,开设了旨在培养学生数学应用意识与能力的特设课程——数学建模,并取得了一定成效,更好地适应了中学数学教学改革的需要,也为我校数学教育改革做了很好的尝试。通过广泛开展数学建模教学,必将加快教学改革的步伐。

数学建模是以解决实际问题和培养学生应用数学的能力为目的的,它的教学内容和方式是多种多样的。从近年的实践中,我们认为要进行数学建模活动,一方面是基础知识的结构要重建:高等数学知识和计算机知识是不可缺少的两门基础知识。高等数学专业课程在新生入学就已开设,计算机知识通常在中学就已接触,但计算机知识发展快、更新快,因而必须系统而发展地设置,其中 Windows 操作和 Word、Excel 操作是最基础的,在大一第一学期,作为计算机入门来开设,是很有必要的。但还不够,必须要熟练掌握一门计算机语言(最好是 C 语言系列)和数据库,最好再有一点数据结构和算法的知识。(在进行数学建模的过程中,我们发现 Maple,MATLAB,MathCad,Mathmatica,SPSS,LINDO 等语言也很有用,这些语言的开设不需要特别专门的时间,可以若干次讲座加上机实践,学生就基本能入门,余下只需加强练习。)另外由于数学建模要求学生具有对实际问题的洞察力、理解力和抽象能力,通过采集、整理、分析判断数据和信息,发现量与量之间的关系,建立数学模型,利用计算机对所建模型设计算法、编制程序、上机计算,对结果进行分析处理,以及检验和评价,从而解决实际问题,最终写成一篇科技论文,因此,还应在开设的建模课程中分专题讲授了如下内容:优化理论(包括线性规划、整数规划、非线性规划等),微分方程和差分方程,图论,概率论与数理统计及数据处理,软件介绍及计算机模拟。并且在每个专题后安排实验课,也就是布置学生分组完成一个相应问题的数学建模,强化利用计算机和相关数学软件能力的培养。另外以讲座形式介绍查阅资料和论文写作的技巧,解决大多数学生没有写科技论文常识和经验的问题。

另一方面,应把数学建模教育贯穿到专科数学教学的各门课程中去,在数学教育中增加建模教育的理念。要多给学生以实际的应用问题,帮助他们从简单的模型构造做起。应强调对实际问题的分析,强调模型类型的确定。要请资深专业课教师向该专业的低年级学生介绍今后学习中会碰到的典型数学模型问题与常用的数学处理方法等,以加深学生的认识,提高学生学习基础数学课程的兴趣。

3．机制建立

因为此项竞赛不是一项单独的学科竞赛,它涉及众多的学科知识,对培养大学生综合素质、促进高校数学教育改革有重要的意义。活动的开展绝不能应付了事,要将它作为一项常规性的工作持久地开展下去,须尽快建立一套完整的管理机制。

目前,至少应采取如下应急措施:

(1)成立数学建模办公室或竞赛委员会,并组建数学建模协会,通过学生社团组织开展一定的工作。大学生中有很多数学建模爱好者,有的已经参加过建模竞赛,他们对数学建模有一些基础,同时有积极参与数学建模活动的热切愿望,加上他们和学生群体有广泛的联系,让他们通过社团活动介绍一些数学建模的基本知识和基本素材,并进行初步的模型探讨,宣传带动更多的学生参与到这项活动中来。

(2)定期组织全校性的报告会。由有经验的指导教师在全校做数学建模报告,报告内容主要是用数学方法解决。学生在社会生活中遇到的实际问题,特别是一些社会热点问题。例如:股票期权的定价问题,飞越南极,SARS 传播等问题。这些问题通常是学生特别关心的问题,他们都会表现出极高的兴趣和极大的热情来探讨。

(3)开展校级数学建模竞赛活动。鼓励各系学生参加数学建模活动,以跨系跨专业学生混合编队,充分发挥各专业学生的专业优势。

(4)制定相关激励政策。对在赛区以上、全国数学建模竞赛中获奖的学生,在推荐专升本及评优秀毕业生时给予优先考虑,在奖学金的评定上给予倾斜,等等。

(5)划拨专项经费(并列入年初预算)用于培训师资和开展活动。教师队伍的业务水平是决定训练效果和取得优异成绩的关键。由于数学建模教学内容广泛,教师除了应在数学基础方面具有扎实的功底外,还应在工程技术方面有较宽的知识面,具有计算机知识和使用软件包的能力,有丰富的实践经验和解决实际问题的能力。因此学校要制定切实可行的措施,稳定现有的师资队伍,积极培养、补充"双师型"教师从事这方面的教学,确立跨学科联合教学。

参考文献

[1] 姜启源.数学模型[M].北京:高等教育出版社,1987.

[2] 刘宝炜,刘凤华.关注大学生数学建模竞赛推动,数学教学改革[J].沧州师范专科学校学报,2004,20(1).

[3] 周优军.师专生参加 CUMCM 活动的实践和意义[J].柳州师专学报,2003,18(2).

[4] 张纬民.对数学建模竞赛实施的点滴探索与认识[J].大学数学,2004,20(3).

数学建模思想融入应用型本科院校数学教学的探索与实践

许成章　覃桂茳

（梧州学院，广西梧州 543002）

摘要

本文针对应用型本科院校大学数学教学现状，对数学建模思想融入大学数学教学进行了探索和实践，通过搭建教学平台，突出了模块化教学和案例教学，取得了一定成效。数学建模思想融入应用型本科院校数学教学的改革实践必将推进高等教育改革发展。

关键词：数学建模思想；数学教学；探索；实践

一、如何认识数学建模思想融入应用型本科院校数学教学

1. 数学建模思想及其教育功能

数学模型是对于一个现实对象，为了一个特定目的，根据其内在规律，作出必要的简化假设，运用适当的数学工具，得到的一个数学结构。而数学建模则是建立数学模型的全过程（包括表述、求解、解释、检验等），它是架设在实际问题与数学学科之间的桥梁。电子计算机技术的出现和迅速发展，为数学建模的应用提供了强有力的工具。目前在高新技术领域数学建模几乎是必不可少的手段，在经济、生态、人口、地质等领域大量应用，所以说数学科学是关键的、普遍的、可应用的技术，我们的教育必须反映并适应科技发展和社会进步的需求。数学建模一般难以直接套用现成的结论或模式，但数学建模思想始终贯穿其中。数学建模思想方法的核心是把一个个错综复杂的实际问题转化成相应的数学形式，再运用数学理论揭示实际问题的深层性质和规律。学生在数学建模过程中，必须具备良好的数学建模思想，这是解决问题的一种模式，同时也是一种知识建构。完成数学建模过程，学生需要具备良好的数学建模思想。

数学建模思想融入传统数学教学是目前数学教学改革的主流之一，也是应用型本科院校大学数学教学改革的重要组成部分。全国大学生数学建模竞赛的蓬勃发展，使它在培养学生应用数学、计算机编程、自主学习、创新思维、协调配合等各方面能力的作用逐步显现出来。目前数学教育工作者已不再单纯地把全国大学生数学建模竞赛作为一项竞赛看待，而是认为它是教学改革，提高人才培养质量的一个重要途径。

2. 应用型本科院校大学数学教学现状

从小学到大学数学都是重点课程，课时多，压力大，教师教得辛苦，学生学得吃力，而学习

效果普遍不太理想,形成了恶性循环和学生对数学学习的恐惧感。而我们的数学教育应该培养学生两种能力:逻辑推导、证明、计算等——算数学;以数学为工具分析、解决实际问题——用数学。但目前我们更侧重的是前者,而对后者则关注不够。在这种情况下,如何对应用型本科院校数学教学进行改革,使学生克服对数学学习的恐惧感,能应用数学思维和计算机编程解决实际问题,是摆在应用型本科院校数学教师面前的难题。尤其是在应用型本科院校数学教学中教学课时数普遍被压缩的情况下,我们更需要将数学建模思想融入应用型本科院校数学教学。

3. 数学建模思想融入应用型本科院校数学教学是创新教育的需要

应用与实践是数学建模永恒的主题,培养学生综合应用数学知识解决实际问题的能力是数学建模的目标,我们教学的重点并不在于数学知识的本身,而是在于使学生掌握数学方法与思维并应用于实际,数学建模作为大学数学课程的重要实践课程,为学生提供了良好的创新环境和条件。

二、数学建模思想融入应用型本科院校数学教学的平台建设

1. 更新教学内容

根据 2009 年教育部高等学校数学与统计学教学指导委员会发布的按"专业规范与基础课程教学要求汇编"(数学)有关课程标准,以专业需求为导向,进行模块化分类,形成以"数学知识、数学建模、数学文化"为一体的应用型本科院校数学课程体系。我们通过数学教师到专业挂职,与专业老师沟通,到企业调研,了解数学在专业中的应用,选定教学内容。目前我校构建了计算机类、机电类、经管类和人文艺术类四个模块的数学课程体系。

2. 创新教学模式

从高等数学课程中拿出 10 个学时开设数学实验课,使数学建模思想落到实处,使得"教、学、做"合而为一,体现了应用型本科院校教学实践性的特点。

3. 改进教学方法

实施"案例教学"。数学教师通过到专业挂职,到企业调研和翻阅专业教材搜集案例,理论与应用相结合,激发学生的学习兴趣,让学生明白数学"为何学、学什么、怎么学"。

4. 完善评价体系

改变单一的笔试方法,注重过程评价,采用多元的评价考核方式。如数学理论笔试与数学实验操作相结合等多种形式,全方位地考核学生的知识、能力、素质。

三、数学建模思想融入应用型本科院校数学教学的实践成效

1. 教师队伍能力得到较好发展

有 4 位教师取得博士学位,晋升高级职称有 6 位教师,其中正高 2 位,副高 4 位。获得广

西自然科学基金资助 8 项。数学学科被评为学校重点学科并成为硕士学位支撑学科。

2．学科竞赛取得好成绩

在 2013 年全国大学生数学竞赛中，我校有两位学生荣获广西赛区一等奖，取得了新的突破。近几年的全国大学生数学建模竞赛中，我校也取得了不错的成绩，多次获得广西赛区一等奖和全国二等奖。

3．提高了人才培养质量

学生对数学课程的满意度不断提高，近两年，学校每学期的期中教学检查中学生对大学数学教学满意度测评名列前茅；在后续的专业课学习中，专业教师对学生应用数学思想和方法解决专业问题的满意度也不断提高。在两大数学竞赛中获奖的学生在参加其他专业类技能竞赛中屡屡获奖，考上研究生的比例较高，并且就业质量较高，适应能力较强。

四、结语

数学建模思想融入应用型本科院校数学教学有利于学生克服对数学学习的恐惧感，有利于学生以后后续专业课程的学习，有利于提高学生的动手能力，有利于学生以后的考研就业。然而改革依然任重而道远，应用型本科院校数学教学的改革，特别是将数学建模的思想和方法融入传统数学的教改实践，将会促进学生全面发展，将会促进高等教育又快又好发展。但目前案例教学还存在很多问题，数学教师与专业的融合度不够，专业案例过少，要大力加强案例库建设，增加适合应用型本科院校教学的数学应用案例，着重培养学生的数学应用意识、应用能力，从而达到数学教学的真正目的。

参考文献

[1] 李大潜.将数学建模思想融入数学类主干课程[J].中国大学数学,2006(1)：9-11.
[2] 姜启源.数学建模案例选集[M].北京：高等教育出版社,2006.
[3] 柴长建.浅论数学建模思想及其教育功能[J].数学教学研究,2009(8)：66-68.
[4] 韩中庚.数学建模实用教程[M].北京：高等教育出版社,2012.
[5] 施宁清,李荣秋,颜筱红.将数学建模的思想和方法融入高职数学的试验与研究[J].教育与职业,2010(9)：116-118.
[6] 唐红兵.浅谈数学建模与创新能力的培养[J].兵团教育学院学报,2007(6)：66-68.
[7] 冯明勇.如何将数学建模思想融入高等数学教学[J].职业,2010(20)：48.

在常微分方程教学中融入数学建模思想的探析

欧乾忠

(贺州学院，广西贺州 542899)

摘要

论文首先分析了常微分教学的现状与存在的问题，然后从学科特点、课程设置、教学改革与人才培养四个角度分析了在常微分方程课程教学中融入数学建模思想的重要意义，由此论证了在常微分方程课程教学中融入数学建模思想是非常必要的。最后，文章从强调方程来源的实际背景、结合数学建模充实教学内容、调动学生应用理论解决实际问题这三方面，给出了在常微分方程课程教学中融入数学建模思想的一些可供借鉴的具体方法与措施。

关键词：常微分方程；数学建模；教学

一、前言

常微分方程课程是本科数学专业的一门必修专业课，它在整个课程设置中有着承前启后的作用，同时它也是一门与生产生活实际联系紧密的课程。贺州学院自从专升本以来，在数学专业中已经开设了多年的常微分方程课程，但由于各方面主客观原因，该课程的教学仍存在许多问题，其教学现状与问题主要有：(1)重理论基础，轻实践应用，课堂教学只注重理论知识的讲授，极少顾及理论的实际背景与应用；(2)重教师主导，轻学生主体，多年来沿用"灌输式"教学方法，忽视了学生主动探究、获取知识的主体能动作用，不会根据实际问题理解、建立常微分方程，更不会应用常微分方程去解决实际问题；(3)重大纲任务，轻内容创新，专升本后，我校制定了常微分方程教学大纲，同时选用了王高雄等编写的《常微分方程》教材[1]，该教材 2006 年出了第 3 版，是一本使用较广的优秀教材，但是大纲和教材执行周期较长，具有相对的稳定性，这就要求教师不能照抄照搬大纲或教材，而要适时适当地创新内容，提高教学效果，特别是我校近年来开展了一系列大学生数学建模活动，这对理论课教学带来了新的机遇，同时也提出了新的、更高的要求与挑战。以上现状与问题，与学院所制定的新的应用型人才培养目标很不适应。为此，本文结合作者的教学实践经验以及我校的实际情况，提出了在常微分方程教学中融入数学建模的思想，分析其重要意义，给出了一些可供借鉴的具体方法与措施，从而为相关课程教学改革提供参考。

二、在常微分方程教学中融入数学建模思想的重要意义

1. 在常微分方程教学中融入数学建模思想是学科特点的自然体现

常微分方程是伴随着微积分的产生和发展而成长起来的一门历史悠久的学科,是研究自然科学和社会科学中的事物、物体和现象运动、演化和变化规律的最为基本的数学理论和方法。如今常微分方程已经广泛应用到物理、化学、生物、医学、工程、经济等各类学科中。因此,常微分方程是一门有着广泛应用背景与现实需要的学科,而作为本科数学专业的必修课程,在教学中融入数学建模的思想,顺应其学科特点,与实际背景以及实践应用加强联系,是十分必要的。

2. 在常微分方程教学中融入数学建模思想是课程设置的合理要求

常微分方程长久以来一直是本科数学专业,甚至于一些理科专业的一门专业必修课。实际上,在本科数学专业课程设置中,常微分方程既是数学分析、高等代数等数学专业基础课的后继课程,同时也是微分几何、数理方程、泛函分析、数学建模等后续课程的先导与基础。因此,常微分方程在数学专业本科教学中,有着特定的位置,一般安排在第三或第四学期讲授,是课程设置中的重要一环,起着承前启后的作用。而在该课程的教学中,如果能合理融入数学建模的思想,做到理论与实际相结合,将对整个大学本科阶段的专业教学产生非常重要的正面影响,充分体现整个课程设置的合理性与科学性。

3. 在常微分方程教学中融入数学建模思想是培养应用型人才的必然要求

为顺应社会经济发展的时代特点以及学生就业的现实需要,如今高等学校越来越重视应用型人才的培养,而要培养应用型人才,在重视传统的理论教育教学的基础上,必然要在理论知识的教学中与实践应用相结合,使得学生学到理论知识的同时,又能了解理论知识的实际背景,掌握应用理论知识解决实际问题的能力。就本科数学专业而言,全国高等院校数学课程指导委员会提出了"加强对学生建立数学模型并利用计算机分析处理实际问题能力的培养和训练",著名数学家、数学教育家、中科院资深院士、全国大学生数学建模竞赛委员会主任李大潜曾提出了"将数学建模思想融入数学类主干课程"的设想[2]。可见,在数学专业课程教学中融入数学建模的思想,越来越引起人们的重视,它完全复合培养应用型人才对专业教育教学的要求,也是必不可少的手段,因为只有在数学专业理论教学中融入数学建模的思想,加强理论知识与实际问题的联系,在教学中不断强化学生的处理实际问题的能力,学生才能成长为合格的应用型人才。

4. 融入数学建模思想是常微分方程教学改革的合理选项

教学改革的方法和途径可以多种多样,但必须围绕人才培养的目标、以学生为中心来展开。结合常微分方程课程的特点,在教学改革中融入数学建模的思想,通过建立数学模型,使理论与实际问题相结合,让枯燥的理论教学变得生动有趣,提高学生的学习兴趣,同时也能使学生体会到应用理论知识解决实际问题的乐趣,增强自信心。这些都将非常有益于课堂教学

效果的提高,实现该课程的人才培养目标。

三、如何在常微分方程教学中融入数学建模思想

结合作者的教学实践经验以及我校的实际情况,我们认为,要在常微分方程教学中融入数学建模思想,可从以下三个方面着手。

1. 在讲授相关理论概念与各类型方程时,都要讲清楚其实际背景,并从实际问题导出相应类型的方程

例如,在讲常微分方程通解和特解的基本概念时,可以结合物理中自由落体运动问题,推导出相应的常微分方程模型,从而使学生自然地理解常微分方程定解问题的概念;在讲一阶常微分方程求解时,可以引入跟踪模型来说明变量分离法,而可通过 RL 串联电路模型讲解线性微分方程和常数变易法,又可以通过探照灯反光镜面的设计问题导出的常微分方程模型来讲解变量替换法等,这样就能使得用初等积分法求解常微分方程变得有声有色,有血有肉,不至于枯燥乏味。在讲高阶常微分方程时选讲历史上著名的追线模型,而通过万有引力定律、弹簧强迫振动模型又可以自然的引出降阶求解法以及动力系统的概念。总之,这些具体实际问题的选取不一而足,可以由教师灵活的取舍。

2. 结合数学建模课程,特别是全国大学生数学建模竞赛的实际例子,创新充实课堂教学内容

要在常微分方程教学中融入数学建模的思想,自然应当和数学建模课程以及相关数学建模活动加强联系,这不仅可以从中发掘得到许多鲜活的素材,以充实课堂教学内容,而且能让学生预先直接感觉到常微分方程可能的用处,激发学习的兴趣。我们学校已经开设数学建模课程,该课程选用的是姜启源编写的经典教材《数学模型》[3],该教材专门编排了两章内容涉及常微分方程,从中可以很方便地选取恰当的问题和相应的模型,例如在讲解变量分离方程和方程组时,可以结合其中第五章第一节传染病模型来讲;在讲解常微分方程解的稳定性时,可以结合其中第六章第二节捕鱼业的持续收获的内容。而对于每年举行的全国大学生数学建模竞赛,亦有一些赛题可以与常微分方程的理论知识有关,许多参赛队的解答论文也确实应用了常微分方程方法来解答,只要授课教师有心有意,当中的素材真可谓取之不尽用之不竭。

3. 调动学生的积极性与主动性,尽可能地应用相关理论知识去解决实际问题

数学建模的本质简单地说就是应用数学的思想方法去解决实际问题,所以在教学中,应该尽可能有针对性地选择提供一些实际问题,让学生应用所学的常微分方程理论知识来求解之。例如,酒后驾车与醉酒驾车是时下社会的热点问题,可以让学生应用课程所学的理论知识,建立简单常微分方程模型并求解,由此来预测饮酒后酒精在人体内的浓度的变化规律,并判断饮用一定的酒量后,多长时间后驾车才符合安全驾车规定。又如,对于自然界中捕食—被捕食的现象,可以引导学生建立一个二维的非线性齐次微分方程组模型,并利用解的存在唯一性定理,得到该模型初值问题有解,在这个前提下,不去求解,而是利用定性和稳定性分析解的性质。这样还可以让学生解的存在唯一性定理和解对初值的连续依赖性这些抽象理论有具体的

感性认识,增强他们的理论创新的动力,调动他们的学习积极性和主动性。

四、结语

当然,在常微分方程课程的教学改革是一个系统工程,需要长期细致深入、循序渐进的展开。本文提出在该课程中融入数学建模思想,不失为先行先试的探路之举,实际上作者在自身的教学实践中,已经做了一些尝试,得到了绝大部分学生的支持与肯定,他们感觉数学建模思想的融入不仅帮助他们更好地学习常微分方程知识,而且激发了他们的兴趣,扩大了数学视野,看到了相关理论知识的应用前景。在今后的常微分方程教学中,我们仍需要不断地总结经验、积极地探索,把数学建模思想融入常微分方程课程教学做得更好,同时对该课程的教学继续进行改革和创新,以适应应用型人才培养目标的需要。

参考文献

[1]　王高雄,周之铭,朱思铭,等.常微分方程[M].3版.北京:高等教育出版社,2006.

[2]　李大潜.将数学建模思想融入数学类主干课程[J].中国大学教学,2006(1):9-11.

[3]　姜启源.数学模型[M].2版.北京:高等教育出版社,1999.

开展数学实验系列课程教学，
提高理工科学生的创新能力

唐国强　林　亮　吴群英

（桂林理工大学理学院，广西桂林 541004）

摘要

从高等理工科专业创新能力的要求出发，介绍了数学实验系列课程开设的必要性和目的，提出了以问题为中心，小组配合，课堂内、外相结合，网络教学平台及循序渐进的方式开展数学实验系列课程的教学模式，并讨论了以此模式开展数学实验系列课程对提高理工科学生的创新能力的作用。

关键词：数学实验；系列课程；创新能力

我国高等理工科教育经过多年的发展，目前培养的大学生数量已跃居全球第一，但在人才培养模式、内容和方法等方面存在着一些不足。为此，教育部提出了"全面提高高等教育质量；提高人才培养质量；提升科学研究水平；增强社会服务能力。"的要求[1]。教育工作者针对理工科专业教育的现状，必须不断改进理工科专业的培养模式、培养内容和培养方法，更好地培养出适应经济发展需要的工程创新人才[2]。数学实验在理工科创新教育中具有极其重要的功能，因此，如何开展数学实验课程，更好的提升理工科学生的创新能力，是我们必须研究的重要课题。

一、高等理工科专业创新能力的要求

美国工程与技术评定委员会（ABET）的十一条毕业生能力标准和欧洲工程师协会联盟（FEANI）制定的十六条工程师业务能力标准都要求：工程师需要有深厚的数学、自然科学和工程科学基础、坚实的工程专业知识与能力，同时也越来越需要交流、合作、适应的能力以及社会与环境意识[3]。因此，工程技术人员要创新必须具备下列条件：坚实的数理基础；解决工程问题的能力；具有团队协作的精神。

如果理工科学生只掌握了某一方面的技术，而不具备提出问题、发现问题、解决问题的能力，这只能培养一些流水线上的工程师。但是如果要去培养具有领导力和创新精神的工程技术人才，那就远远不够了。我国在 2006 年初召开的科学技术大会上提出建立创新型国家的目标。建立创新型国家需要大量创新型人才，尤其是在大量工程技术实践中需要的创新型人才，需要更多的合格的卓越的创新型工程技术人员[3]。这对高校理工科专业人才的培养提出了新的要求，要求高校的教育工作者不断地改革教学内容、教学模式、教学方法等，以培养创新型人才为目标。而数学实验系列课程的开设，在培养学生的数学能力、解决问题的能力和团队合作能力等方面具有很好的作用。

二、数学实验系列课程的开设

数学实验课程是以数学建模、数值计算为核心教学内容的课程,它将数学知识、数学建模与计算机应用三者融为一体。数学实验课程要求学生从问题出发,运用所学的知识,学生通过查阅资料,研究、分析问题,建立数学模型,使用数学软件或编程求解模型[5]。

1. 数学实验课程开设的目的

随着现代技术的发展,科学技术的创新和知识更新的速度越来越快,传统教学观念和教学方法已经跟不上当前的发展,如何使课堂教学由原来单纯的传授知识向培养学生的知识能力的转换,增强学生的创新意识,提高教学过程的开放性,完成教学模式由封闭型和被动型向开放型和主动型的转换,数学实验课程的开设可以很好地解决这些问题[5]。开设数学实验课程,目的是培养学生应用数学知识分析问题、解决问题的能力以及科学计算的能力,以适应新时期对创新人才的需要。从理工科数学的角度来看,学生创新精神、创新能力的培养主要是通过应用数学来体现[6]。理工科学生学习数学不是为了研究数学本身,主要是应用数学。数学实验课程为数学理论联系实际开创了道路,培养学生应用数学的意识、提高应用数学的兴趣和能力,使学生的创新精神和创新能力得到实质性的提升。

2. 数学实验系列课程开设的必要性

现代工程系统越来越复杂,牵涉的理论也越来越多,需要应用的数学方法也越来越广泛,应用的计算软件也越来越多,理工科学生如只开设一门数学实验课程不利于学生系统地掌握现代数学知识、不利于学生熟练掌握有关的计算工具,学生解决问题的能力没有得到足够的训练。遇到工程技术问题时,思路狭窄、方法单一,学生无法解决问题,更谈不上创新。

对理工科各个专业开设数学实验系列课程,考虑数学实验课程之间的衔接、专业的需求、学习的课时及学生的兴趣等方面。因此,开设数学实验课程不仅仅是某门课程如何进行实验设置的问题,而要系统地、全面地、有层次地设计数学实验教学体系。根据理工科学生的需要和现代数学的发展,数学实验系列课程包括:"高等数学""线性代数""概率统计""数学软件""数值计算""运筹与优化""应用统计""微分方程"和"数学建模"等。通过多方位的数学实验课程的训练,提高学生找问题、想问题、解决问题的能力,才能培养学生的创新能力。

3. 数学实验系列课程的相互关系

我们开设的数学实验系列课程之间具有层层推进、相互依托的关系。通过"数学软件"实验课,学生可以掌握数学实验系列课程所需的计算工具,如 MATLAB,为其他数学实验课程的开设打下基础。"高等数学""线性代数"和"概率统计"是理工科专业必开的三门公共大学数学课程。开设这三门课程的数学实验,同学们掌握基本的数学软件计算能力、初步掌握数学建模和数学实验能力,熟悉应用数学的过程和步骤。而"数值计算""运筹与优化""应用统计"和"微分方程"是四门各有侧重的数学技术,"数值计算"偏重于工程中计算问题;"运筹与优化"偏重于解决工程中的优化问题;"应用统计"偏重于解决工程中的数据处理问题;"微分方程"侧重于工程中变量之间关系的研究,通过这些课程的数学实验课程,同学们具有较强的计算能力、数学建模和数学实验能力。而"数学建模"则是研究综合型问题,需要综合利用各类数学知识、计算软件,通过分析问题、提出假设,建立解决问题的数学模型,并对模型进行求解,得出结论[10]。通过这些课程的学习,学生具备了创新能力所需要的数学技术、计算技术和建模技术。

三、数学实验系列课程开设的形式

在大学数学的教学过程中,传统的教法是以知识为主的知识教育方式,这造成了在教学过程中形成的固定的教学模式和教学方法[5]。学生处于被动接受状态,主动探寻未知的精神受到遏制,主体作用得不到充分发挥,不但影响了学生学习大学数学的积极性,也影响了后续课程的学习,当需要用到数学知识解决相关问题时,学生只是有点印象,但不知道怎么用数学解决实际问题,不利于创新型人才的培养。针对传统数学教学的不足,采用现代教学理念,利用信息技术,采取下列形式开展数学实验系列课程。

1. 围绕"问题"为中心,开展数学实验教学

以问题为中心开展数学实验,就是在数学实验的教学过程中老师创设一种类似科学研究的情境和途径[7],指导学生选择和确定与学科相关的问题进行研究,使学生在独立的主动探索、主动思考、主动实践的研究性学习过程中,不断吸收知识,应用知识,解决问题,获得新鲜的经验和表现具有个性特征的行为,从而提升学生的综合素质,培养学生创造能力和创新精神。以问题为中心的实验教学是一种教与学互动的实践活动。

"问题"是创新的首要条件。每次数学实验课程前,指导老师可集体备课,提出一些有针对性的问题;学生也可以根据自己的思考提出问题,精选符合学生专业特色的案例式"问题"教学,让实践与理论有机结合,培养学生的实践能力与创新能力。根据问题,学生们通过查阅资料、讨论、分析、研究,寻找解决问题的知识、方法和途径。学生在学习过程中,要善于发现"问题",自己能提出"问题"。在实验课上,师生对所提出的问题进行充分讨论,老师对学生提出的解决方法进行评述,并引导学生们进行下一步的学习和研究[9]。以问题为中心的教学并不是要把学生都培养成学术研究的"专家",而主要是让每个学生都能自我"有问题""想问题""做问题"。培养学生独立思考、判断、评价、选择,提高创新能力。

2. 创建小组协作的形式开展数学实验教学

数学实验课程要求数学知识、数学建模与计算机应用三者融为一体,对学生掌握的知识、具备的能力要求较高。不仅要求学生具有较强的学习能力,能在短时间内学习所需要的数学、计算机知识,并具有将问题转化为数学模型,并进行求解的能力。这对一个同学来说是很难完成的,达不到预期效果,但通过创建小组合作的形式可以较好地解决这个问题。针对所研究的问题,在数学实验课程中,由 3～5 人组成一个小组的形式进行开展,小组成员共同对问题进行讨论,决定解决问题的方案,安排小组成员的分工,并进行充分的讨论、交流,形成对问题的解决方案和方法。小组中的成员具有不同方面的能力和个性特质,每个同学都可以在数学实验过程中发挥自己的特长,并向其他同学学习,自己其他方面的能力也会得到提高。

3. 利用课堂内、外相结合的形式开展数学实验教学

随着知识更新速度的加快，现代科学知识越来越复杂，一门知识和技能仅仅依靠课堂的时间是不可能掌握的。数学实验系列课程以"问题"为中心的形式进行开展，要求学生对问题进行充分的研究，只有充分利用课外时间，发挥学生学习的主动性，才能更好的解决数学实验课程中提出的"问题"，提高学生的创新能力。

数学实验课程要求学生针对某个问题，组成研究小组，研究小组利用课外时间对问题进行研究，通过分析问题，查找资料、阅读、综合资料，找到解决问题的方法。这就要求学生充分利用课外时间查阅大量的文献资料，通过阅读文献，请教专家，逐渐形成对问题的分析思路，找到问题解决的办法。学生们在专业学习、专业实习(实践)的过程中，善于发现问题，并将问题提出，师生进行讨论解决。以数学实验系列课程为契机，配合校内、全国大学生数学建模竞赛活动及学生专业实习(实践)活动，使同学们能充分利用数学知识、计算机知识和建模能力去发现问题、解决问题，提高创新能力。

4. 以循序渐进的形式开展数学实验系列课程的教学

理工科学生大学四年，将陆续接触各门数学课程和数学实验课程，根据学习理论，对数学实验系列课程内容的安排，采取循序渐进，层次分明，由浅入深的方式开展教学。首先在大一安排"数学软件"实验课程，学生初步掌握数学软件的基本操作，了解简单的编程和工具箱的应用。其次是"高等数学""线性代数""概率统计"三门基础课程的数学实验课程，主要以简单的问题为主，培养学生掌握数学应用的过程和进一步熟悉、运用数学软件。而"数值计算""运筹与优化""应用统计""微分方程"等实验课程，主要以简化了实际问题为主，兼顾安排一些综合性的问题，进一步培养学生应用数学的能力和熟练掌握数学软件解决问题的能力。最后是"数学模型"实验课程，以实际问题为主，通过学生提出问题、分析问题、解决问题的全过程培养学生的创新能力。各门课程之间相互交叉，相互重叠，对重要的数学技术进行反复训练，使学生能从总体上把握今后工程技术领域所用到的数学知识。

每门数学实验课程根据情况，又分为验证型实验、应用型实验、综合型实验和创新型实验。验证型实验主要是要求学生们利用数学软件能对课程中的一些理论和计算进行基本的验证。应用型实验是选择与实际联系紧密的但建模不是很复杂的小型案例，通过对问题的抽象和提炼从而建立相应的数学模型。综合型实验通过设计一些较大型的问题，利用大量知识点，需要其他课程和搜集一些必要的资料才能解决的问题。创新型实验问题的本身具有开放性的，没有完全固定的答案，除了利用常规知识外，要想较好解决这些问题，需要创新观点，反复实验测试。

5. 以网络教学平台的形式开展数学实验系列课程的教学

随着信息技术的发展，网络技术越来越发达，人们的工作、学习对网络的依赖越来越大。当代大学生早已习惯在网络上的学习，因此，可以利用这个特点，建立适合学习、交流的数学实验系列网络学平台。数学实验课程的网络教学平台，由教师教学系统、学生学习系统和教学管理系统三大模块组成。模块之间相互联系，相互配合，构成一个完整的基于网络平台的数学实验学习系统。通过数学实验网络平台，构建多层次多向性的教学互动。教师在系统上发布实验题目，与学生进行在线讨论、交流、留言、网上答疑等。学生在网络上自由下载题目，可以在

计算机上完成实验,或在线讨论,或提交问题,完成实验后直接在网络上提交程序,实验结果及实验报告。教师对学生的实验报告进行浏览、批阅。网络教学突破了时间、空间的限制,使学生更乐于学数学,它体现以学生为主体,充分做到了因材施教,促进了学生创新意识和创新能力的培养。

四、开展数学实验系列课程,对理工科学生创新能力培养的作用

结合数学实验课程的特点,按照以问题为中心、小组配合、课堂内、外相结合、网络教学平台及循序渐进的方式开展数学实验系列课程的教学,可以很好的培养理工科学生发现问题的能力、研究问题的能力、团结协作的能力、自主学习的能力,不断挑战自我,进而从根本上提升学生的创新能力。

1. 以问题为中心的数学实验教学,提高理工科学生的提出问题、研究问题的能力

正处于高等教育阶段的理工科类大学生还没有走上工作岗位,大部分时间在进行课堂学习,即便有一些实践和工作的机会,也大多集中在最后一年的实习阶段,这就造成一些大学生提出工程问题,研究工程问题的效能偏低[8]。通过以"问题"为中心的数学实验系列课程的学习,学生可以通过老师提出的"问题"、同学提出的"问题"和在专业实习过程中提出的"问题",学会发现问题、提出问题的方法,提高提出问题的能力,并养成随时思考问题、提出问题的习惯。提出问题后,通过与同学们对问题的讨论、与老师对问题解决的交流,逐渐培养对问题的研究、分析能力。

2. 以小组协作的数学实验教学,提高理工科学生团结协作的能力

随着国际竞争日趋激烈,要想在当今社会中占有一席之地,除了个人的努力,还需要团队合作精神。大学生们在平时的学习作业或考试,往往都是独立完成,缺少团队合作的机会。以小组协作的数学实验给学生提供了一个提高团队合作能力良好空间。数学实验课程需要数学模型构造能力、计算机编程及软件使用能力、写作能力等,这就需要小组人员进行分工合作、协同作战、彼此磋商、互相交流思想,使得知识结构互为补充,取长补短。为完成一个好的数学实验,往往需要大量的资料,以及多方面的广泛知识,仅靠一个人完成几乎是不可能的;只有充分的团队合作,才能取得成功。因此,以小组协作的数学实验培养了学生的团队合作精神,提高理工科大学生的创新能力。

3. 以课堂内、外相结合及网络教学平台的数学实验教学,提高理工科学生自主学习的能力

在当今的知识爆炸的经济时代,终身学习是当今社会发展的必然趋势。一次性的学校教育,已经不能满足人们不断更新知识的需要,这就需要大学生具有自学能力,具有查阅文献资料的能力,具有使用网络信息的意识和技巧,具有发现、研究和解决问题的兴趣与能力,使自己能适应社会。以课堂内、外相结合及网络教学平台的数学实验教学为大学生自学能力及使用文献资料能力的培养创设了一个良好的情境,数学实验过程需要多学科知识、能力和技巧的高度综合,有些知识是学生原来没有学习过的,只能通过小组成员临时查阅资料、文献来自学、讨

论获得,这过程无疑地锻炼和提高了学生的自学能力,而如何在浩如烟海的资料中迅速找到自己所需的文献,并吸取、整理和使用其中的信息,这又大大锻炼和提高了学生自主使用文献资料的能力,而这是创新能力必不可少的条件,因此自主学习能力的提高,将会极大的提高理工科学生的创新能力。

4. 开展循序渐进数学实验教学,提高理工科学生挑战自我,解决问题的能力

创新就是找到问题,解决问题的过程,在这个过程中不仅需要掌握必要的知识和能力,更重要的是要有足够的信息和决心,要有勇于挑战自我,不断超越的毅力。以循序渐进方式开展的数学实验系列课程,通过循序渐进,层次分明,由浅入深的方式开展教学,使学生在提出简单、解决简单问题的基础上,不断挑战自我,树立解决问题的信心,这样面对复杂的问题时,就具备了超越自我、挑战自我的能力,会想尽一切办法找到问题、解决问题,而这是创新能力的重要组成部分。

参考文献

[1] 教育部.教育部关于进一步深化本科教学改革全面提高教学质量的若干意见(教高〔2007〕2 号)[Z].2007.

[2] 中共中央.国家中长期教育改革和发展规划纲要(2010—2020 年)[Z].2010.

[3] 陈以一,王雁.对工程教育改革中关键问题的探索与思考[J].中国高等教育,2010(9):14-16.

[4] 王刚.工科教育模式的改革和实践[J].高等工程教育研究,2011(1):28-33.

[5] 刘琼荪,任善强,龚劬,傅鹂.开展数学实验课程教学,促进大学数学教学改革[J].工科数学,2002,18(1):55-58.

[6] 丁卫平,李新平.基于数学实验的高等数学教学改革[J].高等理科教育,2007(2):36-38.

[7] 陈小鸿.高校研究性教学的内涵、评价与管理[J].高教与经济,2008,21(3):7-11.

[8] 李胜强,雷环,高国华,叶红玲.以项目为基础的教学方法对提高大学生工程实践自我效能的影响研究[J].高等工程教育研究,2011(3):21-27.

[9] 林亮,王远清,贾贞.运筹学实验的瓶颈解读[J].黑龙江高教研究,2011(2):177-179.

[10] 吴群英,梁鹏,唐国强.在高等数学教学中融入数学实验的改革和实践[J].扬州大学学报,2010,14(6):159-160.

独立学院数学建模教学与竞赛相结合的探索

高扬 刘逸 刘德光

（广西大学行健文理学院，广西南宁 530004）

摘要

本文结合独立学院的实际情况并根据本学院多年来的经验，给出了数学建模教学与竞赛相互结合的一些有效尝试。在此基础上探索两者相互结合的新模式。

关键词：独立学院；数学建模；新模式；探索

一、引言

21 世纪是高校教育全面迅速发展的时代，也是数学工程技术时代，数学正以空前的广度和深度向社会的一切领域渗透。以运用数学理论和方法解决实际问题的能力为目的的数学建模教学和竞赛越来越受到人们的关注，成为师生关注的热点。近二十多年来，各高等院校都普遍开设"数学建模"课程，组织学生参加数学建模竞赛，将数学建模从教学到竞赛推向一个新的高潮。

独立学院是充分利用社会力量联合办学的新模式，由于种种原因，独立学院的学生与普通高校的学生在思维活跃程度，基础知识掌握等很多方面都有较大的差异。如果完全照搬母体院校的教学模式，势必对学生的学习产生不利影响。比如：在数学建模教学中，普通高校的老师准备了适合他们学生学习的讲稿，但是在向独立学院的学生讲解时，完全照搬这个讲稿，讲解的内容固然很丰富，但是对于独立学院的学生来说听不太懂或者根本听不懂，也不理解。我们就在吸取普通高校教学精华的基础上，对数学建模教学与竞赛相结合的新模式进行了探索，取得了较好的效果。

我院自 2006 年开始组队参加全国大学生数学建模竞赛以来，就很重视数学建模教学，理清数学建模教学与竞赛的关系，注重培养学生数学建模的能力。对数学建模竞赛的组织从最早参赛的几个队发展到今年的 20 个队参赛，规模不断扩大。从获奖情况来看，获奖的队数也在不断增加，在同等层次学校中名列前茅。

二、数学建模教学与竞赛相结合的有效尝试

1. 加大数学建模师资培训

和普通高校相比，独立学院办学时间都比较短，学校的师资队伍结构不合理，学校年轻教

师较多。由于年轻教师教学经验不丰富,这势必对于教学产生不利影响。因此应该加大对年轻教师的培训力度,使得年轻教师尽快成长。为了培养具有数学建模能力的新型人才,在一定的条件下,允许一些青年教师外出学习,参加相关的研讨会,学习数学建模课程的教学,听示范课,学习常用的数学软件的使用、数学建模的培训与指导、论文的写作与历年赛题的分析等。另外,成立了数学建模教师团队,团队内部定期开展学习讨论,团队成员分工合作完成数学建模竞赛培训的全部过程。

2. 注重数学建模教学的改革

(1) 注重数学建模的准备工作

数学建模[1]课程需要以高等数学、线性代数,概率论与数理统计三大数学基础学科的铺垫。任课教师在讲授上述课程的时候,就把数学建模的思想渗透到这些数学日常的课堂中去。比如在讲授高等数学的计算曲边梯形的面积时,引导学生利用"无限细分化整为零→局部以直代曲取近似→无限积累聚零为整取极限"的微积分的思想,同时也提高了学生的学习兴趣。在课后练习的时候,可以提供给学生"椅子能否放平"等一些与现实密切的问题,让学生思考。这些措施,为数学建模的学习打下良好的基础。

(2) 利用计算机和网络辅助教学

借助现代教学手段,提高学生兴趣。数学建模的案例一般都比较长,公式比较烦杂,如果用黑板来板书,势必会占用很多教学时间,教学效果也不好。所以数学建模的课程全部采用多媒体教学形式。在数学建模的教学工程中注重实践,在机房上课,进行相关的数学实验,实现MATLAB编程。另外,构建一个数学教学网,建立教学互动平台,实现师生网上交流,网上互动,在线跟踪。我们还建立师生 QQ 群,在群里讨论一些关于数学建模知识,共享老师上课的PPT,实现在线交流。

合理利用网络资源,能给学生的学习带来很大的好处。教会学生如何查询文献,如何使用知网,维普等数据库。

(3) 改变传统教学的定向思维

传统的教学与现代教学有很大的差别,传统教学主要侧重于分析、计算或逻辑推理,用演绎的方法正确、快速地求解问题,教学上过分强调数学概念、数学定理和数学公式,突出计算技能与技巧,例题与习题经过严格的选择与加工,使学生的思维处于一种僵化状态。教学中忽视了知识的应用能力的培养,所学知识和现实热点问题脱节,影响了学生的学习热情和创造性,造成了学生在面对复杂的实际问题时,束手无策。因此,应该将数学建模思想融入课堂教学中(见文献[2~6]),加强用数学语言、符号和方法去抽象、概括客观对象的内在规律,建立实际问题的模型,培养学生发散思维,训练学生用数学方法解决问题的思想方法。教学思想的转变,让学生体会到运用这些知识可以解决实际问题。在教学过程中,应多鼓励并指导学生用所学的数学知识解决一些实际生活问题。这些问题是开放性的,一般没有固定答案,没有现成的解决方法,没有指定的参考书和数学工具软件,甚至也没有成型的数学问题,让学生独立思考完成,培养学生分析问题解决问题的能力,通过不断探索来完成,得到相关的结论,并对结果进行检验。这样的教学过程可以使学生体会数学的创造过程,激发学生学数学、用数学的热情,领会数学的内在魅力。

(4) 培养学生的团队意识

数学建模竞赛作为一种科技创新实践活动,最重要的是团队精神和合作意识。数学建模竞赛过程中的各个环节都需要各队员间的协作配合。竞赛开始要选题，各个队员都有自己的偏好和特长，可能会有不同的选择，但是最终必须选择一个题目。队员间可以通过讨论，最后由队长确定选题。选定题目后，可能确定的题目并不是自己喜欢做的或擅长的，此时大家不能再有个人看法和不满，必须全身心的投入已经选定的题目上，这就是个人服从集体服从大局。竞赛的过程中，可能队员间对问题的理解有所不同，此时指导老师要引导队员虚心听取其他队员的理解和看法，耐心的把自己的看法讲给自己的队友，最终达成一致的意见。由于参加数模竞赛的同学大多数是学习上的佼佼者，多数都很自信，在竞赛中坚持自己的意见，听不进别人意见的现象非常普遍。在指导的几次竞赛中，由于到竞赛后期时间紧张队员心理压力大，基本上每次竞赛很多队都会在此时发生矛盾，或冷战或争吵不休甚至对骂。这样不仅仅浪费了时间，也影响竞赛心情，对竞赛是非常不利的。这时，指导老师和队长应该在这方面起到重要的作用，及时的发现队员间的矛盾，化解矛盾。在竞赛后期，有的队可能遇到挫折，有的队员就有可能灰心丧气想放弃比赛，表现怠慢，此时队员之间特别是队长要鼓励队友，提高整个队的士气。数学建模竞赛是需要队员的团队精神和合作意识的，而实际上在竞赛的过程中，我们又培养和提高了团队精神和合作意识，这对于我们今后的科研工作是非常重要的。

3. 注重数学建模的科研工作

我们要在数学建模的教学与竞赛的过程中不断总结，无论是知识方面的改进和完善，还是在经验与方法方面的感悟，都及时的把它们写成论文或者是学术报告，以便我们在以后的工作中少走弯路。用科研成果来指导实际的数学建模教学与竞赛工作，同时又在数学建模的教学与竞赛过程中不断总结得到新的科研成果，形成数学建模的科研工作和实际的教学与竞赛工作紧密集合、相互促进的良好模式。

4. 注重数学建模竞赛的改革

对于参加数学建模竞赛的同学进行专门的培训。由数学建模教师团队的每一位老师负责一个专题，对学生进行专业的训练，布置相应的作业，参赛学生完成老师布置的作业。在完成作业时，可和老师进行讨论，共同研究。对于参加培训的学生给予相应的创新学分，使参赛学生的积极性大大提高。另外，我们把参赛学生分组之后，把每个组分配给每一个指导老师，由指导老师带队，完成暑假数学建模论文的写作。在此期间，由学生每周给指导老师汇报自己论文的进度，根据指导老师提出的建议，完成论文的修改。修改之后，再发给指导老师。反复几次之后，学生的论文写作和建模能力将得到较大的提高。对于参赛的学生而言，为了鼓励参赛，只要能在比赛期间独立完成论文的再次给予相应的学分。如果学生获奖，学分将翻倍，并给予现金奖励，这些措施大大提高学生参加数学建模竞赛的积极性。

5. 处理好数学建模教学与竞赛的关系

数学建模课程教学是数学建模竞赛的前提和条件，数学建模竞赛是数学建模课程的延续和提高。只有认真学习了数学建模课程才能去参加数学建模竞赛，只有参加了数学建模竞赛才能更好的掌握所学的数学建模知识。他们之间是相辅相成的。近两年，我们采取在每学年的第一学期在全校开展数学建模选修课，让有这方面爱好的学生都参加，通过选修课掌握基本的数学建模知识。在第二学期开学进行数学建模竞赛的宣传和动员，让有兴趣的同学特别是已经参加数学建模选修课的同学报名参加数学建模竞赛专题讲座。利用假期进行提高和个别指导相结合的方法。最后，在竞赛的前一周，还要进行相关论文写作技巧等方面的讲座。让整个数学建模教学与竞赛有机结合在一起。

三、注重数学建模学法的指导

用数学建模思想方法来指导学生学习大学数学课程，会收到事半功倍的学习效果。实质上，采取徐利治教授倡导的"关系映射反演"原理[7]是很好的学法指导方法。即在学习和研究一些可用数学知识解决的问题时，按如下 RMI 原理的图示进行思考是明智的。

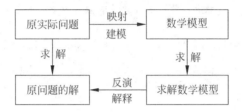

在数学课堂上可以举这样的例子。当世界经济出现下滑趋势，出口困难的时候，国家采用刺激经济的两大法宝：扩大内需和增加投资。这个问题就可以转化为数学建模的问题。令 Y 表示国民收入，C 表示总消费，I 表示投资，E 表示总支出，那么有 $C=c_0+cY$，其中 c_0 为最低消费，它是由储蓄等支持的。c 称为"边际消费"，反映了消费随收入增加而增加的倾向。另外总支出分为消费和投资两部分之和，即 $E=C+I$。由总收入等于总支出：$Y=C+I=c_0+cY+I$，解得 $Y=\dfrac{c_0+I}{1-c}$。由于 $0<c<1$，$\dfrac{1}{1-c}>1$，c 越接近 1，国民收入越大。这解释了扩大消费可以促进国民收入的增加，这种效应称为乘数效应。设 G 为政府的支出（如投资基本建设等），则 $E=C+I+G$，此时可解得 $Y=\dfrac{c_0+I}{1-c}+\dfrac{G}{1-c}=\dfrac{c_0+I}{1-c}+\Delta Y$，其中 $\dfrac{G}{1-c}\stackrel{\text{def}}{=\!=}\Delta Y$ 为国民收入增加。

通过该例的学习，让学生深刻体会到良好的学习方法对数学建模学习的重要作用，同时我们还可以汲取其他的一些优秀的学习方法。

四、数学建模教学与竞赛相结合的思考

数学建模的教学是与实际密切联系的教育模式，具有开放性，灵活性等特点，它不仅对学生综合能力的培养和创新意识的教育有着不可低估的作用，而且还促进高等教育思想的转变，推动教学改革。数学建模竞赛对于学生而言，能提高对学过的数学知识分析和解决实际问题的能力，具有面对复杂事物的想象力、洞察力、创造力和独立进行研究的能力，具有团结合作精神和进行协调的组织能力，培养勇于参与的竞争意识和不怕困难、奋力攻关的顽强意志，同时，学生还具有查阅文献、搜集资料及自学的能力以及撰写科技论文的能力。对老师而言，培养崇高的师德，要有一种勇于奉献的精神，推动教学研究，提高业务水平，开展一些关于数学建模的课题研究，不断提高科研能力。对学校而言，有利于推动优良的学风建设，学生参加数学建模竞赛，利用课余时间去图书馆看书，和指导老师讨论问题。并且，其他同学在这些参赛学生的影响下也会发愤图强，这样有利于良好学风的形成，同时也有利于推动学校的整体教学，提高学校的评估水平。数学建模的教学和竞赛还有许多问题值得人们去思考、去探索。

参考文献

[1]　姜启源,谢金星,等.数学模型[M].北京：高等教育出版社,1987.

[2]　李炳照,王宏洲.数学建模思想融入数学类课堂的思考与实践[J].高等理科教育,2006(5)：32.

[3]　李薇.数学建模思想融入高等数学教学的探索与实践[J].商场现代化·学术版,2005：226.

[4]　韦程东,高扬,陈志强.在常微分方程教学中融入数学建模思想的探索与实践[J].数学的认识与实践,2008,38(20)：228-233.

[5]　韦程东,刘逸,徐庆娟,等.在解析几何教学中融入数学建模思想的探索与实践[J].广西师范学院学报,2011,28(3)：106-109.

[6]　韦程东,唐君兰,陈志强.在概率论与数理统计教学中融入数学建模思想的探索与实践[J].高教论坛,2008(2)：98-100.

[7]　徐利治.关系映射反演原则及应用[M].大连：大连理工大学出版社,2008.

浅谈独立学院数学建模活动的探索与实践

宋 岩

（北航北海学院，广西北海 536000）

摘要

本文针对数学建模近几年的发展和独立学院学生学习的特点，结合我院实际情况，通过多种途径和方法宣传数学建模，吸引更多的学生参与到数学建模活动中来，利用数学建模活动探索独立学院的数学教学改革，从而提高独立学院的教学质量。

关键词：独立学院；数学建模；教学改革

一、引言

数学建模是一门新型的学科，20 世纪 70 年代初诞生于英、美等现代工业国家，最初由英国著名的剑桥大学专门为研究生开设数学建模课程。20 世纪 80 年代以来，我国高等院校也陆续开展数学建模课程的教学，参加数学建模竞赛。由中国工业与应用数学学会举办的全国大学生数学建模竞赛是我国高校规模最大的课外科技活动之一，目的在于激励学生学习数学的积极性，提高学生建立数学模型和运用计算机技术解决实际问题的能力，鼓励广大学生踊跃参加课外科技活动，开拓知识面，培养创造精神及合作意识，推动大学数学教学体系、教学内容和方法的改革[1]。

随着我国高等教育的迅速发展，近年来出现的独立学院是一种新型的办学模式，已经成为我国高等教育的重要组成部分，为我国培养了大量的应用型人才。数学建模活动在独立院校的推广比较晚，而且参与人数较少。同时独立学院学生的数学基础普遍的薄弱，在高中的学习中，没有形成系统的基础知识体系，尤其对于抽象的理论知识头疼，对数学产生厌学心理。数学建模竞赛涉及的知识面非常广泛，尤其用到很多新的数学方法和相关软件，这是独立学院在推广数学建模活动中迫切需要解决的问题[2]。

二、通过多种途径和方法宣传数学建模，提高学生对数学建模活动的兴趣

从 2008 年以来，我院参加了 5 届全国大学生数学建模竞赛，获得国家二等奖 3 项，广西区一等奖 5 项，二等奖 7 项，三等奖 6 项的好成绩。取得这样好的成绩，一方面是学院领导的重视和各部门的大力支持，另一方面是我院在数学建模类课程教学中，通过多种途径和方法宣传

数学建模,提高学生对数学建模活动的兴趣,引导更多的学生参与数学建模竞赛。

(1)在数学教学过程中贯穿数学建模思想。在平时的教学过程中,引导学生加深对数学建模的认识,尤其是和数学建模有关的教学内容,把数学建模思想传授给学生,让学生认识到数学建模可以解决很多实际的问题,激发学生对数学建模活动的兴趣。

(2)成立数学建模协会,开设数学建模选修课。为了能让学生更好地了解数学建模,参加数学建模活动,探索更好地组织数学建模培训,我们在学生中成立了数学建模协会,由数学组教师担任指导老师,开展数学建模宣传,组织数模协会成员学习建模知识,激发学生学习数学建模的兴趣,进一步推动数学建模在独立学院的影响力。在大一下学期开设数学建模选修课,学习与数学建模有关的数学知识,为参加数学建模竞赛打基础。

(3)在院内举办数学建模竞赛,定期举办数模知识讲座及经验交流会。为激发学生对数学建模竞赛的兴趣,我院每年在五月份举办校内的数学建模竞赛,通过这样的比赛,为参加全国大学生数学建模竞赛储备人才。并且定期举办数模知识讲座及经验交流会,邀请我院有经验的老教师和友好院校的老师,为学生讲解有关数学建模的知识,进行经验交流。

三、利用数学建模活动,探讨独立学院的数学教学改革

结合我院近几年数学建模课程的教学和参加数学建模竞赛的经历,我们一直在探索适合独立学院数学建模的教学体系,推动独立学院的数学教学改革。总结一下这几年以来我们的一些经验和成果。

(1)课程设置的改革。长期以来,我国大学的数学课程设置和教学内容都具有很强的理科特点:重基础理论、轻实践应用;重传统的经典数学内容、轻离散的数值计算。例如我们在大一大二开设的高等数学、微积分、线性代数、概率论与数理统计等。我们在数学建模活动中用到的主要数学方法和数学知识恰好在我们的教学活动中长期被忽视掉。因此,我们需要结合学生的真实水平,选择浅显易懂的大学数学基础教材,在教学过程中注重应用,简化复杂的数学推导,尽量从实际生活中引入数学概念,把抽象的数学概念和实际联系起来,在学好数学专业知识的基础上,将数学延伸到生产生活的应用,体现数学建模的思想[3]。这就需要我们调整课程设置和教学内容,可增加一些应用型、实践类课程,如运筹学、数学实验、数学软件介绍及应用、计算方法等。在各门课程的教学中,尽量让数学理论与应用相结合,增加实际应用方面的内容和例题,从而更新教学内容。

(2)教学方法的改革。独立学院学生的数学基础普遍的薄弱,我们需要改变传统的教学方法,采取循序渐进的教学模式,改变以教师为中心的注入式教育,实现教师主导作用与学生主体作用相结合的探究式教育,实施教学方法多样化如探究式教学、案例式教学、问答式教学、研讨式教学等[3]。让学生从被动接受变为主动参与,充分调动学生学习的积极性,激发学生的学习兴趣,挖掘学生的学习潜能,发挥学生的聪明才智。

(3)教学手段的改革。为了实现从传统的教学模式转变到运用现代教育技术的新型教学模式,我们将实施教学手段现代化,充分运用现代教育技术,在课堂教学中采用多媒体教学,充分发挥多媒体教学形式多样、形象直观、信息量大的优势,提高教学效率,增强学生的学习兴趣,提升教学效果,在课后利用校园网与学生及时沟通交流,巩固教学效果。

参考文献

［1］　蒋婵,梁俊斌.数学建模教育在独立学院的创新模式研究［J］.民办高等教育教究,2010(1)：28-32.

［2］　孙中波,姜淑珍,高海音.独立学院数学建模和数学实验课程教学改革初探［J］.长春师范学院学报,2013,(6)：113-114.

［3］　李晓玲,杨慧贤.浅谈独立学院数学建模教学的探索与研究［J］.价值工程,2014(15)：259-260.

［4］　谢国榕,陈迪三.独立学院学生数学建模能力的影响因素及其培养策略［J］.高教论坛,2011(11)：34-35,51.

［5］　温鲜,霍海峰.独立学院参加数学建模竞赛的实践与探讨［J］.中国科教创新导刊,2011(35)：86.

独立学院数学建模竞赛培训模式的探索与实践[*]

黄 坚 王春利

（桂林电子科技大学信息科技学院，广西桂林 541004）

摘要

本文通过对独立学院各方面的特点进行分析，着重介绍了我院在数学建模竞赛培训模式，在不断的探索过程中逐步完善。同时对独立学院数学建模竞赛所存在的问题进行分析，并给出比较合理的解决思路，对同类院校的竞赛培训模式的完善有一定的借鉴意义。

关键词：数学建模竞赛；独立学院；培训模式

一、引言

1985 年美国率先创设了一年一度的数学建模竞赛，我国于 1992 年举行了首届全国大学生数学建模竞赛，至今已成功举办了二十届竞赛，参赛规模从 1992 年的十省市 70 多所院校 300 多参赛队发展到现在几乎全国所有高校都派队参加、参赛队数近两万，从 2004 年开始又增加了研究生组的数学建模竞赛。全国大学生数学建模竞赛为提高大学生的科研素质，培养大学生应用数学知识解决实际问题的能力发挥了重要作用，因此得到高等院校的日益重视，已成为当前全国最大的大学生课外科技竞赛活动[5]。

全国大学生数学建模竞赛的参赛分为本科组和专科组进行组织。本科学生参加本科组竞赛，不能参加专科组竞赛；专科（高职高专）学生参加专科组竞赛，也可参加本科组竞赛。本科组和专科组分别有两道赛题供选择，参赛队从两道赛题中任选一道完成，无论参加哪组竞赛，均必须在报名时确定，报名截止后不能再更改报名组别。同一参赛队的学生必须来自同一所学校（同一法人单位），同一法人单位必须以相同的学校名称报名参赛，不能以院系、校区名称参赛（具有独立法人资格者除外）[2~4]。

二、独立学院特点

为了适应我国高等教育快速发展的需求，1999 年全国第三次教育工作会议召开之后，一些地方利用普通高校的教育教学资源吸引社会资金，进行了试办独立学院的大胆探索，拓展了我国民办教育发展的新空间。经过短短几年的实践，已涌现出一批办学质量高、深受社会各界欢迎的独立学院，它们在扩大高等教育规模、提高本科高等教育资源供给等方面起到了积极作

* 桂林电子科技大学信息科技学院院级教改项目（2013JGY19）。

用。从我国的国情和高等教育发展的形势需求看,在今后相当长的一段时间内,进一步促进独立学院的快速、规范化发展,是适应我国高等教育需求变化、有效推动高等教育多途径健康发展的战略选择。

由于历史的原因,独立学院的建设一般不超过 15 年,甚至有的独立学院才刚刚开始起步。绝大部分教师都比较年轻,几乎都是刚刚毕业的本科生或研究生,博士毕业的几乎没有到独立学院任教的。这些教师教学经验欠缺,尽管如此,由于教师的大量需求和课程的需要,这些教师往往刚一入职就担任大量的教学任务,在教学过程中欠缺对课程教学的思考。另外,独立学院的录取分数相对二本院校要低一个档次,生源相对较弱,这给教学工作也带来了比较大的难度。独立学院建校时间段,教学资源短缺,不论是师资还是教学平台都存在着各种各样的局限。在这种不利条件下,独立学院组织学生参加数学建模竞赛实际上存在巨大的困难。

三、我院参加比赛情况

尽管如此,我院从 2009 年组织学生参加数学建模竞赛开始,便在学院领导的大力支持下取得了较好的成绩,并于 2012 年获得了全国一等奖的好成绩。这与学院的政策扶持,老师们的不断探索和努力是分不开的。在母体学校的引导和协助下,我院教师积极进取,并不断摸索经验,形成了一套优秀的人才培训模式。

1. 数学建模协会

我院数学建模竞赛的所有工作依托我院数学建模协会。桂林电子科技大学信息科技学院数学建模协会于 2010 年 4 月成立,是为我院学生提供认识建模、开始建模活动的组织,是一个既具备创新与挑战性,又具备学术专业性的协会,今年新会员达到 130 人。本着交流思想、提高能力,基于学术、用于生活,导师指点、同学互促,培养创新精神,团体精神,活跃校园学术气氛的精神,以传授基本的应用数学知识,培养会员的数学思维习惯、对实际问题的洞察能力、计算机使用能力,以及相互讨论、分工协作的习惯,培养会员撰写初级科技论文的能力,选拔和组织代表队参加全国数学建模竞赛的宗旨。

多次开展学术交流会、培训会、数学建模竞赛等各类活动,培养了一大批优秀数学建模人才,并多次获得校内赛、全国赛等各类奖项,受到各系同学的青睐。而且协会还得到学院各级领导的关心和支持,加强了每年的教学投资和奖励制度,为热爱数学建模的同学提供了一个舒心而方便的平台。学院在政策上给予大力支持,这个也是我院数学建模能够顺利开展的保障。

2. 学院奖励政策

在比赛期间,学院对各位参赛队员提供一定补贴。关于获奖奖励如下:

(1) 对获奖教师的奖励制度

① 国家一等奖奖励 8000 元,二等奖奖励 4000 元;

② 广西区一等奖奖励 1000 元,二等奖奖励 500 元,三等奖奖励 300 元。

(2) 对获奖学生的奖励制度

① 团体获得校级数学建模竞赛三等奖以上者,分别奖励 200 元、150 元、100 元;

② 团体获得广西区竞赛三等奖以上者,分别奖励 800 元、500 元、400 元;

③ 团体获得全国竞赛三等奖以上者,分别奖励 1500 元、1200 元、1000 元。

3. 培训模式介绍

（1）数学建模协会招新

每年 9 月数学建模协会招收新成员,新成员的加入为协会的发展输送了源源不断的力量和活力,这些新成员会在老成员的带领下参加一系列的活动,让他们不断的加深对数学建模的认识。在指导教师的指导下,他们会了解到数学建模竞赛的程序,并且接触到一些基本的知识和技能。指导教师开设人文素质选修课"数学实验和数学模型",并优先数学建模协会成员选修。通过这门课的学习,新成员会接触的如何进行数学建模,一些基本的方法和基本的工具,同时也会邀请专家来我院进行学术讲座。

（2）组织参加校内赛及全国赛选拔

鼓励学生参加每年 5 月份举行的桂电所罗门杯校内赛,并会初步体验数学建模竞赛的全过程。同时还可以获得校级的一、二、三等奖,给大家提供了一个平台的同时,也提供了获奖的机会,对鼓舞士气有很大的帮助。校内赛不限于数学建模协会成员,凡是我院学生均可自由组合参加比赛。在校内赛结束之后,我院会组织一次选拔面试,为参加全国赛做准备,选拔优秀的队伍。基本的操作过程是让参加过或没有参加过校内赛的队准备一篇自己完成的论文,在当天进行答辩,指导教师会根据答辩者的答辩进行提问,并要求参加面试的队伍做出正面的回答。一次来了解每个队伍的实力,最终由指导教师给出分数,并进行统计,总分排在前 10 的将会代表学院参加 9 月中下旬的全国赛。同时会及早进行指导教师的分配,这样做的好处是能够充分发挥指导教师的积极性,同时可以有更长的时间进行师生之间的交流,有利于指导教师有针对性的指导。

（3）基础知识培训

为了参加全国数学建模竞赛,还要做有针对性的培训。每年 7 月初放暑假开始进行为期一个星期的基础知识技能培训,指导教师为有资格参加全国赛的队伍准备了专题讲座,在"数学实验和数学模型"课的基础上,更进一步夯实基础。在这个培训过程中,科大的教授也会受聘给队员们做讲座,在某种程度上进一步确保了培训的质量。

（4）实战演练

有了这些基础之后在开学的前两周就可以进行实战演练了,在这个过程中指导教师是要参与对各自所带队伍的指导,培养与队员的默契,并适时给出指导意见,每做一个题目都能使每个队伍有一个大幅度的进步。这种指导工作也并非孤立的,在论文完成后,指导教师会集体对所有的论文进行点评,进一步指出论文存在的问题。整个过程要重复 4 次左右,在不断的实战演练过程中,队员们的基础得到了较大的进步,很多参加过数学建模竞赛的队员对于"一次参赛终身受益"的体会更为深刻。

整个培训过程既紧张又活泼,锻炼了队员和指导教师的能力和意志,这样的经历对接下来的大学生活产生很大的影响,有很多队员甚至每年都参赛,并乐此不疲。经过训练的队员在毕业的时候在撰写毕业设计的时候都做得非常好,各方面的能力都明显高于其他同学。并取得了喜人的成绩,在获奖率和获奖水平连年居区内独立学院之首。特别是 2012 年获得了全国一等奖,当年获全国一等奖的独立学院仅有 5 所,我院榜上有名。

（5）历年获奖情况总结及论文发表

学生参赛获奖概况（全国赛）

年份	参赛队伍（队）	全国一等奖	全国二等奖	广西区一等奖	广西区二等奖	广西区三等奖	成功建模奖
2008	1				1		
2009	5		1	1	1	1	2
2010	10		1	2	2	3	3
2011	11		1	1	2	4	4
2012	10	1	1	2	3	2	3
2013	10		1	1	3	3	3

据统计，全国大学生数学建模竞赛全国一等奖、二等奖由少数 985 和 211 高校的参赛队伍摘得过半，独立学院的参赛队伍能够获得全国一等奖是很不容易的。除此之外，我院注重赛后总结，经过指导教师的指导，我院学生 2013 年开始撰写数学建模论文达 5 篇并发表在省级、国家级期刊。

四、存在的问题

我院虽然已经获得了较好的成绩，但是还存在着很多的问题亟待解决。

首先，我院的教师队伍不够稳定且结构不合理。

部分教师把我院当做跳板，一旦有机会就会离开去往二本学校，曾经的培训团队不断受到打击。并且参与的教师全部都是刚毕业的年轻教师，工作了 3～5 年的就算是"老教师"了。流动性过大，对各项工作都造成了严重的后果。与老中青相结合的教师队伍比较起来相差得太多了。这也是独立学院普遍存在的问题，这与体制有很大的关系，也与国家的政策相关，与福利待遇增长过慢与生活成本的快速提高日益凸显有很大的关系。国家在对独立学院进行教学质量监管的同时应该给予政策上的支持，使独立学院能够不断的健康快速的发展，进一步稳定教师队伍，而不是二本学校教师训练营。

其次，独立学院的学生的在某些方面需要进行合理的引导。

部分参赛队员由于各种原因，有时不能将前期培训坚持到底，这对于本来基础就薄弱的情况下更为不利，不经过训练直接参加比赛是完全不可以的。这方面指导教师可能要做细心的工作，不但在技术上给予指导，更重要的是做好思想工作，以鼓励为主。当他们对难于解决的问题产生疑惑的时候，要鼓励他们勇于面对困难，不要轻言放弃。不合理的言辞或批评会在心理上对队员造成很大的伤害，可能会导致他们失去信息而退赛。

最后，参赛队伍偏少。

从参加全国赛开始至今参加的队数一直停留在 10 个队左右，主要问题是数学教师数量过少，并且参与到数学建模的更少，只有 4 位老师参与到其中，限制了参赛队伍总数。另外，可能由于宣传不到位，参加校内赛的队伍数过少导致选拔出现了明显的问题。

参考文献

[1] 叶其孝.大学生数学建模竞赛辅导材料（二）[M].长沙：湖南教育出版社，1998.

[2] 李美丽，陈冰.浅谈数学建模竞赛的命题[J].高等数学研究，2006(9)：56-58.

［3］　何满喜.谈数学建模对培养创新能力的作用［J］.内蒙古师范大学学报：教育科学版,2006(5)：86-88.

［4］　薛春艳,孙淑香.数学建模在数学教育中的作用［J］.沈阳师范大学学报(自然科学版),2006,24(3)：372-374.

［5］　教育部高等学校数学与统计学指导委员会课题组.数学学科专业发展战略研究报告［J］.中国大学数学,2005(3)：4-9.

［6］　全国大学生数学建模竞赛组织委员会.全国大学生数学建模竞赛通讯［J］.2010(3)：1-21.

［7］　韦程东.指导学生参加全国大学生数学建模竞赛的探索与实践［J］.高教论坛,2007(2)：27-29.

数学建模的素质要求及其对学生素质拓展的启示

耿秀荣

（桂林航天工业学院，广西桂林 541004）

摘要

所谓数学建模就是用数学的观点去解决实际生活中的问题。数学建模能够提高学生的数学素养、锻炼他们的数学能力。它要求高校学生具备一些素质。而这些素质对高校学生的素质拓展具有一定的启示作用。加强对数学建模的深入研究，才能扩大数学建模的受益面和受益程度。

关键词：数学建模；学生；素质；启示

一、引言

数学建模，是指通过对实际问题进行抽象、简化，确定变量和参数，建立起变量、参数之间确定的数学关系，求解该数学问题，解释、验证所得到的解，从而确定能否用于解决实际问题的多次循环、不断深化的过程[1]。

随着形势的发展，从数学建模角度研究高校学生素质的问题已经提上了日程。对它们的研究，无疑会促进学生整体素质的提高，进而会提高数学教学质量。

本文拟从数学建模的真题入手，在具体探讨数学建模的要求之后，研究如何拓展大学生素质的问题。

二、数学建模对素质的要求

就数学而言，学生需要具备的素质很多。仅从数学建模赛题来看，学生就应该具备以下素质：

1. 应具备坚实的数学基础

（1）深刻理解数学概念、公式的内涵。数学概念、公式是我们解决问题的基础，也是我们解决问题的方法。当遇到问题的时候，波利亚曾反复强调，回到定义上去[2]。定义往往表现为概念、公式等。例如，当我们解决 CUMCM 2006 年 D 题（煤矿瓦斯和煤尘的监测与控制）的问题 2 时，应该充分考虑概率和定积分的定义。该题要我们求煤矿发生爆炸的可能性，这显然是概率问题。对概率的类型进行对比之后，我们发现，其中的几何概型比较适合该问题。众所周知,几何概型是用线段的长度或图形的面积进行计算的概率。那么,它的分子、分母是长度,还是图形面积呢? 在本题中,它应该是图形的面积。现在的问题是,图形的面积又如何表达呢? 于是,我们由定积分的概念入手,确定了定积分上下限,进而找到了用定积分表达的方法。这样,我们便得到了如下模型[3]:

$$p(y) = \frac{\int_1^{1.18} 31.1691e^{-0.75469x} dx}{\int_0^4 31.1691e^{-0.75469x} dx}$$

（2）开阔数学视野。数学建模题目所涉及的内容丰富,因而可能用到很多知识点。例如微积分、概率及数理统计、运筹学、微分方程等知识。例如,CUMCM 2006 年的 C 题（易拉罐形状和尺寸的最优设计）需要我们用运筹学的知识,根据易拉罐的不同形状列出目标函数:易拉罐所用材料的总体积,即

$$S_V(r, R, h, H, a, b, d, V) = b\pi\{a(b+r)^2 + d(b+R)^2 + h(b+r+R) + (b+2R)H\}$$

然后,要求我们找出约束条件,如:罐内的体积已知（大于 355cm³）、罐的直径等限制条件。

2. 要具有创新能力

解答实际问题时,常常没有标准答案或唯一解法,多种解法或答案各有千秋。解法或答案的开放性,是数学建模的重要特点。

例如,文献[4]对 CUMCM 1997 年 A 题（零件的参数设计）做出了具有创意的解答。作者深入分析了零件参数设计中的优化问题,将其归结为一个有约束的非线性规划问题,建立如下模型:

$$\min F = L + C = F(\mu_1, \cdots, \mu_7; \sigma_1, \cdots, \sigma_7)$$

$$\text{s. t.} \begin{cases} a_i \leqslant \mu_i \leqslant b_i \\ 3\dfrac{\sigma_i}{\mu_i} = 1\% \text{ 或 } 5\% \text{ 或 } 10\% \end{cases}, \quad i = 1, 2, \cdots, 7$$

同时,作者提出"分两步走"的策略来简化问题,采用了蒙特卡罗方法模拟和线性近似来计算总体参数的最优解。作者独辟蹊径,从实用角度引入了一个目标函数 $E(y-y_0)^2$,并且在原有约束条件下求该目标函数的最小值。这样,又大大简化了整个处理过程。这里,作者充分发挥自己的创新能力,很好地解决了原本复杂的问题。

3. 要具备数据处理的能力

（1）搜寻数据的能力。我们要善于从数学建模题目较少的信息中,通过合理的方式和途径得到所需要的数据。例如,CUMCM 2006 年 C 题（易拉罐形状和尺寸的最优设计）有 5 个小题,但信息量不大,需要建模队员从多种途径寻求自己所需要的数据。比如,要获知易拉罐形状及每种形状对应各部位的尺寸,有多种途径:自己测量、请别人测量,或直接从网上搜索资料等。

（2）提炼数据的能力。我们不仅要善于从数学建模题目的隐含信息中通过合理的方式获得充足的数据,而且还要善于从大量复杂的信息中抽取或整理自己需要的有效数据。例如,CUMCM 2006 年 D 题（煤矿瓦斯和煤尘的监测与控制）数据多,信息量大,附图复杂,附件内容繁多,需要建模队员从多种角度、采用多种工具对数据进行合理处理,进而提炼出自己所需

要的信息。

4. 要具备抽象思维能力

在构造数学模型时,我们要善于简化问题,力争把其思想方法用数学语言表达出来,即选择合适的字母,运用合适的运算符号$\left(\text{如}\sum,\prod,\int\text{等}\right)$进行表达。同时,我们要对所建立的数学模型进行合理性分析,并及时改进模型,以取得最优结果。在此基础上,指出所建模型的实际意义。

5. 要具备操控计算机的能力

在处理数学建模题目时,队员需要拥有灵活使用计算机的能力。例如,了解计算机及相关配件的性能,以避免造成不必要的损失;熟练地进行 Word 文档的操作;运用 C++、C 语言等进行计算机编程;会利用电子表格进行简单的数据处理,如求平均数、求和、自定义公式等;熟练运用数学软件,如利用数学公式编辑器进行数学符号、公式的输入等处理,运用 Mathematica、LINGO、MATLAB 等进行诸如编程、运算及函数拟合等数据处理。

6. 要提高非智力素质

处理数学建模题目,不仅需要上述素质,还需要较高的非智力素质。例如,建模比赛需要有极强的合作意识和团队精神。事实上,任务分配、模型的建立、论文的写作等都需要队员之间的合作和默契。又如,毅力和信心。队员要能够在较长时间内,充满信心地思考同一个问题,坚持不懈,永不言弃。

三、数学建模对素质拓展的启示

以上分析告诉我们,从数学建模的角度看,学生应具备上述素质。因此,学生要根据这些要求查漏补缺,进行素质拓展。

1. 夯实数学基础

(1) 掌握概念、公式和定义。数学概念、公式和定义是解决数学建模问题的基础,所以我们需要深刻理解和把握。例如,积分是高等数学中一个重要概念,许多数学建模题目需要建立积分模型。文献[5]在解决 CUMCM 1999 年 C 题(煤矸石堆积)的时候,就建立了积分模型来计算一年所消耗的电能:

$$E_i = \int_{x_{i-1}}^{x_i} \frac{6 \times 10^3 A x^3 \cdot x \cdot \sin\beta}{\eta} \mathrm{d}x$$

因此,学生应该加强概念、公式和定义的学习。为了能从不同角度掌握它们的本质和内涵,学生自己可以联系实际了解它们在数学建模题目中的应用情况。

(2) 拓宽建模队员的数学知识。我们知道,在高校里面,许多专业只开设高等数学这门课程,而不开设运筹学、概率论及数理统计等课程。在这种情况下,数学教师需要对建模队员进行这类知识的培训。例如,许多数学建模赛题需要建立数学规划模型。我们知道,CUMCM 1998 年 A 题(投资的收益和风险)就需要建立线性规划模型,甚至需要一个双目标优化的数学模型[6]：

$$\min\left\{\begin{pmatrix} Q(x) \\ -R(x) \end{pmatrix} \middle| F(x) = M, x \geqslant 0 \right\}$$

然后再采取多种方法对此进行简化，使其成为单目标优化问题。

除了运筹学知识，数学建模还需要概率及数理统计、微分方程、差分方程、图论、对策论、网络流等数学知识。如果学生缺少这方面的知识，他们就不会建立正确的数学模型。

2. 培养创新能力

培养创新能力需要许多因素，在这里，我们强调先进理念和专业知识。

（1）培养创新能力，需要先进的理念。培养创新能力，首先要跟上时代步伐，吸取最新科研成果。作为新一代大学生，我们需要不断更新自己的知识结构，随时补充各个学科的最新研究成果，并及时把它们内化到自己的动态知识结构中去。只有这样，才能充实自己，时刻使自己处在时代的最前沿。见多识广，才能高屋建瓴，才能开拓建模思路，才能更好地培养创新能力。

（2）培养创新能力，需要拓展专业知识。数学建模几乎涉及生活的方方面面，因而它涉及的知识面很宽泛。例如，CUMCM 2006 年 B 题（艾滋病疗法的评价及疗效的预测）就用到了医学上的疗效预测知识。就问题 1 而言，当 CD4 与 HIV 的比值达到某种平衡 K 时，将停止对该药物的使用。随着时间的变化，CD4 和 HIV 值都会发生相应的改变。以 K 作为比较值，我们可以建立二次回归数学模型[7]：

$$K = \beta_0 + \beta_1 t + \beta_2 t^2 + \varepsilon$$

如果对疗效预测知识不了解，我们就无法知道什么时候停止对该药物的使用（当 CD4 与 HIV 的比值达到某种平衡 K 时），那么，就很难建立出较好的模型。

在知识的交汇处将会产生许多新颖的东西。优化知识结构，使之成为复合型和开放型的知识结构，才有利于创新。

3. 培养数据处理的能力

要想在有限的时间内，圆满地完成数学建模赛题，需要准确而迅速地查阅资料、搜集资料的能力。例如，在解决 CUMCM 2000 年 C 题（飞越北极）时，参考文献[8]在充分查阅背景材料的基础上，清楚地交代了大地纬度和归化纬度的关系：

$$\tan u = \frac{b}{a} \tan B$$

又由地球的扁率、球面三角公式等建立数学模型：$S = a\Delta\sigma - H(MU - NV)$。在此基础上，求出飞机飞行节约的时间为 4.041h。

这里，如果不用"大地纬度""归化纬度""地球的扁率""球面三角公式"等资料，很难建立这种数学模型。可见，准确、迅速地查阅、搜集资料，是数学建模所需要的主要能力之一。

4. 培养抽象思维能力

在解决数学建模问题时，我们特别强调培养队员的批判性思维能力和科学论文写作能力。

队员应该对自己所建立的数学模型开展批判性思考训练。例如，我们可以不断地提问：该解法的优缺点分别是什么？还有没有其他更好的解法？如何进行改进？结果是否符合实际？能够推广吗？……在这种训练过程中,我们可以强化和提高学生的批判性思维。

队员需要在较短的时间内,完成数学模型的建立和求解,还需要把自己的成果及时地组织成文章。这是圆满完成数学建模答卷的最终环节,也是科学研究能力的一部分。这种数学写作应该内容充实、符合逻辑,还应该简洁、规范。教师应通过实践帮助学生提高科学论文写作素养。

5. 培养操控计算机的能力

毫无疑问,熟练地运用计算机,能够帮助我们正确、迅速地建立和求解数学模型。所以,教师和学生都应该学习一些计算机知识,以便能够利用计算机基础知识进行一些数据处理、简单编程,能够利用诸如 LINGO、Mathematica、MATLAB 等常用的数学应用软件进行数学运算。

6. 要提高非智力素质

数学建模是一项艰苦而又充满乐趣的科学研究工作。解决数学建模问题,不仅需要建模队员的智力因素,还需要他们的非智力素质。例如,要想圆满完成该项工作,必须培养队员吃苦耐劳的精神。在比赛时间里,队员必须凝神思考、全力以赴,甚至可能彻夜不眠。显然,没有足够的吃苦精神是不能坚持到底的。所以,要培养队员努力钻研、不怕吃苦的科学精神。

四、结语

数学建模是改变传统数学教学方法的有效手段之一。它能够提高师生的数学素养、锻炼他们的数学能力。因此,它日益受到重视。

从数学建模的角度看,高校数学教师和参加数学建模活动的学生,应该具备的素质远不止以上几点;与此相应,数学建模对素质拓展的启示也限于上述几点。希望数学界同仁一道努力,深入探讨相关问题,以扩大数学建模的受益面和受益程度。

参考文献

[1] FRIEDMAN A, GLIMM J, LAVERY J. The mathematical and computational sciences in emerging manufacturing technologies and management practices [J]. SIAM, 1992: 62-63.

[2] 波利亚. 怎样解题[M]. 涂泓, 冯承天, 译. 上海: 上海科技教育出版社, 2002.

[3] 耿秀荣, 等. 煤矿瓦斯和煤尘的监测与控制模型[J]. 桂林航天工业高等专科学校学报, 2006, 11(4): 84-86.

[4] 何华海, 等. 零件的参数设计[A]. //全国大学生数学建模竞赛组委会. 全国大学生数学建模竞赛优秀论文汇编[C]. 北京: 中国物价出版社, 2002: 233-238.

[5] 钟小勇, 等. 煤矸石堆放的最低费用预测[A]. //全国大学生数学建模竞赛组委会. 全国大学生数学建模竞赛优秀论文汇编[C]. 北京: 中国物价出版社, 2002: 478-482.

[6] 陈叔平, 谭永基. 一类投资组合问题的建模与分析[A]. //全国大学生数学建模竞赛组委会. 全国大学生数学建模竞赛优秀论文汇编[C]. 北京: 中国物价出版社, 2002: 365-368.

[7] 龙振辉, 等. 艾滋病疗法的评价及疗效的预测[A]. //全国大学生数学建模竞赛广西赛区组委会. 2006 年全国大学生数学建模竞赛广西赛区经验交流及优秀论文选[C]. 2007: 98-117.

[8] 仲银花, 等. "飞越北极"的数学模型[A]. //全国大学生数学建模竞赛组委会. 全国大学生数学建模竞赛优秀论文汇编[C]. 北京: 中国物价出版社, 2002: 583-587.

数学建模课程教学的实践与认识

蒋良春　苏　恒

（桂林理工大学博文管理学院，广西桂林 541006）

摘要

本文结合我院的教学实践，从课程教学的指导思想、教学设计、教学的方法与手段等方面，探讨了民办独立学院的数学建模课程教学的基本规律，为使学生在建模教学课程中真正受益提供了一些思路。

关键词：数学建模；教学实践

随着科技的发展、经济的进步，社会越来越需要高素质的人才。大学是培养高级人才的摇篮，跟上目前形势，与时俱进，大力倡导素质教育成为教育者们的共识。如何使大学教育更好地为社会服务，适应我国社会经济发展的需求，已经逐渐成为越来越多的高等院校办学方向的指引。

数学建模课程作为 20 世纪 80 年代初进入我国大学的一门大学数学新课，正好适应这一新的形势。从 1992 年开始的每年一届的全国大学生数学建模竞赛遵循"创新意识、团队精神、重在参与、公平竞争"的竞赛宗旨，已经成为全国高校规模最大的课外科技活动之一。数学建模课程的主要内容是通过众多的示例着重介绍如何将实际问题"翻译"成数学问题，以及数学求解的结果又如何"翻译"回到实际中去。数学建模活动的目的所在就是加强学生"理论联系实际"的能力培养，一方面是培养学生对实际问题的观察与理解的能力（敏锐的洞察力），另一方面是不断加强学生对各种理论方法的理解与掌握（包括数学理论和计算机方法等）。该课程的基本特点是实践性和开放性强，是为提高大学生的实践能力和创造能力的一门极有意义的课程。

由于该课程的自身特点，因而在实践中呈现出区别于传统大学数学课程的不同的教学规律。加之各高等院校的培训层次、培训方向、专业设置以及生源等的极大不同，教学中必然出现许多的不同。我院作为一个几经曲折的正在进入快速发展期的民办独立学院，该课程的开设时间不长，很多方面都需要不断地经验积累和摸索。本文结合我院的教学实践，谈谈我们对建模课程教学实践的一些思考。

一、明确教学目标，树立正确的教学指导思想

数学建模课程，以培养学生能力为主要目标，这与传统大学数学课程以增长理论知识积累、掌握基本理论方法以打牢数学理论基础的教学目标有所区别。这些能力包括发现问题、提出问题、弄清主次、对实际问题本质的洞察能力；包括理解问题实质并将问题转变成数学问题

的能力;包括采用各种合理的思路和方法对同一问题建模求解的创新能力;还包括从各种途径查阅资料、搜集并整理数据的能力以及利用计算机软件编程对问题进行求解的能力;甚至还包括学生之间相互交流、合理分工共同解决实际问题的组织协调能力,等等。因此,围绕这一教学目的,"以问题为中心,以问题背景知识和数学理论知识为基础,以计算机及其软件为工具,以学生为主体,以培养能力为目标"的教学指导思想早已成为各院校的共识。在这一思想的指导下,教学的着力点已经从传统的理论知识传输转移到能力培养这一中心目标上来,这必然带来课程的教学内容、教学模式和教学的方法手段的诸多变化。

二、加强师资建设,突出整体优势

高校教师既是现实的高素质人力资源又是未来高素质人力资源的培养者,师资队伍的素质决定着高校办学的质量和发展,因此,师资队伍的建设是高校办学定位的重点,在学院的建设中有着举足轻重的作用。

数学建模课程的教学,以培养学生的众多能力为目标,以多方向的数学专业理论知识为基础,以计算机及各种数学软件为手段,不仅对学生而且对指导教师提出了更高的要求。各院校的教学实践表明,靠单个教师孤军奋战进行教学和竞赛指导的效果普遍不好。因此,突出整体优势,加强建模指导教师团队的建设是必由之路。教师之间共同学习,共同研究,团结一致,发挥集体的聪明才智,一同攻克难题,摸索积累建模教学和建模竞赛指导的经验,这不仅有利于加大对学生学习的指导力度,有利于拓展学生的思维方式从而培养学生的创新能力,还有利于加强教师之间的相互交流,共同提高。让教师与学生同成长同进步,充分体现学校的"责任、创新"的核心价值观,强化师生的团队意识和集体荣誉感,充分调动和挖掘了每个人的潜能,形成了整体优势,无疑对正在发展的院校会起到积极的作用。

三、优化教学内容设计,完善课程教学体系

依据学生的理论基础和知识水平,精心选择课程内容,是实施教学的首要环节。我院在首届建模课程选修课的开设时,制定了如下基本教学目标:"通过本课程的学习,使学生较系统地掌握数学建模的基本思想、基本理论和基本的方法技巧,培养学生利用数学模型和计算机手段解决实际问题的能力和素养。重点完成包括初等模型、简单优化模型、微分差分方程模型、图论模型、概率统计模型和线性规划模型等在内的基本模型理论的学习研究,逐步培养学生利用逻辑分析推导和计算机编程等手段来分析求解模型的能力"。实践表明,对于独立学院的学生而言,在教学中过多地追求理论的系统性和严谨性,必然使学生产生畏难情绪。现象是,学生对那些不需要太多理论知识和方法手段积累的问题模型比较感兴趣,而对于那些需要一定的理论方法积淀的问题则感觉遇到了极大的困难。对于低年级的学生而言,无论是数学理论的储备还是计算机方法手段方面的底子都很薄。因此,无论是课程的设置时机还是课堂的教学内容选取都需要认真思考确定。

由于本院开设的数学建模课程性质为公共选修考查课,面向全院学生(主要是大一和大二学生),总学时仅32学时,加之该课程的先修课程(包括高等数学、线性代数、概率统计、运筹学等课程)多数没学或没学完,因此,在课堂教学内容的选择上,应立足于学生现有知识与能力水平,因材施教,循序渐进。在数学建模课程开设之前最好开设数学实验课,其主要内容为常用数学软件

的学习,设计若干验证性的数学实验,以验证高等数学、线性代数、概率统计等课程中的基本内容,包括函数图像绘制、微积分的基本计算、方程(组)求解、矩阵的基本运算以及统计分析的基本计算等,练好基本功。在此基础上再开设建模课程,做较系统的建模理论和方法的学习。

四、改进方法手段,提高教学效果

　　培养学生的实践应用能力是建模课程日常教学的核心,该课程更多地带有实验课的特色。因此,在教学过程中首先必须突出学生的主体地位。从问题的提出、试探性地讨论、分析与提炼、提出合理假设、建立模型、分析求解模型到结果的检验和应用等,整个数学建模活动的全过程都需要充分调动学生的积极性。以问题为牵引,牢固树立"学生围绕问题转,教师围绕学生转"的思想。让学生围绕问题查找资料,搜集相关数据,让学生提出自己的观点和解决方案,让学生对问题的解决方案进行论证和评价等,应该是建模教学过程的基本模式。除此之外,建模课程在对学生的能力的培养上,激发学生围绕问题模型构建知识的主体意识,使学生从知识的被动接受者变为主动参与者和积极探索者,从依靠教师"教会"变为被引导"学会",最终做到"会学",努力提高学生自主学习的能力,也是贯穿整个课程教学的主要方面。

　　另一方面,教师应充分发挥好自身的引导作用。首先应该在教学内容的设计上充分体现针对性、适用性和可接受性的特点,充分考虑学院一、二年级学生的知识水平,尽量选择富有趣味且仅需补充少量基本的理论知识就可以进行建模实践的题材进行教学。在教学过程中,注意因材施教,循序渐进,贯彻启发式的原则。针对实际问题,诱发学生思考,引导学生钻研,启迪学生思维。在问题的一般数学处理方法指导的同时,鼓励学生开阔视野,大胆创新。在教学方法选择上,针对不同的教学内容,采取灵活多样的方式进行教学。对于建模课程的前期的一些基础性的训练,可采用传统的"讲练式"的数学教学模式。比如数学软件的使用,图形的绘制,数学文档的编辑等,教师讲解,演示与实验,然后学生进行操练熟悉,无疑是一种有效的方式。而对于出自生产和生活实际的问题模型的教学,教师可在讲解范例的基础上,采用"探究式"的教学模式进行教学。教师一步步引导,学生一步步练习,师生共同探讨,共同交流,直至问题解决。

五、结语

　　建模课程的教与学,以及作为教学效果检验的国内和国际的数学建模竞赛,无论是对学生还是对指导教师都是一个新的挑战。从某种意义讲,一方面,建模的全过程本身就是一个做学问的过程,这是大学生学习搞研究的开始;另一方面,建模活动的开展,对于培养学生理论联系实际、培养学生运用数学理论工具解决实际问题的能力有着不可替代的作用。特别是在公众普遍探讨大学教育如何更好地服务于社会实践的今天,数学建模活动的蓬勃开展有着极其重要的意义,广大的教育者和受教育者任重而道远。

参考文献

[1] 郑家茂,刘志鹏. 工科数学教学改革的思考[J]. 教学与教材研究,1998(6).

[2] 汪国强. 工科数学教学改革的回顾与展望[J]. 中国大学教学,2001(4).

独立学院参加数学建模竞赛的实践与探讨

温 鲜　霍海峰

（广西科技大学鹿山学院，广西柳州 545616）

摘要

本文针对广西工学院鹿山学院开展数学建模活动，阐述开展数学建模活动的实施、保障、奖励和宣传等方面做出的成效与基本经验，并提出了一些看法及建议。

关键词：独立学院；数学建模；奖励

一、引言

近几年来高等教育迅速发展，独立学院是新兴的一种办学模式，是依据教育创新而立足的，定位在本科层次，以培养应用型本科高级专门人才为办学动力和目标的介于本科教育与高职教育之间的高等教育机构。如何体现特色、保证人才培养质量，如何找准定位、发掘和建构人才培养模式的特色。是关系到独立学院生存与发展的关键问题。

数学建模是用数学语言描述实际现象的过程，是联系数学与实际问题的桥梁，是数学在各个领域广泛应用的媒介，是数学科学技术转化的主要途径，为了适应科学技术发展的需要和培养高质量、高层次科技人才，数学建模已经在大学教育中逐步开展，国内外越来越多的大学正在进行数学建模课程的教学和参加开放性的数学建模竞赛，中国大学生数学建模竞赛是由美国工业与应用数学学会在 1985 年发起的一项大学生竞赛活动，目的在于激励学生学习数学的积极性，提高学生建立数学模型和运用计算机技术解决实际问题的综合能力，鼓励广大学生踊跃参加课外科技活动，开拓知识面，培养创精神及合作意识，推动大学数学教学体系、教学内容和方法的改革。现在许多院校正在将数学建模与教学改革相结合，努力探索更有效的数学建模教学法和培养面向 21 世纪的人才的新思路。

结合我院参加全国数学建模竞赛在竞赛的实施、保障、激励和宣传等方面的做法，提出了一些看法及建议：

二、我院数学建模竞赛实施基本情况

我院自 2007 年参加全国数学建模竞赛以来，共取得全国二等奖一项，广西区一等奖 3 项，广西区二等奖 6 个，广西区三等奖 4 个，受益学生 2000 人，2009 年由原来的母体学院教师指导为主转变为以我院教师指导为主，并以基础教学部负责人建立校级项目，成立竞赛指导团队，确保具体工作有效的展开。主要有以下几方面工作：

（1）积极开设数学建模、数学实验选修课，进一步提高我院学生应用数学的能力，进一步推动我院数学建模竞赛工作，进一步扩大我院教学改革的成果。

（2）配合学院实验室建设，建立数学实验室。

为了改变过去以教师为中心、以课堂讲授为主、以知识传授为主的传统教学模式，数学建模指导思想是：以实验室为基础、以学生为中心、以问题为主线、以培养能力为目标来组织教学工作。通过教学使学生了解利用数学理论和方法去分析和解决问题的全过程，提高他们分析问题和解决问题的能力；提高他们学习数学的兴趣和应用数学的意识与能力，使他们在以后的工作中能经常性地想到用数学去解决问题，提高他们尽量利用计算机软件及当代高新科技成果的意识，能将数学、计算机有机地结合起来去解决实际问题。

（3）积极引进人才，建立我院数学建模指导团队。

（4）通过学院校报、海报、专题讲座等进行数学建模竞赛的宣传活动。

（5）帮助学生成立数学建模协会，进一步推动数学建模在我院的影响力。

（6）建立数学建模竞赛的激励机制。建立有效的激励机制，充分发挥学生的参赛积极性，是确保大学生数学建模竞赛持续开展并获良好成绩的关键。

（7）建立健全数学建模竞赛竞赛的保障机制。

（8）成立数学建模赛前培训班。

（9）成立数学建模分组强化班。

三、成效与基本经验

1. 建立健全了数学建模竞赛的保障工作

数学建模竞赛竞赛的保障机制，是竞赛顺利有效进行的前提，有利于激发大学生学习动机、培养创新能力和塑造良好性格特征。数学建模竞赛保障主要由规章制度保障、组织管理机构保障和竞赛服务保障三部分组成。

（1）建立规章制度保障。为使数学建模竞赛的组织管理更加规范，我院根据自身实际情况和全国数学建模竞赛组委会的文件制定了相应的竞赛章程和管理办法，明确数学建模竞赛的基本宗旨、竞赛范围、竞赛组织程序、各级管理机构的具体职责、参赛经费管理、指导教师工作量标准、奖励办法等，从制度上保证数学建模竞赛的教学及管理质量。

（2）组织管理机构保障。积极成立我院数学建模竞赛工作组和数学建模指导团队。主要负责：制定竞赛规程、竞赛管理细则和方案；确定竞赛规模；负责竞赛相关的校内外单位的联系与协调；负责竞赛学生选拔工作包括命题、评审等；合理安排竞赛所需经费；落实竞赛获奖学生和指导教师的奖励、颁奖等工作；协助各系部组织单位做好竞赛的组织、报名和宣传工作。自2007年以来，我院积极引进人才，涵盖了数学建模中的数学软件、微分方程模型、线性规划模型、概率统计模型等方面的专业指导教师。

（3）竞赛服务保障。整个竞赛活动中，服务工作相当重要，是竞赛顺利开展的前提和保障。这里涉及的服务部门主要有教务科研部、后勤管理服务部、学生工作部、图书馆、实验实训中心和相关的实验室，竞赛服务工作应贯穿整个竞赛活动，分赛前、赛中和赛后服务。教务科研部主要负责各服务部门之间的协调工作，确保竞赛活动的顺利进行。后勤管理服务部主要负责整个竞赛活动中所需要的自修教室提供、根据竞赛需要适当延长自修教室的熄灯时间，保证学生自习时间的机动性；竞赛期间学生的食宿安排；竞赛用车、用电保障。图书馆主要负责参赛学生的资料借阅、查询及部分自修室的提供。实验实训中心主要负责提供机房,电脑安全运行保障。专业实验室主要负责提供参赛学生的培训场所和相应的实验技术人员；保障实验设备、器材的完好运行；根据竞赛需要,延长实验室的开放时间,充分保证学生实验学习时间的机动性。

2. 建立健全了数学建模竞赛的奖励机制

数学建模竞赛从赛前的组织培训,赛中的服务管理到赛后的总结表彰,整个活动需要耗费大量的人力、物力和财力。因此,建立健全科学有效的激励机制是数学建模竞赛管理的重要内容之一。这其中包括精神鼓励和物质奖励。

(1) 指导教师奖励机制。在数学建模竞赛的组织管理中,在参赛学生的选拔培训中,指导教师起着举足轻重的作用,要想获得好的成绩,拥有一支优秀的竞赛指导教师队伍是必不可少的。为保证相对固定的优秀的竞赛指导教师队伍,除了教师的职业追求和奉献精神外,良好的激励机制是强有力的保证。教师的数学建模教学工作量费应纳入专项项目经费,数学建模教学工作量可以作为教师教学业绩考核工作量。其次要努力创造激励因素,如提高辅导课时费用、根据指导学生参赛的获奖结果给予相应的物质奖励,同时考虑给予其在评优评先、职称评聘、教师教学业绩考核、课题申报、教学成果奖等方面给予的充分肯定。职称评聘、教师教学业绩考核、课题申报、教学成果奖是高校教师的生命线,要真正调动教师的积极性,就要将教师所从事的事业与之挂钩。建立良好的指导教师激励机制,就能保证相对固定的优秀的竞赛指导教师队伍。

(2) 参赛学生的奖励机制。对参赛学生的激励分为物质奖励和精神鼓励,以物质奖励为辅,精神鼓励为主。物质奖励主要以竞赛期间的补贴和获奖后的奖励为主；学生所获成绩进行物质奖励,奖励依据学院有关规定发放的。

精神奖励则是参赛学生激励机制的主体,可分为在校期间奖励和毕业后奖励。在校期间的奖励,通过以下形式：给予获奖学生相应的创新学分,作为学生评优、评先的重要依据。

四、不足之处

(1) 对数学建模的宣传不够。随着数学建模竞赛参赛次数增多,宣传也就越来越重要。目前我院对数学建模竞赛的宣传主要集中在竞赛获奖报道,其实这只是数学建模竞赛宣传中的一小部分。对数学竞赛的宣传,应贯穿整个大学生涯。

(2) 学院应将数学建模指导教师的培训列入学院师资培训计划中。

(3) 数学建模竞赛对教学改革的促进。

五、结语

数学建模竞赛活动是一种密切联系实际的开放性、灵活性的教学活动,在促进高等教育发展,推动教学改革等方面有很高的实践价值,数学建模课程的教学研究仍有许多问题值得人们去思考。

参考文献

[1]　王彩彦.让数学建模走进高等数学教学[J].数学教学与研究,2009(24):60-61.

[2]　张颖.独立学院高等数学课堂教学技巧探讨[J].数学教学与研究,2010(6):65.

[3]　邓国和.数学建模课的教学模式研究[J].中国电力教育,2008,7:125-126.

[4]　叶其孝.大学生数学建模竞赛辅导教材(一)[M].长沙:湖南教育出版社,1997.

[5]　姜礼尚.数学模型[M].北京:高等教育出版社,2003.

独立学院学生数学建模能力的影响因素及其培养策略[*]

谢国榕　陈迪三

（广西师范大学漓江学院，广西桂林 541006）

摘要

简要分析了独立学院学生的群体特点，归纳出影响独立学院学生数学建模能力的动机与态度、知识的广度和深度、学习习惯等三个主要因素，针对这些影响因素，对如何提高独立学院学生数学建模能力提出了具体的培养策略。

关键词：独立学院；影响因素；策略；数学建模能力

一、前言

数学模型是用数学符号对一类实际问题或实际系统发生的现象的（近似的）描述。而数学建模则是获得该模型、求解该模型并得到结论以及验证结论是否正确的全过程[1]。培养学生的数学建模能力对于提高学生的综合素质能力、培养学生的创新精神、分析问题和解决问题的能力大有裨益，特别对于以培养应用型人才为目标的独立学院来说，这是一个非常行之有效的途径。独立学院是我国高等教育办学体制改革创新的重要成果，经过 10 余年的发展，目前全国已有独立学院 300 余所，在校生 200 余万人，已成为我国高等教育的重要组成部分。但是由于独立学院办学时间短，办学体系和理念还不尽成熟，而独立学院学生又具有非常鲜明的群体特点，因此，提高其数学建模能力一定要从独立学院的生源特点出发，找到影响其数学建模能力的因素，并制定有针对性的培养策略，达到使学生从被动学习数学到主动运用数学知识解决实际问题的效果，进而实现培养应用型人才的目标。

二、独立学院学生群体特点分析

1. 家境条件优越，思维活跃，动手能力强。独立学院的学费一般是普通高校的三倍左右，因此独立学院学生的家境条件普遍优越，在其成长的过程中能够接触到物质上的或精神上的新生事物，因此他们的思维比较活跃，动手能力强。

---

* 2011 年度新世纪广西高等教育教学改革工程项目"培养独立学院学生数学建模能力的研究与实践"（2011JGA137）；广西师范大学漓江学院实践教学项目"数学建模竞赛的组织实施和培训策略的研究与实践"。

2. 理论基础相当薄弱。通过表 1 可以看出，三本的分数线低于二本分数线 30 分以上，最多的时候相差有 80 多分，这就充分反映了独立学院学生自身的高中基础知识系统性较差，理论功底普遍来说比较薄弱，在学习中对于抽象的理论讲授方式强烈排斥，课堂学习效率低下。

表 1　广西区近年二本和三本招生分数线一览表

科别	2008 年			2009 年			2010 年		
	二本	三本	差值	二本	三本	差值	二本	三本	差值
文科	470	412	58	443	406	37	433	351	82
理科	440	370	70	467	432	35	453	383	70

3. 学习习惯差，对自我的要求较低。依据这几年在独立学院的教学经历发现，独立学院的学生未把家庭优越的物质条件转化为良好的学习成绩，究其原因，不是智力问题，而是自身的学习习惯问题，突出的表现在：自学能力较弱，学习缺乏韧性，遇到一点困难就知难而退，不求甚解，久而久之丧失了学习的兴趣与自信心，恶性循环而造成了最终的学习效果欠佳。

三、影响独立学院学生数学建模能力的主要因素

1. 动机与态度。著名的数学教育家乔治·波利亚强调为了有效的学习，学生应当对所学习的材料感兴趣并且在学习中找到乐趣[2]，这说明有效的学习应该具有动机，动机是激发和推动学生学习数学建模的原动力[3]，这种动机最好来自于学习兴趣和乐趣。对于数学模型的学习，尤其需要学生具有良好的动机与态度。因为在数学建模的过程中，需要从实际情况出发作出合理的假设以得到合理的数学模型；需要简明、合理、快捷地求解模型中出现的数学问题；需要验证模型是合理、正确和可行的，这当中的每一个步骤都具有一定的难度，都不会轻易地完成，如果没有良好的学习动机，就很难坚持学习下去；若没有良好的学习态度，也不能达到一个学习的高度。

2. 知识的广度和深度。由于数学建模的过程牵涉到几乎所有的数学分支学科，而且解决实际问题时还需要具备医学、力学、经济学等其他学科的相关专业知识，因此，具有一定知识的广度和深度是学好数学建模的一个前提条件，这一点对于自身理论基础相当薄弱的独立学院的学生来说影响比较大，在学习建模过程中学生往往会因此而产生畏学和厌学的情绪。

3. 学习习惯。数学建模与其说是一门技术，不如说是一门艺术。艺术在某种意义下是无法归纳出一条准则或方法的[4]。要掌握这门艺术，需要培养想象力和洞察力，需要艰苦的学习和韧性去获得所谓的灵感和创造性；而学习数学建模的方法，特别是机理分析的方法时，一般是采用实例研究的案例教学法，这就需要学习者具有自学、博览群书的良好习惯，以达到举一反三的目的和效果，而这些良好的学习习惯恰恰是独立学院学生所欠缺的，这也是影响其数学建模能力的一个重要因素。

四、培养独立学院学生数学建模能力的策略

1. 培养好奇心、上进心和荣誉感，增强学习的动机，端正学习的态度。在培养的策略上，首先，对入学新生有针对性地开展关于数学建模的目的、意义与成果的宣传，培养学生对于数

学建模的好奇心和一些感性认识；其次，要求相关任课教师在数学分析、高等代数、大学普通物理、概率论与数理统计、解析几何、数值分析、常微分方程等主干课程的教学过程中，有意识地、潜移默化地融入数学建模思想，启发引导学生充分理解学习数学的最终目的是在于解决实际问题，并掌握好解决实际问题所应具备的数学知识和技能；再次，通过精心选择数学建模的案例讲解来增强学生的好奇心和学习的兴趣，还可以利用参加数学建模竞赛来培养学生的上进心和荣誉感，继而转化为学习的动力。对所学的知识感兴趣是学习的最佳动机。当学生听到牛顿万有引力的发现、CT 扫描等都可以用数学建模的方法来实现时，这无疑会大大增强他们学习的兴趣。为了保持和延续这种积极性，可以精心组织与培训学生参加全国大学生数学建模竞赛，在竞赛中取得好的成绩，这样能够激发学生学习数模的上进心和荣誉感，学生们会发现，经过自己的努力，在与一本和二本学生同场竞技中，一样可以很优秀，这样反过来会更加激励他们自觉学习。

2. 采取循序渐进、阶段序进的教学方法。数学建模所需知识的广度和深度决定了学生在学习的过程中会遇到各种困难，因为独立学院学生本身理论基础薄弱的特点，如果在教学过程中急于求成、授课的跳跃性较大的话，学生马上就会产生厌学的情绪。因此，要采取循序渐进、阶段序进的教学模式，按照康德的格言"认识从感觉开始，再从感觉上升到概念，最后形成思想"来指导教学，才能达到教学的目的。比如，在讲解建模中的三大难点之一怎样从实际出发作出合理的假设时，首先利用中学的应用题来说明建模中假设的重要性和必要性，使学生对此有一个初步的认识；然后在初等模型的讲解中，根据具体的案例强调需要才假设，假设不是凭空出来的，假设必须合理，并介绍怎样判断假设合理的一些基本方法，使学生对此能上升到概念上的理解；最后在优化、概率、微分方程等模型的讲解中，穿插着关于这方面知识的复习和理解，最后使学生形成思想，真正地具备在实际建模过程中进行合理假设的能力。

3. 践行"因材施教"的教学理念。"因材施教"的教学理念最早由我国古代教育学家孔子所提出，是我国古代的一条重要教育教学法则，指的是在共同的培养目标之下，针对教育对象的性格、志趣、能力、原有基础等具体差异，提出不同的要求、采取不同的方法、施行不同的教育[5]。尽管当今时代与孔子所处的时代，在物质条件、价值取向、知识结构等诸多方面都存在着差异，但是这个思想方法仍然给予了我们独到的启示。特别是对于具有鲜明群体特征的独立学院的学生，更要采用"因材施教"的教学方法。在数学模型的教学过程中，不仅要备教材，更要备学生，需了解学生的兴趣爱好、生源特点、学习习惯以及疑惑和烦恼，针对独立学院学生的特点，按照"基础知识够用、专业知识适用、实践能力管用"的要求来培养学生，无须过分强调理论知识上的完备和掌握，在不影响应用的前提下，尽可能地淡化理论部分的讲解，并着重培养学生模仿与借鉴的应用能力。否则，求全责备，不仅理论知识学不好，应用能力也无法培养。

五、结语

总之，数学建模活动是一种理论联系实际的实践活动。在独立学院开展数学建模活动能很好地培养学生的应用能力，而只有充分考虑到独立学院学生的群体特点和影响其数学建模能力的因素，并采取适当的教学策略，才能使学生真正具备运用数学知识去解决实际问题的能力。

参考文献

[1]　叶其孝.大学生数学建模竞赛辅导教材(五)[M].长沙:湖南教育出版社,2008.

[2]　波利亚.数学的发现[M].刘景麟,译.北京:科学出版社,2010.

[3]　但琦,朱德全,宋宝和.中学生数学建模能力的影响因素及其培养策略[J].中国教育学刊,2007(4):61-64.

[4]　姜启源.数学模型[M].3版.北京:高等教育出版社,2010.

[5]　洪雪琼,胡敬爽,张锐.孔子"因材施教"思想的演进及其启示[J].高教论坛,2011(3):127-129.

高职学院开展数学建模竞赛的探索与思考

冯超玲[1]　施宁清[2]

(1. 广西电力职业技术学院基础教学部,广西南宁 530007;

2. 广西职业技术学院基础部,广西南宁 530226)

摘要

高职教育的职业定位,决定了高职学院开展数学建模竞赛活动与本科院校有许多不同。文章结合笔者亲历组织竞赛过程的体会,在分析目前高职学院开展数模竞赛活动的现状和意义的基础上,提出了促进大学生数学建模竞赛活动在高职学院持续健康发展的思路和做法。

关键词:高职学院;数学建模竞赛

近十几年来,中国大学生数学建模竞赛已成为目前全国高校中规模最大、影响最广的大学生课外科技活动,它在培养大学生知识的综合性、能力的创造性以及团队的合作精神、顽强的意志品质等方面都显示了独特的作用和优势。与此同时,我国高职教育近几年的发展也极为迅猛。据统计,2004 年我国高职学院在校生已经达到 595.65 万人,占高等教育学生总数的45%。然而,大学生数学建模竞赛在高职学院的开展却起步迟缓且步履维艰,其原因何在? 高职院校开展数学建模竞赛活动有什么意义? 怎样促进大学生数学建模竞赛在高职学院持续健康发展? 笔者将结合亲历竞赛指导和组织工作的体会,谈谈对上述问题的认识与思考。

一、高职学院开展数学建模竞赛活动的现状和原因分析

1. 起步迟缓,发展不平衡。以我区为例,广西赛区自 1994 年以来参加全国大学生数学建模竞赛的院校和参赛队逐年增加,2003 年达到了 20 所参赛院校共 111 支参赛队,但没有一所高职学院参加。2004 年后才陆续有一些高职学院参赛,2006 年参赛的 32 所院校中虽有 9 所高职学院,但也仅占全区高职学院的 1/3,有的高职学院长期徘徊在竞赛之外,有的断断续续,今年参赛明年休息。分析其原因主要有两个:一是部分高职学院对大学生数学建模竞赛十分陌生,对竞赛的意义缺乏认识,没有配套的实施办法和有效的激励机制;二是竞赛的指导教师匮乏,能力有限,目前高职数学教师队伍严重萎缩,有的学院数学教研室只剩一两个人,且多为教中职数学的老教师。

2. 数学功底基础薄弱,活动氛围不浓。参加数学建模竞赛需要扎实的数学功底和良好的应用意识。而高职的课程体系突出专业技能的培养,通常只在一年级开设一个学期的"高等数学"课程,总学时一般仅有 30~80 节(有的甚至为 0 节)。教学内容以一元微积分的基本概念和简单算法为主。大多数参赛的高职院校,仅仅是为竞赛而竞赛,极少关注数学建模思想和方法在深化数学教学改革、促进课程建设等方面的作用。

3．学生兴趣很高，培训工作量很大。高职学生总体水平较差，但对从未接触过的数学建模充满好奇。然而数学建模竞赛对学生的知识和能力要求都比较高，同时因高职学生二年级末就要面临用人单位的挑选，参赛学生通常只能在一年级中选拔，他们的基础和能力（包括自学能力、自我管理的能力）显然都没有本科生扎实，因此赛前（暑假）培训的工作量非常大。

二、高职学院开展数学建模竞赛活动的意义

首先让我们先了解一下数学建模竞赛的形式和内容：学生以队为单位参赛，每队 3 个人。竞赛期间参赛队员可以使用各种图书资料、网络资料、计算机及软件，但不得与队外任何人讨论。竞赛题目一般来源于工程技术和管理科学等领域经过适当简化加工的实际问题，有较大的灵活性供参赛者发挥其创造能力。

可见，学生通过赛前的培训学习以及竞赛中的实际应用，必将在以下七个方面得到锻炼和提高：一是运用学过的数学知识解决实际问题的能力；二是利用计算机求解数学模型的能力；三是面对复杂事物发挥想象力、洞察力、创造力和独立进行研究的能力；四是团队精神和协调能力；五是勇于参与的竞争意识和不怕困难、奋力攻关的顽强意志；六是查阅文献、搜集资料及自学的能力；七是撰写科技论文的文字表达能力。这些能力无一不与高职的培养目标相悖。即使作为生产一线的操作工，研究能力和撰写科技论文的能力似乎不那么重要，但用发展的眼光来看，这些能力的储备也绝不会多余。而其他方面如创新能力、自学能力、应用能力特别是团队精神、竞争意识和顽强的意志品质都是高职学生必备的素质，是未来高技能应用型人才的职业关键能力。所以，竞赛对高职学生的发展是绝对有益的。

此外，赛前对学生的培训辅导过程，也是指导教师自我完善和提高的过程。高职数学教师需要尽快改变其知识老化、研究乏力的状况，指导数模竞赛就是解决这一问题的一个突破口。大学生数学建模竞赛不仅为高职学生搭建了竞争和挑战的平台，也为高职数学教师创造了学习和提高的机会，尤其是数学建模倡导的理论联系实际的学风、探究式的案例教学以及开放的评价模式，对教师创新高职数学课程的教学，必将产生积极和深远的影响。不仅如此，由于赛前培训通常安排在暑假，任务重、压力大，而且付出多、回报少，教师通过参与这项极富挑战的教育实践，还能让自己得到实实在在的道德磨炼，获得直接的、积极的道德体验，这对教师（尤其是青年教师）培养职业品质、塑造人格、建立威信都是十分有利的。另外，高职学院组织学生参加全国大学生数学建模竞赛，除了培训之外还要开展许多相关的活动，也可丰富校园学生课外科技活动，提高学生创新能力与综合素质，促进教师队伍建设，推动优良学风的形成和教学改革的推进。

三、促进大学生数学建模竞赛在高职学院健康持续地发展

大学生数学建模竞赛能否在高职学院健康持续地发展，关键在高职院校自身的努力。

首先，对学院而言，应当将科技竞赛纳入学校人才培养的总体方案，结合学院实际，制订具体的行动计划、配套的保障措施和有效的奖励机制，落实相关活动的责任人。应当开设"数学建模"和"数学实验"选修课，培养学生对数模的兴趣，为竞赛打基础，也为高职数学课程建设和教学改革创造条件。要加强数模竞赛指导教师队伍的建设，培养一支勤奋、敬业、有较高水平的中青年教师竞赛指导团队。在每年的经费预算中设立科技竞赛专项资金，构建数模实验室和数模资料室，完善数模培训的教学条件。另外，还应当发挥团委、学生社团的作用，多渠道地开展数模竞赛

及相关的宣传活动等基础性工作,营造良好的数模竞赛氛围,丰富校园学生课外科技活动。

其次,对数学教师(尤其是青年教师)来说,应当视数模竞赛指导工作为己任,敢于面对压力,迎接挑战,应当主动参与竞赛培训等工作,树立正确的价值观、职业观和利益观,默默奉献,积极探索数学教学改革,将数学建模的思想和方法有机地融合到高职数学课程中去,切实改变因能力缺失造成的在数模培训中"不作为""不能为"和在数学教学中"不创新""不改革"等消极被动的现状,争取尽快胜任竞赛指导工作。

最后,对具体工作而言,高职学院可以借鉴本科院校的成功经验但不能完全照搬,应当因地制宜、因人制宜,大到年度竞赛活动的策划和组织,小到某个模型的教学方法,每一所高职学院都应该有自己的特色和做法,应当结合本校的人才培养目标、教学资源以及学生的能力,精心组织竞赛的相关活动,尤其要把握重点,注重细节。如培训内容应当是最经典、最常用的模型和方法,但也必须是高职学生通过努力能够理解和掌握的。应当以培养学生的综合素质为工作重心,在学生的创新能力、自学能力、应用能力,特别是团队精神、竞争意识和顽强的意志品质的培养过程中花大力气。广西职业技术学院于 2005 年第一次组队参加全国大学生数学建模竞赛,并取得良好的成绩,在 6 个参赛队中,有 4 个队获广西赛区二等奖;2006 年有 1 个队获全国二等奖(同时也获得广西赛区一等奖),3 个队获广西赛区二等奖,2 个队获广西赛区三等奖。而广西电力职业技术学院于 2006 年第一次组队参加全国大学生数学建模竞赛,并取得不俗的成绩,在 7 个参赛队中,2 个队荣获全国二等奖(同时也获得广西赛区一等奖),另有 1 个队获广西赛区二等奖,4 个队获广西赛区三等奖;2007 年再次组队参赛,获得 3 个全国二等奖和广西赛区一等奖。事实证明:通过自身的努力,高职学院可以在全国大学生数学建模竞赛中取得较好成绩,而高职学生也必定会在艰苦的培训和竞赛过程中得到锻炼和提高。

此外,各级教育行政管理部门的政策引导、社会各界的关注和扶植、媒体的宣传等,可提高高职院校尤其是学院领导对竞赛意义的认识。各赛区组委会应加强对高职院校竞赛活动的业务指导,为高职教师创造和提供更多学习和交流的机会。同时,创设公平的竞赛环境,确保赛题的质量,并适当降低难度使之符合高职学生的能力,让高职学生更加真切地体验到竞赛的魅力。这些都是促进竞赛健康持续发展的重要保证。

四、结语

正如教育部高等教育司在《关于鼓励教师积极参与指导大学生科技竞赛活动的通知》中所指出的,实践证明,积极开展大学生数学建模竞赛等科技竞赛活动,"有利于教学与科研的结合,有利于培养学生的实践能力、创新精神和合作精神,有利于推动教学改革和教学建设,是非常有意义的工作"。尽管目前高职学院开展大学生数学建模竞赛活动仍有不少困难,但是我们有理由相信,在社会各界的关心和支持下,这一项能使高职学生、教师和学院全面受益的竞赛不仅值得我们为之努力,而且一定能越办越好。

参考文献

周远清,姜启源.数学建模竞赛实现了什么[J].全国大学生数学建模通讯,2006(1).

高职院校数学建模培训现状及对策

秦立春

（柳州铁道职业技术学院公共教学部,广西柳州 545007）

摘要

针对高职校数学建模培训的现状,提出从数学建模教师团队的建设、数学教学思想的更新和《数学建模》教材建设三个方面来解决高职数模培训的现状。

关键词：数学建模；教师团队；教材建设

一、数学建模的意义

自从 20 世纪以来,随着科学技术的迅速发展和计算机的日益普及,社会的日益数学化"高技术本质上是数学技术"的观点已被越来越多的人所接受。培养学生应用数学的意识和能力已经成为数学教学的一个重要方面。而参加数学建设模竞赛则是培养学生的数学应用能力及提升学生综合能力的一个非常好的方法,数学建模在高职数学教育中的作用是十分明显的。

1. 高职院校学生数学基础差、学习兴趣不高,通过参加数学建模培训可提高学习数学学习的兴趣和应用数学的能力

近年来高职学院生源整体下降,文化基础薄弱,学生学习数学的兴趣不浓,认为数学不过是一大套推理、计算和解题的技能而已。而传统的数学课程的教育方式只要求学生套用现成的公式和会做计算,导致学生不会或意识不到运用数学工具去解决各自领域的实际问题,自然也无兴趣可言。[1]而数学建模活动中,以实际问题尤其从学生的专业课程中发掘数学模型的素材进行建模或解模。这不仅充实了数学内容,改革了忽视应用数学的教学方法,而且生动有趣的建模和数学模型的求解过程都表现为学生动脑、动手做数学、用数学、体验数学的过程。在这个过程中,学生会有自己亲自解决实际问题而兴奋的情绪体验,也能够体会到知识的价值和数学知识在解决实际问题中的工具性作用,从而形成一种情绪和精神上的动力,进而提高他们的学习兴趣,应用数学的能力。

2. 高职院校学生参加数学建模培训对提高专业学习的作用

数学建模所解决的实际问题涉及工农业生产和社会生活的各个方面,与各专业学科有着十分密切的联系,数学建模可作为沟通数学教学与专业课程教学之间的桥梁。另外社会对数学的需求并不只是需要数学家和专门从事数学研究的人才,而更大量的是需要具有开放性思

维和创新意识、勤于思考、善于运用数学知识及数学的思维方法来解决实际问题的人。学生在专业学习甚至走上工作岗位后工作时的条件与数学建模竞赛非常相近,常常要做的工作是要对复杂的实际问题进行分析,把这个实际问题化成一个数学问题建立数学模型来解决。数学建模培训无疑能促进学生的专业学习和提高学生的综合素质。

3. 数学建模竞赛是检验学生学习数学和应用数学的好方法

随着高职院校高等数学课程的改革,其评价体系也随之相应改革。课程评价以发展学生能力为重点,并注重评价学生运用数学知识进行分析问题和解决实际问题的能力,着重要考核"考不出"的能力。有关资料表明,现代管理对人才测定的要求有100多项指标,而凭卷面考试只能考出其中1/3,其余的则很难用传统的考试方法考出,如毅力、合作能力、创造能力、方法能力、想象能力、直觉能力、获取信息能力、口头表达能力等。[2]而数学建模竞赛从内容与形式上决定了学生必须具备以下能力:

(1) 运用学过的数学知识分析和解决实际问题的能力;
(2) 利用计算机求解数学模型的能力;
(3) 面对复杂事物发挥想象力、洞察力、创造力、独立进行研究的能力;
(4) 关心、投身国家经济建设的意识和理论联系实际的学风;
(5) 团结合作精神及进行协调的组织能力;
(6) 勇于参与的竞争意识和不怕困难、奋力攻关的顽强意志;
(7) 查阅文献、搜集资料及自学的能力;
(8) 撰写科技论文的文字表达能力。[3]
因此数学建模能更有效、较全面的考察学生的能力。

二、高素质的数学建模教学团队是数学建模培训工作开展的坚实基础

1. 高素质的教学团队成立的可以完善知识结构,达到优势互补,互相促进的作用

由于数学建模竞赛与一般的数学竞赛完全不同因此在竞赛前要对学生进行建模培训及选拔。在参赛学生选拔与培训过程中,指导教师起着举足轻重的作用。统计2010年全国大学生数模竞赛广西赛区获奖名单及全国获奖名单有以下结果(见表1,图1和表2)。

表1　2010年广西赛区获奖一览表

获奖等级	指导方式	总数	获奖组数	所占比例/%
赛区一等奖	数模组指导	22	14	63.6
	单个老师指导		8	36.4
赛区二等奖	数模组指导	33	15	45.5
	单个老师指导		18	54.5
赛区三等奖	数模组指导	59	28	47.5
	单个老师指导		31	52.5

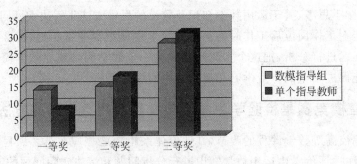

图 1　2010 年广西赛区获奖图

表 2　2010 年获全国奖一览表[4]

获奖等级	指导方式	总数	获奖组数	所占比例/%
全国一等奖	数模组指导	1	1	100
	单个老师指导		0	0
全国二等奖	数模组指导	14	9	64.3
	单个老师指导		5	35.7

数据显示,2010 年专科组共有 24 个高职高专院校参赛,其中有 12 个单位是以数学建设模指导组的形式指导学生参加比赛。广西赛区共评出一、二、三等奖 114 个,其中以指导组形式指导学生参赛共获奖 57 个占了总数的 50％且一等奖的获奖比例更是高达 63.6％。赛区一等奖共 22 个,其中有 15 个获全国奖,全国一等奖及半数以上的二等奖均为数模指导组指导。查阅 2009 年、2008 年的获奖名单均有相同的规律。这些数据说明了高素质的教学团队成立的可以完善知识结构,达到优势互补,举集体之力可以达到更好的效果。

2. 通过"内培外引、专兼结合"的建设思路,实施教师队伍素质提升工程

俗话说:"强将手下无弱兵",要想在数模竞赛中获得好成绩必须建设一支高素质指导教师队伍。为了提高教师的水平,一方面可以多派教师走出去进行专业培训学习和学术交流,比如参加数学建模指导教师培训班和应用数学研究生班等。另一方面可以多请著名的专家教授走进来做建模学术报告,使师生增长知识,拓宽视野,了解科学发展前沿的新趋势、新动态。其次由于竞赛的题目来源生活及各行各业,有跨专业,综合性强的特点因此指导教师的组成结构不应仅是数学专业的教师还应该广泛吸收年青的专业教师,以改善数学教师在具体问题中研究不够深入的不足。通过专兼结合的组合达到知识结构的优势互补。[5]例如我校 2010 年和 2011 年均有一个队获全国二等奖而这两个队无一例外都有两位老师指导,一个数学教师另一个则是专业教师。

三、教学思想的更新是数学建模培训工作顺利开展的有力保障

1. 数学建模思想融入"高等数学"的课堂教学扩大了学生学习的知识面、增强了学生学习数学的兴趣

高职教育是培养高等应用型技术人才的教育。因此,高职数学的教学内容应充分突出"应用"的特点,其作为专业课程的基础,为专业所用。在有限的时间内既要让学生学会必要的高

等数学知识同时又激发学生学习数学知识的兴趣,提高运用数学知识解决专业问题的能力,不妨在高等数学、线性代数的教学过程中介绍数模活动并融入数学建设模的思想将一些"简单且短小"典型的实际问题引入教学内容,利用一定的课时讲解浅易的数学建模,以增强数学内容的应用性、实践性、趣味性。如在在学完最值定理后,可以与"森林救火问题"相结合;讲完微分方程知识后,可以与"传染病模型"和"人口增长模型"相结合;学完积分知识后,可以与"存贮问题"相结合,等等。[6]在学与用的相互促进中既拓展了学生的知识面,增强了学生学习数学的兴趣也宣传、普及了数学建模思想,培养学生建模能力。为后期进一步的选拔参赛选手及培训做好铺垫。

2."数学建模"课程的开设进一步激发了学生学习数学和应用数学的兴趣,为数学建模培训工作顺利开展提供了有力保障

在"高等数学"的课堂教学融入数学建模思想仅仅是宣传的作用,而"数学建模"选修课的开设则使学生系统的学习建模的基本思想、方法,各种初等模型、规划模型、数学软件,题目内容涵盖工业、农业、工程、金融、环境、管理等领域。在教学模式上一改传统"填鸭式"教学模式,而是以问题为主线、老师为主导、学生为中心,开放式、实践性的学习,任何问题没有唯一、完美的答案。在学习中学生要经历分析问题、搜集资料、调查研究、建立模型、求解等环节。全过程没有固定模式可循,学生有极大的空间,充分发挥自身的积极性、创造性。[7]"数学建模"选修课结束后可从中选拔参赛选手。这为数学建模培训工作顺利开展提供了有力保障。

四、实验设施的完善和教材建设推进是提高培训教学质量的重要保证

分析历年的建模竞赛试题不难发现它所涉及的问题,是社会所关注的热点问题,或者是科研工作者们在科研中碰到的实际问题,往往贴近我们日常生活生产的实际问题,题目所涉及的资料多,数据量大,用人工来处理这些数据根本行不通,因此凸显出 Excel 软件和数学软件MATLAB、LINGO 处理数据的巨大优势。此外,建模过程中还需要上网查找建模问题所涉及的知识,相关的文献资料。而数学实验室的建设可为数学建模培训及竞赛提供硬件上的支持。

教材是正常教学的基本条件,提高教学质量、培养合格人才的重要保证;是学生在学习中接受知识信息的最主要最基本的源泉,自学的凭借。为提高数模培训质量还应推进数学建模教材的建设:

首先我们可以选择一本涵盖了数学建设模基础知识的建模书籍作为培训教材,其中一定要包括优化模型、离散模型、微分方程模型、差分方程模型、概率统计模型等。由清华大学姜启源教授编写的经典教材《数学模型》受到多个高校推荐,我们不妨以书中的前六章作为培训的基本教材。

其次是建模软件工具书。数学建模常用软件有 Excel、Word、MATLAB、LINGO 等,Excel、Word 学生在计算机基础课程中已学过,重点是 MATLAB、LINGO,MATLAB 的功能很强大其涉及的领域也很广泛,因此我们只要挑选比较简单的,跟数学建模有关的内容整理成软件培训资料。这些内容包括一般的矩阵、数组、函数、图形功能、程序设计等,还包括解专门模型的命令,如差值与拟和、微分方程数值解、(非)线性方程组的解法、(无)约束优化、方差分析、回归分析等。

再次编写《优秀数模论文集》。从历年大赛成功经验说明有效借鉴前人的研究成果可以事半功倍。全国大学生数模竞赛举办了 20 年,虽然每年题目不同但在解题方法有相似之处,因此可搜集整理历年全国大学生数学建设模竞赛中优秀数模论文主要是 C、D 两题的优秀数模论文,编写《优秀数模论文集》以供学生模仿、借鉴解题方法和学习论文的写作。

五、结语

总之,数学建模培训是一个系统工程,是高职数学教学改革的突破口,是对学校办学资源的一次局部整合,是对高校数学老师教学理念的更新,更是对指导教师综合实力的提升,也是对学生创新意识与能力、综合素质的一次提高。

参考文献

[1] 孟津,王科.高职高专数学教学改革的必由之路[J].2007(1):41-45.

[2] 陈雪芬,蒋志强.高职高等数学课业评价方案的设计[J].湖北广播电视大学学报,2008(4):18-19.

[3] 吕跃进.全国大学生数学建模竞赛作用浅析[EB/OL].(2011-03-29)[2012-3-28].http://wenku.baidu.com/view/97629b0790c69ec3d5bb75e4.html.

[4] 吕跃进.2010年全国大学生数学建模竞赛广西赛区经验交流及优秀论文选——广西赛区获奖名单[M].广西:广西赛区主委会,2011.

[5] 徐伟.数学建模竞赛的组织和培训工作[EB/OL].(2009-10-21)[2012-3-28].http://resource.jingpinke.com/details? uuid=ff808081-2475b91c-0124-75b9549f-3a3e&objectId=oid:ff808081-2475b91c-0124-75b9549f-3a3f.

[6] 贾学龙,杨华.将数学建模思想融入高等数学教学中的研究[J].中国轻工教育,2011(2):93-94.

[7] 董国玉.浅谈高职院校开设数学建模课程的重要性[J].中国校外教育,2009(8):144.

让数模竞赛成为高职学生成长的助推器

施宁清　麦宏元

（广西电力职业技术学院，广西南宁 530007）

摘要

高职教育的职业性定位决定了高职院校开展数学建模竞赛活动与本科院校有许多不同。文章结合实际，提出了让数模竞赛宗旨与高职人才培养目标接轨、将数学建模的思想和方法融入高职数学课程以及把优良品质的培养渗入数模竞赛和培训全程等使数模竞赛融入高职教育途径和方法，总结了让数模竞赛助推学生成长的一些成果和体会。

关键词：数学建模；高职教育；融入；接轨；助推

高职教育的培养目标是高技能应用型人才，学科竞赛成绩不构成反映高职人才培养工作水平的主要指标。高职数学教学以"必需够用"为度，即使是在电力高职，数学课程也只是在部分专业的一年级开设，平均不足 60 学时。教学的周期短、课时少，学生基础差、起点低。在这样的背景下开展数学建模竞赛活动，特别是组织参加全国大学生数学建模竞赛，困难可想而知。五年来，我们在学院领导的关怀和大力支持下，积极探索让数模竞赛融入高职教育助推学生成长的途径和方法，下面是我们的一些做法和心得。

一、让数模竞赛宗旨与高职人才培养目标接轨

全国大学生数学建模竞赛的宗旨是"创新意识，团队精神，重在参与，公平竞争"，这其中的关键词：创新、竞争、团队精神等，无一不是未来高技能人才的核心能力。《教育部关于全面提高高等职业教育教学质量的若干意见》早已明确了高职教育就是要"培养面向生产、建设、服务和管理第一线需要的高技能人才"的目标，因此，从字面上把数模竞赛宗旨与高职人才培养目标联系起来很简单，但要在人才培养工作中真正实现竞赛宗旨与人才目标的接轨，并没有现成的经验。近几年，广西电力职业技术学院（以下简称"我院"）根据《教育部关于全面提高高等职业教育教学质量的若干意见》和教育部高等教育司《关于鼓励教师积极参与指导大学生科技竞赛活动的通知》等有关文件的精神，在组织领导、人力财力物力、管理机制等方面给予了大力支持。并在如何结合专业需求和学生特点，把数模竞赛与专业教学相结合，努力促进学生综合素质提高等方面也作了一些探索。首先是学院成立了以院长为主任，分管教学副院长、教务处（科研处）处长为副主任，各系部正、副主任为成员的学科知识和技能竞赛组织委员会，全面负责学院各类学科知识和技能竞赛活动的规划和领导。二是进一步完善了有关管理制度，初步建立了学科知识和技能竞赛的激励机制。2010 年又重新修订了《广西电力职业技术学院学生学科知识和技能竞赛管理及奖励办法》，各项竞赛活动采用项目化管理。逐步推行"四个一"工

程,即每个学生要参加一个社团、协会或科技兴趣小组,每个专业每年要举办一项以上学科知识或专业技能竞赛,每个教师要参与一个社团、协会或科技兴趣小组的指导工作,每个学生每年要参加一项以上的学科知识和技能竞赛;将指导学生参加学科知识和技能竞赛的情况作为教师评优评先、年度考核和名师评选的一项重要内容。三是在经费、人力、设备及其他条件等方面给予大力支持和倾斜。这些措施极大地增强了各承办部门和负责人的责任感和使命感,有效地激发了师生参加学科知识和技能竞赛的积极性和主动性,促进了数模竞赛宗旨与高职人才目标的对接。

二、将数学建模的思想和方法融入高职数学课程

高职专业课程中有许多的概念本身就是经典的数学模型,这为"融入"提供了丰富的教学资源。而持续开展的数学建模竞赛等活动,更为"融入"创造了优越的教学条件。几年来,我们完成了"将数学建模的思想和方法融入高职数学课程的研究与试验""高职学院开展大学生数学建模竞赛活动的研究与实践"等课题研究。教学中我们以赛促教,以赛促改,摒弃了过去那种"只教算法,不讲应用"的消极做法,面向专业需求、结合学生实际,对数学教学内容进行与时俱进的选择、整合和整体设计。一是突出数学思想的来龙去脉,努力揭示数学概念的实际来源和应用。二是以专业应用案例作为数学课程资源,围绕专业应用创设情境。三是根据教学需求和学生的接受能力精选模型,不求自成体系,但求与课程内容自然衔接。例如,在讲导数概念时,我们首先引导学生回忆在《电路基础》中的电流强度定义,并以电流强度的数学模型作为导数的引例重点讲解,让学生在"知识反刍"中,细细品味数学建模的思想方法及其妙用。通过数学建模思想与数学知识、专业知识经常性的渗透和互动,不但实现了数学建模思想精髓有机的融入课程,也促使教学的重点在建模过程中得到进一步的提炼和强化,让数模思想和方法的融入"水到渠成",也使学生的知识在建模中得以融合、检验和升华。总之,在将数学建模思想融入高职数学课程的过程中,我们追求这样的境界:"像毛泽东主席在'咏梅'这一词章所写的那样:'俏也不争春,只把春来报。待到山花烂漫时,她在丛中笑'"。

三、把优良品质的培养渗入数模竞赛和培训全程

高职学生多为应试教育的失败者,不会学习、不敢竞争,但他们却要面对的是技术不断进步、竞争越来越激烈的职场。而数模竞赛在培养学生的创新能力、自学能力、应用能力特别是团队精神、竞争意识等方面具有十分独到的功效。因此我们认为,高职的数模竞赛活动,不仅要成为数学教学改革的载体,还应当着眼于学生的职业发展承载更多的素质教育内容。数年来,我们始终坚持"过程第一,品质优先"的原则,把指导竞赛的工作重心下移至日常的基础培训,并把学生优良心理品质的培养渗透到平时指导数模协会工作和数模培训的教学等活动中。我院的数模协会成立五年,每年都招新、换届,指导教师在认真当好协会参谋的同时,还主动参与协会的各种活动。由于我院没有实行学分制,一直以来,数学建模等内容的学习,大多是以课外培训班(非选修课)的模式进行,通常要经历四个阶段,一是秋季学期的基础培训,主要由数模协会组织,教师指导老会员为新会员开讲座,指导会员分组自学等,期间穿插几个数模座谈会、交流会和由教师担当主讲的报告会;二是春季学期的专题培训,仍然由数模协会组织,宣传、报名甚至课堂考勤等都由协会负责,教师负责授课,主要针对院级选拔赛进行专题培训;

三是暑假初期的数学软件应用能力培训；四是暑假后期的综合强训。前两个阶段面向全院学生，不设门槛，来去自由，培训内容突出趣味性和针对性，难度控制在"跳一跳摘果子"的高度，后两阶段的培训对象是参加全国赛的"准队员"，内容突出基础性和实用性，难度控制在"搭人梯摘果子"的高度。通过师生的"循环互动"和长时间与数模的"亲密接触"，一批又一批学生从感兴趣到敢尝试，从尝试到坚持到执着到热爱……在亲身体验数学的发现、应用和创造的历程中，在享受数学建模的思想和方法"滋润"的同时，他们的自主学习合作探究能力、耐挫力和自我调控力都得到了充分的锻炼，自信心、责任感、竞争意识、锲而不舍的精神、辩证理性的思维等优良心理品质逐渐形成。我们追求这样的境界："随风潜入夜，润物细无声"。

四、收获和体会

自 2006 年开始，迄今我院已有累计 44 个队一百多名学生参加了 2006 年至 2010 年五届"高教社杯"全国大学生数学建模竞赛，有 54 人组成 18 个队参加了 2007 年和 2009 年的"电工杯"全国大学生数学建模竞赛，还有上百名学生自发组队参加全国大学生数学建模网络挑战赛。五年来，我院累计获得全国一等奖 1 个、二等奖 4 个、三等奖 7 个，同时有 8 个、14 个和 13 个队分别获得广西赛区的一、二、三等奖。

对于高职学生而言，奖状之外的收获更加难能可贵。"一次参赛，终身受益"是他们的共同感受，艰辛的数模培训和竞赛经历，让每一个人刻骨铭心，也使他们得到了前所未有的全面锻炼和提高。经历数模竞赛之后，许多学生又在其他评选和比赛中屡屡获奖，如黄浩被评为自治区学生社团先进个人、吕伟丽被评为自治区优秀学生干部、莫莹莹被评为第二届广西大学生"奋进之星"……近三年共有 7 名数模队员获国家奖学金，有 37 名队员获得励志奖学金。在最近公示的院级"三好"和"优干"名单中，有 52 人（次）是数模协会会员。如果数模竞赛的宗旨与人才培养目标接轨，那么，这项具有特定内涵和模式的竞赛，在教育人、陶冶人和发展人的素质等方面将意义非凡。我们将不断探索，使数模竞赛成为高职学生成长的助推器，努力促进大学生数学建模竞赛在我院持续健康开展。

参考文献

［1］　李大潜.将数学建模的思想和方法融入大学数学类主干课程［J］.中国大学教学，2006(1)：9-11.

［2］　种国富，郭宗庆.关于在高职数学教学中融入数学建模思想的思考［J］.教育与职业，2007(11)：111-112.

［3］　施宁清，李荣秋，颜筱红.将数学建模的思想和方法融入高职数学的试验与研究［J］.教育与职业，2010(9)：116-118.

以四种能力为导向探索高职数学建模教学新模式[*]

梁宝兰　莫亚妮　马南湘

(广西建设职业技术学院,广西南宁 530003)

摘要

本文根据目前高职教育的人才培养模式,针对目前高职数学建模教学中存在的一系列问题,提出了以实践能力、创造能力、就业能力和创业能力"四种能力"为导向的高职数学建模教学模式的改进和创新。

关键词:四种能力;数学建模;教学模式;创新

一、引言

《教育部关于全面提高高等职业教育教学质量的若干意见》(教高[2006]16 号文件)关于"加强素质教育"问题中明确提出:要针对高等职业院校学生的特点,培养学生的社会适应性,教育学生树立终身学习理念,提高学习能力,学会交流沟通和团队协作,提高学生的实践能力、创造能力、就业能力和创业能力,培养德智体美全面发展的社会主义建设者和接班人。由此可见高等职业教育的人才培养是以增强大学生的实践能力、创造能力、就业能力和创业能力这四种能力为目标。而数学建模是将实际问题转化为数学问题,并综合运用数学知识解决问题。通过体验数学与日常生活和其他学科的联系,有助于发展学生的实践运用能力、创新意识和创造能力,增强了学生日后就业的竞争力。因此近年来,数学建模教学在各高职院校的数学教学中备受重视,随着数学建模竞赛的推广,各高职院校纷纷开设有数学建模课,由于高职数学建模起步较晚,在教学上大部分沿用了本科数学建模课的特点。然而高职数学建模的教学不同于本科,应体现"高职"的特点,突出知识的应用性,以培养学生的实践能力为目标。本文针对高职数模课教学中存在的问题,提出以实践能力、创造能力、就业能力和创业能力"四种能力"为导向改进和创新高职数学建模教学模式。

二、高职院校数学建模教学现状分析

首先,高职学生数学基础相对较弱。由于高校扩招,高职院校学生的入学起点较低,学生的基础相对较弱。加上很多专业文理兼招,造成学生数学基础差异较大。另外,高职院校侧重

---

* 新世纪广西高等教育教学改革工程立项项目(2011JGB242)。

高技能应用型人才的培养,而数学只是理论基础课,大部分高职院校仅开设一年数学课或者是一个学期数学,有的甚至取消数学课程的开设,这样高职学生的数学基础,很难跟本科院校的学生相比,因此数模课程的开展也就更需要有所不同。

其次,教学模式保守,教学内容缺乏针对性。在高职院校数学建模课程的开设主要有两种形式:一种是大众化教育,即面向全校学生开设的公共选修课;另一种是精英化教育,面向少数参加竞赛的优秀学生开设的提高课。无论是哪种形式的数模课,在教学模式上都以教师教授为中心。这样的教学往往容易让学生觉得数模课既抽象又枯燥难以理解,逐渐失去了学习的热情和兴趣。而且在教学内容上,未能针对高职学生的具体情况对模型内容进行选择简化,学生在学习过程中难以消化吸收,学习效果欠佳。

最后,学制短学时少,教学课时相对较少。由于高职教育是以"为专业服务,必需够用"为原则,对基础课程的教学学时进行了严格的控制,作为基础课的数学课的学时被大幅度的缩减,更不要说数学建模这类选修课,因此在缺乏良好数学基础的情况下,使数学建模教学的开展举步维艰。

以上这些现状给高职数学建模的教学带来了诸多困难。面对这些困难,为了更好的培养学生的四种能力,因此很有必要针对高职的特点,对数学建模教学进行改革。

三、以四种能力为导向的教学新模式

1. 以"必需够用"为原则优化教学内容

目前大部分高职院校的数模课分为公共选修课和提高课两种形式,而且两种形式的教学课时都相对较少。因此在必需够用为原则的基础上,根据高职学生的基础以及不同层次学生的需求选择合适的教学内容,加强教学内容的针对性,在有限课时内精简优化教学内容,简化模型理论教学内容,增加模型应用部分内容,丰富模型的具体应用,这样既注重了知识的应用性,又培养了学生的四种能力(见表1)。

表1 数学建模两种课程的教学内容

课程类型	学生对象	教学内容
公共选修课	全校学生	初等模型、简单优化模型、线性规划模型、概率模型
提高课	参加竞赛的优秀学生	优化模型、规划模型、概率统计模型、微分方程模型、综合评价模型、图论

对于公共选修课的教学内容,主要以培养学生学习的兴趣为主,对所有选修该课程的学生进行数学建模入门教学。另外,在案例上选择有趣的生活案例和专业案例,为培养学生的实践能力、创造能力、就业能力和创业能力这四种能力打下基础。而提高课的教学内容,主要是在公共选修课的基础上进一步加深学习,除了模型的学习,还要加上数学软件例如 MATLAB 和 LINGO 的学习,开展数学建模各个方面的综合培训,在提高竞赛能力的同时,也为综合能力的提升打下良好基础。

2. 以培养学生四种能力为目标改进教学方法

为培养学生的实践能力、创造能力、就业能力和创业能力这四种能力,在教与学中应突出实践应用,采用与实践联系紧密的教学方法,避免传统教学中单一的、满堂灌式的教学方法。

在教学中使用的基本教学方法有：讲授法、案例教学法与项目教学法（如图 1 所示）。

图 1　数学建模课采用的教学方法

（1）讲授教学法。对于基础模型部分的学习，仍然采取以讲授法为主，贯穿少而精的原则，重视基础模型的介绍，使学生了解各种模型的实质是什么以及应该如何应用。淡化理论部分定理、公式的推导以及证明，简化计算，对于计算复杂、运算量大的计算可以运用 MATLAB 和 LINGO 等数学软件加以解决。

（2）案例教学法。根据具体数学模型涉及的实际问题，对典型案例进行讨论。在课堂中重视互动讨论，案例教学体现师生双向交流、对话和讨论，教师的主要责任是负责引导和组织学生讨论，引导学生把所学的理论知识运用于实践中，而不仅仅是教师单向给学生传授知识，学生被动接受知识。在单元部分教学结束后，安排 1～2 个相应案例分析。在学习简单优化模型时，可以引用最优价格案例进行讲解。在学习图论时，可以引用管道铺设案例进行分析。通过剖析案例，鼓励学生发表意见，通过师生间与学生间的对话和讨论，培养学生的实践能力和创造能力。

（3）项目教学法。项目教学法的特点在于授课前首先给出本章项目任务，针对任务讲授相关知识点，然后利用这些知识点来解决问题，让学生带着问题听课。在教学中可以适当的引入企业中跟数学有关的项目，利用各数学模型的特点设定项目任务。例如某些工程项目中研究随机事件及概率，随机问题模型的建立及分析，工程中生产与存储问题、运输路径以及销售问题都可以作为项目内容融入到教学中，体现了从实际中来，运用到实践中去，培养了学生从多角度、多层次获取和应用知识的能力。

通过多种教学方法，激发学生学习的兴趣，扩大学生的知识面，有效地调动学生参与教学活动的积极性，在主动参与过程中，引导学生积极思考、乐于实践，到实践能力的提高。

3. 为提高教学效果，加强数学实验教学

数学实验教学是数学建模课中比不可缺的实践性环节，是利用计算机技术和数学软件包进行数学模型求解。数学实验教学包括两部分内容，一部分是数学软件教学，学习 MATLAB、LINGO 和 SPSS 等数学软件。另一部分是模型案例教学，学生通过分析问题，建立相应的数学模型，并运用数学软件求解模型。通过合理安排数学实验内容，可以提高学生求解模型的能力以及运用计算机解决实际问题的能力，能有效提高教学效果。因此，在数学建模课中加强数学实验教学内容，可以充分发挥计算机辅助教学的作用，可以充分调动学生的主观能动性，培养学生应用知识的能力，提高教学质量。

四、结语

总之，高职的数学建模课的教学应该要区别于本科数学建模的教学，教学改革应结合"高职"特色，在教学模式上要体现出高职培养模式的特点，这样才能在学习过程中培养学生的实

践能力、创造能力、就业能力和创业能力四大能力的培养,使学生具备较强社会适应性和就业能力,成为高级技术应用性专业人才。

参考文献

[1] 刘莹.高职数学建模教学改革的尝试[J].高教论坛,2010(6).
[2] 刘颖,徐莹.高职院校开展数学建模活动模式探讨[J].教育与职业,2010(14).
[3] 刘刚,王艳艳,刘金波.关于数学建模教学的思考[J].中国科技信息,2010(14).
[4] 刘学才.高职数学建模教学的现状及对策[J].湖北职业技术学院学报,2012,15(2).
[5] 黄金超.高职院校数学建模教学研究[J].滁州职业技术学院学报,2012,11(2).
[6] 黄世华.高专院校数学建模教学模式的探索与实践[J].科技创新导报,2012(8).

提高高职院校数学建模教学有效性途径的探索

刘崇华　何远奎　杨　巍

（广西工业技术职业学院，广西南宁 530001）

摘要

简要论述了数学建模课程及其特点，分析了高职院校数学建模课教学中存在的问题，提出了改革的举措，并对实践的效果进行了总结。

关键词：高职院校；数学建模；教学；有效性

全国大学生数学建模竞赛是高校规模最大的课外科技活动之一，竞赛从 1992 年只有六百多名大学生参加，到 2013 年七万多名大学生参加，可谓发展迅速，影响广泛。随着数学建模竞赛的举办，数学建模课程也随之进入高校的课堂，有别于普通的高等数学课程，数学建模课程内容与实际联系紧密、解法有套路可循又不墨守成规，因此对于培养学生的应用能力与创新能力起到独特的作用，深受学生的欢迎，由最初专门面向竞赛开设，已逐渐成为许多高校的必修课、选修课。在高职院校，数学建模课更多只是作为选修课开设，课时自然不会多（约 30 学时），高职生数学基础普遍较差，学习课程所需知识面广，教学难度较大，凡此种种，诸多现实与困难必须面对和克服。如何开展这门课程的教学，提高教学质量，是高职院校需要研究的一个课题。本文介绍我们在这方面的认识、探索、实践与体会。

一、数学建模及其特点

数学建模是运用数学的语言和方法，通过抽象、简化，建立能近似刻画并解决实际问题的数学模型的过程。它具有如下特点：实践性，就是说数学建模所涉及的问题来源于工程技术、经济生活、社会活动等各方面的实际问题，经过简化加工而来；应用性，模型都是生产生活中急需解决的问题，数学建模提供了一种从数学的角度解决这些问题的方法和手段；综合性，解决问题时所需要的不仅仅是数学知识，往往还需要物理，生物，机械，管理，计算机等各学科、各领域的知识。这些特点决定了数学建模的复杂性与多样性，搞好这门课程的教学并非易事。

二、数学建模教学现状分析

1. 学情分析

从高职院校的生源来说，大多数学生的数学基础较差，学习主动性和积极性不够强，欠缺刻苦钻研精神。但他们也有学习知识、技能的愿望，积极要求进步，明白他们今天的学习是在为今后走向工作岗位做准备。

2．数学建模影响力分析

在高等数学课程的教学中教师虽也讲解过一些简单的应用问题，偶尔也会向学生介绍数学建模的有关情况，但若问学生"你知道数学建模吗"，学生大多会回答"不知道"、"没听说过"，这说明学生对数学建模了解不多甚至一无所知，在此情况下，不说要学生学好数学建模，就是希望学生对数学建模产生兴趣，也是勉为其难。

3．数学建模教材分析

目前大多数高职院校选用的教材是本科层次的教材，涉及知识面广，教学难度较大，不利于高职生的学习，学生很容易被吓跑，谈教学效果也只能是奢望了。即便是自篇讲义，也只不过是本科的简化版，有一本适合高职院校教学用的数学建模教材，目前还是一个愿望。

4．数学建模教学方式及效果分析

在数学建模教学中，"讲授法"还是主流教学法，虽也有启发，借助多媒体辅助教学，但由于互动不足，学生自主参与较少，主动性和积极性没能有效调动起来，导致教学效果不够理想，学生没懂多少，没有理解掌握数学建模的思想和方法，因此目前的教学方式不利于调动学生学习的主动性和积极性，不利于激发学生学习数学建模的兴趣，不利于取得良好教学效果。

三、数学建模教学的改革举措

1．加强宣传

为了让更多的学生了解数学建模，可通过纸质媒体、电子媒体进行宣传，还可通过组建学生数学建模协会开展活动广而告之，还可通过在高等数学的教学中融入数学建模的案例，让学生初步了解数学建模及其特点，产生学习数学建模的兴趣。

2．分类开课

为了让更多学生受益，虽有竞赛任务，数学建模选修课还是不应限定选课学生范围，比如只限定一年级学生或者有意参赛的学生，而应面向全体学生开设，又考虑到选课的学生不全是以参加竞赛为目的，不全是对数学建模感兴趣，甚至有些是因为没得选而又必须完成选修课学分的要求，可将选修课班级分"普及班"和"竞赛班"两类供学生选择，既满足学生选课的需求又兼顾竞赛的需要，对不同班级提出不同的教学要求。

3．优化教学内容

在选择教学内容时，应注意如下几点：一是模型类型不宜太多，不要搞得太复杂，比如只讲初等模型、简单的优化模型；二是模型数量不宜太多，以 4～6 个为宜；三是难度不宜太大，还应循序渐进，内容最好为学生了解、喜闻乐见，所选模型应有利于培养学生求异思维、创新思维；四是加入数学软件的教学，让学生"玩起来"，初步学会数学软件的使用，体会数学建模与普通数学的不同之处，体验到数学的用武之地。

4．改进教学方法

传统的讲授式教学法,学生一般处于被动状态,不利于发挥学生的主观能动性,而要学好数学建模需要学生主动积极参与,更多参与到教学过程当中来,因此应该采用任务驱动教学法、互动式教学法、研讨式教学法等。

四、收获与体会

从 2013 年开始,我们在数学建模选修课教学中进行了实践,取得了良好效果,有如下收获和体会:

1．数学建模课堂教学面貌焕然一新

任务驱动、互动式、研讨式等教学法的综合运用,改变了以往"教师讲,学生听",学生被动的教学模式,转变为学生主动参与、自主协作、积极探索的新型学习模式,践行了"教师为主导、学生为主体"教育精神;通过教师引导学生进行研究学习,让学生亲历知识产生与形成的过程,学会独立运用其所学的数学知识解决实际问题,从而实现知识发现与重构,激发学生的学习潜能和学习兴趣,培养了学生的学习能力和应用能力,使课堂充满活力。

2．树立了学生学好数学建模的自信心

由于教法得当,优化了教学内容,加入了数学软件的学习,使学生成为了学习的主人,不再是知识的被动接受者,而是通过亲身实践、主动探索去学习发现知识,从中体验到了成功的喜悦,克服困难的乐趣;降低了学习的难度,渐进的内容安排,使学生不再觉得数学建模难以学习;而且内容贴近生活实际,使学生不再认为数学无用武之地,变要我学为我要学。

3．教师要善于组织、指导、监控

教师组织安排教学内容时,必须要对教学内容要有透彻的理解,教学设计要有较强针对性,切实可行,要使学生通过完成任务,实现教学目标、达到教学目的;在学生自主协作学习过程中,教师要注意监控学生的学习进程,了解学生学习过程中碰到有哪些困难,给予学生适当的指导或组织学生攻坚克难。为了活跃课堂气氛,除了师生交流,还应鼓励学生之间的交流,鼓励学生展示自我,发表看法,特别对于学生思维中的亮点,要加以鼓励,培育学生思维中的灵活性与创新性。

参考文献

[1]　李尚志,等.数学建模竞赛教程[M].南京:江苏教育出版社,1996.
[2]　刘崇华,何远奎.任务驱动教学法在数学建模培训中的实践与体会[J].科教文汇,2014(7):38-39.

高职院校开展数学建模教学中应注意的几个问题

高　英

（广西机电职业技术学院，广西南宁 530007）

摘要

本文阐述了在高职院校中开展数学建模教学的重要意义，并提出了在教学过程中应该注意的几个问题。

关键词：高职院校；数学建模；教学

在高职院校中开展数学建模教学是为了使学生将所学的数学方法与知识同周围的现实世界联系起来，甚至和真正的实际应用问题联系起来。数学建模不仅使学生知道数学有用、怎样用，更重要的是使学生体会到在真正的应用中还需要继续学习。数学建模是一种创造性的活动，也是解决现实问题的量化手段。作为一种创造性活动它要求建模者具备敏锐的洞察力、良好的想象力、较强的抽象思维能力和创新意识；作为一种量化手段，它需要建模者具备较强的知识应用能力和实践能力。因此，开展数学建模教学不仅可以加强知识积累，提高学生的科学素质，而且可以从根本上实现从应试教育向素质教育的转变，解决高等职业教育的特色问题，构建一种满足高职教育人才培养目标所要求的体系全新、特色鲜明的课程内容体系。为了更好地达到预期的教学效果，在教学过程中应注意的几个问题：

一、合理安排教学内容

高职院校学生数学基础薄弱，绝大部分学生从没接触过数学建模知识。针对这些特点，教学内容的选择应该以数学知识和方法为纵向，以问题为横向，由易到难，由浅入深。第一部分是补充知识，主要包括：规划论、图论、组合优化、概率统计、层次分析、微分方程、排队论等数学理论和数学方法；第二部分是编程训练，强化数学软件包括 Mathematica，LINGO 等软件包的应用和 C 语言编程能力；第三部分是数学建模专题训练，从小问题入手，由浅入深地训练，使学生体会和学习如何运用数学知识和数学技巧解决实际问题，建立数学建模的思想和方法。

同时还要注重提高学生的兴趣，注意理论和实际相结合。一方面可以介绍一些学生感兴趣的实际例子来说明问题，例如在彩票中概率知识的运用；另一方面，可通过一些与学生专业相结合的数学模型来激起学生学习的欲望。

二、建模教学过程中要突出学生的主体地位

由于受到长期传统应试教育的影响，学生一直处于被动学习的地位，动手能力差，应用意

识薄弱。数学建模教学的特点决定了突出学生主体地位的重要性,传统教学中满堂灌的方式已经不再可取,以学生为主的探索讨论式教学变得尤为重要。教学过程中以教师为主导,学生为主体,教师以教学内容为主线,围绕教材章节,归纳讲解不同类型的数学思维方法和常用的数学思维方法,在教学过程中教师起到引导和示范作用,引导学生发现问题、提出问题,探索解决问题的途径,形成探究的教学模式,从而激发学生的学习兴趣,增强学生学习的主动性。教师要做到充分尊重学生的权利,培养学生的积极性,确保其思考的自主性。另外,要鼓励学生充分发表个人意见,并且不要轻易否定学生的思路或强行让学生的思路沿着教师的思维走。要鼓励学生大胆尝试、动手操作、动脑思考,勇于提问、勇于探索、勇于争论,让学生始终处于主动参与、主动探索的积极状态,真正地把学生培养成为能够自主地、能动地、创造性地进行认识和实践活动的主体。

三、建模教学中要注重学生综合素质的培养

数学建模是一门综合性的课程,除了要求建模扎实的数学基础知识外,还必须补充额外的大量知识。但由于时间短,所有知识不可能由教师一一讲授,所以必须发挥学生学习的主动性。高职院校的学生一般自主学习意识比较淡薄,学习的主动性不强,因此在课堂教学之外,教师还要更多地引导学生充分利用课余时间,加强自主学习、自我教育能力的培养。

具体的做法是在教学过程中根据学生的具体情况,适当进行分组,一般3个人一组,然后布置相应的数模题目,教师适当讲解给予学生方法性的指导,让学生自己思考以达到对实际问题有一个清晰的理解,了解问题的实际背景,已知什么,未知什么,要解决什么问题,明确建模的目的,初步确定用哪一类模型。在模型准备阶段,教师可引导学生主动查阅文查阅文献搜集资料,尽早弄清对象的特征,用所学的数学知识将实际问题进行转化。这种训练使学生在很短时间内获取与题目有关的知识,锻炼了他们从互联网和图书馆查阅文献、搜集与处理资料的能力。由于数学模型大多是用符号语言描述所以涉及如何把实际问题转化为数学问题的翻译能力,而这恰恰是传统的课堂教学中所忽略的。

构造数学模型是一种创造性的工作,需要想象力、类比、猜测、直觉和灵感更需要一种组合与选择。教师必须注重培养学生的观察能力和想象力。让学生反复揣测题目,适当增加或减少参数变量,改变变量的性质,降低建模的难度,改变变量之间的函数关系,改变约束关系改变模型形式等,这样的训练能让学生经过分析抓住问题的主要矛盾,舍弃次要因素简化问题的层次,对可以用哪些方法解决面临的问题用哪些方法的优劣可做出判断,利用实际问题的内在规律和适当的数学工具,建立数学模型。

在求解模型时,要求学生既会用手工计算又会用数学软件进行运算,像微积分、线性代数、概率与统计微分方程、运筹学、模糊数学等数学课程中的简单计算要求学生进行人工计算。求解多维数据模型时要求学生能应用数学软件,如 MATLAB,LINGO,LINDO 等,或根据模型运用 C 语言编程进行编程并根据得到的结果检验是否符合实际问题的情况。教师可设计层次不同的题目锻炼学生应用数学软件包的能力。

最后要求学生要按竞赛委员会的要求规定的规格完成。要求学生注意细节尤其强调熟悉写好摘要,关键词,模型评价等,使学生熟悉数学建模论文的常规格式和结构。还可以引导学生在网络搜寻历年赛题优秀论文,阅读优秀建模作品,揣摩其中的写作方法和技巧。

教师在讲评学生论文时,鼓励积极开展讨论和辩论。小组可以踊跃发表见解,介绍本组的

解题思路和方法,其他组可以补充、修改,或提出质疑,也可以另辟新径采用不同的建模方法,最后由教师点评各种方法的优势和不足。

整个过程实际上就是自主学习,探索解决方法的过程,经过这样的训练让学生具备了一定的学习和创新的能力,使学生真正成为学习的主体,从激发学生的学习兴趣和学习积极性,培养学生团结协作、共同奋斗的精神。同时,学生的自学能力,使用文献资料、应用计算机以及写作能力的能力也得到了提高。这恰恰符合社会对人才要求具备终身学习和自主创新的能力。

四、应采取先进的教学手段和教学方法

在开展数学建模教学过程中,为了达到精讲多练的效果,突出学生应用能力的培养,我们要改变传统的黑板加粉笔的教学方法,采用多媒体教学手段进行直观教学。

教学方法上以问题驱动教学。教学中具体的是引入案例、提出问题、带着问题、学习理解决问题,使学生从这些问题入手,学习体会数学知识的技巧,激起学习的兴趣。

教学手段上借助多媒体进行教学。多媒体系统具有很强的真实感和包含大量的不同种类的信息,并且具有直观、形象的呈现方式,例如,在讲解连续与间断点时,一些简单的函数图像学生自己能够做出来,但一些较复杂抽象的图形不容易能准确做出。教学中教师借用MATLAB软件,只需几行简单的命令,就能画出直观准确的函数图形,从而使连续、间断以及间断点一目了然。在演示程序的调试和运行过程中,实现了教学的直观性和互动性,大大加快了授课速度,同时也提高了教学效果。

高职数学教学的目标是培养学生应用数学知识来分析和解决实际问题的能力,重视数学的应用性、实践性是高职数学课程改革的趋势。数学建模教学是实现这个目的的一个新的教学环节,它体现了数学理论与应用的紧密结合。充分调动了学生学习的主动性,对于提高学生用数学知识和计算机技术解决实际问题的能力,培养创新能力与应用能力,培养团队合作精神,全面提高学生的素质具有积极的意义。因此,如何在高职院校更好的开展数学建模教学是我们应该不断研究的课题。

参考文献

[1]　刘冬华,郭琼琼.对高职开展数学建模活动的几点认识[J].郑州铁路职业技术学院学报,2006(12).
[2]　杨泳波.数学建模竞赛对高职学生能力培养的作用[J].文教论坛,2007(12).
[3]　王秀梅,王东升,刘慧芳.高职高专数学建模竞赛组织的研究与实践[J].河南机电高等专科学校学报,2007(9).

加强高职数学建模教学，提高学生创新素质

颜筱红　苏　坚　梁东颖

（广西交通职业技术学院，广西南宁 530023）

摘要

数学建模是一种创造性活动，是培养学生创新素质的重要载体。系统建构数学建模教学与数学教学改革、人才培养有机整体，通过创新理念、建立平台、优化内容，强化实践、建立机制等手段，加强数学建模教学，推进大学生创新素质教育。

关键词：数学建模；高职院校；教学

"教育是知识创新、传播和应用的主要基地，也是培养创新精神和创新人才的摇篮"。如何将培养学生创新素质贯穿于人才培养的全过程是每位教师必须密切关注和亟待解决的课题。结合广西交通职业技术学院数学建模教学实践，探讨培养学生创新素质的高职数学建模教学。

一、开展数学建模教学是培养学生创新素质的有效途径

数学建模是一种创造性活动，是通过对实际问题的抽象，简化、确定变量和参数，并应用某些"规律"建立起变量，参数间的确定的数学问题，求解该数学问题，解释、验证所得到的解，从而确定能否用于解决实际问题的多次循环，不断深化的过程。数学建模作为一种创造性活动，它要求建模者具备敏锐的洞察力、良好的想象力以及灵感和顿悟，较强的抽象思维和创新意识，即需要建模者具备较强知识应用能力和实践能力，因此，开展数学建模教学是培养大学生创新素质的有效途径。

二、加强数学建模教学，推进学生创新素质教育

1. 树立正确的数学建模教学理念，推进学生创新素质教育

由于高职学生数学基础差及数学课时剧减等原因，使得一些高职院校的数学建模教学定位不清，把工作重点放在参加全国大学生数学建模竞赛上，只面向少数优秀学生，没有与数学教学改革、人才培养相结合。因此，加强数学建模教学，推进学生创新素质教育，转变观念是关键。教师要树立正确的高职数学建模教学理念，应把数学建模教学当作一个有机整体，不仅注重知识传授、能力培养和素质提高三位一体，还要与数学教学改革、专业教学改革、实践活动、教师专业素质培养有机结合。

2．构建数学建模课程体系，搭建学生创新素质教育平台

把"数学建模与数学实验"课程引入课堂，开设"数学建模与数学实验"选修课；把数学建模的思想和方法融入"高等数学"和"经济数学"等课程，搭建递进式、多载体的数学建模课程体系，即：

	模 块 名 称	教 学 载 体	教 学 目 标
高职数学建模课程体系	综合建模模块	全国大学生数学建模竞赛 数学建模竞赛培训班	强化数学建模方法，提升学生数学应用能力和综合素质
	专项建模模块	数学建模与数学实验 （选修课） 数学建模讲座	学习数学建模方法，提高学生数学应用能力
	基础建模模块	高等数学（必修课） 经济数学（必修课） 工程数学（选修课）	渗透数学建模思想和方法 培养学生数学应用能力

该体系中必修课、选修课、讲座与培训班相结合，课内学习与课外拓展相结合，使数学建模教学贯穿于人才培养过程中，改变了以往数学建模教学只面对优秀学生和竞赛的现象，扩大了提高学生数学应用能力和创新能力的受益面，同时为学生搭建了个性化发展及展示自我的舞台。

3．优化与重组教学内容，培养学生创新意识

突出数学建模思想，培养学生用数学的意识，既是激发学生创新意识的过程，也是挖掘学生创造潜能的过程，为此，我们在"用"字下功夫，优化与重组教学内容：

（1）按照"以数学工具递进设计教学单元，以典型案例贯穿单元内容，以解决实际问题强化训练"的脉络构建数学建模选修课教学内容体系，典型案例选择贴近生活和专业，并按解决问题的实际步骤呈现过程。

（2）把数学建模思想和方法融入"高等数学""经济数学"等数学课程中。由于仅靠数学建模选修课对培养学生创新能力所起的作用是很有限的，而且在"高等数学""经济数学"等课程中含有丰富的数学建模素材，如许多概念本身就是从客观事物的数量关系中抽象出来的数学模型，它必对应着某个实际原型。因此，我们有责任加以挖掘整理，从全新的角度重新组织"高等数学""经济数学"课程的教学内容体系，在数学概念、数学应用、课后练习三个环节中突出数学建模思想。一方面使数学课程的教学内容具有明显的现实背景；另一方面使融合过程突出数学与专业之间的内在联系，前后呼应，凸显了高职数学课程的应用性与职业性。如"导数的应用"内容，使路桥专业的学生接触到曲率变化对道路安全的影响，使管理专业的学生由此领会边际和弹性的意义。如教材中涉及应用方面的习题较少，课后作业基本上是套用定义、定理和公式解决问题，这对培养学生的数学应用意识与创新能力不利，为此，可选取一些与实际生活或专业相联系的开放性应用题作为课后练习题，采取实践报告的形式，让学生独立或组成小组利用解析方法或计算机数值计算共同完成，写出解决问题所用到的数学方法与手段，体会与见解，从而提高对所学知识的理解与掌握，培养学生探究与解决问题的能力。

4．"教、学、做、赛"一体化，激发学生创新能力

学生是学习活动的主体，必须自主参与教学活动，才能获取新知识，提高创新能力。因此，在数学建模教学中，教师要充分利用课堂教学、数学建模竞赛、数学建模协会、网络课程四个平台，构建"教、学、做、赛"一体化的数学建模实践教学体系，激发学生创新能力，使学生学会学习和思维，学会发现问题和解决问题。

（1）优化课堂实践，把解决一个实际问题看成一个项目，把建立一个模型当作一个任务，积极探索"项目引导、任务驱动、团队完成"的实践活动，让学生"学中做""做中学"，提高学生自学能力、应用能力等职业核心能力。

（2）强化课外实践，通过课外"导师制"与数学建模协会等途径，引导学生结合专业，认识未来职业岗位问题，解决现实生活中的实际问题。

（3）加大实践力度，把专业案例与竞赛培训相融合，通过全国大学生数学建模竞赛这一平台，让学生展示自我，提高应用能力和创新素质。

（4）建立数学建模网络课程，提供丰富的教学资源和拓展资源，搭建学生自我学习、自我教育的平台。

此外，实施3∶5∶2的考核新模式，在平时成绩（30%）、期末闭卷成绩（50%）的基础上，增加数学实践报告成绩（20%），以考核学生信息利用能力、应用能力、总结归纳能力、与人合作能力等综合能力，科学评价学生的学习成效。

5．建立良好的课程建设机制，奠定学生创新素质教育的基础

由于数学建模具有构成多元化、实践性强等特点，因此，注重教学、科研、竞赛三者的相互支撑，形成"教—研—赛"三位一体的课程建设机制非常关键。教师要注重数学建模相关课题研究，加强理论指导教学和竞赛；要加强与相关学科教师间的相互合作，为教学和竞赛培训提供专业实证，并提高自身专业素养；要参与数模竞赛指导，锻炼自身能力，并主动把竞赛中蕴涵创造性的优秀成果纳入教学内容，优化课程内容等。

三、结语

系统建构数学建模教学与教学改革、人才培养的有机整体，通过创新理念、建立平台、优化内容，强化实践、建立机制等手段，开展数学建模教学，是培养大学生的数学应用能力和提高大学生创新素质的有效途径。

参考文献

[1]　单冷，许亚丹.抓好数学建模教学，激发学生创新思维[J].中国高等教育，2001(15)：54-55.

[2]　许先云，杨永清.突出数学建模思想，培养学生创新能力[J].大学数学，2007(8)：137-140.

[3]　刘仁义.加强数学建模课程建设深化大学数学教学改革[J].渭南师范学院学报，2005(3)：94-96.

数学建模视角下的数学分析课程教学的探讨

段璐灵

（广西教育学院，广西南宁 530023）

摘要

本文简要分析了数学分析课程开设的现状，探讨了在数学分析课程教学中融入数学建模思想的重要性，通过在教材内容中融入数学建模思想，在教学方法中融入数学建模思想，在课堂教学中融入数学建模思想，在考核中融入数学建模思想四个方面，给出了将数学建模思想融入数学分析课程教学的具体建议。

关键词：数学分析；数学建模思想；融入

数学分析课程是我校专科数学教育专业的必修课之一。该课程教学跨时最长，有 4 个学期；教学时数最多，有 272 个学时；学分数量最大，有 16 个学分。历来受到学校、系及教师、学生的高度重视，是我院的重点建设课程。它包含的内容丰富，涉猎问题广泛。学好数学分析是学好常微分方程，微分几何，复变函数等课程的基础。数学分析在数学科学中占有重要的地位，数学的许多新思想，新应用都源于数学分析的基础。同时它的理论和方法已广泛应用于工农业、军事等领域的各个部门，它在科学技术与人类实践活动中正在发挥着越来越大的作用。

一、数学分析课程开设的现状

1. 调查统计

笔者随机抽取了我校数学教育专业 2011 级和 2012 级两个年级共 90 名学生进行了问卷调查，问卷共设有 4 个问题，要求学生在选择的基础上进一步回答，统计情况如下：

%

问　　　题	A（非常满意）	B（比较满意）	C（一般）	D（不满意）
你对数学分析课教材的满意程度	2.9	29	63.8	4.3
你对数学分析课教学方法的满意程度	3	31.5	62.1	7.3
你对数学分析课考试方式的满意程度	1.5	15.2	67.7	15.6
你对数学分析课在人才培养方面的满意程度	2.5	33.8	58.3	5.4

除了对学生进行问卷调查，笔者也对系里的部分教师进行了口头调查，教师普遍反映，在教学中常常感觉学生学习积极性不高，自学能力差，学生对于数学的思想、方法领会不透，数学能力、创新意识、创新能力得不到提高，很多学生既不懂得如何运用数学知识来解决问题，又会

认为学数学无用。

2．结果分析

作为数学专业最重要的一门基础学科，传统的数学分析课程在传授数学概念、定理、培养学生严密的逻辑思维和推理能力、证明和计算能力等方面都取得了很好的效果，培养各类人才起到了积极的作用。但从以上的调查我们也不难看出，在新时代，我国高校长期固定的数学教育模式存在的一些弊端凸显了出来，具体反映在如下几个方面：

（1）教材注重求全求严、理论化、抽象化；教学内容重古典轻现代，重连续轻离散，重理论轻应用。

（2）教学方法重演绎轻归纳，教师采用"满堂灌""填鸭式""保姆式"的教学方法，学生主体地位得不到充分发挥，教学过程中学生基本处于消极接受状态，很少参与。

（3）教学模式单一，重统一轻个性，教学与实际应用脱节，虽然学了不少的数学知识，但会"用数学"的凤毛麟角，甚至有人因此认为学数学无用。形成时代要求培养掌握和运用技术的新型人才与现行数学教育脱离的矛盾。

（4）考试内容和形式单一，试题侧重于记忆，以计算方法与技巧为主，形式几乎是清一色的闭卷考试，不能反映出学生的真实水平。

上述问题的存在，不但影响了学生学习数学分析课程的积极性，更重要的是影响了后续课程的学习，不利于应用型人才的培养。因此，数学分析课程现有的这种教学模式必须要改革。

二、在数学分析课程教学中融入数学建模思想的重要性

著名数学家吴文俊说过，"数学要真正得到应用，数学建模是取得成功最重要的途径之一"。数学建模是联系数学理论与实际问题的桥梁，它是对实际问题进行分析，建立数学模型，对模型求解并用于实际问题的处理。中国科学院院士、全国大学生数学建模竞赛组委会主任李大潜认为，数学建模已成为现代应用数学的一个重要组成部分，开展数学建模竞赛活动，在大学开设数学建模课程，努力将数学建模思想融入数学类主干课程，顺应了历史潮流，值得大力提倡。竞赛组委会秘书长姜启源教授说："高等教育要在高度信息化的时代培养具有创新能力的高科技人才，将数学建模引入教育过程已是大势所趋。"笔者认为，研究和探讨数学建模在当前专科数学分析课程教学中的应用，以及将二者紧密结合起来发挥更大的作用等问题，将会在提高学生对数学分析课程学习的兴趣等方面起到重要作用。

三、在数学分析课程教学中巧妙融入数学建模思想

1．在教材内容中融入数学建模思想

传统的数学分析教材，注重内容编排形式而忽略了思维过程的叙述。严谨的公理化系统使得学生只见结构形式，不见复杂的思维过程，把数学当作一个已完成的形式理论，看不到思维情节，学起来枯燥无味。因而，对数学分析教材的删、补、改、融合是渗透数学建模思想的重要前提。新的教材应以提高数学素质为指导思想，贯彻加强基础、注重应用、增强素质、提高能力的原则，在突出知识体系，优化知识结构，打破几十年大学数学课程一贯制的传统模式，融数

学分析与数学建模为一炉的综合数学分析。将数学建模的思想和方法有机地融合到数学分析教材中去,模块式地适当嵌入数学建模内容。如概念和定理的引入要创设丰富的问题情境,尽量给出其原始背景资料,把蕴藏在其中的数学建模思想的轨迹展现出来。在微积分章节中,适时融入数学建模思想,解决实际生活中的优化问题,提高数学分析的应用能力,促进学生数学知识与数学应用的整合,达到提高学生数学素质的目的。另外,可以在作业上多设置一些来源于实际生活的开放型应用题。

2．在教学方法中融入数学建模思想

传统的数学专业课教学一般采用以教师讲,学生听的教学模式,始终把学生当成是知识的容器,一味的灌输、填鸭,学生被动地接受知识,根本不能调动学生的学习积极性和主动性。这种以知识为中心的模式有必要进行改革了。笔者认为教师不应拘泥于传统的教学方式,可以参考数学建模课程中"以学生为中心、以问题为主线、以培养能力为目标"的模式来组织教学工作,大胆尝试融入数学建模思想的教学方法上的创新。教师在课堂教学中要做到"理论与实际结合、教师讲授与学生讨论结合、数形结合"即"三个结合"来开展数学分析课程教学活动。在某些内容上可以采用数学建模教学中普遍用到的"案例教学法"来开展教学。教师担任导演,负责提供教学案例材料,组织学生开展讨论;学生担任演员,根据老师提供的案例材料进行思考与讨论,并对案例中提出的各种问题给出正确的结论。在整个教学过程中学生担当主角,教师作为教练、导演或主持人,只是起引导和启发的作用。可见,在数学分析课程中采用案例教学法,可以锻炼、提高学生的语言表达能力、分析问题、解决问题的能力以及创新能力。另外,还可以采用数学建模课堂中常用的"项目教学法"和"面向问题式教学法"——"以项目为主线,教师为主导,学生为主体"的探究性学习模式,把教学内容融入到项目中去,教师引导并帮助学生实施该项目的探索和学习,而学生在教师的帮助下,通过自主学习、合作学习来完成这一项目。在这个过程中,学生主动参与、积极探索、自主创新。

3．在课堂教学中融入数学建模思想

恩格斯说:"自然界对这一切想象的数量都提供了原型。"这也是数学本身的一个特点。数学分析中的函数、极限、连续、导数、微分、积分、重积分、级数等概念都是从客观事物的某种数量关系或空间关系抽象出来的数学模型。为此,教师应该结合教学过程,使学生了解到他们现在所学的那些看来枯燥无味但又似乎是天经地义的概念、定理和公式,并不是无本之木、无源之水,并不是从天上掉下来的,也不是人们头脑中所固有的,而是有其现实的来源与背景,有其物理原型或表现的。教师在教学中,当所引用的实际问题有原始背景资料时,应把蕴藏在其中的数学建模思想的轨迹充分展现出来,这时,枯燥的概念和定理对学生来说就变成了一个灵动的符号,学生乐于接受它,对于它的应用自然也不排斥了。如学生在学习数列极限的"ε-N"定义时,可以引用现实的例子帮助学生更好地认识与理解什么是数列极限,即可以用这一个原型来引出极限的概念。古代哲学家庄周所著的《庄子·天下篇》引用过的一句话:"一尺之棰,日取其半,万世不竭。"课堂上通过分析、推理、归纳很容易得出数列极限的概念,学生学起来也比较容易接受。又如在讲导数的概念时,给出两个模型、变速直线运动的瞬时速度模型、曲线上某一点处的切线斜率模型。从这两个模型中抛开它们的实际意义,抽象出它们共同的本质特点可归结为同一个数学模型,即在当自变量的改变量趋近于零时函数的改变量与自变量改变量的比值的极限值,这个极限定义为函数的导数。再者,数学分析中有很多的定理,如何讲授才能使学生理解定理的内容,并且能够灵活运用。定理与定理证明方法,是处理教学过程的一个难点。在教学中能够让学生在一定程度上了解所学定理的来龙去脉是很有必要的,这样往往可以激发学生的求知欲望。把定理的结论看作是一个特定的数学模型,需要我们去建立它。当把定理的条件看做是模型的假设时,可根据预先设置的问题情景引导学生一步一步地发现定理的结论,这种将数学建模思想融入到教学中,不仅仅使学生学到了知识,还可以让他们体验到探索、发现和创造的过程,是培养学生创新意识和能力的好途径。

随着人类的进步,微积分也在不断地发展,时至今日,已经发展成一个庞大的理论体系,其应用范围渗透到社会科学的各个领域。故在微积分章节中可以适时融入数学建模思想,增强实用训练。如运用微积分中的导数解决实际生活中的用料最省、体积最大以及经济理论中的最大利润、最小成本、边际、弹性分析等问题。定积分中的微元法可以用来计算面积、旋转体的体积、图形的重心等。最后,可以在作业中布置一些与其他学科相联系或来源于实际生活的开放型应用题,使学生感受到数学应用之所在,通过作业来体验数学、认识数学、掌握数学的思维方法。

4.在考核中融入数学建模思想

长期以来,数学分析考核的唯一形式是限时笔试,试题的题型基本上是例题的翻版。这种规范化的试题容易使学生养成机械地套用定义、定理和公式解决问题的习惯,不能真正检查和训练学生对知识的理解与掌握。笔者建议在数学分析课程的考核中适当引入数学建模问题,并施以"平时成绩加分"的鼓励办法,由学生独立或组队去完成问题,完成的好则在原有成绩的基础上获得"平时成绩加分"。这种做法,既鼓励了学生应用数学,又提高了逻辑思维能力,还调动了学生的探索精神和创造力、团结协作精神,从而获得除数学知识本身以外的素质与能力。

总之,把数学建模思想巧妙融入到数学分析课程教学中,无疑是数学分析课程教学改革的积极举措,学生不但能掌握扎实的数学分析知识,还可以领略数学的魅力和数学思想的深邃,体会到数学的应用价值和对社会发展的巨大推动作用。

参考文献

[1] 李大潜.中国大学生数学建模竞赛[M].北京:高等教育出版社,2008.

[2] 姜启源,谢金星,叶俊.数学模型[M].3版.北京:高等教育出版社,2003.

[3] 毕晓华,许钧.将数学建模思想融入应用型本科数学教学初探[J].教育与职业,2011(9):113-114.

[4] 李大潜.将数学建模思想融入数学类主干课程[J].中国大学教学,2006(1),9-11.

[5] 唐红兵.浅谈《概率论》教学中如何融入数学建模[J].黑龙江生态工程职业学院学报,2010,23(4):101-102.

[6] 李声锋,张裕生,梅红.将数学建模思想融入《数学分析》课程教学的探索与实践[J].赤峰学院学报(自然科学版),2011(7):253-254.

融入数学建模思想的常微分方程教学初探

阮 妮

（广西教育学院，广西南宁 530023）

摘要

本文阐述了常微分方程的发展及与数学建模的关系特点，并以国民经济增长模型为例子，就融入数学建模思想的常微分方程课程的课堂教学进行分析和探讨。

关键词：常微分方程；数学建模；国民经济增长模型

一、引言

常微分方程是综合性大学数学系各专业的重要基础课，也是应用性很强的一门数学课[1]。它已有着 300 多年的悠久历史，而且继续保持着进一步发展的活力，其主要原因是它的根源深扎在各种实际问题之中，常微分方程的应用范围不断扩大并深入到机械、电信、化工、生物、经济和其他社会学科的各个领域。作为一门基础课教程，该课程主要介绍常微分方程的一些常用解法和基本理论。这些内容将为数学、力学、物理和计算机系的大学生在后继学习中服务。它们对于数学联系实际和各种数学方法的灵活应用是不可缺少的基本训练，这正是常微分方程课程的一个特色。常微分方程基本理论是该学科的精华所在，其基本理论的教学目的是让学生去体会常微分方程的思想方法，领略数学思想的魅力。然而，很多理工科学生在学习的过程中不了解学这门课程有什么用途而存在偏重方程的解法计算，轻理论分析，死记硬背公式的倾向，以至于学生在运用常微分方程知识建立微分方程数学模型不能获得解析解而无法分析解决实际问题，从而缺乏学习的动力和兴趣，最后逐渐认为这是一门非常枯燥而没用的学科。造成这种倾向的原因是多方面的，基本理论内容比较抽象，教师的课堂教学等都有一定的关系，鉴于此现状，本文从融入数学建模思想这个角度来对常微分方程课程的课堂教学进行分析和探讨。

二、常微分方程与数学建模的关系特点

1. 数学建模

进入 20 世纪以来，随着数学向一切学科领域的渗透以及计算机应用技术的飞速发展，数学建模越来越受到人们的重视。通过对实际问题的分析抽象和简化，明确实际问题中最重要的变量和参数，通过系统的变化规律或实验观测数据建立起这些变量和参数之间的量化关系，

用精确或近似的数学方法求解，然后把数学结果与实际问题进行比较，用实际数据验证模型的合理性，对模型进行修改和完善，最后将模型用于解决实际问题的过程，这就是数学建模[2]。简而言之，数学建模就是通过建立数学模型来解决各种实际问题的过程，体现了"用数学"的思想[3]。

2. 常微分方程与数学建模相辅相成

在常微分方程的教学过程中，教师应该先了解学生的专业特点，由于教授这门课程所面向的是成人本科生，学生入学时的知识结构有多不同，因而产生了教学该如何设计的一个特殊性。那么，在授课中从学生的学习需求出发，让学生初步了解微分方程的类型，及其相应的解法特点，有选择性地引入简化的条件特殊化的常微分方程数学模型，在学生熟练掌握特定类型的微分方程的解法后逐步完善数学模型，进而引导学生思考一般化更为复杂的微分方程的模型。下面我们用例子加以说明。

例 国民经济的增长模型

国民收入的主要来源是生产。国民收入主要用于以下三个方面：消费资金、投入再生产的积累资金、公共设施的开支。下面将讨论国民收入与这三者的关系，并建立相应的国民经济的增长模型。

解 假设 $Y(t)$ 是 t 时刻的国民收入水平，也可用它表示生产水平；$C(t)$ 表示 t 时刻消费水平；G 表示用于公共设施的开支水平，这里把它看做是常数；$I(t)$ 是 t 时刻用于投入再生产的投资水平。

根据实际情况可以看出国民的消费水平与国家生产水平成正比，比例系数为 k，即 $C=Yk,k\in(0,I)$，称 k 是消费系数，$S=1-k$ 称为积累系数。对于 t 时刻国民这三方面总的需求水平表示为 $D(t)$，则有

$$D = kY + I + G \tag{1}$$

又假设生产水平的改变与需求水平和生产水平的差成比例，即有微分方程

$$\frac{\mathrm{d}Y}{\mathrm{d}t} = l(D-Y) \tag{2}$$

其中 l 为比例系数（$l>0$）。此时，再有假设国民再投资水平的变化率与生产水平的变化率和现有投资水平的差成比例，即

$$\frac{\mathrm{d}I}{\mathrm{d}t} = m\left(a\frac{\mathrm{d}Y}{\mathrm{d}t} - I\right) \tag{3}$$

其中 $m>0,a>0,m,a$ 为常数。

由式(1)、式(2)、式(3)化简，得

$$\frac{\mathrm{d}^2Y}{\mathrm{d}t^2} + (lS + m - lam)\frac{\mathrm{d}Y}{\mathrm{d}t} + SlmY = lmG \tag{4}$$

记 $\alpha=lS+m-lma,\beta=mlS$，上式化为

$$\frac{\mathrm{d}^2Y}{\mathrm{d}t^2} + \alpha\frac{\mathrm{d}Y}{\mathrm{d}t} + \beta Y = lmG \tag{5}$$

这是一个关于国民收入水平的二阶常系数非齐次线性微分方程。于是，根据常微分方程中此种方程类型的解法知，求出对应的齐线性方程的通解及其方程的一个特解即可。故式(5)的

特征根

$$\lambda_1 = \frac{-\alpha + \sqrt{\alpha^2 - 4\beta}}{2}, \quad \lambda_2 = \frac{-\alpha - \sqrt{\alpha^2 - 4\beta}}{2}$$

验算知，$\dfrac{G}{S}$ 为式(5)的一个特解。

下面对式(5)的通解形式进行讨论。

① 当 $\alpha^2 > 4\beta$ 时，λ_1, λ_2 均为实数，式(5)的通解为 $Y(t) = Ae^{\lambda_1 t} + Be^{\lambda_2 t} + \dfrac{G}{S}$，若 λ_1, λ_2 中至少有一个为正，则 $\lim\limits_{t \to +\infty} Y(t) = +\infty$，即生产水平将随着时间的增加而增加；若 λ_1, λ_2 均为负，$\lim\limits_{t \to +\infty} Y(t) = \dfrac{G}{S}$，即生产水平将衰减到 $\dfrac{G}{S}$。

② 当 $\alpha^2 = 4\beta$ 时，$\lambda_1 = \lambda_2 = -\dfrac{\alpha}{2}$，式(5)的通解为 $Y(t) = (A + Bt)e^{\lambda t} + \dfrac{G}{S}$，当 $\lambda > 0$ 时，$\lim\limits_{t \to +\infty} Y(t) = +\infty$，情况同①；当 $\lambda < 0$ 时，$\lim\limits_{t \to +\infty} Y(t) = \dfrac{G}{S}$，情况同①。

③ 当 $\alpha^2 < 4\beta$ 时，λ_1, λ_2 均为复数，设 $\lambda_1 = \mu + iv, \lambda_2 = \mu - iv$ 其中 $\mu = -\dfrac{\alpha}{2}, v = \dfrac{\sqrt{4\beta - \alpha^2}}{2}$，式(5)的通解为 $Y(t) = he^{\mu t} \sin(vt + w) + \dfrac{G}{S}$，此时生产水平 $Y(t)$ 将随着时间的增长而出现振荡。当 $\alpha > 0$ 时，$\lim\limits_{t \to +\infty} he^{\mu t} = 0$，即振荡的幅度不断下降；当 $\alpha < 0$ 时，$\lim\limits_{t \to +\infty} he^{\mu t} = +\infty$，表明振荡的幅度随着时间的增大而增大。

通过以上对实际问题的模型建立，分析，很好地运用常微分方程的相应解法计算、讨论，可以看出国民收入与消费资金、投入再生产的积累资金、公共设施的开支，这三者的关系特点，该模型为国家有关部门提供了国民经济增长的一个预测模型，可以很好地制定相关的政策法规，从而有利于国家的发展，创造一个更为和谐的社会。

三、教学感悟

常微分方程中许多概念、性质、定理的形成过程本身就融入着数学建模的思想，我们在教学的过程中可以结合实际自然而然地引出课程内容。然而，数学建模思想的培养不是一蹴而就，是长期培养和锻炼才能形成的。因此，首先，教师应树立先进的教育理念，师生共同明确学习常微分方程这门课程的目的；其次，应从学生的专业特点、学习情况、接受情况出发，在课程教学中应注意启发学生的思维，培养学生的创新能力；最后，教师在充分理解教材的基础上，掌握课程特点，适当删减理论性强，冗长繁琐的证明过程，因材施教。此外，还应不断创新教学方法，融入数学建模思想，适当增加一些建模实例，并讲解其中的解题过程，让枯燥难学的数学定理、公式变得简单，生动有趣，这样不仅不会增加学生的学习负担，反而激发他们的学习兴趣，使学生感到课本知识不是生搬硬套规定的，而是与实际生活密切相关的，让学生真正体会到学以致用"生活中处处有数学"[4].本文只是个人的见解在此亦希望能得到各位同行的帮助，完善本课程的教学。

参考文献

［1］ 王高雄,周之铭,朱思铭,等.常微分方程[M].3 版.北京：高等教育出版社,2006.

［2］ 陈国华.数学建模与素质教育[J].数学的实践与认识,2003,33(2)：110-113.

［3］ 姜启源,谢金星,叶俊.数学建模[M].北京：高等教育出版社,2003.

［4］ 东北师范大学微分方程教研室.常微分方程[M].2 版.北京：高等教育出版社,2005.

以数学建模为中心培养学生应用数学的能力

刘 剑

(桂林师范高等专科学校数学与计算机科学系,广西桂林 541000)

摘要

指出了传统数学教育模式的弊端和数学建模在提高学生的数学应用能力上的重要作用,阐述了建立将数学建模融入到各门数学课程教学中的改革方向。

关键词：数学建模；实践能力；数学教学

一、目前的高等数学教育对学生应用数学能力的培养不足

1. 教学内容重理论而轻应用

目前的教学内容安排比较注重理论知识的讲授,而对数学应用则讲得很少。学生的作业和考核都以理论知识为主,缺乏以解决实际问题为目的的练习。这就造成我们的学生空懂理论,却不知道怎么去用。

2. 教学过程中缺乏对学生自主思维能力的培养

高等数学中的许多理论已经形成了完整的体系,许多问题都有了模式化的解法。在教学中,教师的主要目标是让学生掌握这些知识,而不太注意培养学生自主思考。这种教学灌输给学生形成了一种懒惰的学习方式,思维僵化,不善思考,碰到问题习惯于翻书本寻找类似问题的解决方法,而不喜欢自己动脑去解决问题。

3. 对计算机和数学软件等重要的辅助工具的介绍不够

随着计算机的性能的提高和各种数学软件的迅速发展,计算机已经成为了数学研究中重要的辅助工具。数学中很多复杂的计算,利用计算机都可以轻松解决。然而,目前的教学内容中包含的这项内容过少,缺乏对学生应用计算机能力的培养。

二、数学建模可以提高学生应用数学的能力

当需要从定量的角度分析和研究一个实际问题时,人们就要在深入调查研究、了解对象信息、作出简化假设、分析内在规律等工作的基础上,用数学的符号和语言,把它表述为数学式子,也就是数学模型,然后用通过计算得到的模型结果来解释实际问题,并接受实际的检验。

这个建立数学模型的全过程就称为数学建模。

数学建模是一种数学的思考方法，是运用数学的语言和方法，通过抽象、简化建立能近似刻画并"解决"实际问题的一种强有力的数学手段。加强数学建模训练，可以有效提高学生用数学的能力。

1. 数学建模可以让学生体验到数学在实际中的作用

数学建模涉及的都是实际生活中的问题，在学习过程中，可以使学生体验到数学在解决实际问题中的价值和作用。通过学习线性规划模型时，学生不仅可以看到在生产销售中如何安排生产资源以实现利润最大化，还可以感受到数学分析中的多元微积分在实际中的运用。通过学习层次分析法，学生掌握的不仅是对各种方案进行评价和抉择的方法，还可以体验到线性代数的许多知识的运用。可以指导学生建立模型去分析买市场上哪一款手机比较合算，或者建立模型分析在找工作时究竟那份工作最适合自己，这不仅锻炼了学生用数学的能力，也让学生切实感受到数学的作用。

2. 数学建模可以提高学生自主思维能力

数学建模解决的是实际问题，没有标准答案，没有固有的方法，建模过程可能运用到数学知识的各个分支，还可能涉及许多其他学科，建立一个好模型需要注意知识的迁移和大胆的创新。这可以给学生提供自主学习的空间，发展学生的创新意识和综合运用知识和方法解决实际问题的能力，增强应用意识。

3. 数学建模可以提高学生利用计算机的能力

数学建模的模型求解涉及复杂繁琐的计算，有效利用计算机才能提高建模效率。为了很好的建立模型，学生必须学会如何利用计算机进行相关计算。这就要求学生至少要熟练掌握一门数学软件。这有助于提高学生利用计算机解决数学问题的能力。

4. 数学建模可以提高学生的数学素养

数学建模的五个过程：提出问题——合理假设——建立模型——检验模型——模型推广，体现了数学的严格和理性。建立一个好的数学模型，需要周全的思考、仔细的分析和严格的论证。经过数学建模的锻炼，学生对实际问题的思考可以更有条理性和逻辑性。这都有利于学生数学素养的提高。

三、应将数学建模作为培养学生应用数学能力的中心环节

数学建模作为提高学生应用数学能力的重要手段，可以弥补目前数学教育的许多缺陷，强化学生的实践能力。因此，它必须被引入到现有的高等学校数学教育中去，而且应该在其中占有越来越重要的地位。对于以培养应用型人才为目的的高职高专院校，更应该加强数学建模的训练，将其作为培养学生用数学能力的中心环节。这不是开设一门数学建模课程就能做到的，而是应该将数学建模的内容广泛的贯穿到各门数学课程的教学过程之内。让学生通过数学建模，了解自己所学的数学知识的作用，同时在学习了数学知识之后，能够通过数学建模，对之进行相应的应用。数学建模是一座沟通知识与应用的桥梁，在培养学生实践能力上起着重

要的作用。重视数学建模,是符合当代社会的时代需求的,有其必要性。

首先,重视数学建模是社会发展的需要。计算机技术的迅速发展,使复杂的运算成为可能,这极大的提高了数学解决问题的能力。数学也随之完成了由一门理论科学向一项应用技术的转化。计算与建模成为了数学的中心课题,它们是数学科学向生产技术转化的主要途径。所以,当代的数学系学生,必须具备数学建模能力。只有能够利用数学知识和计算机解决实际问题的大学生,才能适应当代社会的需要。

其次,重视数学建模教学改革的需要。数学教育应该培养学生两种能力:一是"算数学",这主要包括计算、推导和证明;二是"用数学",主要指实际问题建模及模型结果的分析、检验、应用。传统数学教学体系和内容的缺陷在于偏重前者,而忽略了后者;将数学建模引入教学,有助于提高学生"用数学"的能力。

将数学建模的思想,将培养学生用数学能力这一目的,融入到各门数学课程的教学当中,可以采取开设一定的数学实验课来实现。

例如在讲授数学分析的导数的应用部分时,可以用三至四个课时,介绍最优价格和消费者选择等优化模型。在讲授常微分方程课程时,可用一定的课时对传染病模型和经济增长模型等微分方程模型进行介绍。在讲授高等代数的矩阵部分时,可以附带介绍层次分析模型,帮助学生了解矩阵知识的一些应用。这些教学内容的扩充,不仅介绍了数学建模的知识,也可以强化学生对相关理论的理解。教师可以削减一部分用于介绍一些数学问题的计算方法的课时,用来介绍数学建模的知识。例如数学分析中的求导和积分的运算,用两个课时即可让学生学会运用MATLAB来完成,而且可以轻松计算很复杂的求导及积分问题,这样就可以节约下部分课时,讲授对学生更有用的知识。

激烈的市场竞争要求新时期的大学生具有较强的解决实际问题的能力,传统的重理论轻应用的教育模式需要改变,在教学中应贯彻为用而学和学以致用的意识。数学是解决客观世界的实际问题的有力的工具,而建立数学模型,正是我们使用这一工具的主要方式。要想提高学生用数学的能力,就应该重视对学生建模能力的培养。将数学建模作为培养学生用数学能力的中心环节,符合时代要求,是数学教学的重要教改方向。

参考文献

[1] 李大潜.数学建模与素质教育[J].中国大学教育,2002(10):41-43.
[2] 何志树,叶殷.数学建模思想在教学中的渗透与实践初探[J].武汉科技学院学报,2005(11).

浅谈数学建模在高职院校的重要性

韦碧鹏

（柳州职业技术学院公共基础部，广西柳州 545006）

摘要

首先简单地介绍了数学建模的历史以及概念，接着详细分析高职院校进行数学建模教育存在的不足，最后阐述数学建模对高职院校的教学改革和对学生教育的影响。

关键词：数学建模；教学改革；学生教育；建模竞赛；高职院校

数学是一切科学与技术的基础，它的产生与发展都是为了推动社会的发展。因此，数学在社会生活中的地位是不可动摇的。然而，很多人都习惯把数学知识说成理论性的知识，觉得数学知识对社会的发展起不到促进作用，故从心底对数学产生了数学无用论的思想。20 世纪 70 年代，数学建模进入了一些西方国家大学，它的出现带动了数学领域的发展，也驳斥了数学无用论的思想，使得数学理论很好地实践于生活当中的各个领域[1]。20 世纪 80 年代开始，随着改革开放，我国的数学建模教学和数学建模竞赛活动也日益蓬勃地发展起来。1982 年复旦大学首先在应用数学专业学生中开设了数学模型课程，随后很多院校也相继开设。由于数学建模在各个高校中成功地引入，1994 年教育部高教司决定每年在全国举行全国大学生数学数模竞赛。随着每年数学建模竞赛的发展，目前数学建模课程和竞赛在本科院校得到了普及，从而推动了数学教学的发展[2~4]。

随着数学建模竞赛在本科院校的普及，1999 年开始增设了高校大专组的数学建模竞赛。数学建模竞赛的引入，提高了高职院校数学课程的重视度，改变了古板、简单地传授数学理论知识给学生的课程方式[5,6]。另外，随着计算机技术的迅速发展，数学的应用不仅在工程技术、自然科学等领域发挥着越来越重要的作用，而且以空前的广度和深度向经济、金融、生物、医学、环境、地质、人口、交通等新的领域渗透，数学建模和与之相伴的科学计算正在成为众多领域中的关键工具。

一、数学建模的概念及竞赛模式

用数学方法解决科技生产领域的实际问题，关键第一步是建立相应的数学模型。也就是说，当需要从定量的角度分析或者探究一个实际问题时，就要在调查研究的基础上，充分了解对象信息，做出合理的假设，分析其内部规律等，运用数学的符号或者语言表示出来，这就是数学模型。通过计算得到的模型结果来解释实际问题，并接受实际的检验，这个建立数学模型的全过程就称为数学建模。

一般来说,数学建模过程按照以下步骤来进行:

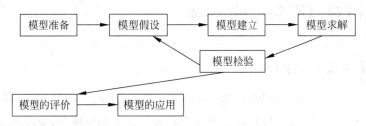

为了激励学生学习数学的积极性,提高学生建立数学模型和运用计算机技术解决实际问题的综合能力,鼓励广大学生踊跃参加课外科技活动,开拓知识面,培养创造精神及合作意识,同时推动大学数学教学体系、教学内容和方法的改革,国家教育部高教司和中国工业与应用数学学会共同主办的面向全国大学生的群众性科技活动,即全国大学生数学建模竞赛。数学建模竞赛遵循的模式:

(1)参赛队由三名大学生和一名指导教师组成,指导教师负责学生的训练,竞赛时指导教师不得参与。

(2)参赛者从所给的题目当中选择一道题目来进行竞赛,竞赛期间可以运用各种方式进行查阅自己所需要的资料,如计算机网络,学校图书馆等。

(3)竞赛时间为三天,到时参赛者须提交一篇有关数学建模竞赛的论文,其中论文内容包括:摘要,问题的重述,问题的分析,模型的假设,符号说明,模型的建立,模型的求解,模型评价,参考文献等。

(4)竞赛期间,时间由参赛者自由安排,但是不允许参赛者与其他组的参赛者进行讨论、交流。

二、高职院校进行数学建模教育存在不足

高职院校教育以培养实用型、技能型人才为目标,侧重于培养学生的应用能力。数学建模正是运用数学知识建立数学模型的方式,解决实际问题。因此,数学建模的目的与高职院校教育的目的不谋而合。在高职院校推广数学建模竞赛,不但可以提高高职院校的竞争力,而且符合它的办学理念。然而,在许多高职院校中,对学生进行数学建模能力培训重视的力度不够。在学生方面,高职院校的学生认知水平低下,拥有的数学基础比较差、应用数学软件能力不强、解决实际问题的意识不强等种种因素,导致了学生害怕数学,学习数学只是为了应付考试,对数学产生了恐惧感,同时心里也产生了数学无用论的思想。在教师方面,(1)师资不足;(2)数学教学方法单一,教学方式陈旧,只是采取填鸭式的教学方法;(3)大部分数学教师对数学建模课程的研究不是很渗透,只是简单地了解数学建模课程的初等模型,对于较为深入的模型没有深入地进行研究,以致在教学方面,没有能够很好地带动学生去学习数学建模课程,使学生对数学建模课程产生学习的兴趣;在学校方面,(1)学生数学底子较差,以致有些学校不开设高等数学和数学建模课程;(2)高职院校学生竞赛项目较多,很多竞赛都与本专业钩挂,导致学校较重视与相关专业竞赛的项目,而忽略了数学建模竞赛;(3)学校对数学建模选修课给予课时不足,使得学生只能了解数学建模选修课的皮毛,且学校对全国大学生数学建模竞赛支持的力度不够。

三、数学建模对高职院校的影响

1. 对课程教改方面的影响

数学教育本质上是一种素质教育,传统的数学教学方法仅仅介绍数学的理论知识,对问题的应用背景等方面介绍较少,另外高职院校学生的数学底子相对薄弱,单纯的向他们灌输数学的理论知识,不但没有提升他们的数学理论水平,反而使他们对数学知识失去了学习的兴趣。然而,在数学教学课程中引入数学建模思想,将数学建模的思想和方法融入数学教学课程中,为数学与外部世界打开了一个通道,打造了一种以学生为中心的全新的、有效的数学教学模式,为学生提供将所学的知识应用于解决实际问题的机会,给学生以更大的思维空间,提高学生的思维能力和数学素质,也大大增加了学生学习数学理论知识的兴趣。

随着数学建模的概念以及电子计算机的出现,数学知识的应用已经以空前的广度和深度向其他各个行业渗透。数学模型这个词越来越多地出现在现代人的生产、工作和社会活动中。例如,公司要根据产品的需求状况、生产成本等信息,建立一个投资方案模型,认真核准投资的收益率和风险损失率,在投资前较好地对投资进行预测和评估,确定投资方案,以取得最佳经济效益;气象工作者为了得到准确的天气预报,一刻也离不开根据气象卫星汇集的气压、雨量、风速等数据建立起来的数学模型,等等。高职院校的各个专业都是以实践性为主要目标,在各个专业教学中输入数学建模的思想,不但能够增加学生学习数学理论知识的兴趣,而且还可以提高他们对专业知识的理解能力,同时提升他们分析以及解决问题的能力;另外,数学建模思想的引入,改变了原专业课程的授课方式,相当于向专业课程注入了一个新鲜的血液,其教学方式也达到了促进的作用。因此,引入数学建模思想,可以有效地扩大数学的实用性更好地为专业课程服务,达到双赢的目的。

例如:求汽车在公路上做匀速直线运动的路程。

相对于这道题来说,估计每个人都会求解,都知道答案应该为:路程等于速度乘以时间,即 $S = v \times t$。

然而,对于这样答案理解的人,也仅仅局限于初中阶段。对于大学阶段,我们还能单一地这样认为吗?汽车在做直线运动过程中,每时每刻的速度都会一样吗?显然,汽车在做直线运动过程中,每时每刻的速度肯定不会一样的,上述问题只是一种理想的状态,它忽略了空气阻力等其他因素,即在求解汽车在公路上做匀速直线运动的路程的模型中,首先假设空气阻力忽略不计,公路上的阻力都是一致的,这样我们才可以得出汽车在公路上做匀速直线运动的数学模型:$S = v \times t$。通过学习数学建模课程,经过这样地处理,既向学生灌输了数学建模的概念,增加了他们学习数学的兴趣,又使得学生对问题的来龙去脉产生了清晰的认识。因此,在高职院校各个专业课中引入数学建模思想,不但使得学生对知识有了更清晰地认识,而且也可以促进专业课程的改革。

2. 对学生的影响

开展数学建模活动,能扩大学生的知识面。数学建模所涉及的内容广泛,用到的知识面宽广,运用涉及的领域在物理学、经济学、管理学等各方面。学生参加数学建模课程的培训,可以学习到多种类型的数学模型,如线性规划模型、人口预测模型、层次分析法模型等。这些模型都是拥有实际的背景,使得学生不仅对问题的实际背景来源有了更深地认识,而且增加了他们课外知识的知识面。其次,建立和解决数学建模模型,一般都会运用到数学编辑器和数学软件;开展数学建模竞赛活动,使得学生对数学编辑器 MathType 和数学软件 MATLAB、LINGO 产生了了解,熟悉它们基本的运用,扩展他们的模型解决能力。

开展数学建模活动,有利于培养学生的自主创新和实践能力。数学建模是一个富有创造性思维的活动,它不等同于简单的应用题目。对于给予一道数学建模应用题目,它没有绝对统一的答案,这给予了很大的思维空间。将数学建模的方法和思想融入教学课程中,有助于激发学生的原创性冲动,唤醒学生对工作的创造性意识。通过建立模型,学生要从错综复杂的实际问题中,抓住问题的本质,明确问题的要求,将问题与实际联系在一起,做出合理的假设,运用所给问题的条件寻求解决问题的最佳方案和途径,这一过程能充分发挥学生丰富的想象力和创新能力。另一方面,数学建模是科学运用到实践的过程,高职院校当中开展数学建模活动可以有效地培养高职学生的实践能力和动手能力以及分析问题和解决问题的能力,为学生今后从事技术性工作奠定良好的基础。

开展数学建模活动,有助于激发学生学习的兴趣。数学建模的主要目的是把所学到的知识运用到实践中,数学建模的很多题目都与我们自身息息相关的。例如:2012 年的 C 题目,问题针对脑卒中(俗称脑中风)是目前威胁人类生命的严重疾病之一,为了进行疾病的风险评估,对脑卒中高危人群能够及时采取干预措施,也让尚未得病的健康人,或者亚健康人了解自己得脑卒中风险程度,进行自我保护。题目给出了中国某城市各家医院 2007 年 1 月至 2010 年 12 月的脑卒中发病病例信息以及相应期间当地的逐日气象资料,让我们建立数学模型研究脑中风的发病率与什么因素有关,我们如何预防脑中风的发生。因此,这样的题目贴近生活,很容易激发学生想去进一步研究的兴趣,想知道究竟何种原因产生这种疾病,这种疾病有何危害,如何去预防等。

开展数学建模竞赛活动,有助于增强学生之间的团结合作精神。在当今世界上,团结合作是每个人应该具备的一种品质。在团结合作过程中,我们可以学会如何与人相处,如何尊重他人,如何宽容他人,如何培养我们的责任心。数学建模竞赛是三个人组成的一个小组,在竞赛期间,我们要顺利、完整地完成一道题目,成员间必须拥有合作的意识,以及分工要合理。因此,学生参加数学建模竞赛,不仅可以培养同组队员之间的默契,而且也可以增强学生之间的团结合作精神。

四、结论

数学建模已是当今时代所需要的,数学建模竞赛是全国各个学科大竞赛当中参赛者人数最多的一项比赛。高职院校开设数学建模课程以及参加数学建模竞赛,不但可以提高课程的教学效果和质量,而且还可以有效地提升学生的基本素质,激发他们的潜能。

参考文献

[1]　姜启源. 数学模型[M]. 北京：高等教育出版社，1987.

[2]　吕跃进. 在高等数学教学中贯彻数学建模思想[J]. 广西高教研究，1994(3)：33-36.

[3]　谢金星. 科学组织大学生数学建模竞赛，促进创新人才培养和数学教育改革[J]. 中国大学教学，2009(2)：8-11.

[4]　何万生，梁达平. 抓好数学建模竞赛，推动数学教学改革[J]. 数学的实践与认识，2002，32(3)：511-513.

[5]　金辉. 数学建模与高等数学教学改革[J]. 江苏经贸职业技术学院学报，2006(4)：74-75.

[6]　刘莹. 高职数学建模教学改革的尝试[J]. 高教论坛，2010(6)：47-48.

用实例建模重构高职经济数学课程内容的探讨[*]

李大林　林志红

（柳州职业技术学院公共基础部，广西柳州 545006）

摘要

针对高职经济数学课程课时减少，结合培养应用型、技能型人才的目标，提出用经济活动中的实例建立数学模型来重构经济数学课程内容，对其可行性进行了分析。

关键词：数学模型；经济数学；教学内容

一、重构高职经济数学课程内容的迫切性

高职教育培养高级技术应用型人才。要求学生掌握足够的实用技术，同时掌握今后在实践中够用的理论知识。数学是经济活动中不可缺少的工具，经济数学是高职经济类各专业基础理论课程之一。随着高职经济类各专业实践课时的增加，理论课时减少。现有高职《经济数学》教材的内容体系已经不适应这种少课时的教学。它们的内容主要是概念、定义、性质、定理等知识点以及帮助消化理解这些知识点的例题和习题。对数学内容的应用重视不够。即使有些应用例题，或偏难。或缺乏精心设计。与专业需求相去甚远，是形式上的应用，不适合高职院校学生的认知水平和企业的实际需要。不能体现高职教育培养应用型人才的特点。另外，由于学生的数学应用能力本来就不强，即便学生掌握了数学知识，未必能用得好，这是因为没有适度的数学应用训练。重构高职经济数学课程内容势在必行。

二、用实例建模重构高职经济数学课程内容

高职基础课程教学内容原则上以应用为目的，以必需够用为度。用经济活动中的实例重构数学课程内容，既贯彻以工作过程为导向的理念，又利用了它们比较容易弄懂的特点，适应学生的认识规律，还接近今后的实践中的应用，因此它是经济数学课程内容改革的一个值得尝试的方向。但是经济数学课程毕竟不是专业课，用实例来重组教学内容，要求能把后台的数学知识附加传授给学生。如何把实例与数学知识联系起来，就需要用到数学建模。数学模型是对实际问题的一种数学表述，是对于一个特定的对象为了一个特定目标，根据特有的内在规律，做出一些必要的简化假设，运用适当的数学工具，得到的一个数学结构。通过对实际问题的简化假设建立起来的数学模型，在教学中有相当大的应用价值。

---

* 新世纪广西高等教育教学改革工程立项项目（2009C129）。

最典型的是微积分,这部分的数学模型很多,为了简略,有时教材中只给出经济函数。在课时一再减少的情况下,我们可以不再以训练学生熟练应用所有的求导公式、积分公式为目的,而是以训练学生熟练应用经济学中常用的函数的求导、积分为目的。经济学中的基本变量主要有需求量、供给量、价格、成本、收入、利润等。用数学方法解决实际问题,通常需要找出经济变量之间的函数关系,建立数学模型。例如,根据市场统计资料,常见的需求函数有以下几种类型:线性需求函数 $Q=a-bp$,二次需求函数 $Q=a-bp-cp^2$,指数需求函数 $Q=ae^{-bp}$。可见,导数及定积分在经济领域的应用中,幂函数、指数函数出现得最多。例如,解决"某企业投入一笔资金,经测算该企业可以按每年 a 元的均匀收入率获得收入,若年利率为 r,试求该投资的纯收入的贴现值及收回该笔投资的时间。"用的就是指数函数的积分 $\int_0^T ae^{-rt}dt$。由此看来,主要教会学生幂函数、指数函数的求导、积分即可。这样,我们在教学中就可以既讲基础理论,又讲数学模型,从而培养学生应用数学解决问题的能力。利用数学模型大幅度简化数学教学内容后,学生应用数学解决问题的能力反而得到提高。

同一个问题,由于假设条件的不同,可以建立初等数学模型、优化模型、微分方程模型等。因此,数学老师在教学中,能够让同一个实例与不同的数学内容挂钩,满足不同数学内容的教学需要。例如,讨价还价中的"对半还价"模型中关于价格的摆动数列 $\{a_n\}$,其通项

$$a_n = a - \frac{a}{2} + \frac{a}{4} - \frac{a}{8} + \frac{a}{16} - \frac{a}{32} + \cdots + (-1)^n \frac{a}{2^n}$$

满足 $\lim\limits_{n \to +\infty} a_n = \frac{2}{3}a$。这既可以看成一个初等数学模型,也可以看成一个极限模型,甚至可以看成一个级数模型,因此适用于不同章节的教学。

建模有概念建模、物理建模、数学建模、系统建模等。需要强调的是,用实例建模重构高职经济数学课程内容,没有固定的表现形式,它与数学模型课程不同。它的目标是把后台的数学知识传授给学生,并提高学生应用数学解决问题的能力。而数学模型课的目标主要是培养学生数学建模能力,并无固定的数学内容。

三、数学模型中的两类结论的舍取方法

高职经济类专业课教材在描述一些经济规律的时候,一般采用定性描述,缺乏定量描述,显得泛泛而谈。而采用数学建模进行定量描述,则由于假设条件过强,会出现一些不具有普遍性的结论。不解释清楚这个问题,会引起学生对数学模型的应用价值的怀疑。

例如,文献[1,2]中的库存管理数学模型,由于增加了一些较强的模型假设,算得每天平均最小费用为

$$C = \sqrt{2c_1c_2r}$$

解释如下:当准备费 c_1 增加时,生产周期和产量都变大;当存储费 c_2 增加时,生产周期和产量都变小;当日需求费 r 增加时,生产周期变小而产量变大,这些定性结果符合常识。而定量关系,如公式中的平方根,系数 2 等,凭常识是无法得出的,只能由数学建模得到。这是一些不具有普遍性的结论。具有普遍性的结果要强调,不具有普遍性的结论也要解释。

四、难度分析

我们用经济活动中的实例建模,不同于中小学数学中的应用题,因为它一般没有明确的答案;也不同于数量经济学,因为在有限的课时内不可能达到这门课程的深度和广度。

部分高职学生在中小学阶段觉得应用题题难,但在大学阶段,未必觉得经济数学模型难,不少经济问题谁都能理解。现有高职《经济数学》教材的内容学生不是学不懂,通过训练还是可以掌握的,主要问题是不会用,过后大多数知识都忘了。用实例来传授数学知识就不一样了,通过实例可以把数学知识记得牢些。但如果数学模型建得过于复杂,学生就会弄不懂怎样计算,效果就会比传统的教法差。

数学建模活动在世界范围内经过二十多年的大力提倡,积累了大量的内容,为我们选择适合教学的数学模型打下了基础。我们还需用经济活动实例建立指针对不同专业的数学模型,这需要每一个高职数学教师的参与。经济类专业课程内容偏浅,对问题定性说明的多,定量说明的少;操作技能多,理论知识少。这就为我们建模留下了广阔的空间。如何利用现有的数学模型,如何挖掘经济活动的实例,有待进一步探索。

参考文献

［1］　姜启源.数学模型［M］.北京：高等教育出版社,1993.
［2］　洪毅,林健良,陶志穗.数学模型［M］.北京：高等教育出版社,2005.
［3］　李大林.以应用能力为核心进行高职数学课程改革的思考［N］.科教创新导报,2008(486)：87.
［4］　俞克新.创建国家示范性高等职业院校需要颠覆性改革［J］.天津职业大学学报,2007(3)：3-5.
［5］　侯风波.高等数学［M］.北京：高等教育出版社,2000.

参与式教学在高职高专数学建模课程教学中的探索与实践

周优军

（柳州师范高等专科学校数学与计算机科学系，广西柳州 545004）

摘要

高职高专数学建模课程参与式教学的应用是大学数学教育的一个探索和革新，实践证明，其应用有效的激发了学生学习数学和应用数学的兴趣，为学生的进一步发展奠定了良好的数学基础。

关键词：参与式教学；高职高专；数学建模；课程教学

马克思曾说过："一门科学只有成功地运用数学时，才算达到了完善的地步。"[1]李大潜院士认为，数学作为经济建设的重要武器，在很多领域中已起着关键性，甚至决定性的作用，数学的影响和作用无处不在，其重要性也已为越来越多的人所认同，不仅在中、小学，而且在大学几乎所有的系科中，数学都理所当然地成为最重要的必修课程之一[2]。杨叔子院士也曾说过，"数学教学的任务是要有助于完善学生的全面发展"，"学习数学既要提高数学素质，提高科学素质，又要提高思维品质提高人文素质"，"典型数学问题、重大数学事件生动而深刻的讲授，就是一个极好的启迪思维、训练思维的育人过程"[3]。

随着现代教育理念升华和教育技术的更新，学习和掌握数学建模的思想和方法已经成为培养富有竞争力的人才不可或缺的组成部分。在这一背景下，数学建模竞赛活动和课程教学在我国高等学校中得到了快速发展，在竞赛的带动和促进下，数学建模课程成功的引入我国大学课堂，这是我国高等教育教学改革在先进教育理念指导下的一次成功尝试，是我国高校的教育教学改革和教学质量提升的有益探索。

当前，高职高专院校在数学课程的设置和教学上不断的进行探索和改革，我校参与式教学思想和理念在数学建模课程的教学和改革的实践中取得了较好的成效，但也存在一些问题。

一、高职高专数学建模课程的特点及参与式教学实施的意义

1. 高职高专数学建模课程的特点

数学建模课程不同于其他数学课程，这是一门从日常生产、生活出发，通过具体案例来讲授实际问题的数学解决的课程。数学建模的过程是一个经历观察、分析、归类、抽象、简化与提炼的过程，通过合理的、简化的假设，运用数学的知识和方法来建立恰当的数学模型，并利用数学工具或计算机技术对问题进行求解，最后将之用于客观现象的解释和实际检验。

随着我国高等教育的发展和普及,越来越多的数学基础薄弱的学生进入到高职高专院校学习,高职高专数学课程的教学也不同于数学专业学生的教学,在强调以服务专业为导向、以应用为目的基础上,遵循"从专业中来,到专业中去"的原则,将专业背景贯穿数学课堂教学的始终。而数学建模课程是强调数学应用的课程,是高等数学的进一步学习,也是为学生进一步学习专业知识服务的,它将数学知识的学习与计算机教学的紧密结合,其案例多是数学与其他专业知识的交叉,具有很强的实际背景,课程注重培养学生使用数学工具讲实际问题抽象并转化为数学问题,进而通过数学方法和现代计算机技术加以解决,达到提高学生的创新能力和数学模型建立能力的目的。

因此,唯有通过现代教育技术手段和教学方法的使用,才能再树高职高专院校学生学习数学的兴趣,培养其应用数学知识解决实际问题的能力和数学素质。

2. 高职高专数学建模课程参与式教学实施的意义

美国教育心理学家布鲁纳认为:"知识的获得是一个主动的过程,学习者不应该是信息的被动接受者,而应该是知识获取的主动参与者。"[4]参与式教学法(Participatory Teaching Method)正是以学习者为中心,教学中通过设计"问题、任务、活动、作业"的形式,师生一起来营造民主、和谐、积极的教学氛围的合作式或协作式的教学方法,教学内容系统且科学,开展的教学活动有针对性和启发性,具有较强的可操作性,使学生在教学活动的体验中理解掌握深化教学内容,使理论与实践有机的结合。

高职高专学生数学的知识学习和能力培养主要在课堂上进行,他们的数学基础差,之前学习的方法也比较单一,自主探索、合作学习、独立获取知识的机会不多,因此,在数学建模课程的教学上,任课教师必须不断提高自身数学知识与专业知识融合的能力、数学应用的能力,将以往讲授式课堂教学过程转变为以学生为中心的情景创设、问题探索、协作学习等过程,向他们提供充分进行数学活动的机会,并通过专业实际问题的数学解决,帮助他们树立一种迎难而上、勇往直前的毅力和信心,使他们在自主探索和合作交流的过程中真正理解和掌握数学知识与技能、数学思想和方法,为他们的后续发展奠定坚实的基础。

因此,综合高职高专数学建模课程的特点和学生的知识结构及能力基础,笔者认为引入参与式教学模式是提高教学效果的有效方法。

二、高职高专数学建模课程参与式教学的实施方法

数学建模课程的指导思想是以实验室为基础、以学生为中心、以问题为主线、以培养能力为目标来组织教学工作[5],由于高职高专类院校开展数学建模活动的历史并不长,而且高职高专院校考开设数学建模课程通常在二年级,仅具备高等数学、线性代数等基本数学知识,对建模过程中常用的微分方程、线性规划、图论、概率等实用的数学知识知之甚少,在数学应用软件及互联网的应用方面也较欠缺,从而无形中为课程的教学工作增加了压力和难度,因此课程的教学应有其独特的模式,过增元院士认为参与式教学法具有开放式的教学内容、提问式的讲课、无标准答案的习题、论文形式的考试等特点[6],因此,我校数学建模课程教学过程中大力运用参与式教学方法,并不断的进行摸索和完善。

我校数学建模课程参与式课堂教学过程的主要环节如下:

1. 明确教学内容和教学目标

　　教学内容和目标的确定是课堂教学活动的前提,但由于数学建模课程中的实际案例都比较复杂,一次课仅能讲授简单的准备知识或一个具体案例,所以在教学活动开始之前,首先要结合现实中的数学问题来明确教学内容和教学目标,然后再组织学生进行学习。只有科学、合理的对教学内容与教学活动进行精巧的构思、设计和编排,才能使教学活动与教学内容融为一体,才能使学生融入教学活动的全过程,才能培养学生的学习兴趣,树立学生独自思考、勇于探索的信心,使学生从以前的被动接受教学内容到主动积极的参与教学活动,从而实现课程的教学目标。

2. 创设课堂学习情境,精心选择"好问题"

　　课堂学习情境指的是学生学习时所需要的课堂学习场景,严士健先生指出:"教材应该结合日常生活及其他领域中的问题,举出更好的例子,更好的习题,以使学生体验数学与生活的联系,训练学生应用数学分析问题解决问题的能力。更重要的是要让学生具有应用数学的意识,真正认为数学有用,知道哪些生活、学习或生产问题可以用数学来解决。"[7]数学建模课程的案例都是来源于生活中的实际问题,因此,数学建模课程课堂教学所需创设的情景可以从案例的实际背景出发,借助学生所熟悉的生活常识,创设出开放的、富有探索性的问题情境,并有意识地引导学生沟通问题与相关数学问题的联系,从而激发起学生学习数学的兴趣。

　　例如,森林救火问题,通过问题的简化,可以利用最值定理的知识建立最简单的数学模型加以解决,然后可以将问题拓展、延伸:对考虑过火损失和救灾费用的条件下,可以利用微分方程的知识对救火费用建立模型[8];可考虑外界条件复杂的情况下的数学模型,如火场无风和有风情况下怎么建立数学模型[9,10]。再如,人口增长模型和物品的存储问题,均有较强的实际生活背景,都是大家常见却未深入思考的问题。在准备好微积分知识后,这些问题的研究范围可以进一步加深,从而增强学生的学习兴趣,提高他们的观察能力和动手能力,并且随着问题的深入,所需要的数学和计算机知识也增多,为了解决问题,学生也将自觉并主动的学习相关的知识并加以应用,无形中培养了学生的自学能力和独立思考的能力。

3. 强化课堂教学中学生学习和活动的引导

　　参与式教学的一个显著特点就是鼓励学生积极参与教学的全过程。因此,在任课教师对学生学习和活动的必要引导下,通过加强师生、生生之间的交流与合作,营造出和谐、民主、平等的学习氛围,让不同学生都拥有参与机会,努力培养学生勇于参与教学活动的意识,将学生的"被动参与"转化为"主动参与"。

　　数学建模的关键是在实际问题中抓住主要矛盾进行科学的简化,进而提炼出恰当的数学模型。在数学建模课程的具体教学中,由于案例的实际背景和所需要用到的数学知识和解决手段各不相同,需要教师对教学内容进行浓缩和精讲,针对具体案例在任课教师的必要的引导下合理开展课堂教学活动。2000年全国大学生数学建模竞赛专科组的C题《飞越北极》第二问中,由于椭球体上任意两点间球面距离没有现成的计算公式,而通过微积分也无法得到显式表达式,任课老师可先让学生独自思考和分析,然后根据学生的进度组织自由讨论。俗话说"三个臭皮匠,赛过诸葛亮",由于学生个体差异带来的识别方法和分析角度上的不同,通过学生间的交流和探讨后,常常可以产生出新的思路和方法。因此,任课教师可以根据课堂教学的实际情况,在肯定学生建模方法的基础上,继续引导学生从压缩比率法、投影法等角度来建立数学模型,或者对基础较好、能力较强的同学鼓励他们对通过微积分得到的表达式利用数学软件或自编程序加以求解。

实践教学中,通过任课教师引导和点拨,加上学生先行的思考和分析,极大的吸引学生投入到学习和探索之中,良好的促进了师生、生生之间的交流与合作,让不同学生都拥有参与机会,使学生在学习过程中不断体验到成功的喜悦,在潜移默化中逐渐培养和提升学生应用数学知识解决实际问题的意识和能力,真正使学生参与整个学习过程,达到培养学生创新意识和重新能力的目的。

4.科学的进行总结、评价

课堂教学活动后,需要对本次课程教学涉及的知识、方法、技能等进行总结和评价。一个好的总结和归纳,能起到画龙点睛的作用,能促使学生更牢固的掌握好课堂教学内容,激发学生的求知欲望。

针对数学建模课程内容的开放性和实践性,可通过以学生为主体的总结、评价活动来培养学生的创造性思维,从更深层次去体验和感悟独立思考和合作交流的重要性和实效性,达到培养学生的竞争意识和合作精神的目的。由于高职高专学生的数学基础薄弱、层次不一,其兴趣、经验和思维方式也存在差异,所以任课教师要善于总结和积极评价课堂教学活动中学生因识别方法和分析角度上的不同而产生的新认识和新方法,这样不仅能巩固所学知识、激发学生的学习欲望,还将为学生的进一步学习提供导向,将学生的学习由被动接受转化为主动的索取,从而圆满完成教学任务。

三、存在的问题及进一步思考

高职高专教育注重学生职业技能的培养,强调学生的操作能力,淡化理论体系的推导与复杂的计算,把教学重点向专业课和实训倾斜,数学建模课程常作为选修课,课时少、任务重,不仅要用到较多的数学知识,还与当今的高新计算机技术密切相关。在高职高专数学建模课程中运用参与式教学方法,虽然有利于课程教学的正常开展,有利于学生学习兴趣、独立思考能力和创新精神的培养,但也存在着一些不足,只有针对教学过程中存在的问题和现象进行更好的改进和完善,才能扎实地提高高职高专数学建模课程的实效性,才能取得更好的教学效果。

1.突出学生主体,把握好学生参与的量与度

数学建模课程内容具有较强的开放性,因此,在采用参与式教学的课堂教学中,学生参与的量一定要适中,在参与中让学生感到学习是乐趣和享受,是个人能力的展示而不是压制,从而达到培养学生学习兴趣和树立信心的目的。如果学生参与的度与量控制不好,则会让学生消耗太多的时间和精力在前期的准备工作中或者无法融入课堂教学让学生摸不着头脑,而无法较好的实现教学目的和教学效果。

2.注重面向所有学生,切实提高学生的有效参与

在实际课堂教学的分组讨论中,常有学生不愿参与或被动参与,甘当"配角"。对此,任课教师要多观察和留意,从学生的学情出发,在数学建模的不同环节主动为他们创造更多的参与

机会,并积极给予鼓励,树立他们参与的信心,使学生能有机会参与和能主动参与,从而完美的实现教学效果。

3．提高教师的综合素质,保障参与式教学的顺利开展

参与式教学不仅要求任课教师具备良好掌控课堂教学过程的能力,还需要主动转变以教师为主题的传统"讲授法"思想,从教学的实际和学生的学习出发,加强自身应用数学软件和计算机进行数值计算和模拟的能力,引导学生主动学习和完善自身的知识结构,提高学生应用数学解决实际问题的能力。

高职高专数学建模课程参与式教学的应用是大学数学教育的一个探索和革新,唯有教学内容、方法和手段的与时俱进,才能更有效的培养学生应用数学的意识,才能对学生适应专业发展和满足社会对应用型人才的需要起到积极的促进作用。

参考文献

[1]　保尔·拉法格,等.回忆马克思恩格斯[M].北京:人民出版社,1973.

[2]　李大潜.素质教育与数学教学改革[J].中国大学数学,2000,3:9-11.

[3]　杨叔子.文理交融,打造"数学文化"特色课程[J].中国高教研究,2010,10:1-3.

[4]　杰罗姆·布鲁纳.教育过程[M].华东师范大学外国教育研究所,译.上海教育出版社,1983.

[5]　什么是数学建模[EB/OL].http://wenku.baidu.com/view/13713e70f242336c1eb95e59.html.

[6]　陈华.参与式教学法的原理、形式与应用[J].中山大学学报论丛,2001,21(6):159-161.

[7]　徐美进,杨文杰.在大学数学教学中渗透数学建模的思想[J].辽宁工学院学报.2006,8(5):136-138.

[8]　王光清.森林救火费用最小的优化模型[J].四川理工学院学报(自然科学版),2011,24(6):703-705.

[9]　朱宏.森林救火的优化模型[J].吉林师范大学学报(自然科学版),2004,1:96-97.

[10]　林道荣,韩中庚.森林救火中消防队员增援人数的确定[J].数学的实践与认识,2009,39(10):20-25.

高职院校数学教学中存在的问题与改革浅探
——从数学建模谈高数教学改革

唐 冰

（广西水利电力职业技术学院，广西南宁 530023）

摘要

随着高职教育的发展，传统的数学教学思想方法，已不适应现代高职数学教学，应进行必要的改革。高职院校数学教学如何培养学生的数学建模能力，是当前高等数学教学改革的一个重要课题，值得高职院校数学教师深入研究。本文从以下几方面作些分析探讨，供参考。

关键词：问题；改革；数学建模

数学作为认识世界的工具，主要是从数和形来认识和改变世界。传统的"教师讲，学生听"数学教学模式已经不能现代高职教育发展的需要，教学的目的，不仅是传授现成的数学知识，更重要的是要让学生掌握必要的自主获取知识的方法，从而提高学生的生存能力和发展能力。所以数学教学必须提高学生的参与度，提高学生的动手能力。教学过程中，渗透数学建模思想，开展数学建模活动是一个可行的办法。

一、当前高职院校数学教学存在的问题

1. 随着各大学与高职院校的扩招，高职院校的学生基础越来越差，对高等数学的学习兴趣越来越淡。高职院校教学改革的目的是："以学生为主体，以职业活动为导向，以素质教育为基础，突出能力目标。"所以增加了实践课的学时，相应减少理论课的学时。因此，高职院校数学课的地位呈现出较为尴尬的局面，一方面，学生的数学基础变差了，数学课的课时又减少了，而另一方面，学校、社会又要求提高教学质量。所以就必须改革高职数学教学方法。

2. 在教学过程中，主要存在以下一些问题：①教学内容重古典、轻现代，重连续、轻离散、重理论、轻应用；②教学方法和方式重演绎而轻归纳，教师采用"填鸭式"教学，启发思维少，课堂信息量小，学生处在被动状态，主体作用得不到发挥；③教学模式重统一、轻个性、缺乏层次性、多样化，不能很好地适应不同专业，不同培养规格的要求；④考试内容单一、考试方法单一，重理论知识与繁琐计算能力的考查，轻数学应用和知识迁移引申能力的考查；⑤现代辅助教学手段应用不够充分，大多停留在粉笔加黑板上，教学直观性和趣味性不强；⑥数学教学与其他学科（专业课）教学的协调不够，不能相互补充。

在上述两方面问题的影响下，要想迅速全面提高数学教学质量，难度太大。但在自己所负责的班级教学中，还是有许多的事可以做的。比方说：改进自己的教学方式，让学生感到学习数学是非常有用的，从而调动学生学习的积极性。本文结合自己的教学实践，从数学建模思想的渗透与活动开展,对高职数学教学的改革作些探讨。

二、以学生为本,改变教学观念,提高教学质量

学生是学习的主体,是社会的栋梁。为使学生在学校学到尽可能多的、实用的基础知识、基本技能,应让学生积极参与到数学教学改革中来。作为教师也应改变传统的"黑板加粉笔,一本教材走到底"的教学观;教师应以职业发展为导向,着力提升学生适应社会发展的能力。在教学过程中,应激发学生学习数学的兴趣,充分调动学生参与教学活动的积极性,让学生体验成功,享受创新的快乐,并让学生觉得在学校学习的数学知识是有用的。数学建模能有效解决实际工作或日常生活中的一些实际问题,所以在教学过程中,教师应适时渗透数学建模思想,开展必要的数学建模活动。

1. 积极引导,适时开展数学建模活动

通过数学建模,教师可引导、启发学生学习新知识,鼓励学生应用数学知识,分析解决实际问题。为使数学建模活动能够顺利开展,应激发学生的学习欲望,培养自学能力,增强应用意识。数学建模应以学生为主,教师利用预先设计的问题,引导学生主动查阅文献,学习新知识,鼓励学生相互交流、辩论,引导学生主动探索,培养学生从事科研工作的初步探究能力。

数学建模的一般步骤包括:(1)模型准备:了解问题的实际背景,明确建模的目的,形成一个比较清晰的"问题";(2)模型假设:根据对象特征和建模目的,抓住问题的本质,做出必要的、合理的简化假设;(3)模型构成:根据所作的假设,用数学的语言、符号描述对象的内在规律、建立数学模型;(4)模型求解:运用一定的技术手段(如数学软件及计算机等)求解;(5)模型验证:分析上述数学模型,并用实际数据或模拟方法验证解释所求的结果;(6)模型的应用。

数学教师不仅要教会学生数学的一些基本知识,更重要的是教给学生数学的思维方法和应用能力,提高他们的创新意识和创造性思维能力。将数学建模思想融入到高等数学教学中,引导学生从现实走进数学,更让学生从数学走进现实。下面结合实例作些分析探讨。

(1)通过简单数学模型提高学生的学习兴趣

①"公平席位分配"模型。某学校有3个系共200名学生,其中甲系100名,乙系60名,丙系40名。如果学生代表会议,设20个席位,如何分配?

学生回答:甲乙丙三系分别应占有10,6,4个席位。

如果丙系有6名学生转入甲、乙两系,各系人数为103、63、34。应如何分配席位?

按惯例分配各系应该占多少? 这样分合理吗?

一步一步引入Q值方法,最后讨论Q值方法是不是完美的分配法? 你能提出一个新的分配方案吗? 这样大大地激发学生学习数学的热情。

②"地面搜索"模型

2008高教社杯全国大学生数学建模C题(竞赛题):有一块平地,是矩形目标区域,其大小为$11\,200\text{m} \times 7200\text{m}$,需要进行全境搜索。假设:出发点在区域中心;搜索完成后需要进行集结,集结点(结束点)在左侧短边中点;每个人搜索时的可探测半径为20m,搜索时平均行进速度为0.6m/s;不需搜索而只是行进时,平均速度为1.2m/s。每人都带有GPS定位仪、步话机,步话机通信半径为1000m。搜索队伍,若干人为一组,有一个组长,组长还拥有卫星电话。

每个人搜索到目标,需要用步话机及时向组长报告,组长用卫星电话向指挥部报告搜索的最新结果。

假定有一支 20 人的搜索队伍,拥有 1 台卫星电话。请设计一种你认为耗时最短的搜索方式。按照你的方式,搜索完整个区域的时间是多少? 能否在 48h 内完成搜索任务? 如果不能完成,需要增加到多少人才可以完成。

这道题我们在球场讲解,采用情境教学法,画一块长方形的区域。为了使搜索时间最少应综合考虑三个因素:按笔画原则尽量不走重叠路;尽量不空走;尽量少改变队形。由同学们自己设计方案(关键是把 11 200m×7200m 分成 14×9 个 800m×800m 的正方形区域),同学们都很兴奋,队形如何排? 如何改变队形? 如何计算时间? 同学们身临其境,把问题具体化,对学习数学有了新的认识。

(2) 将抽象的数学概念融入具体的实例

在讲高等数学的概念时融入数学建模思想,高等数学中如极限、导数、微分、积分、级数等概念都是从客观事物的某种数量关系或空间形式中抽象出来的数学模型。而课本是用非常精炼的语言表述出来的,如讲"极限"概念时,应首先介绍,三国时期,我国数学家刘徽的"割圆求周"的思想。尽可能展示极限的形成过程,理解"极限"这个概念模型的构造过程。又如讲"级数"概念时,先介绍"芝诺悖论"问题中的第二个问题:阿基里斯永远也追不上乌龟!"积分"概念形式抽象,其形成过程需要大量具体原型为基础,它与曲边梯形、旋转体体积等具体问题密切相关。用"微元法"求解这些问题,可以抽象出"积分"的模型。

(3) 应用所学知识解决实际问题

2006 高教社杯全国大学生数学建模 C 题(竞赛题):易拉罐形状和尺寸的最优设计(导数在优化问题中的应用);2010 高教社杯全国大学生数学建模 D 题(竞赛题):C 题输油管的布置(二元函数微分在优化问题中的应用)。

(4) 结合数学软件的使用

给出几个具体的实际问题,让学生建模求解,求解可利用数学软件,帮助学生求出结果,激发学生的学习兴趣及动手能力。

2. 数学建模活动后的思考

培养学生数学建模能力是一个渐进的过程。教学过程中,教师可:(1)引导学生应用一些现存的数学模型解决实际问题;(2)与学生一起分析建立典型数学模型的过程,让学生体会建模的过程;(3)拿一些简单的数学问题,让学生自己建立模型,在建模过程中,教师应注意组织与引导,了解学生存在的问题,并及时点拨,帮助学生解决问题。为此,数学教师应精心研究数学教材,研究有关数学建模的文献资料;与学生交流沟通,进而了解学生的学习态度和知识水平;明确以什么方式开展数学建模教学。

学习数学建模的方法通常采用案例学习法,即从一个个具体的建模案例中去体会、揣摩、学习如何应用各种数学方法去建立模型。建议采用问题导向的方式,而不采用方法导向的方式。所谓问题导向,就是一切从实际问题的需要出发,研究如何解决问题,需要用到什么数学方法、工具就用什么,如果你现有的方法与工具不够用,那就去学习新方法新工具,甚至是创造新方法新工具,再用新方法新工具去研究、建立模型与解决问题。

经过对比研究,笔者发现,在数学教学中积极渗透建模思想,适时开展数学建模活动,学生有以下几点变化。

（1）学生对数学的认识发生了质的变化，学生的数学应用意识与能力得到提高。

（2）在数学建模学习中，学生通过搜集资料、分析推理、演练论证、交流讨论，体验成功，享受学习，学生对高等数学产生浓厚兴趣。

（3）学生个性得到充分尊重和张扬，学生的探索创造能力有了较大的提高。

参考文献

[1] 姜启源,谢金星,叶俊.数学模型[M].3 版.北京：高等教育出版社,2003.

[2] 叶其孝.大学生数学建模竞赛辅导教材[M].长沙：湖南教育出版社,1993.

[3] 李亚杰,黄根隆.数学实验[M].北京：高等教育出版社,2004.

[4] 宋志平.将数学建模思想融入高等数学教学[J].阴山书刊,2010,3.

对高职高专数学建模培训的探索

王泸怡

（桂林理工大学南宁分院，广西南宁 530001）

摘要

数学建模竞赛是高校大学生课外科技活动和竞赛之一。本文研究了高职高专数学建模培训的问题。主要在数学建模对于培养提高学生的综合能力和整体素质的作用，教师在数学建模课程建设和竞赛中的引导作用以及组织学生参加"全国大学生数学建模竞赛"是数学建模课程建设及检验培训成果的重要环节等方面进行了研究。并将研究成果及时应用到高职高专数学建模培训中去，提高了数学建模竞赛水平。

关键词：数学建模；培养能力；引导作用；组织环节

数学建模竞赛是高校学生数学教育实践中的一个非常重要的组成部分，是学生展示数学才能的舞台。数学建模竞赛是培养学生对数学的兴趣，解决实际问题的教育活动。"全国大学生数学建模竞赛"从举办以来已有包括香港和澳门特区在内的一千多所高校参加，参赛学生数已达数万人。已经成为全国规模最大，影响最深的高校大学生课外科技活动和竞赛之一。数学建模竞赛所蕴含的数学思想和方法十分丰富，且具有很强的挑战性与创造性，既能考察学生灵活运用数学基础知识和数学基本方法的能力，又能考察学生的心理素质，是激发广大学生学习、探索、研究数学兴趣和热情，开阔他们的视野，培养他们的数学应用能力等一项具有综合教育功能的数学科技活动。

开设"数学建模"课程，能让大学生在学习和实践中加深、巩固对数学理论知识的理解，摆脱枯燥乏味的感觉，提高他们应用数学方法解决实际问题的能力、数学应用与计算机相结合的应用能力、创新能力。而且能更好的组织在校学生参加数学建模竞赛，为提高数学竞赛整体水平起到重要的指导作用。

多年来我们组织参加了高职高专组的全国数学建模竞赛，在广西区和全国都获得有可喜奖项。极大地提高了学生学习数学和研究的兴趣、增强了学生应用数学和计算机解决实际问题的能力，激发了学生参加全国数学建模竞赛的热情。同时，也为数学的教学及研究注入了新鲜的血液。下面结合我几年来担任"数学建模"课程教学和参与组织高职高专学生参加"全国大学生数学建模竞赛"活动的开展情况，谈谈自己的一些体会和认识。

一、数学建模能培养高职学生综合能力的推动作用

高等职业教育培养的是高技能应用型的人才，学生在学习过程中更注重于掌握知识的应用，更需要有较强的解决实际问题的能力，因而高等职业教育的数学课程更应该把培养应用数

学知识解决实际问题的能力和素养放到重要的位置。

　　数学建模所解决的问题都是直接从实际生活中提炼出来的,这些问题都没有唯一的标准答案,具有现实性与开放性,给出的条件大多是不完全的,学生需要自己查阅资料,搜集数据,还要善于从中发现问题的关键,抓住主要条件,并根据情况做出合理的假设;需要把抽象和复杂的实际问题用数学语言表达出来,形成数学模型,并对模型进行理论推导,得出解决实际问题的方案和建议,再利用恰当的数学方法建立各种量之间的数学关系,建立数学模型;求解模型时,还需要利用 MATLAB、LINGO、Mathematica 等软件进行计算机编程计算;另外,参赛队伍由三人组成,建模论文需要通过成员们共同努力共同完成。从整个过程看,建立数学模型的过程是一个团结合作、探索创新的过程,它要求学生具有学好数学的主动性、积极性和热情,有观察事物,将实际问题归结于数学问题的能力,这对于培养学生的综合能力和提高学生的整体素质起到积极的推动作用。

二、教师在数学建模课程建设和竞赛中的引导作用

1. 引导更多优秀的学生参加

　　绝大多数的学生不了解"数学建模"课程,对"全国大学生数学建模竞赛"更是知之甚少,大多数学生误认为数学建模竞赛与一般的数学竞赛一样,需要参赛者在短时间内独立完成解题。因此,要让学生们更好的了解"全国大学生数学建模竞赛",就需要指导教师的宣传介绍,使学生了解到数学建模竞赛的参赛方式,让他们对"全国大学生数学建模竞赛"产生浓厚的兴趣,激发学生的参赛热情,吸引更多优秀的学生参与进来。

　　接着通过数学建模选修课,组织一部分对数学有兴趣的同学,参加数学建模相关知识和思想方法的学习,以及相关数学工具软件的培训,扩大"数学建模"课程和数学建模竞赛的影响力和受益面。

2. 多启发,多引导,解决数学疑难

　　高职院校学生数学基础普遍薄弱,造成了数学课程的"难学难教",由于专业性质的不同,部分学生只学了高等数学甚至只是微积分。因此,首先是选用适合高职学生使用的"数学建模"教材,按照学生的水平编写教学大纲,选修"数学建模"课程的基本上是理工科学生,可侧重选择与他们专业知识相关问题的数学模型(如工业科技模型),帮助学生掌握建立此类问题的方法,并能解释模型中的实际意义。这种启发式的教学也激发了学生的学习兴趣和创造力,其中就有模具专业的学生在专业课程设计中,做出了节能水壶,并且在指导下根据记录的实验数据,将研究过程写成了数学建模论文,在课堂上向同学们做了讲演,此后还参加了学校的科技作品大赛,获得了不错的成绩。

　　可以说,数学建模学习培养了学生的科研能力和实践能力,以数学建模课程为载体,使得数学实验与各专业课程结合,并进行实际科研活动,提供了一个交流平台。

3. 重视理论联系实际,引导深入研究

　　传统教学重视理论知识,应用方面不足,课本中所给出的应用题也比较简单,不重视应用数学的能力,后果是学生不懂得用数学知识来解决实际问题,认为学数学没有用。因此指导教

师在课程设计中应合理安排组织教学内容,采用多种多样的教学形式,以生动活泼、富有启发性的教学方式传授数学建模知识。

教学中,应加深学生对数学概念及数学定理的认识,正确看待、灵活处理数学理论与实际应用之间的关系,注重培养学生的参与意识,鼓励学生随时提出不同见解或问题,相互之间能够多思考多讨论,给学生提供自由发挥、各抒己见的机会,使学生从被动灌输变为主动学习,这也有利于培养学生的思维方式,拓宽知识面。

三、组织学生参加"全国大学生数学建模竞赛"是数学建模课程建设及检验培训成果的重要环节

数学建模培训是一个系统化的过程,指导教师应准备详细的进程安排,做到有条不紊。

1. 参赛队员的选拔

数学建模竞赛不仅要求很好的个人能力,也需要好的团结协作,是对整体实力的考察。首先在学生自愿报名的基础上,根据课堂观察和学生提交的选拔论文,各位指导教师进行综合评定,挑选出优秀的学生组成参赛队。选拔出的参赛学生都各有强项,有的具备良好的数学基础知识和计算能力,有的对文字的理解、编辑和表达能力较强,有的在计算机编程方面的能力比较好。指导教师应在自由组队的基础上,根据他们各自的特点,帮助协调,尤其是部分学生不愿跨专业组队的问题。这也是一个相互配合、互相学习的过程。

2. 竞赛前的假期集训

为了加强队员们的建模竞赛能力,在学校领导和有关部门的大力支持下,组织参赛学生进行为期半个月的暑期强化培训,这对老师、学生的一个考验。

首先教师要精心组织培训内容,合理安排培训进度。由于各小队成员能力的侧重点不同,在培训过程中应遵循循序渐进的原则,确定不同的培训重点,对统一课程找出重点,进行案例的补充。学习的方式以探讨交流的形式进行,比起纸上谈兵效果更好,学生接受新知识的时候也更直观,结合对建模知识进行由浅入深的系统分析和演示,按照因材施教的原则,对培训效果及时反馈,使不同的学生的才能得到最大的发挥。

暑期培训的任务是为竞赛做集中准备,因此学习的内容我们以历年赛题为主。通过对往年优秀论文的详细讲解,帮助学生分析解题思路,理清建模过程,特别是对同一赛题的各篇论文从不同的角度进行对比分析,引导学生进行思考和讨论。如 2003 年的"SARS 传播模型",有的论文根据传染病传播的数学模型,采用微分方程的动态方法建模;有的根据 SARS 的传播特点,建立了传染病的随机感染模型。学生们在讨论的过程中各自发表意见,吸收优点,也提出自己的见解对论文进行了修改,激发了学习兴趣和竞赛热情。

3. 团结合作精神及进行协调的组织能力的培养

数学建模竞赛是由三人小组参赛,需要在限定的三天时间内,通过合理分工共同完成竞赛论文。在实际竞赛中,由于学生大多对数学建模竞赛不熟悉,加上心理紧张等因素,往往会出现各种情况。因此培训后期,我们都会进行竞赛模拟,要求每个参赛队完成一篇包括完整建模过程及计算机实现在内的建模论文。

竞赛题目都有一定难度和灵活性，培训中不限制学生一定要按照通常的思路，可以尝试不同的方法来解决问题，锻炼学生的随机应变能力和心理素质。通过每年的成果观察，各队在模拟练习中都能合理分工，发挥个人特长，发扬团队合作精神，遇到困难不退缩不放弃，队员们不仅掌握了建模技能，获得了实践经验，更为竞赛取得好成绩奠定了基础。

加强数学建模培训，组织学生参加数学建模竞赛，不仅使学生受益终生，教师通过指导，对数学应用和教学也不断产生新的认识和体会，这必将促使数学建模这项科技活动开展的更加广泛深入，也将为推进数学教学的改革产生积极影响。

参考文献

[1] 但琦,赵静,付诗禄.数学建模课内容和教学方法的探讨[J].工科数学,2002,18(6)：21-24.

[2] 乐励华,戴立辉,刘龙章.数学建模教学模式的研究与实践[J].工科数学,2002,18(6)：9-12.

[3] 周菊玲.数学建模竞赛的实践与思考[J].新疆师范大学学报,2006,25(1)：118-120.

[4] 韦程东.指导学生参加全国大学生数学建模竞赛的探索与实践[J].高教论坛,2007(1).

[5] 王庆,吴长男.高职高专院校开设数学建模课程的认识与实践[J].苏州市职业大学学报,2008(1).

高职弱电类专业"同步数学实验基础"课程的研究与建设——以柳州铁道职业技术学院为例*

吴 昊 李翠翠

(柳州铁道职业技术学院,广西柳州 545007)

摘要

提高高职高等数学课的教学质量、学生的应用能力和综合素质,有必要开设"同步数学实验基础"课程。课程的实施要求教学内容分层次并针对不同专业进行选取,强调辅助软件工具的使用,基于问题的开展来组织教学,有利于提高高职数学和高职专业课程教学的效率,提高高职生的全面素质,同时要加强师资队伍、实验设备和教材建设。

关键词:高职高专;同步数学实验基础;研究与建设

一、开设数学实验服务于专业的必要性

1. 提高高职高等数学课的教学质量刻不容缓

高等数学是任何一门专业课必不可少的基础课,每一个知识点都是来源于实际生活的数学模型。但是高职学生感觉高等数学抽象、枯燥、乏味,领会不了极限、导数、积分等概念的实质及它体现的思想方法,更难以理解、解决日常生活中经常遇见的线性规划、数理统计的基础常识问题。传统的高职数学教学模式是为传授知识而设计的,有两点不足:一是在教学活动中,老师仍是教学主体,学生作为知识的接受者始终处于被动地位;二是传统的教学模式多注重知识的讲授,少注重学生能力的培养,导致数学的学习无法与后续的专业课有效接轨,对学生将来工作和继续学习的空间帮助甚微,高等数学课的教学质量直线下滑[1~3]。

开设"同步数学实验基础"课程,使教师和学生的主被动地位互换,学生利用计算机、数学软件验证、探索、应用数学知识主动解决问题,使学生将抽象的数学模型形象化,便于学生主动掌握数学知识模型的精髓,促进学习能力、素质的提高,促使合作交流习惯的养成,从而提高高等数学的教学质量。

2. 提高高职学生的应用能力势在必行

高职生的数学基础参差不齐,传统的数学教学模式兼顾不了所有学生的认知规律,妨碍学生进一步地学习数学知识,妨碍学生的专业及成长的进一步提升。基于与专业结合的数学实

---

* 广西教育科学研究所课题(2011B0036),《基于高职弱电类专业的"同步数学实验基础"课程的研究与建设》。

验教学,能促使学生自己动手、动脑,用观察、模仿、实验、猜想等手段去探究问题,从而找到自身学习规律特点,找到自信。在高职数学课融入数学实验内容,数学教师注重讲解数学知识模型,不必花过多时间在计算技巧和理论论证方面,节约出的时间可以介绍更多的数学模型,开拓了学生眼界,为专业学习提供了平台。同时也弥补了部分数学基础好的高职学生虽有数学建模思路,但由于不会使用数学软件而解不了所建立的数学模型的缺憾。数学建模是应用型的数学实验,提高"同步数学实验基础"课程的教学质量就能提高学生参与数学建模的兴趣。

3. 提高高职学生的综合素质不容忽视

高职院校的培养目标是造就在生产、建设、管理、服务第一线工作的高级技术应用型人才,而传统的数学教学不能全方位的培养学生成才,更由于高职生源的学习基础、学习方法、学习能力的欠缺,难以达到实际岗位要求的目标。基于与专业结合的"同步数学实验基础"课程结合传统数学的教学,实验过程是教师创设问题,学生积极探索的学习模式,充分培养学生的想象力、洞察力,促使创新个性发展。数学实验帮助学生分析处理数据,如生产计划设计、营销年度总结,求拟合曲线,注重分析实际模型的来源、解决模型的数学思想,用数学软件求解数学模型,既能更好地培养学生的数学文化素养,又能提高计算机、数学应用软件操作技能和解决实际问题的能力。数学实验帮助学生合作交流,阳光向上,促进学生的身心健康。数学实验没有现存的答案、模型可套,学生必须通过自身主动学习才能解决问题,自学能力得以培养。"同步数学实验基础"课程可以全面培养学生的终身学习能力。

二、"同步数学实验基础"课程的实施方案

1. 教学内容分层次针对不同专业选取

结合高职教育的培养目标及高职院校的学生基础薄弱,学习数学没有信心的基础状况,选择的实验内容最好浅显有趣,应当注意三点:第一内容不宜过难,要帮助学生理解高等数学的基本概念,降低高等数学学习的难度;第二内容尽量结合专业。要帮助学生学习后续专业的思维的方法,树立知识模型(即模块化知识结构)的学习意识,使学生认识到解决同一个模型的目标只有一个,但是解决不同难易度的问题需要不同的技术;第三内容典型实用,使学生感兴趣。要帮助学生自觉主动创造型的学习,为将来可持续发展提供能力[4]。

因此我们把"同步数学实验基础"课程的内容结构分为基础实验、探索实验与应用实验,尝试将各类实验引入到高职数学的教学中,分层教学,同时根据弱电类专业对数学课程的教学需要,将数学理论部分细化成"小模块"编排,供不同专业教学选用。选取教学内容时分为三类:(1)基础实验。先学习 MATLAB 基础知识;然后主要针对高等数学课程的理论及方法,学习用软件体验数值计算和绘图功能。这部分要求每一位学生掌握方法,深刻理解掌握数学思想、知识。(2)探索实验。数学教师反复了解弱电类专业问题的数学实验,用数学知识、计算机、数学软件解决难度不大的专业相关问题。这一部分要求学生理解,为学习专业知识打基础,开拓思维。(3)应用试验。设计一些稍微综合的实际问题,配套介绍数学建模的思想、步骤、方法。这部分要求学数学有余力及兴趣的学生自我挖掘潜力,为数学建模培养苗子。

2. "同步数学实验基础"课程的具体实施

具体实施分以下五次集中进行,每次两至四课时。

第一次实验课安排在高等数学绪言课后。主要内容是介绍 MATLAB 的使用方法,同时介绍一元函数的作图方法。使学生亲身感受数学软件包的强大功能,激发学生学习数学软件的积极性。

第二次实验课的主要内容是求解极限、导数及应用。让学生不仅会用软件求极限、导数、极值,更应当通过实验加强对知识点的深刻理解。

第三次实验课的主要内容是求解积分、级数、微分方程。让学生从图形直观理解用幂级数、傅里叶级数表达函数的拟合效果;让学生理解微分方程在实际生活中的应用,并将数学建模、数学实验内容和高职高等数学经典内容优化组合,突出应用技能的培养,以"必需、够用"为度删减理论证明,增加操作实例。

第四次实验课的主要内容是线性代数与线性规划初步。让学生通过"运输问题","生产计划问题"学会设计安排生产计划,解决实际模型的最佳方案。并从中引导学生查阅网络、图书馆资料,培养自学能力。

第五次实验课的内容是数理统计初步。让学生学会利用计算机及数学应用软件处理数据,分析数据的分布,为预测后期目标的合理性。

对于很多的应用问题,如导数的应用、定积分的应用、函数以幂级数形式或傅里叶级数形式展开并绘图比较拟合效果、线性代数方程、微分方程的变换及应用、线性规划中多约束条件最优解、概率与数理统计的近似估计及假设实验、统计图的绘制、近似计算等,都是在学生掌握了相关概念、命题的基础上,利用数学软件对相关问题进行分析后建立相应数学模型,然后求解。

3. 教学组织基于问题开展

高职数学实验教学倡导基于问题的学习,强调的是以问题为中心,以学生的主动性为主,目的是教会学生如何以问题为中心,动手动脑,围绕着问题展开、重组知识的建构,激发好奇心与内在求知欲[5]。"同步数学实验基础"课程将数学知识与数学实验融为一体,建立具有以问题为载体,以计算机为手段,以软件为工具,学生为主体的新的教学模式。让学生亲自上机操作,现场完成求函数值、极限、导数、不定积分与定积分、微分方程、级数模拟函数、积分变换、线性代数与线性规划问题、数据拟合、二维、三维、统计分布图形绘制等计算操作,使学生参与在教学中,突出数学知识的应用,注重培养学生的创新意识和应用能力。

我院的数学实验课采用"计算机+传统教学+数学实验"的同步数学实验教学模式。概括分为提出问题、数学知识准备、教学目标、教学过程、教学评价五个环节。下面以"如何用一阶微分方程预报人口的增长问题"为例来说明如何在数学实验中应用同步数学实验的教学模式。

(1)提出问题。要具体介绍实际问题的来源,问题尽量通俗易懂且使学生感兴趣。

实验引入:对于现实世界的变化,我们关注的是其变化的速度、加速度以及所处位置随时间变化的发展规律。其规律可以用微分方程或方程组模型表示。比如人口随时间变化的模型,交通信号灯亮的时间模型,水资源、人力资源、矿藏资源模型,流行病、传染病模型,商业促销、金融危机周期模型,正规战、游击战模型等,都可以通过建立恰当的微分方程模型来分析。

实验课题:人口问题是当今世界最令人关注的问题之一。我国是世界上第一人口大国,地球上每九个人中就有一个是中国人。表 1 是我国人口在一段时间的增长速度:

表 1　1908—2010 年间我国人口的增长速度表

年	1908	1933	1953	1964	1982	1990	2000	2010
人口(亿)	3.0	4.7	6.0	7.2	10.3	11.3	12.95	13.86

请根据人口数量的变化规律,建立人口模型,做出准确的预报。

(2) 数学知识准备。要具体介绍解决实际问题的必要的数学知识、思想方法。

教师在实验前布置学生课外查阅必要的数学理论知识:指数增长模型 $x(t)=x_0 e^{rt}$, $r>0$;阻滞增长模型(Logistic 模型)。由 $\dfrac{dx}{dt}=rx\left(1-\dfrac{x}{x_m}\right)$, $x(0)=x_0$ 教师讲解如何建立并求解人口随时间变化的数学模型。

(3) 教学目标。要根据高职数学教育对高职生的培养目标、学生的所学的专业、学生的基础来确定教学目标。本实验的教学目标为通过实验教学,加深学生理解如何用指数方程、一阶微分方程求解人口预报的相关数学知识,促进学生掌握数学实验的思想方法,激发学生学习数学的兴趣。核心内容为从实际问题出发,应用所学知识,自己动手建立数学模型,应用计算机、数学软件求解实际问题的能力,逐步教会学生应用数学实验理解并学习专业知识及终身学习的方法、步骤,提升学生的数学素质。

(4) 教学过程。要教会使用数学软件的相关功能,要培养学生合作交流,让学生积极主动地参与实验活动,要鼓励学生将自己的数学思维活动进行整理并明确的表达出来。

在应用问题的教学过程中,让学生把时间更多的放在深入分析问题的实质,建立数学模型和软件使用上,把计算问题交给软件来完成,通过实验直接计算结果,并根据计算结果调整、完善数学模型,使学生在理解所学内容基础上达到灵活运用。这样就不必为了求复杂的导数、积分等而花费更多的时间。

(5) 教学评价。教学评价要从单纯检查掌握知识向既检查知识又考察能力的综合性过渡,多考核学生平时的参与过程。

数学实验课程不同于高等数学课程,应给学生充裕的时间去思考和摸索目标问题,逐步提高学生自学能力、动手动脑能力。我们的考核评价做法分两部分。一部分是平时考勤及上机实验(占 60%),12 次试验,每次 5 分;另一部分是实验报告(占 40%),要求学生提交 4 个实验报告,实验报告包括实验问题、实验目的、问题分析过程、实验结果、实验体会。这种考核使学生只重视书本知识的机械记忆的局面得以改变,提高了学生数学应用能力、创新能力,全面提升了高职生的素质。

三、“同步数学实验基础”课程教学实施的效果分析

1. 提高了数学教学的实效

同步数学实验结合高等数学课,将极限模型作为基石,在此基础上将导数、定积分看做特殊的极限,将级数、微分方程等模型看作是微积分的应用,使学生从高处了解了高等数学知识的布局。特别是讲清极限与现实生活的关系后,可以将求极限的技巧简化,用数学软件解出极限。有效解决了上述矛盾,既使得学生开阔了眼界,又腾出时间介绍应用数学的线性规划、数理统计的初步知识,促进高职数学的教学效率。

2．提高了专业课程教学效率

电子电气及自动化类专业的主干课程如电机及拖动、电力电子技术、自动控制系统等，普遍存在工作原理推导繁琐、涉及电路图波形图繁多、基本公式罗列复杂等特点。采用传统的课堂讲授、实验验证的教学模式不仅给老师的教和学生的学都带来了很大的困难，而且也极大地打击了学生学习的积极性。

经过教学实践可以发现在电子电气及自动化类专业的教学中采用 MATLAB 仿真辅助教学能系统地展示系统设计思想的演化过程，简便易行，使课堂讲解变得非常生动、形象、直观，使学生在实践中掌握理论知识，提高学生的学习兴趣，变被动学习为主动研究；也便于学生更好地、牢固地、全面地掌握各门课程的有关理论知识，弥补模拟实验装置的不足，激发学生学习兴趣，提高教学质量。

另外，高职学生的定位是为生产一线培养高级工程人才。作为电子电气及自动化类专业高职类学生同样应该具备仿真的思想，学会使用先进的计算机技术来分析控制系统，通过专业软件的仿真来验证所设计的系统工程，提高自身的竞争能力，适应当前人才市场的需求。因此教学中引入 MATLAB 除了对学生理解教学内容具有很好的帮助之外，通过大量的仿真检验，还有助于提高学生分析问题、解决问题的能力，有助于培养学生创新实践能力，培养学生的科研能力和水平，掌握科学研究的一些基本方法，为学生今后在专业领域的发展奠定坚实的基础。

3．提升高职生的创新能力

传统的数学教学，学生学数学只要动脑，不必动手，注重的是解题变形技巧。而教育部对高职高专学生的培养目标明确要求具有一定的创新能力。同步数学实验没有现成答案、模式可套，只能发挥学生的创造性。实验过程是教师创设，学生积极探索的学习模式。这种模式培养了高职生的想象力、洞察力，提升了高职生的创新能力。

4．提高高职生的全面素质

同步数学实验采用"案例式"教学，从一个实际问题出发，讨论分析如何求解。每个案例基本包括：问题的提出、模型建立、模型求解、分析讨论、模型推广。实验课由实际问题导出相应方法，有的放矢，不同层次的学生根据自己的认知结构，将学习材料、已有的知识、经验建立起联系，不断变革、重组、丰富自我的认知结构，符合认知规律。实验课引导学生关注、解决问题，学生通过自学知识，独立完成实验，培养了自学能力。实验需用数值技术对数据进行处理，培养了学生处理数据和计算机应用能力。实验是一项完整的小型科研，最终成果体现为一篇完整的实验报告，这种实验报告完全按照科学论文的要求来撰写，培养了学生的论文写作能力、表述能力。实验的教学模式是分组完成实验，每组就是一个团队，需要共同探讨、集思广益、取长补短，从不同的争论中综合最终方案来试验，得到实验报告，它是集体智慧的结晶，这种教学模式培养了学生协作精神，而这种精神对学生将来工作、社会生活极其宝贵。

四、"同步数学实验基础"课程建设的对策

1．加强师资队伍建设

数学教师要上好数学实验课，单打独斗的效果不好，应当组成一个数学实验课的教师团

队。开课要求数学教师不仅有扎实的数学功底,还要具有计算机应用能力、数学软件的使用能力。从我校现有的师资队伍来看,很难达到开课目标,因此需要进一步的有计划地培养有上进心、有扎实的数学功底、有一定的计算机能力、有较强的创新意识、精神的教师,送出去进修、参加相关学术、教学会议研讨或请相关专家到校培训师资。同时,数学教师自身要敬业、无私奉献,不断与时俱进,提高数学素质,积极参与教学教改。

2. 加强实验设备建设

良好的实验设备保障在数学实验课的开设过程中起着决定性的作用,如果没有解决这个问题,一切关于数学实验的美好设想都是空谈。实验设备建设主要包括软件、硬件两部分,硬件需要有机房及性能完好计算机设备,目前我校已达到了开设数学实验课的基本条件,但为了达到更好的预期效果,建议学校筹建独立的数学实验室,这样既能为开实验课提供场所,又能为数学建模培训上机及竞赛提供条件。软件方面要求学生机上安装各种主流教学软件,如MATLAB、LINGO、SPSS等。

3. 加强实验教材建设

高职院校开设数学实验课,根据高职学生的培养目标、学习基础,选择合适的教材是开课成败的关键[6]。选择或编写教材时应当具有以下特点:一是注重教材内容的实用性。学生利用数学软件的内部函数及简单程序可以更好地理解、掌握数学概念模型及思想。二是体现数学教学的工具性。实验内容应当结合学生专业,由浅入深,循序渐进,使学生在专业学习中自觉地应用数学思想学习、解决专业问题。三是把握数学模型的趣味性。介绍一些贴近学生生活的数学建模的趣味例题,降低难度,但要给学生留出一定的空间。引导学生跳一跳,就能合作完成数学建模任务。

参考文献

[1] 许建强,乐经良,胡良剑.国内数学实验课程开设现状的调查分析[J].大学数学,2010,26(4):1-3.
[2] 潘晓燕.对高职院校高等数学实验课的认识及建议[J].凯里学院学报,2009,27(1):10-11.
[3] 马金凤,倪科社,巫朝霞.案例教学模式在"数学实验"课程教学中实施的实践与思考[J].伊犁师范学院学报(自然科学版),2010(2):21-23.
[4] 谭永基.对数学建模和数学实验课程的几点看法[J].大学数学,2010(26):19-21.

第二篇

实践篇

发达广西君武志，振兴中华建模情

(广西大学)

一、历史回顾

广西大学是广西唯一一所国家"211"重点建设高校，第一任校长是马君武先生。1989 年我校在基础数学、应用数学专业本科生率先开设数学模型课程，随后扩大到全校各本科专业，2003 年成为广西大学重点课程，2004 年成为区重点课程，2006 年成为区精品课程。与数学建模相关的教学改革成果在 1997 年、2005 年两次获广西壮族自治区教学成果二等奖。

我校 1992 年开始组织学生参加全国大学生数学建模竞赛，至 2011 年共获全国一等奖 10 队，全国二等奖 42 队。创造了多项广西第一：广西高校中第一个获全国一、二等奖的学校，也是获全国一等奖、二等奖最多的高校，广西高校中第一个拥有数学模型区精品课程的高校，第一个以数学建模为主要内容获区教学成果奖的高校。2004 年开始组织学生参加美国大学生数学建模竞赛，2006 年在广西高校中率先获美国大学生数学建模竞赛一等奖。

二、政策支持

校领导一贯对大学生数学建模竞赛十分重视，特别是近年来划拨专项经费，以项目建设形式资助数学建模竞赛，并出台多项倾斜政策，例如：给获奖学生计算创新实践学分，并对获全国一等奖者在符合推荐条件前提下直接推荐为免试研究生。这些积极有效的措施大大激发教师和学生参与数学建模竞赛活动的积极性。近年我校学生报名参赛非常踊跃，通过层层选拔参赛队都保持在 50 队左右，最多时达近 100 队。是广西高校中参赛队最多的学校。

三、受益学生

多年来，我校坚持以"数学建模协会"这一学生社团组织，有计划、有步骤地开展数学建模活动的普及性工作。"数学建模协会"老会员以自己亲身体验向新同学宣传参加数学建模竞赛活动的积极作用，通过学生自我的相互影响，有效扩大了数学建模在学生中的影响，带动更多的学生参加到数学建模活动中来。2005 年广西大学"数学建模协会"荣获全国高校优秀学生社团称号。"一次参赛，终身受益"，一大批同学从参加数学建模竞赛中获益良多，例如 2010 年美赛一等奖及 2009 年全国二等奖获得者管理科学 2007 级王双同学荣获"宝钢教育奖"优秀学生特等奖，并保送复旦大学硕博连读。

四、教师风采

多年来，我校涌现出一批师德高尚、科研教学能力突出、热心组织与指导竞赛工作的数学建模教师，如广西高校首届教学名师吕跃进教授 2001 年、2011 年两获全国大学生数学建模竞赛优秀组织工作者称号，吴晓层博士、王中兴教授分别于 2001 年、2011 年被评为全国大学生数学建模竞赛优秀指导教师，王中兴教授、陈树莲老师获全区大学生数学建模竞赛优秀组织工作者称号，谢土生、韦革、范英梅、吴如雪、李春红、谢军、张更容、周婉枝、黄敢基等多位老师先后被评为全区大学生数学建模竞赛优秀指导教师称号。更多的老师在指导竞赛、科学教学中大显身手，参与教师中有教授 9 人，副教授 10 多人，博士近 20 人。

五、特色活动

以科学研究提高教师数学建模创新能力，近年建模组老师承担或主持与数学建模相关的国家、广西自然科学基金及教研项目达十多项。

以教学改革项目推动教学质量提升，主持区级以上教改项目十多项，所有教师均参与，并将数学建模思想融入大学数学主干课程教学中。

建立完善多层次数学建模课程体系，包括数学类、校选类、管理类、电气类、计算机类等各类数学建模课程选修课、必修课，以及全校新生研讨课等，以适应各类专业的不同需求。

承办多届全区高校数学建模师资培训班与学术研究班，培养了一大批数学建模师资。

2007 年承办广西赛区颁奖工作会议。

2008 年承办全国数学建模竞赛评阅工作会议。

每年选派教师参加全国数学建模会议，学习、交流与提高；积极组织参与全国大学生数学建模夏令营活动；邀请国内著名专家到校讲学，如姜启源、叶其孝、孙山泽、谢金星、郝志峰、孟大志等。

以数学建模活动为平台,探索实践育人长效机制

（广西师范学院）

全国大学生数学建模竞赛是考察学生运用数学思想方法与计算机科学技术解决实际问题的重要赛事,是培养学生实践创新能力的重要途径。近年来,我校积极开展以强化学生创新能力和实践能力,提高教学质量为宗旨的学科竞赛活动,形成了学科竞赛的指导,服务与管理良性机制,在生源质量相对较差的情况下,仍然取得了较为显著的效果。

在纪念全国大学生数学建模竞赛二十周年纪念活动中,全国大学生数学建模竞赛组委会选我们学校为全国师范类院校的代表,在纪念文集中用专页介绍了我们学校开展数学建模活动的经验。之所以取得全国组委会的认可,与我校以数学建模教学活动为平台,探索实践育人长效机制是分不开的。

一、建立三种机制

1. 层级管理机制

学院成立了由学院分管教学副院长为组长,教务,学工,后勤,宣传,网络中心,图书馆,保卫处,数学科学学院等部门主要领导为成员的学科竞赛领导小组,负责协调解决竞赛中遇到的各种问题。数学科学学院成立了竞赛指导专家小组,负责竞赛方案的制定,培训的实施以及参赛选手的个性化指导。每次竞赛前,学院召开领导小组工作会议,研究解决竞赛相关事宜,为竞赛提供必要的保证。

2. 课堂内外结合,学科互相渗透机制

数学建模的核心是运用数学模型解决实际问题,是理论与实践要求都比较高的竞赛。要做好数学建模,必须首先解决模型建立的理论问题。为此,我院在课程体系设计中,把数学建模纳入课程体系中,为进一步开展数学模型提高理论支持。同时,由于数学建模的实践特性,必须把课堂延伸到课外。为此,我校成立了若干个数学建模攻关小组,在课外开展专题训练,实地调研等,课堂内外联成一体,互相促进,互相提高。

为扩大数学建模竞赛的学科渗透,在全校开展了大规模的宣传活动,鼓励其他专业学生参加数学建模竞赛。每年有数学与应用数学、信息与计算科学等 8 个专业共 300 多名学生报名参加,经过初赛,最后确定 30～40 个组参加竞赛。由于不同学科专业的广泛参与,数学建模竞赛的影响正日益扩大,以竞赛促进教学,以教学提高竞赛水平,学科相互渗透的良性局面正在逐步形成。

3．教学，竞赛，科研三位一体机制

为进一步提高数学建模的时效性，我校通过多种形式大力开展数学建模教学与研究活动，以竞赛推动教学研究，以教学研究观念提高竞赛质量。

首先，我们要求教师更新数学教育观念，树立学生的正确数学观。在教学中，既要教"数学知识"，又要教"数学活动"，把数学知识的教学与获得知识的认识活动有机地结合起来，激发学生学习数学，研究数学的兴趣。

其次，紧密结合专业培养目标，注重能力培养。围绕"联系实际，深化概念，注重应用，重视创新，提高素质"的目标，在教学重点选择上，不拘泥于普通高等教育中传统数学学科的教学重点，既考虑学科自身系统性的需要，又把培养学生应用数学方法分析和解决实际问题的能力作为教学重点。同时，针对数学建模竞赛的特点，加强对学生团结合作，奋斗攻关的团队精神和互相协调能力的培养。

最后，丰富数学建模的理论知识，促进数学建模活动健康发展。近年来，我院加强了对数学建模教育教学与数学建模竞赛的理论研究，主持完成了"在高等院校数学专业主干课程中融入数学建模思想的探索和实践"等6项省级教学改革项目；主持完成了《数学建模教学改革与备战全国大学生数学建模竞赛研究》等7项校级教学改革项目；在科学出版社等出版了《数学建模能力培养方法研究》《数学应用意识与应用能力培养方法研究》等专著，在南开大学出版社等出版了《数学建模与数学建模方法》《数学实验》等教材，在数学教育学报、数学的实践与认识等杂志发表了50多篇论文。数学建模理论的研究，较好促进了数学建模教师队伍的建设和数学建模竞赛水平的提高。

二、落实三个保障

1．制度保障

制度是确保数学建模竞赛长效发展的重要保证。在宏观层面，我院制定了《广西师范学院大学生"四种能力"培养的指导意见》，在中观层面，制定了《广西师范学院学科竞赛管理办法》《广西师范学院教学奖励办法》，在微观层面，制定了《广西师范学院创新学分奖励办法》，为数学建模的长效发展提高了较为完善的制度保障。

2．师资保障

建立一支有浓厚数学建模理论水平，有一定数学建模竞赛指导实战经验的团队，是开展好数学建模竞赛的重要保证。近年来，我院采取了一系列措施加强数学建模教师团队建设：一是加快实施人才工程，适度扩大教研骨干和导师队伍的规模，引进一批综合素质好，学科紧缺的教研人才。二是加强数学建模竞赛与学科建设，教学科研的良性互动，促进我院学科建设，形成了以韦程东教授为带头人的，老中青结合的20多人的导师团队。三是狠抓师资的培训和管理，制定工作流程，定期检查监督，严格考核验收。

3．经费保障

学校每年将数学建模竞赛列入学校经费预算，确保了数学建模竞赛培训，参赛，奖励等经

费的落实,大大激发了广大学生,教师参与数学建模竞赛的热情。

三、完善三项服务

1. 网络服务

网络畅通是做好数学建模竞赛工作的最基本保障,在竞赛开始前,学校指定网络中心作为网络维护部门,由网络中心排除专人检查相关设备,购置专用设备;竞赛期间,指定专人负责网络维护,保证了竞赛期间网络的畅通。

2. 后勤服务

在竞赛期间,我院制定了停电紧急预案,安排电工值守发电机房,确保在停电的情况下保持网络畅通及参赛计算机的正常运行。此外,还安排医生,保安值班,为参赛学生提高了良好的竞赛环境。

3. 资料服务

资料是数学建模竞赛的重要资源,资料准备得如何,在很大程度上决定了竞赛的质量。为此,我院在竞赛开始前,召开专门工作会议,研究资料准备的相关事宜,制定数学建模的非常借书方案。题目确定后,图书馆在第一时间将有关资料目录进行整理,提供给竞赛小组,对一些没有馆藏的资料,采取紧急采购的办法予以解决。

经过多年的努力,以数学建模教学与竞赛活动为载体的实践育人长效机正在逐步完善,教学改革促进竞赛,竞赛促进教学改革,促进管理改革的效果正在显著体现,我们将不辜负同行与组委会对我们的期望,争取在今后的数学建模教学与数学建模竞赛活动中取得更好的成绩。

数学建模教学与竞赛实践总结

(广西民族大学)

一、历史回顾

我校 1996 年首次组队参加全国大学生数学建模竞赛,曾获广西赛区三等奖 1 项。1998 年成立了以何登旭、宣士斌、陈武华等老师组成的数学建模竞赛指导教师组,利用暑假对 9 名参赛队员进行专题培训,开始了我校长达 17 年不间断的数学建模培训探索之路。至今我们已经形成了宣传动员—专题讲座—校内选拔(校级竞赛)—组队培训—模拟竞赛等一套较为成熟的做法,成为了我校知名度最高、影响面最广的品牌活动之一,形成了一支 10 人左右、较为成熟稳定的教学与指导教师队伍。

从 1998 年秦华东、蓝雁书、周必厚同学(指导教师:何登旭)获得第一项广西赛区一等奖、全国二等奖以来,我校参赛学生人数不断扩大,从当初的数学专业扩展到了我校所有理工科专业和部分管理及经济类专业学生,参赛队达到了每年 20 个队。至 2014 年,累计有 680 名学生参加全国竞赛,共获得全国二等奖 15 项,广西一、二、三等奖共 95 项。

为了进一步推动数学建模教学,发挥其在数学教学改革、创新人才培养等方面的作用,我校从 1999 年首次在数学专业开设数学模型课程,并逐次扩展到信息与计算科学、信息管理与信息系统等本科专业,此后又相继开设了数学实验、计算机代数系统、常用数学软件编程等课程,每年听课学生都在 500 人以上。数学模型课程 2004 年被确定为校级精品课程。建有"数学建模实验室",专门为教师、学生从事数学建模教学、科研、培训、竞赛提供服务。十多年来,相关老师以数学建模教学与竞赛为抓手,积极参与教学改革,相继承担了自治区级教改项目《数学建模课程建设与创新人才培养模式的探索与实践》《数学与应用数学专业实践教学环节的改革与实践》等多项区级、校级教改项目,发表相关论文 20 多篇,获校级教学成果奖一等奖 1 项,二等奖 1 项。

二、政策支持

学校领导和教务处等相关职能部门高度重视数学建模活动,教务处每年都列专项经费给予支持,用于培训期间教师课酬、资料费、竞赛报名费、竞赛期间教师与学生补助等。学校在 2013 年划拨了 60 万元经费用于对"数学建模实验室"的设备进行更新。此外,每年至少资助 1~3 名教师参加全国数学建模师资培训及相关会议。获区级三等奖以上的学生,学校均给予表彰和奖励。指导学生获区级三等奖以上的指导教师,从 2008 年开始也给予每项 1000~5000 元不等的奖励。

三、教师队伍

目前学校有来自有数学、计算机、物理、电子、材料等专业的数学建模指导老师共 17 名,其中教授 4 名,副教授 5 名,博士 9 名,4 人有 10 年以上指导学生参赛经历,4 人曾获广西赛区组委会评选的优秀组织工作者,2 人曾获优秀指导老师。尤其何登旭教授,自从 1998 年学校第一次参赛以来,就一直参与、指导数学建模教学及竞赛活动,培养了大量数学建模人才,是我校数学建模团队的缔造者和奠基人。由于他对学校以及赛区的数学建模发展作出了突出贡献,2013 年获得了广西赛区组委会评选的"大学生数学建模竞赛广西赛区突出贡献奖"。现在,学校的指导老师队伍还在不断发展中,他们将在学习、组队、合作、建模、计算、写作等各方面给予指导,让同学们在参赛过程中学到更多知识。

四、人才培养

通过数学建模课程的教学、数学建模竞赛的培训及参赛,培养了同学们的自学能力、团队合作精神、创新意识和应用意识。据不完全统计,经过培训和参赛的同学本科毕业后有的继续攻读相关专业的硕士、博士研究生,有的在高校科研院所工作,有的在银行、证券和保险等金融部门工作,有的在移动、电信等通信部门工作,大多数都成为了所在部门的业务骨干或领导干部。他们在工作岗位上不断取得的成绩正是数学建模竞赛口号"一次参赛、终身受益"的具体体现。

数模花开春满园

（广西师范大学）

一、足印

20 年前，我们开始了自己的足印。广西师范大学于 1994 年开始参加全国大学生数学建模竞赛，系广西最早参加该项赛事的院校之一。

以"创新意识，团队精神，重在参与，公平竞争""一次参赛，终身受益"为宗旨的数学建模竞赛，从一开始就显示出其强大的生命力与魅力，广受青年学子欢迎。我校每年的参赛规模，从最初的 3 个队，发展到如今的 25 队。每年参加数学建模培训学习的学生，从最初不足 20 人，到如今 350 人左右。其间共获国家一等奖 8 项，国家二等奖 31 项，赛区一等奖 45 项，赛区二等奖 72 项，赛区三等奖 43 项。近 10 年来所获奖项等级和数量处同类院校（师范类院校）前列。

竞赛吸引了一大批教师和学生参与。每年的培训研讨学习，为师生营造了一个平等讨论、积极向上、学术气氛浓厚的良好氛围。教师对参赛学生的培训指导，本身也是一个再学习的过程。师生教学相长，形成了一支高学历、高职称、梯队合理、乐于奉献、不图名利、稳定的指导团队。学校参加过数学建模指导工作的教师人数为 35 人，目前指导教师的人数稳定在 25 人左右。其中具有教授职称和博士学位的分别均为 8 人，占指导教师的 32%；青年教师 10 人，占指导教师的 40%。

指导教师中，有国务院政府特殊津贴专家 1 人，广西高等学校教学名师 1 人，校级教学能手 2 人，全国数学建模优秀指导教师 1 人，赛区优秀指导教师 2 人。指导团队集中了数学学院科研骨干，主持（参与）国家自然（初会）科学基金 11 项，广西（自然）科学基金 19 项，广西十百千人才工程基金一项，高校、教育厅级项目及基金 19 项，区青年自然基金 1 项，校级及校级青年基金 11 项，厅级横向研究项目 4 项。初步统计，指导承担的科研项目，占全院科研项目的 60% 以上，所获科研经费共 600 万元以上。

我校大学生数学建模竞赛是学校最为重视、投入最高的学科竞赛之一。学校为此制定了相应的激励政策，对获奖教师，除给予一定的物质奖励外，在定岗定编、职称评定、评优晋级等方面予优先的考虑。大力支持教师外出培训学习交流。学校竞赛及培训工作直接由校教务处派专人领导，由数学科学学院具体承办，协同校学工部、校团委等相关部门进行。主要经费由教务处支持，每年专门用于数学建模的费用（含奖金）约 8 万元。在硬件建设方面，2004 年拨专项经费，建立了学校数学建模基地。学院现有机房三个，计 180 多台高配置电脑，全部向数模培训学习开放，为每年的培训比赛予以有力的支持。

数学建模让学生享受数学解决现实问题的过程,同时感受应用数学的酸甜苦辣,激发学生的学习热情,促进学风的建设,取得良好效果。参加过数学建模培训的同学,占学院报考数学类硕士研究生的80%以上,录取率60%以上。

　　竞赛促进了课堂教学的改革。参与竞赛培训和指导的教师,自觉或不自觉地把数学建模、数学实验的思想融入课堂教学,开拓学生视野,提高学习数学的兴趣。竞赛带动了教学改革研究。在学校数学类教学改革研究成果中,与数学建模相关的成果8项,占教改研究成果的50%以上。

二、收获

　　20年,一路走来,我们收获了……

获国家一等奖队员和指导教师名录

年份	获奖等级	参赛队员			指导教师	年份	获奖等级	参赛队员			指导教师
2003	国家一等	郑　彬	李　荣	赵新芳	钟祥贵	2007	国家一等	刘超平	刘建龙	蒙春丽	张军舰
2004	国家一等	吴宗显	单俊辉	谭春亮	杨善朝	2008	国家一等	王云亮	左全晟	黄　玉	李柳庆
2005	国家一等	黄勇萍	覃荣存	陶胜达	范江华	2010	国家一等	林明进	邵严民	容　蓉	钟祥贵
2005	国家一等	黄　荣	张海英	罗中德	张显全	2012	国家一等	莫双任	苏彦文	陈宏娟	申宇铭

获国家二等奖队员和指导教师名录

年份	获奖等级	参赛队员			指导教师	年份	获奖等级	参赛队员			指导教师
2002	国家二等	佘青海	马林涛	覃志宇	张军舰	2010	国家二等	赖廷煜	李万淳	黄基荣	范江华
2002	国家二等	王江亮	聂　菁	翟　莹	杨善朝	2010	国家二等	刘巧玲	黄海燕	陈超江	李柳庆
2004	国家二等	李传华	李远玻	黄明文	申宇铭	2010	国家二等	李朔崎	何小龙	贾丽铭	张颖超
2004	国家二等	何家文	孙　逊	蔡静雯	刘永建	2010	国家二等	莫崇星	郑萍萍	彭夏玲	郭述锋
2005	国家二等	杨帮辉	杨光胜	姚桂兰	杨善朝	2011	国家二等	农艳华	梁　婕	吕运甫	钟祥贵
2007	国家二等	覃庆玲	吴庆林	吴立琼	张颖超	2011	国家二等	庞　聪	李琦琦	黄媛媛	张颖超
2007	国家二等	杨广德	张德志	谢宇萍	梁　鑫	2011	国家二等	曾泓顺	容　颖	任　旭	钟祥贵
2007	国家二等	许维益	侯肖玲	许发君	李秀英	2012	国家二等	王　华	周　姬	冯慧英	梁　鑫
2008	国家二等	晏　振	叶春翠	黎祖月	黄健民	2012	国家二等	罗燕红	党淑娟	杨　洁	黎玉芳
2008	国家二等	王玲玲	黄　斌	李家成	邓国和	2012	国家二等	赵志成	蔡玉汉	韦丽珍	范江华
2008	国家二等	蒋静霞	蒋　黎	王　宇	王金玉	2013	国家二等	黄一娉	陈玉莲	林建龙	张军舰
2008	国家二等	许发君	周　云	邓学明	钟祥贵	2013	国家二等	劳荣旦	倪丽洁	汤兴光	钟仁佑
2009	国家二等	梁　媛	黄日灵	李　丹	范江华	2013	国家二等	黄丽冰	冯　慧	谢东明	李　玮
2009	国家二等	陈　镔	卢　敏	张宁玲	钟祥贵	2013	国家二等	李　琦	傅冰琪	梁雪珍	李柳庆
2009	国家二等	庞维琼	郑翔尹	吴金蔚	钟祥贵	2013	国家二等	覃建丽	朱慧娟	梁　义	邓国和
2009	国家二等	彭冬梅	马小青	徐金波	梁　鑫						

竞赛促进教改成果

起止日期	项 目 名 称	主持/参加					
2008—2010	以数学建模竞赛促进创新型人才培养	吕跃进	杨善朝	林　亮	赵展辉	朱　宁	覃菊莹
2002—2005	应用数学系列课程教学改革研究与实践	杨善朝	邓国和	张军舰	张显全	李柳庆等	
2005—2008	应用数学系列课程教学改革研究与实践	杨善朝	张军舰	梁　鑫	李柳庆	邓国和	
2006—2008	广西师大"十一五"规划重点建设课程——《概率统计》	杨善朝	张军舰	梁鑫等			
2001—2004	应用数学系列课程教学改革研究与实践	杨善朝	张军舰	梁鑫等			
2005—2008	应用数学系列课程教学改革研究与实践	杨善朝	张军舰	梁鑫等			
2008	论文：数学建模的教学模式研究	邓国和					
2008	论文：应用数学系列课程教学改革研究与实践	邓国和					

三、意外

对许多数模人来说,卷入数模,也许就是一次意外。而没想到上了这艘船,带给你来更多的意外:意外数学竟会如此斑斓,意外数学有时会这样地无奈,还意外结识了你——我的同行。广西数模的环境优美和谐。我们也有幸为这个优美,插了几枝小花。

(1) 于 2004 年承(协)办全国大学数学建模竞赛颁奖及工作会议。

(2) 于 2004 年承(协)办广西赛区数学建模竞赛颁奖及工作会议。

(3) 分别于 2002 年承、2003 年(协)办广西赛区阅卷及工作会议。

(4) 分别于 2009 年、2011 年承办广西赛区桂林片面试工作会议。

四、特色

1. 学校重视与投入是前提

学校的数学建模工作得到了学校领导、教务处领导和学院领导的高度重视和大力支持,在指导教师配备、培训经费安排、队员选拔等方面措施有效,并把数学建模培训和课程选修课安排结合起来考虑,保证竞赛培训和指导工作取得实效。

2. 打造高素质的指导团队是保证

我们的做法是把科研教学能力强的教师吸收进指导教师队伍,指导教师把数学建模指导工作与教学改革和科学研究结合起来,以数学建模活动促进教师的教学,通过几年的相互交流学习,教师感到有收获,有提高,指导工作自然做得好。

3. 提高学生参与兴趣是先导

我们采取有效措施提高学生参与数学建模的兴趣,引导学生把数学建模与专业课程学习结合起来,通过精选培训资料使学生在平时的建模训练中体会其对课程学习的意义,得到"创新意识,重在参与,终身受益"体验。

五、且听

听听建模人的声音。

杨善朝(广西赛区组委会副主任,教授,国务院政府特殊津贴专家):"热烈庆祝全国大学生数学建模竞赛20周年! 二十年历程,二十年耕耘,二十年辉煌,推动了数学教育改革,推动了应用人才培养,推动了数学事业发展。"

于青(广西师大人事处副处长,博士,教授):"岁月如梭,时光荏苒,一晃眼全国大学生数学建模竞赛已走过了20年的风雨历程,而我在学校教务处的岗位上与全国大学生数学建模竞赛也相伴走过了3年的时光。在这3年中,我和我的同事们目睹了数学科学院竞赛小组指导教师们的循循善诱和诲人不倦,参赛选手们的苦思冥想和锲而不舍,也见证了我校数学建模参赛规模和获奖成果的逐步成长和丰硕。据统计,我校近三年来参加全国大学生数学建模竞赛共计225人次,共获得全国一等奖2项,二等奖12项。这些成果的取得离不开学校和学院的大力支持和配合,衷心祝愿全国大学生数学建模竞赛越办越好! 学校将一如既往,大力支持学院的各项工作,争取今后获得更多更好的成绩!"

范江华(博士,教授):"广西师范大学数学建模竞赛的具体组织工作主要由数学科学学院负责,参赛学生绝大部分是数学专业的学生。近二十年来,学院历届领导均非常重视数学建模工作,我校曾承办过2004年全国大学生数学建模竞赛颁奖典礼。学生共获国家一等奖7项,国家二等奖23项,赛区一等奖36项,赛区二等奖58项,赛区三等奖32项。参赛学生和指导教师均从数学建模竞赛中受益良多。数学建模竞赛是培养创新能力的一个极好载体,而且能充分考验学生的洞察能力、创新能力、数学语言翻译能力、文字表达能力、综合应用分析能力、联想能力、使用当代科技最新成果的能力等。指导教师围绕培养学生的数学建模能力,推进数学教学改革,成效显著,涌现出杨善朝、钟祥贵、李柳庆、范江华、张军舰、张显全等一批优秀指导教师。祝数学建模工作开展得越来越好!"

李柳庆(广西师大数学建模竞赛具体负责人,广西师大优秀教师):"如果说数学是从远古流来的一条大河,数学建模就是一曲流向大河的小溪。一个偶然,我遇到小溪里的一条小船,上去了。不知不觉,随小溪漂过了十几个春冬……头上的黑发,渐渐冒出了几缕白丝。一路漂来,不曾有汹涌的波涛,平平缓缓。只是时不时,泛起几朵小小的浪花。呵呵,我竟被这小小的浪花迷住了。"

还有很多很多……

不能把他们一一列举,但不能忘了这些默默奉献的建模人:

1994—2013年指导教师名录

劳茂章	聂文龙	袁旭东	黎汉才	蒋文蔚	杨启贵	邓国和	张军舰	黄健民	秦永松	范江华	李柳庆
申宇铭	杨善朝	钟详贵	许碧欢	刘永建	熊思灿	梁　鑫	陈翠玲	唐胜达	张颖超	蒋运承	李秀英
王金玉	王俊刚	张　捷	徐章艳	胡志军	黎玉芳	李　略	王云亮	郭述锋	聂登国	王　承	程民权
卢家宽	黄良力	李英华	韦煜明	钟仁佑	李　玮	苏　华					

参加全国数学建模竞赛经验

（广西科技大学）

我校是从 1996 年开始参加全国大学生数学建模竞赛,可以说是伴随着广西大学生数学建模竞赛的发展而发展的,从最早的每年只有 3 个队学生参加比赛到今年将有 20 个队参加比赛,学校的数学建模活动已经成为大学生课外科技的一个常态化活动,先后有 149 个队共 447 人次参加了这项有益的大学生课外科技活动,活动也取得了一些成绩,至 2013 年,共获得全国一、二等奖 10 项,广西赛区一、二、三等奖共 66 项;赵展辉老师荣获赛区优秀指导教师,我校也在 2004 年荣获 2001—2004 年"广西赛区优秀组织学校"称号。数学建模竞赛活动在我校大学数学教学以及创新人才培养等方面发挥了重要的作用,数学建模团队的教师中已有一位教师晋升教授,两位教师荣获副教授,一位教师考上博士研究生。以下的图片见证了我校数学建模在我校的发展历史。

历年参赛情况表

年份	参赛队数	全国一等奖队数	全国二等奖队数	广西一等奖队数	广西二等奖队数	广西三等奖队数
1997	3	0	0	0	0	1
1998	3	0	0	0	1	0
1999	3	0	0	0	0	1
2000	5	0	1	1	0	1
2001	5	0	0	0	0	2
2002	6	0	0	0	0	3
2003	3	1	0	0	0	1
2004	8	0	0	1	0	3
2005	3	0	1	1	0	1
2006	10	0	2	2	1	3
2007	10	0	1	1	3	3
2008	15	0	0	1	0	3
2009	15	0	0	1	0	4
2010	15	0	1	1	3	6
2011	15	0	1	1	3	5
2012	15	0	1	2	2	3
2013	15	0	1	1	3	2

回顾我校近 20 年参加竞赛的历程,有以下几个方面值得总结:

一、领导重视学校支持是竞赛的基本保障

从我校学生一开始参加全国大学生数学建模竞赛开始就得到学校领导、教务处领导以及学院领导的高度重视和支持,在鼓动教师参与、学生竞赛的经费支持、校内相关竞赛的活动安排及学生选拔、学生竞赛期间的后勤保障等方面都给予极大的支持和帮助,并将数学建模竞赛活动纳入到全校大学生科技活动节项目之一,保证了数学建模竞赛活动取得实效。

二、多方位宣传发动、组织学生开展相关活动是竞赛的源泉

为鼓励和发动更多的学生参加数学建模活动,从 2000 年开始,每年 4—5 月份我校一直组织开展校内的大学生数学建模竞赛或应用数学知识竞赛,从中选拔优秀学生参加全国赛,这项校内的活动得到全校各个二级学院的大力支持,并给予广泛的宣传发动,保证了我校参加全国赛的学生质量和数量,也使这项活动在我校真正成为全校各个专业学生都积极参与的数学竞赛活动。

三、常规教学与赛前培训是竞赛出成绩的基础

参加数学建模竞赛活动,学生必须具备一定的数学基础知识,仅依靠培训是不够的,因此,将数学建模课程纳入各专业人才培养方案是我们在参加这项活动开始时一直努力工作的一个方向,经过多年的宣传与工作,我校近 2/3 的专业都开设有数学建模选修课程,另外,每年都面向全校学生开设"数学建模""数学实验"等全院选修课,把普及数学建模知识作为我们工作的一个重要方向,这样一来就减轻了数学建模竞赛赛前培训的一些压力。当然,为了取得更好的竞赛成绩,赛前的培训工作也不能少,每年三月向教务处以立项形式申请经费,然后在四月举办全校大学生数学知识竞赛,选拔出 100 多名学生参加全国竞赛培训,这些同学来自全院各个专业。五月至八月以软件应用培训为主,主要有 LINGO、MATLAB、SPSS 等数学软件应用训练。经过这些培训后,在学生及教师的双向选择,以及不同形式的考核后,最后确定每年的参赛队员,8 月底至九月初在竞赛前,这些队员再进行强化训练,由各指导老师分队进行,并根据各自的队补充相应缺乏的知识点。

尽管我校是最早参加数学建模竞赛的学校之一,但获得的全国奖项并不算多,然而,令人感到欣慰的是,数学建模的思想意识已经得到我校各个学科专业领导及教师的认同,并使参加这项活动的许多学生得到了训练,提高了他们的创新意识和科学素养。这也就是这项活动的基本宗旨,我们有理由相信,在指导教师和学生的共同努力下,我校会取得一年比一年好的成绩,越来越多的大学生会从中受益。

平凡工作谱师德，师生共续数模情

（广西财经学院）

每年的春末初夏，是广西财院热爱数学、勇于挑战的大学生们翘首以待的日子，他们摩拳擦掌，为在每年一次的数学建模竞赛校级代表队的组建中能榜上有名而跃跃欲试、兴奋不已；每年的夏末初秋，是参赛队员们驰骋疆场、奋力拼搏的日子，在经过酷热暑期里魔鬼般的赛前训练后，他们踌躇满志、沉着应战；每年的秋末初冬，是竞赛勇士们等待收获的季节，他们荣幸地、骄傲地接受了诚信的检验后，对竞赛的胜利成果充满了信心。在这一个又一个耀眼光环的后面，一支年轻的、优秀的教学创新团队——广西财经学院数模团队，成为师生们关注的焦点。他们辛勤地浇灌着建模这块土地，用无私奉献迎来了累累硕果。十几年的春夏秋冬，一路心血、一路汗水，我们思绪万千……

一、历史沿革、与时俱进

广西财经学院数学建模团队的前身是区内两所著名的专科学校（广西财政高等专科学校、广西商业高等专科学校）的两支数学建模团队，他们分别成立于 2001 年和 2002 年，初次参战便取得不俗的成绩（广西商专代表队在 2002 年首战就取得过乙组全国一等奖的好成绩）。2004 年两校合并组建成立了广西财经学院，一支凝聚力强、管理规范的数模团队逐渐成长和成熟。现在的广西财经学院数模团队有在校学生 150 名左右，数模指导老师有教师 20 名，指导老师平均年龄 34 岁左右，其中副教授 4 名，博士（含在读）4 人，80％的指导教师具有硕士学位。数学建模竞赛已成为学校大学生科技竞赛的一个品牌。

二、管理规范、机制健全

广西财经学院对大学生学科竞赛及大学生创新活动非常重视，对包括数模竞赛在内的所有大学生课外科技活动竞赛设立专项经费以立项的形式进行规范化管理，并建立健全了参赛的激励机制和奖励制度。教务处作为各类赛事的主管部门，教学部门按学科专业特点承担相应赛事的组织和管理，信息与统计学院承担每年一次的数模赛事，并担当学生数模协会日常活动的指导单位。学生参加数模竞赛获奖可获得创新学分并获得一定的物质奖励，教师指导团队将按竞赛获奖等级和获奖项数获得奖金。

三、钟情数模、敢于拼搏

广西财经学院拥有一支非常优秀的指导教师队伍。他们年轻、热情，有着强烈的事业心和高度的责任感；他们热爱数学、钟情数模，对数学的教学与研究奉献精力、智慧而无怨无悔；

他们为人师表,对学生充满爱心,以学生进步为荣,并以其严谨的治学态度和人格魅力吸引着一批批年轻学子靠近"数模"、走进"数模"、体验"数模"。多少年来,当其他教师享受寒暑假闲暇时,他们却一直在对学生进行着紧张的培训。同学们不会忘记,是指导老师在酷暑里与他们一道学习,钻研,再学习,再钻研;同学们总是记得,在遇到困难时,老师总是对他们鼓励、鼓励、再鼓励;同学们更感动于,老师带病上课,以及自己掏钱给他们买食品的点点滴滴……

四、硕果累累、成绩喜人

2006 年至今广西财经学院数模参赛队先后获"高教社杯"数模竞赛全国奖 13 项、广西赛区一等奖 17 项,并蝉联了 2001—2004 年度、2005—2008 年度全国大学生数学建模竞赛广西赛区优秀组织学校。我校还是区内较早组队参加美国数学建模竞赛的四所高校之一,实现了我校参加国际赛事并获奖的零突破。在数模指导团队的教师中,获全国大学生数学建模竞赛优秀指导老师 1 人次,获广西赛区优秀指导教师 2 人次、学校中青年骨干教师资助 3 人次、广西高校优秀共产党员 1 人次、学校优秀教师 2 人次、学校优秀共产党员 1 人次、学校师德标兵 3 人次。以数学建模指导团队里的女教师为重要骨干的数学教研室被评为"广西五一巾帼标兵岗",数统系教师党支部被授予"广西高校先进基层党组织"称号。

建模竞赛展魅力,医学学子竞风采

（广西医科大学）

广西医科大学是广西建校较早的高校之一,是区内重点医科院校,每年以高出重点线 40 分左右招收临床专业学生。学校设置有临床医学院、肿瘤医学院、口腔医学院、基础医学院、公共卫生学院、护理学院、研究生学院、国际交流学院、成人教育学院、人文管理学院、大外部与体育部等,开设有十多个医学专业,现有在校生近 20 000 余人。由于各种原因,直到 2010 年我校才首次组织学生参赛,参赛较晚,同时取得的成绩跟各兄弟院校相比,真是相距何止万里。我们的口号是"学习先进,追赶先进"。

我们学校就生源而言几可与广西大学相媲美,但实际情况是优秀的临床专业的学生不开设"高等数学"必修课,只是将其作为选修课,本硕连读也是如此。自 2009 年起,医科大基础医学院在学校的大力支持下开设一个新专业——生物医学工程专业,该专业只招基础较好的理科生,而且"高等数学"为其重要基础课程,这让我们有了参与数学建模的基础。在我们数学教研室老师尤其是余文质老师的精心指导下,经过 2010 级生工专业学生梁超等同学的努力下成立了"广西医科大学大学生数学建模协会"。通过这个协会将医科大学所有专业对数学建模感兴趣的同学集中在一块,经过较长期的培训造就了我们学校参与全国大学生建模竞赛的中坚力量。

万事开头难,如今步入了参赛正轨,这要感谢吕跃进教授的鼓励与关心,因为吕教授的关心坚定了我们组织学生参赛的决心与信心。当然更感谢医科大学校领导(教务处领导与基础医学院领导)的关心与支持。如今,学校在严谨的教学中鼓励大学生积极创新,学校第一重视是临床技能大赛,同时也支持全国大学生数学建模大赛、区内高校电子大赛、英语大赛等,这让我们参赛有了可靠的物质基础。

参与数模竞赛能极大地培养学生的学习兴趣,培养学生的实践能力,应用能力,创新能力,团队协作能力,分析问题与解决问题的能力,资料采集能力及数学软件应用能力;这对大学生创新能力的培养与锻炼是一个再好不过的场所与机会。由于数学建模已深入人们生活的各个领域,学医也不例外。基础医学院的领导对我们科组织的建模竞赛是很重视的,我们组织的每项建模活动都有院领导现场指导与支持。

我们学校数学建模竞赛由学校教务处委托基础医学院数学教研室具体执行,由教研室做经费计划(打报告,经学校审批)并负责数学建模的组织、培训、选拔、参赛等工作。为参赛需要,我们开设了"数学建模""数学实验"等与数学建模有关的课程。学校出面协调相关学科竞赛,要求各教学管理与后勤保障部门充分配合学科竞赛的后勤保障工作。美中不足之处跟别的学校相比,学校给予老师与学生的奖励很少,支持力度不够。希望在我们的努力下,力争取得优异成绩以引起学校领导重视,从而局面得以改观。

2010—2013年我校数学竞赛的各项工作由数学教研室邓洪、陈小军、余文质三位老师全力负责竞赛的组织工作并取得了一定成绩。

一、竞赛组织工作

1. 宣传工作

先于每年组委会公布竞赛结果后,在学校与学院网站专栏登出新闻稿宣传本次建模竞赛的成绩;其次在数学建模协会活动中对获奖的学生给予表彰及奖励;最后,在每次面对学生可能的机会中对宣传参加数学建模的意义与规则、益处等。

2. 具体组织流程

(1)每学年均开设"数学实验""数学建模""高等数学"等选修课程;(2)每年6月中下旬开展建模选拔工作并确定参赛学生;(3)每年八月对参加竞赛的学生进行强化培训:建模的方法、建模的步骤、建模论文的写作、资料搜集、数学软件、历年优秀论文讲解与点评、模拟比赛等;(4)每年9月初的竞赛章程与规则的学习。

二、规章制度建设

为了确保竞赛的顺利进行及竞赛的公平性,我校建立了严格参加数学建模竞赛的规章制度:

(1)严格遵照数学建模的相关章程办事;(2)确保竞赛公平、公正;(3)严禁舞弊、弄虚作假;(4)中途不得无故退赛;(5)按要求提交答卷。

三、2010—2013年获奖成果

获奖数目如下表:

年份	国家一等奖	国家二等奖	区一等奖	区二等奖	区三等奖
2010	0	0	0	0	1
2011	0	0	0	1	2
2012	0	0	0	1	3
2013	0	0	0	1	3
合计	0	0	0	3	9

四、2008—2013年数学建模教改项目及发表教改论文

我们科室老师在这几年中,积极参与数学建模的教学改革研究,近几年申请项目或完成的项目如下:

(1)在数学教学中贯彻数学建模(校级教改项目,已完成,2009);

（2）模糊多属性决策方法在医学上的应用（校级教改项目，已完成，2009年）；

（3）以数学建模活动为平台提高大学大学生的创新能力（校级B类，2013年）；

（4）基于建模创新一体化医学教育模式构建的探索与实践（区级，2013）。

近几年科研论文如下：

（1）信息熵的多属性决策方法在医学上的应用探讨（数理医药学杂志2008年10期）；

（2）建立基于信息熵教学效果比较评估模型（广西民族大学学报2013年5月）。

开展数学建模活动，培养学生创新能力

（桂林理工大学）

一、历史回顾

桂林理工大学(前身是桂林工学院)最早是 1994 年开始参加全国数学建模比赛，当时只有一个参赛队报名。1995 年组织了 2 个队，1996 年组织了 3 个队，现在每年参赛队稳定在 25 支左右。指导老师的数量也由开始的 3 位，发展到二十几位，成立了专门的数学建模教练组，负责全校数学建模的培训、指导工作。

开始参加，我校完全是老师自发地临时找几个学生，也没有什么准备，就报名参加了，条件也很差，基本是手工操作。1998 年才开始使用计算机，2001 年学校领导开始重视这个活动，首次开展了对学生的假期培训班。也就是在那年，我校首次获得全国级奖项。

2001 年开始，继续摸索经验，同时积极组织老师出去学习，2004 年开始建设了自己的实验室，培训也逐步规范，第一次举办了全校的数学建模竞赛，通过比赛选出有兴趣、有基础的学生参加培训，使参赛学生的水平有了一定的提高，培训学生的数量也从不到 10 人发展到了最多一次有 160 人参加。

2001 年我校 6 个队参赛，获全国一、二等奖各一项，实现了全国一等奖的突破。以后每年我校都有全国奖项获得，历年来共获全国一等奖 8 项，二等奖 26 项，获奖成绩逐年提高，获奖比例在广西赛区处于前列。由于成绩突出，林亮老师多次获区优秀组织奖，2011 年获全国优秀组织奖；唐国强、将远营老师等获区级优秀指导老师称号。2012 年我校学生获"MATLAB 创新奖"。

二、领导支持

桂林理工大学的数学建模活动有学校主管教学的副校长负责，由教务处、校团委、理学院执行。学校副校长阮百尧、吴志强对数学建模活动给予了大力支持，经常到比赛现场鼓励学生，对于活动遇到的困难及时安排有关部门处理。学校教务处在经费的申请、培训场地的协调、比赛安排和工作量方面做了大量的工作。理学院吴群英院长一直大力支持数学建模活动，对参加数学建模活动的老师制定了一系列奖励措施，多次深入到比赛场地看望比赛学生。

三、政策扶持

桂林理工大学的领导从 2001 年开始,对数学建模参赛工作逐步提高了重视与支持力度,学校分管教学的副校长亲自主持数学建模竞赛工作,对数学建模工作给予了充分的肯定,制定了相关的政策,设立了专门的学生四大类竞赛经费 4 万元,包括数学建模比赛,为数学建模比赛提供了财力物力保证。2001—2003 年获全国一等奖每队奖励 5000 元,二等奖 2000 元;2004—2006 年获全国一等奖,奖励教师 3000 元,学生 600 元,二等奖奖励教师 1400 元,学生 300 元;2007—2008 年一等奖,奖励教师 2600 元,学生 600 元,二等奖奖励教师 1300 元,学生 300 元;2009—2010 年一等奖,奖励教师 1000 元,学生 600 元。2004 年以后指导教师均按 35 教学工作量/每队整体下拨到数模指导组二次分配。而且学校每年均有 2 个教师出去学习培训的指标,经费由学校师培中心与学院各承担一个。

四、活动概况

每年主管教学的副校长安排当年的数学建模活动工作,由教务处、理学院具体执行。理学院由主管教学的副院长具体负责数学建模的组织、培训、比赛工作。每年 12 月底,由数学建模的老师做数学建模讲座,由数学建模协会组织开展一系列的趣味数学建模活动。每学期在全校开设数学建模选修课,四月底举行桂林理工大学数学建模竞赛,选拔约 100 人参加数学建模培训,暑假举行数学建模强化培训,选拔出参加全国数学建模的学生。

五、特色经验

以建模教学促进建模竞赛,以建模竞赛带动建模教学的原则,采取了开设数学建模选修课、开展数学建模协会活动和数学建模指导组相结合的方式。主要有以下几个方面:(1)获得校领导和有关部门的重视和支持是这项竞赛能取得成功的重要保障。(2)组建一支强有力的教练队伍是获得全国级奖的重要支柱。(3)选拔优秀学生组队培训是竞赛获得成功的关键环节。(4)科学与系统的训练方法是参加竞赛的基本保证。

数学建模竞赛经验总结

（桂林电子科技大学）

大学生数学建模竞赛为高校师生搭建了一个展示自身素质和应用能力的良好平台。在这个平台上，老师与学生们运用数学知识和方法解决实际问题，开拓知识面，培养创新思维以及增强团队合作意识。在数学建模的浩瀚天空中，师生们可以带着想象的翅膀自由穿梭翱翔。正因如此，大学生数模竞赛活动吸引了越来越多的大学生参与其中，让更多师生在数学建模的过程中受益！

桂林电子科技大学正是依托这样的大环境，十多年来坚持数学建模教学、培训工作，积极组织学生参加全国大学生数学建模竞赛和美国大学生数学建模竞赛，成绩不俗，并不断取得进步。我校在全国大学生数学建模竞赛中，共获得国家级一等奖 7 项，二等奖 33 项；美国大学生数模竞赛中，共获得一等奖 5 项，二等奖 8 项。数学建模工作也培养了一批优秀的指导教师，其中一位教师在 2001 年、2011 年连续两次获"全国大学生数学建模竞赛优秀指导教师"称号；2004—2013 年，多人连续获得广西赛区"大学生数学建模优秀指导教师""数学建模优秀组织工作者"称号。学校两获广西赛区"数学建模优秀组织学校"称号。

回顾历年的参赛历程，我们将自身的经验和做法总结如下。

一、学校高度重视，完善奖励机制

多年来，我校各级领导对数模竞赛均给予高度的重视，为大学生和指导教师提供了良好的训练环境，提供了有力的后勤保障。学校形成了由教学副校长为竞赛总负责人，教务处直接领导，数学与计算科学学院组织实施，学生工作处、校团委和各学院大力支持，数学建模协会和数学与计算科学学院创新基地协助的组织管理训练模式。

在资金投入方面，我校每年设立专项配套资金，用于校内竞赛的宣传、组织，全国大学生数学建模竞赛和美国大学生数学建模竞赛参赛报名，指导教师学习培训，专题讲座，假期强化培训班课时支出、指导教师组织参赛补助、学生参赛补助、教师和学生的获奖奖励等。

在教师奖励方面，学校将数学建模竞赛列入每年院级评估及年度教学奖励中，按照教学成果奖励办法给予指导教师物质奖励。

在学生奖励方面，除按照学生科技竞赛获奖奖励标准给予物质奖励外，学校还制定了旨在加强学生实践动手能力和创新精神培养的《桂林电子科技大学创新学分及成绩评定办法》，按获奖等级计入学生专业任选课学分和成绩；在学士学位授予相关文件中还规定在计算学士学位成绩时数学建模竞赛国家奖可加 4～6 分（相当于学分成绩提高 4～6 分），因各种原因取消学士学位授予资格的学生在参加数学建模竞赛并获广西一等奖以上均可申请授予学士学位；

学校学生综合素质测评办法中对数学建模竞赛获奖同学除给予测评加分外,还明确规定评优评奖、学生入党等方面优先考虑竞赛获奖同学。学校每年召开年度学风建设表彰大会,对竞赛获奖的团队和同学进行表彰。

二、教师的队伍建设是备战的关键环节

我校数学建模指导教师团队是由数学与计算科学学院各系部的骨干教师组成,这些教师承担着不同的教学任务和从事不同的研究工作,在数学建模方面具有很强的互补性,同时具有较好的组织能力和传授能力。

团队成员老中青搭配、学历层次协调、分工明确,现有指导教师 10 人。其中教授 2 人,副教授 4 人,博士学历 5 人。团队定期开展建模问题研讨活动,积极申报数学建模相关的教育教学改革项目,就建立高水平指导教师队伍、完善数学建模教学体系、探索更新数学建模教学观念、改革传统的教学方式和手段等方面进行探讨。

从"教学—实践—竞赛"三个关键环节入手,利用好现有的资源,积极整合数学模型教学、建模专题讲座与建模培训三大过程。

定期选派教师团队成员参加全国、广西区数学建模经验交流会和研讨会。走出去,请进来交流数学建模的经验和成绩,学习数学建模好的经验和方法,资源共享。

三、浓厚的建模氛围是备战的强大推力

我校指导教师团队在建模培训中,巧构思、重落实,积极营造浓厚校园数模竞赛氛围,开展多样的数学建模培训活动,提高大学生对数模竞赛的认知度,积极主动了解数模竞赛,提升对数学建模的兴趣。

针对大一新生,在"高等数学""数学分析"等课程教学中渗透数学建模的思想和方法,专题介绍数学建模竞赛及其对培养学生动手实践能力和创新精神的作用,让大一新生了解数模竞赛,提高学生对数模竞赛的认知度。

面向理科学生开设专业必修课"数学模型 A",面向部分工科学院开设专业限选课"数学模型 C",面向全校学生开设公共任选课"数学模型 B",建立覆盖全校理工科学生的数学模型课程。

面向全校定期开展数模讲坛,邀请教学名师、数模竞赛优秀指导教师、历年竞赛获奖同学做客数模讲坛,从"数学建模在工程中的应用""数学建模:一个不同专业、不同年级均可参与的全国规模最大的基础性学科竞赛""我的数学建模成长之路"三个不同主题阐述数模竞赛的重要意义。

建立校级社团"数学建模协会",充分利用学生社团组织各种数模学习活动,如请经验丰富的指导教师举办数模讲座,邀请获奖的参赛选手给新会员介绍每年竞赛情况,还有在校际之间开展各式交流学习活动,等等,让更多同学近距离接触数学建模。

开展一年一度的校级数学建模竞赛暨全国竞赛校内选拔赛,分组别(大一组,题目相对简单,旨在让更多的学生提前参与数模竞赛;大二及以上组,题目参考历年全国竞赛,旨在选拔全国竞赛队员)进行比赛和评审,最终按照学生科技竞赛获奖奖励标准给予物质奖励。

注重网络教学和网络宣传,建设数学建模专题学习网站和校级数学建模精品课程申报网

站,改版桂林电子科技大学数学建模训练基地主页(http://w3.guet.edu.cn/mathmodel/),方便学生通过网络自主学习。

四、精心的强化培训是备战的动力源泉

全国数学建模竞赛暑期集训和美国数模竞赛寒假强化集训,均为封闭式模拟强化培训。暑期集训前期为专题讲座,后期为封闭模拟集训,寒假强化培训为美国数模竞赛封闭模拟集训。

参加全国数模竞赛参赛队经校内数模竞赛选拔产生,美国数模竞赛参赛队从全国数模竞赛获国家奖队中产生,选拔过程中注重理、工、管各学科专业互补。

专题讲座主要邀请数学、计算机软件编程、数模竞赛常用软件介绍等方面的优秀指导教师授课,教授队员学习各种建模方法、论文写作知识、查阅资料和数学软件的使用等竞赛基本技能,系统地为集训队员夯实基础。

暑期封闭模拟集训期间(约 20 天),按照竞赛模式进行训练,重在训练学生团队磨合、利用各方面知识建立模型、求解、验证到论文撰写,集训题目一般为全国竞赛不同类型题目的代表。

以美国比赛为目的的寒假强化培训为期(约 10 天),鉴于参赛队员已接受过暑期集训系统而全面的培训,经历过校内数模选拔赛和全国数模竞赛的实战,按照美赛模式进行训练,注重培养学生团队合作、模型、求解、验证、英文论文写作,特别是强化英文翻译。集训题目一般为全国竞赛不同类型题目的代表和部分美国竞赛真题。

五、总结

回顾过去,在二十年的数学建模工作中我们积累了大量的经验,也曾碰到过许多困难和问题,工作中也存在许多的不足;展望未来,在今后的数模工作中应吸取教训,不断改革创新,充分发挥学校优势并与其他院校积极交流合作,为提高广西的大学生数学建模竞赛水平而努力!

参加全国大学生数学建模竞赛的工作总结

（百色学院）

全国大学生数学建模竞赛是教育部高等教育司与中国工业与应用数学学会共同举办，面向全国高等院校学生的一项竞赛活动是面向全国高等院校的一项规模最大的学生课外科技竞赛活动。大学生数学建模竞赛对于提高学生综合素质、培养创新与合作精神，以及促进高等学校教学改革和教学建设具有重要作用。为了进一步推动我院学生数学建模水平，培养和提高同学们创新能力与综合素质，提高大家应用数学与计算机知识解决实际问题的能力，同时促进我院数学教学质量的提高，百色学院从 1999 年开始开设数学建模课程，从 2000 年开始组队参加全国大学生数学建模竞赛。中间有过辉煌，也经历过挫折和低潮。从 2007 年开始，由于我们及时调整工作思路、工作方法，使得参赛队伍不断增加，竞赛成绩也得到了较大的提升：2007 年 4 支参赛队中有 1 支队伍获得全国二等奖，两支参赛队伍获得赛区一等奖，2008 年 13 支参赛队中，有两支队伍获全国二等奖，两支参赛队伍获广西二等奖，2009 年 15 支参赛队中，有 3 支队伍获全国二等奖，3 支参赛队伍获广西赛区二等奖，2010 年 20 支参赛队中，有 1 支队伍获全国二等奖，2 支参赛队伍广西赛区一等奖，2 支参赛队伍获广西赛区二等奖，2011 年 15 支参赛队伍中，有 1 支队伍获全国二等奖，2 支参赛队伍获广西赛区一等奖，4 支参赛队伍获广西赛区二等奖，2012 年 15 支参赛队伍中，有 3 支队伍获全国二等奖，3 支参赛队伍获广西赛区一等奖，3 支参赛队伍获广西赛区二等奖，2013 年 15 支参赛队伍中，有 1 支队伍获全国二等奖，3 支参赛队伍获广西赛区一等奖，3 支参赛队伍获广西赛区二等奖。获奖成绩在区内同类院校中位居前列。而且，2011 年、2013 年我院还被广西教育厅评为全国大学生数学建模竞赛广西赛区优秀组织学校，黎勇、夏师老师评为优秀组织工作者，罗中德老师被评为优秀指导教师。现将这几年的建模工作总结如下。

一、领导重视是开展数学建模活动的根本保证

培养高素质综合型应用型人才是我院的人才培养目标，而数学建模活动是培养学生综合能力、创新能力和应用能力的有效途径。学院领导对数学建模活动十分关心，不仅思想上重视，多次过问数学建模活动开展情况，还在财力、物力上给予了大力支持，每次竞赛都设立竞赛活动专项经费，包括报名费、资料费、比赛场地建设费、暑假培训补助经费等，并统一协调院内各单位做好后勤保障工作，为奖励先进，学院还出台了学生参加各级各类竞赛的奖励政策。系领导则亲自挂帅，具体参与了数学建模课程建设与竞赛活动的组织、指导工作。特别值得一提的是，在教育厅下发的 2011 年竞赛成绩公布的文件上，学院党政主要领导都仔细阅读并作了批示，时任百色学院院长的卞成林教授更是在批示中对我们长期以来付出的努力和所取得的

成绩给予充分的肯定,他在批示上是这样说的:"很好,数学建模竞赛在各类学科竞赛中所占比重较大,影响也较好。我院数计系的组织及获奖情况均给人以极大的鼓励。请宣传部门发掘典型,认真宣传,以激励各系加强学科竞赛的组织领导争取更多更好的成绩。"正因为有院、系两级领导的重视和支持,才使得我们的数学建模竞赛的各项工作得以顺利开展。

二、做好充分准备工作是竞赛活动的关键

参加全国大学生数学建模竞赛,目的并不是简单地为了比赛成绩,而是为了进一步扩大数学建模在社会上的影响力,扩大数学建模活动的受益面,让更多的同学参与到这项活动中来,同时也是为了锻炼和提高我们的组织能力、协调能力等。为此,我们在每年的上半年就制订了详细的工作计划,主要包括:

1．成立竞赛组织机构

4月份成立以主管教学工作的系副主任为组长的数学建模工作指导小组,协调各方面因素,统筹安排各项工作。数学建模指导小组则定期开展数学建模专题讨论会,讨论数学建模的教学内容、教学方法、手段以及竞赛活动的组织等。

2．宣传发动

通过各班班主任以及数学建模协会在全院范围内进行广泛宣传,使学生进一步了解数学建模活动,踊跃报名参赛。

3．报名选拔参赛队员

先由各班同学自愿报名,再根据班主任和科任老师的意见以及学生在以往各级各类学科竞赛中的表现来确定45名数学基础好、计算机能力强、综合素质高的队员参赛。组队的时候则根据队员的数学建模能力强弱、计算机(数学软件)应用熟练程度、写作能力等对其进行优化组合。其他有兴趣的学生可自行组队参赛,但费用自理,我们可以对其进行免费培训。所有参赛队伍都代表百色学院,由学院教务处统一上报名单至赛区组委会。

4．集中培训

针对部分年级同学还未开设"数学建模"课程等实际情况,这些同学的数学、计算机、数学建模方面的比赛知识还较欠缺,我系利用暑假和开学初的双休日或晚上的时间对报名参赛的学生进行有针对性的培训,主要进行基础知识培训(包括数学建模竞赛入门、数学建模基本方法、微分方程、运筹学、概率与数理统计、数学软件、论文选讲与写作)和组织模拟竞赛1次。基础知识培训夯实了同学的数学知识,而模拟竞赛则让同学们体会到竞赛的紧张性,及时发现自己的薄弱环节,并及时查漏补缺。

正因为及早制订了详细而周密的工作计划,才保证我们后面各项工作能有条不紊地顺利开展。

三、不断加强指导教师队伍的建设

由于种种原因,我院数学建模指导教师很少有机会外出进行针对性的专业学习,水平有限。这是制约我院数学建模水平进一步提高的瓶颈。在客观条件较为艰苦的环境下,我们系的指导教师们不计名利,甘于奉献,牺牲自己的休息时间,耗费大量的精力自己摸索,为学生开讲座,做辅导,组织暑假培训等,为竞赛取得好成绩奠定了良好的基础,非常难能可贵。通过几年的努力,我们已初步建立一支较为稳定的、以中青年教师为主的 8 人指导教师队伍,并以此为基础开展相关教研、科研活动,不断提高自身专业素质,促进教学改革,特别是在教学中将实际问题与数学建模思想进行有机结合,加强对学生数学应用能力的培养,努力提高学生应用数学知识解决实际问题的能力。几年来,在赛区组委会的关怀、帮助和指导下,我院数学建模竞赛活动的指导水平、组织工作以及学生的竞赛水平等都有了明显的提高。

四、数学建模竞赛有效地提高了学生的综合素质

大学生数学建模竞赛是一项面向高校在校生的竞赛活动,目的在于激励学生学习的积极性,提高学生建立数学模型和运用计算机技术解决实际问题的能力,是为拓宽学生知识面,培养学生应用意识,提高学生综合素质、培养创新与合作精神服务的。正如竞赛组委会秘书长姜启源教授所说,数学建模竞赛锻炼了大学生从互联网和图书馆查阅文献、搜集资料的能力,提高了他们的文字表达水平;培养了他们同舟共济的团队精神和进行协调组织的能力;同学们在竞赛中经历了诚信意识和自律精神的考验,这种品格的锤炼将使他们受益终身。学生是活动开展的主体,也是活动开展的最大受益者,教师在其中只是起到了一种辅助、指导的作用。参加数学建模竞赛,注定是艰苦的,必然要比其他同学付出更多的艰辛和努力,无论是课程学习,还是暑期集训,抑或是参加比赛,都面临着许多的困难和挫折,每一个环节都需要顽强的意志和坚韧的毅力作支撑,都需要同学相互间的学习、鼓励与默契配合,这是对同学们综合素质的考验,更是一次对大家综合素质的培养过程。"一次参赛,终身受益",这是所有参赛队员的共同体会。一分耕耘一分收获,我们的队员是凭借着他们自己的认真与坚持获得了他们应得的荣誉。

除了参加竞赛,我院还通过学生社团组织"数学建模协会"开展数学建模活动的宣传、普及工作,如:组织知识讲座、经验交流、问题探讨等,通过学生间的相互影响,带动更多的学生参与到数学建模活动中,有效地扩大了数学建模在学生中的影响,扩大了受益面。可以说,"数学建模协会"在数学建模活动的开展和推广过程中起到了非常重要的作用。也正是同学们的积极参与,才使得我们学院的数学建模活动得以蓬勃开展。

总之,这些较好成绩的取得,为我们积累了一些较为成功的组织经验,也让我们明白工作当中需要进一步改进和完善的地方。组织数学建模竞赛是一项长期的工作,在今后的工作中,我们将再接再厉,发扬优点,克服不足,争取更大的进步,把建模工作继续深入地开展下去,为高校数学专业、数学课程的教育教学改革的探索做出自己的贡献,也希望有更多的同学加入到数学建模队伍中来,让更多的同学通过数学建模活动得到综合素质全面的提高。为系争光,为百色学院增光。

数学建模的甜美与辛酸

（河池学院）

一、河池学院简况

河池学院是 2003 年经教育部批准成立的一所全日制综合性普通本科院校。学校实行"自治区与河池市共建,以自治区为主"的办学体制。

学校坐落在风景秀丽、交通便捷的全国优秀旅游城市、历史文化名城、壮族歌仙刘三姐的故乡——广西宜州市。

学校校园占地面积 40 多万平方米。学校校舍建筑总面积为 28 万平方米,教学科研仪器设备总值 9860 多万元,图书馆藏文献总量 189 多万册(含电子图书)。有教职工 700 多人,全日制本专科在校学生 10 500 余人。现设有文学与传媒学院、政治与历史文化学院、外国语学院、数学与统计学院、物理与机电工程学院、化学与生物工程学院、计算机与信息工程学院、体育学院、艺术学院、教师教育学院、经济与管理学院、思想政治理论教学部等 12 个教学单位,本科专业 44 个。

学校坚持以社会需求为导向,以应用型人才培养为目标,大力推进素质教育,现有"数学建模协会""南楼丹霞"文学社等各类学生社团 70 多个,为加强学生实践能力和创新精神的培养和提高作出了巨大的贡献。

二、河池学院参加全国大学生数学建模竞赛活动概况

我校自 1999 年开始组队参加全国大学生数学建模竞赛活动,至今已参加了 15 年(1999—2013 年)。

由于数学建模竞赛的题目都是有实际背景的错综复杂的问题,没有固定范围,涉及不同的学科领域;而数学建模就是对这些复杂的问题进行必要的简化和假设,通过调查搜集数据资料,抓住问题的本质,利用数学的语言进行抽象和概括,将实际问题转化为数学问题,建立合适的数学模型(用字母、数字和其他数学符号构成的等式或不等式,或用图表、图像、框图、数理逻辑等来描述系统的特征及其内部联系或与外界联系的模型)来反映实际问题的数量关系,最后利用计算机手段得到近似解,并对结果进行解释和验证,因此数学建模竞赛就是让参赛学生面对一个从未接触过的实际问题,运用数学方法和计算机技术加以分析、解决,参赛学生必须开动脑筋、拓宽思路,充分发挥其创造力和想象力,培养学生的创新意识及主动学习、独立研究、分析和解决问题的能力。锻炼参赛学生从互联网和图书馆查阅文献、搜集资料的能力,并提高撰写科技论文的文字表达水平。由 3 人共同完成一篇论文,参赛学生必须在竞赛中学习分工

协作、取长补短、求同存异，既要有相互启发、相互学习，又要有相互争论，从中培养同舟共济的团队精神和协调组织能力，从而能更好地适应今后工作的挑战。

表 1　河池学院历年参赛情况表（部分年份数据缺失）

年份	参赛队数	全国一等奖队数	全国二等奖队数	广西一等奖队数	广西二等奖队数	广西三等奖队数
1999	3	0	1	1	0	1
2000	3					
2001	3					
2002	3					
2003	4	0	1	1	0	1
2004	4	1	1	3	0	0
2005	8	0	0	0	1	2
2006	12	0	0	0	1	4
2007	11	0	1	1	2	4
2008	12	0	1	1	2	3
2009	20	0	1	1	0	5
2010	16	0	1	1	2	5
2011	12	0	1	1	0	4
2012	10	0	1	1	2	3
2013	10				2	1
合计	131	1	9	11	12	33

三、学校的支持

15 年来，河池学院对数学建模竞赛活动给予了大力支持。

1. 活动组织机构：以"河池学院教务处"为组织单位，"河池学院数学与统计学院"为协办单位。

2. 组委会：采取了如下模式：

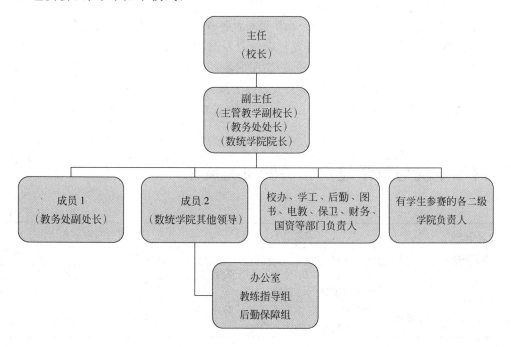

3．经费保障：以"项目经费预算"方式给予保障。主要包含有：

（1）区内外专家讲学项目：专家差旅费、讲学费；

（2）院级竞赛项目：宣传费、报名费、培训资料费、暑期集训队员补贴、平时训练指导教师课时补贴、暑期集训教师课时补贴、邮寄费、参赛队员补贴、考务费、巡视差旅费、面试费、面试差旅费；

（3）参加有关培训及会议项目：从学科建设项目中列支。

4．政策鼓励：学校有关竞赛活动文件。

四、实施情况

1．在每年参加数学建模总结会之后，我院就开始着手下一年度的竞赛活动组织筹备工作，在全校教学工作会议上与有关二级学院领导进行沟通宣传，为下一年度的培训报名工作打基础。

2．发挥学生社团的作用，发动学生积极加入数学建模协会，引导学生进行相关知识的学习，特别是在数学应用软件方面的学习与操作，聘请有建模指导经验的老师作顾问，高级的同学给新会员进行交流指导。

3．春季学期开始作培训动员，做好组织工作方案，申报有关活动项目，申请项目经费，等待报批。

4．4月中旬进行培训班报名，开始进行培训，6月初开展河池学院院级大学生数学建模竞赛活动，通过院级竞赛选拔优秀的队员参加当年9月份举行的全国数学建模竞赛。

5．6月中旬初步确认队数、队员名单、指导老师名单，各队进行初步指导，并在放假前布置相关学习任务。6月底上报赛区组委会，完成相关报名事宜，与后勤部门安排有关暑假学生提前返校相关事宜。

6．8月底接收参赛队员提前回校参加训练。先集中，后分组，指导教师参与辅导培训，修改假期作业，最后确认分组名单，再进行具体指导。

7．赛前一周，召开组织机构成员会议，协调布置各方面工作，以保证竞赛过程能顺利完成。

8．赛前两天，召开赛前动员会，再宣传有关竞赛制度、竞赛纪律及组委会有关竞赛要求，鼓励参赛学生在参赛过程中能发挥水平，圆满完成参赛任务。

9．竞赛过程中，严格按照竞赛要求完成竞赛工作。

10．待赛区组委会公布成绩并召开总结工作会议后，撰写工作汇报，年底组织召开表彰大会。

五、河池学院与数学建模相关的研究成果

序号	类别	负责人	课题名称（题目）	级别或刊物名称	时间
1	重点课程	王五生	数学建模	校级	2008年
2	教改项目	王五生	基于"四种能力"培养目标上的数学建模教学改革研究与实践	区级	2007年
3	教改项目	詹福琴	数学实验在应用型本科院校数学课程教学中的实践与研究	区级	2010年

序号	类别	负责人	课题名称（题目）	级别或刊物名称	时间
4	教改项目	王五生	基于"四种能力"培养目标上的数学建模教学改革研究与实践	校级	2007 年
5	教学成果奖	王五生	基于"四种能力"培养目标上的数学建模教学改革研究与实践	校级二等奖	2012 年
6	论文	赵丽棉等	"概率论与数理统计"教学与数学建模思想方法的融入	教育教学论坛	2012 年
7	论文	赵丽棉等	基于 Leslie 模型的中国人口发展预测与分析	数学的实践与认识	2010 年
8	论文	赵丽棉等	中国城镇居民消费支出的多元非线性回归模型研究	数学的实践与认识	2011 年
9	论文	黄基廷等	基于动态聚类法的中国城镇居民消费结构分析	广西民族大学学报	2010 年
10	论文	王五生等	Research on and Practice of Construction Mathematical modeling Teaching Team in Newly-Upgraded Colleges（新升本院校数学建模教学团队建设的研究与实践）	2011 International Conference on Social Sciences and Society	2011 年
11	论文	王五生等	Research on and Practice for Mathematical Modeling Teaching Reform and Developing undergraduate's Abilities in Newly-Upgraded Colleges（新升本院校数学建模教学改革与大学生四种能力培养的研究与实践）	2011 International Conference on Social Sciences and Society	2011 年
12	论文	王五生	数学建模课程教学改革的研究与实践（Research and practice of Teaching Reforms in Mathematical Modeling Course）	2011 International Conference on Education Science and Management Engineering	2011 年
13	论文	王五生等	数学建模教学、竞赛与大学生的就业能力培养	四川师范大学学报	2009 年
14	论文	唐安民等	新升本院校如何在高等数学教学中渗透数学建模思想	四川师范大学学报	2009 年
15	论文	欧阳云等	关于参加全国大学生数学建模竞赛的思考	河池学院学报	2008 年
16	论文	林远华等	关于数学分析课程渗透数学建模思想的思考	科教文汇	2012 年

六、存在问题

1. 前期报名培训的学生数多，但到真正培训、参加院级选拔竞赛时学生人数大大减少。

2. 学校有关政策对指导教师鼓励不足，没有什么回报，指导老师好像是被逼去做，积极性不高。

3. 在学校层面对数学建模等有关学科竞赛等同看待，不加以任何区分。

领略数模魅力，民师院学子竞风流

（广西民族师范学院）

广西高校参加全国大学生数学建模竞赛至今已有 20 年的历史，我校在广西高校数学建模组委会的领导下，在学院领导的大力支持下，组织学生参加了全国大学生数学建模广西赛区也有多年的时间了，现对参加数学建模竞赛作如下总结：

我院于 2003 年开始组队参加全国大学生数学建模竞赛，当时学校还是专科学校，设施和条件比较滞后，没有专用的场地和计算机，教学资料和条件也很缺乏；指导老师均未参加相关的培训，但我们一路坚持走过来，从当年指导教师为 2 名，2 个队参加专科组竞赛，如今已经发展到指导教师 10 名、有十多个队参赛，尽管成绩不算突出，但我们从参赛中学到许多建模的思想和方法，促进了我们教学与科研的进步。

2007 年，学校尽管办学经费比较紧张，但还是投入了 33 万元建立了数学建模实验室，同年数学与计算机科学系为理科系学生开设"数学软件应用""数学实验与数学建模"选修课，当年就有 70 多人选修这些课程。2010 年成立了数学建模协会；通过数模协会组织开展校内数学建模选拔赛及数学知识竞赛等活动；数模协会定期开展活动，帮助每位成员打好数学基础。从 2007 年开始，参赛同学有物理教育专业、数学教育专业、计算机专业、化学教育专业的学生。在科研方面，2006 年，数学与计算机科学系的黄焕福老师主持的《常微分方程式教学与数学建模》列为校级项目，项目成员在杂志期刊上共发表了 7 篇科研论文，对数学建模、实践性课程改革进行了研究，并取得一定的成绩。

一、学院领导高度重视，并出台了一系列政策来支持

2009 年，学校升格为本科院校后，学院领导对数模竞赛高度重视，学院专门就数学建模教学及竞赛活动出台了一系列文件，包括举行校内数模专题讲座，对参赛及获奖的学生给予一定的物质和精神上的奖励，对指导教师辛勤工作的肯定并给予一定的奖励，对获奖指导教师与岗位设置挂钩的奖励等一系列措施，大大激励了广大学生的参与度和老师的积极性，使数学建模得到了很好的开展。

二、做好培训工作，数学建模协会参与组织

有了政策的导向，在数学与计算机科学系领导的全力支持下，经过基础数学与应用数学两个教研室老师们的努力，数学建模培训及教学工作已在我院得以有效开展，随着数学建模协会的成立及两次院级数学建模大赛的成功举办，数学建模在我院学生当中的影响力与号召力越

来越大。

1.选拔优秀学生组队培训和竞赛：数学建模竞赛的主角是参赛队员，选拔参赛队员的成功与否直接影响到参赛成绩。经过培训后选拔出参加暑期集训队员，暑期集训结束后通过模拟测试最终确定参赛队员。

2.2010年学院成立了数学建模协会，学生参与协会活动的热情普遍较高，而数学建模所具备的创新意识培养也使得在这些学生中体现出了浓厚的创新氛围，这些学生在我院起到了良好的模范带头作用。

三、组建教学团队，选拔学生，专项培训，精心备赛

1. 组建了一支强有力的指导教师队伍

在数学建模培训中，指导教师是保证培训效果和竞赛成功的关键因素。我院指导教师队伍中由一批老中青年骨干教师组成，在该项活动中日渐成熟后可委以重任。在教师队伍建设中，我们还注意与兄弟院校进行交流，如邀请在建模方面有专长、有造诣的专家教授来校讲学，召开数学研讨会等。

2. 专项培训、精心准备

数学建模辅导组研究制定了"教学三内容、掌握三能力、备战三阶段"的教学培训模式，最大限度地发挥了教学和培训的作用。

"教学三内容"是指：向学生讲授数学软件的使用方法；向学生介绍数学模型的主要类型和数学建模的主要方法；通过讲解历年优秀论文、让学生掌握如何读懂题目继而建立模型，为参加大赛积累实践经验。

"掌握三能力"是指：学生运用数学建模的方法和步骤分析实际问题的能力；学生应用计算机软件求解数学模型的能力；学生撰写数学建模论文和能力。

"备战三阶段"是指：第一阶段为教学建模课程开设阶段，面向全院学生的数学建模选修课；第二阶段为参赛学生集训阶段，由指导老师带领学生进行强化训练、讲解优秀论文、进行模拟竞赛和写作训练等；第三阶段为参加每年九月举行的全国大学生数学建模竞赛。

四、组建参赛队伍

根据学生的前期培训和校内的选拔情况，每年8月底开学后，指导教师对参赛学生进行了再次培训，成立了竞赛小组，每组3名成员，6名指导老师为：梁霞、黄逸飞、林穗华、张振强、王散激、唐鸿玲、谢崇华。

五、重视参赛过程，各部门通力协作

在学院领导的关心下，全校一盘棋，各部门通力协作，为大赛提供强有力的支持，后勤服务中心为参赛队员提供一日三餐及安静舒适的休息场所；教务处、网络中心在整个比赛过程中，派人跟踪维修及时到位，保证自始至终不会出现任何故障；保卫处派专人负责考场内外的秩

序,这些都保证了本次比赛的顺利进行和圆满成功。

总的来说,我院开展数模活动是由教务处主办,数学与计算机承办数学教研室以及数模协会协办共同组织的,经过多年的参赛,我们积累了一定的经验,但也存在许多不足之处,要想取得更好的成绩,与其他兄弟院校相比,我院的数学建模还有很长的一段路要走:

(1) 加强基础部数学建模网络的建设,让学生能够更多地从网站上了解数学建模。

(2) 专门建立数学建模的宣传基地,加大数学建模在我院的宣传力度,使更多的学生了解数学建模,扩大参赛队员选材面。

(3) 建立数学建模资料室、完善数学建模档案。

(4) 大力发展数学建模协会的活动。充分利用我院数学建模协会积极开展多种多样的数学建模活动。

(5) 注重提高学生论文撰写能力。

(6) 加强师资培训和交流、增强师生整体素质。

数学建模展风采，贺州学院塑未来

（贺州学院）

贺州学院是一个年轻充满活力的新生本科院校，自 2006 年升本以来我校把"数学建模"课程列入数学类专业学生的必修课、非数学类专业学生的选修课。在学校、教务处、学院领导的支持关心下，按照"数学建模课程建设、数学建模竞赛培训、培养青年教师、培养学生运用数学知识能力等诸方面有机结合"的指导思想，积极进取，逐渐形成了"教学—科研—竞赛"三位一体化的数学建模活动模式。

数模团队现有教师 5 人，师资队伍稳定，教师敬业爱岗，教书育人。从学历结构看，其中博士 2 人，硕士 5 人。该团队教师责任心强，精力充沛，教学及学术水平不断提高。担任本课程的主讲老师一直在钻研有关数学建模的课题研究，已逐步形成了一支教学与学术具有一定水平、结构合理、具有奉献精神、勤奋务实、团结向上、富有活力的数学建模教学团队。

该教师团队除了担任数学建模课程以外，还担任了数学分析、高等数学、概率论与数理统计、运筹学、数学实验等课程教学。其中每年数学建模平均授课人数为 120 人，教师与学生的比例为 1∶17。

对于数学建模竞赛这项活动，我校积极组织学生参与。自 2008 年至今以逐年递升的趋势组织学生参加该项赛事活动，并获得了 2 项全国二等奖，2 项广西区一等奖，3 项广西区二等奖，12 项广西区三等奖的不俗成绩。我们师生对数学建模竞赛始终以"摔倒了爬起来就好""长的助跑才可以跳得更高更远""虽然过去不能改变，但未来可以""也许我们不能预知将来，但是我们可以开发现在""掌握未来"作为我们的参赛理念，以"创新意识 团队精神 重在参与 公平竞争"为参赛宗旨。我们坚信在我们这个团队以及学生的共同努力下，数学建模及数学建模竞赛将是学生提高综合素质，教师提高教学科研水平的有利平台，更是学生走向社会的资本，贺州学院走向全国的一面旗帜！

全国大学生数学建模竞赛是高等院校学生展示自身能力的一个平台。在这个平台上，大学生们不仅仅是运用数学方法和计算机技术解决实际问题，更重要的是锻炼了他们分析问题、解决问题的能力，同时也开拓了知识面，培养了他们的创新思维和团队意识。贺州学院自 2008 年参赛以来，在领导大力支持、老师的精心组织和指导、学生的积极参与下，在大家的共同努力下，在历年的竞赛中取得了不俗的成绩。总结我校几年来参加数学建模竞赛的经验，主要有以下几个方面：

一、领导重视

学校把数学建模竞赛作为培养学生解决实际问题能力以及提高就业力的一项重要活动；在人事制度上优先引进和培养专任教师；学校人事处、教务处已出台了激励政策，将指导老师的指导成绩与职称晋升挂钩、与评优评先挂钩、与业绩津贴挂钩；为数学建模竞赛提供所需一切必要资源等。

对所参赛学生给予学分，对获奖的学生，按照获奖级别不仅以资鼓励，而且在评优、评奖学金方面优先考虑，充分体现提高人才培养质量，激发学生学习热情的目的。

二、逐渐形成一支具有奉献精神的辅导教师队伍

数学建模培训是参加数学建模竞赛的前提和基础，学生的积极主动性是关键，而辅导教师则是保证培训效果和竞赛成功的关键因素之一。几年来，我们逐渐形成了一支业务素质高、乐于奉献、具有团结协作精神的辅导教师团队。每年五月份开始集训，到九月初结束，大家都放弃了周六、周日等休息时间进行培训。尤其暑假为期20天的集训，在高温的情况下给学生上课，从未有任何一名教师争报酬、讲价钱。在辅导员队伍建设中，我们还注意与兄弟院校进行交流，鼓励教师参加数学建模有关培训和会议。

三、参赛选手的选拔

参赛队员是数学建模竞赛的主角，是参赛效果的直接决定因素。首先，在4月份作为数学建模宣传周，并在全校范围内进行动员报名；其次，经过第一阶段的培训后选拔出参加暑期集训的队员；最后，暑期集训结束后通过模拟测试最终确定参赛队员，主要围绕以下几个方面作为选择队员的标准：兴趣爱好为首要前提，创造力、勤于思考、数学功底为基础，能力搭配和团结协作为组队标准。

四、竞赛培训方法

培训共分三个阶段：第一阶段(5—7月)基础知识培训阶段：(1)补充学生欠缺的数学知识(如运筹学、概率统计等)；(2)计算机基础知识、数学软件(MATLAB软件和优化软件LINDO及LINGO)及文字处理软件的使用；(3)简单数学模型的建立及求解。第二阶段(暑假期间集中培训)：数学建模中常用的方法和范例讲评，包括网络模型、运筹与优化模型、种群生态学模型、微分方程模型、随机模型、层次分析法、数据拟合、计算机仿真。第三阶段：历年建模试题评析、讨论，建模论文的撰写。通过三个阶段的培训，学生已经初步具备了参赛的能力，最终通过测试选拔出参赛队员。

五、重视参赛过程的后勤工作和赛后总结工作

后勤工作是数学建模竞赛十分重要的一个环节，是保证队员能正常进行比赛，顺利完成比赛，比赛质量的重要保障之一。比赛期间，教师团队及数学建模协会成员为参赛队员做好一切后勤保障工作。

注重赛后总结，是逐步提高竞赛成绩的有效方法。竞赛后通过开会总结本年度的竞赛工作，参加竞赛学生交流竞赛经验、心得体会，开大会表彰、奖励获奖学生等系列活动，及时发现竞赛培训工作中的问题，总结经验，从而推动教学改革，培养学生应用数学知识解决实际问题

的能力，为逐步提高竞赛成绩打下良好的基础。

六、数学建模教改项目及论文

（1）地方本科院校数学与应用数学实验教学的研究与实践（2013年度新世纪广西高等教育教学改革工程项目）。

（2）欧乾忠.在常微分方程教学中融入数学建模思想探析［J］.贺州学院学报，2012.

展数学之魂，拓梧院之人

（梧州学院）

梧州学院前身是原广西大学梧州分校，创立于 1985 年，2006 年经教育部批准，在原广西大学梧州分校的基础上建立梧州学院，是一所多科性的地方全日制普通高等本科院校。梧州学院信息与电子工程学院现设有数学与应用数学，信息与计算科学，应用物理学，计算机科学技术与电子信息工程等本科专业，在校学生两千多人。

我院从 2005 年开始组队参加全国大学生数学建模竞赛，参赛伊始，对我们来说，这还是一项非常陌生的工作，为了打响第一炮，学校领导高度重视，专门成立了由学校分管教学副校长为组长的竞赛领导小组，下设数学建模竞赛指导组，专门负责竞赛的组织和培训工作。在广西赛区组委会的直接指导下，特别是组委会秘书长吕跃进教授，两次莅临学院指导竞赛活动的开展，对我们给予了大力支持和帮助。最后，经过全体指导老师和参赛同学的共同努力，克服了对赛事不熟悉等诸多困难，我们一炮打响，第一次参赛就取得了一个全国二等奖和一个广西赛区一等奖，二个二等奖、二个三等奖，这给了我们极大的鼓舞和信心。

几年来，我们的参赛队伍不断壮大，现在基本稳定在 15 个参赛队，参赛成绩稳步提高，到目前为止共获得全国二等奖 6 个，广西赛区一等奖 7 个，二等奖 21 个，三等奖 20 个。学院每年都举办大型的全国大学生数学建模竞赛颁奖仪式，由学院领导亲自给获奖的同学颁奖，使数学建模在全校学生中的影响不断扩大，不少学生把数学建模这门课作为公共选修课，这也为数学建模竞赛提供了充足的后备力量。

数学建模竞赛活动的开展，对转变我校的校风学风，推动我校数学教学的改革，对强化学生数学的应用能力，培养综合素质，提高创新能力都具有重要意义，得到了学校领导的充分肯定。几年来，据了解，参加过数学建模竞赛并获得较高奖项的同学大都在就业中普遍受到用人单位欢迎，比如 2009 年和 2010 年获得全国二等奖和广西赛区一等奖的 2007 软件专业的丁红发同学目前已经被深圳某高技公司录用；2007 数学与应用数专业的韦贤岁同学已经考上硕士研究生；近几年来，数学与应用数学专业与信息与计算科学专业在毕业论文的评审过程中，被评为优秀毕业论文的基本都是参过数学建模竞赛并获得较好奖项的同学，这些都显示了数学建模竞赛活动对一个人综合素质和创新能力的重大作用。

学校每年都划拨专项经费，支持数学建模竞赛活动的开展，每年安排指导老师参加全国或全区的数学建模竞赛学术交流会议，并建立了一整套对竞赛活动开展的奖励和激励机制，确保了数学建模竞赛活动的可持续发展。

学生自发组织了数学建模协会，在数模组老师的指导下，经常性地开展活动，2009 年我们还在梧州学院大学生发展中心成立了数学建模创新基地，吸引了大批数学建模爱好者进入基地开展各种数学建模活动,学生的科研风气渐成。2011 年学校利用中央财政项目经费,耗资 100 万建立了拥有 120 台电脑的两个数学实验室,从此数学建模竞赛活动有了自己的日常活动根据地,告别了借用其他系机房进行培训的历史。喜欢数学建模的同学经常在下午和晚上到实验室上网查阅资料,攻读专业书籍,进行计算机编程,互相讨论交流,从物质上保证了数学建模活动的开展,真正实现了数学建模竞赛的目的。

总结经验，再创辉煌，加快学校转型发展

（钦州学院）

全国大学生数学建模竞赛是高等院校学生展示自身能力的一个平台。在这个平台上，大学生们不仅仅是运用数学方法和计算机技术解决实际问题，更重要的是锻炼了他们分析问题、解决问题的能力，同时也开拓了知识面，培养了他们的创新思维和团队意识。钦州学院从1999年参赛以来，由于领导支持、组织得当，在历年的竞赛中取得了骄人的成绩。参赛十几年来共获得全国一等奖 1 个、二等奖 9 个，区特等奖 1 个、一等奖 8 个、二等奖 23 个、三等奖 29个。总结我校十几年来参加数学建模教学及竞赛的经验，主要有以下几个方面：

一、领导高度重视数学建模竞赛活动

我校在全国大学生数学建模竞赛中取得优异的成绩，和学校领导、二级学院领导给予的高度重视是密不可分的。我校于 1997 年开始组建"数学建模教研组"协调各项工作，坚持每年在学校开展数学建模系列培训活动，包括组建数学建模兴趣小组，举办数学建模培训班，开设数学建模系列讲座，组织学生参加全国大学生数学建模竞赛等。1998 年开始在数学专业学生中开设数学建模特色课程，并于 2006 年建设为区级精品课程。1999 年我校开始参加全国大学生数学建模竞赛并获得了较好成绩，学校也出台了较好的参加建模竞赛的补助及奖励办法，并且每年派多名指导教师外出学习交流，不断提高师资力量。集训和竞赛期间，学校、教务处和二级学院领导亲自动员并多次亲临现场看望。各级领导和有关部门的重视及支持是这项竞赛能取得成功的重要保障。

二、组建了一支强有力的指导教师队伍

在数学建模培训中，指导教师是核心。指导教师也是保证培训效果和竞赛成功的关键因素。十几年来，我们指导教师队伍始终保持业务素质高、乐于奉献、具有团结协作的精神。每年四月份开始培训，九月份结束，指导教师们放弃了周末、假期等休息时间进行培训，但从来没有任何一名教师争报酬、讲价钱。另外，我校于 2008 年建设一个校级"数学建模教学团队"，除担任课程教学外，还负责组织和指导全国大学生数学建模活动。"传帮带"已在教学团队中形成了惯例，现在的指导教师队伍中除了有一批经验丰富的老教师，中、青年教师在该项活动中日渐成熟。在指导教师队伍建设中，我们还注意与兄弟院校进行交流，如邀请在建模方面有专长、有造诣的专家教授来校讲学，召开数学建模座谈会等。

三、做好数学建模课程的建设

数学建模活动的开展,必须加强数学建模课程的建设。针对我校参赛学生基础差,师资水平相对薄弱的现状,我们做好以下几点:(1)尽早开设相关的数学基础课程,并在基础课教学过程中结合实际问题贯以数学建模的思想,尽量让学生体会到数学的可用与实用之处,增加学生学习数学的兴趣,打好基础;(2)组建由有建模经验和知识特长的教师组成的教学团队,由每位老师根据自己的知识特长,精讲一部分数学建模课程的内容,达到一个好的教学效果;(3)课程的讲授采用灵活多样的形式进行,有必需的基础理论课、建模方法的讲授,也有实际问题的讨论、建模分析,并且教学方式以讨论式教学为主;(4)教材与教学内容的选择上,由主讲老师根据授课内容、学生特点与教学实际,自行舍取,自编讲稿,自选实际课题讲授,增强学生的学习兴趣;(5)考核采用"模拟竞赛"形式进行,由教师提供一些与社会生活贴近、学生感兴趣的题目,由学生 3 人一队自愿结合,解题可借助于相关资料和计算机相关应用软件,并将最后的讨论研究结果整理,撰写成论文,交给老师。有创新建模思想的论文可让学生给老师和同学们讲解,并且让大家参与讨论,使学生初步形成一定数学建模能力,数学建模课程于 2006 年建设成为区级精品课程。

四、选拔优秀学生组队培训和竞赛

数学建模竞赛的主角是参赛队员,选拔参赛队员的成功与否直接影响到参赛成绩。我们首先在全校范围内进行动员报名,经过第一阶段的培训后选拔出参加竞赛队员,然后再对竞赛队员进行更进一步培训。主要围绕以下几个方面选择队员:首先,要选拔那些对数学建模活动有浓厚兴趣的同学,只有对数学建模真正感兴趣的学员才会不遗余力地投入到这项活动中去;其次,通过真题竞赛的办法选拔那些有创造力、勤于思考、数学功底较好的同学,而并非常规教学考试中成绩最好的同学;还有,注意参赛队员能力搭配和团结协作。数学建模考察的是一个参赛小组的整体水平,涉及学员多方面的素质,如建模能力、计算机应用能力、写作能力等,这就要求我们对每个参赛队的能力搭配和协作精神予以充分的考虑。

五、进行科学、系统的竞赛培训

我校的培训共分三个阶段:第一阶段为基础知识培训阶段,包括:(1)数学软件(MATLAB 软件和 LINGO 优化软件)及文字处理软件的使用;(2)简单数学模型的建立及求解。第一阶段完成后,出数学建模题目进行选拔参赛队员,然后进行下一阶段的培训。第二阶段培训的内容有:数学建模中常用的方法和范例讲评,包括优化模型、综合评价模型、微分方程模型、随机模型、层次分析法、数据拟合等。第三阶段:历年建模试题评析、讨论,建模论文写作方法等。通过三个阶段的培训,学生已经初步具备了参赛的能力。

六、做好数学建模协会的指导工作

数学建模协会能营造一定的数学建模氛围,通过协会会员一起学习、交流开展数学建模相关活动以推动全校的数学建模成绩。数学建模协会吸收全校数学建模爱好者,组织开展一系列活动,意在对会员进行数学建模的长期指导和经验交流以及培训,提高他们对数学建模的认识和团队合作意识,使他们在长期的锻炼中能循序渐进的提高,同时也为培养和选拔高水平的选手们参加一年一度的全国大学生数学建模竞赛取得优异的成绩做准备。我校指导教师非常重视建模协会的建设,经常深入协会指导工作,解决一些学生日常生活中遇到的问题,并对建模协会的发展献计献策。协会也创建了自己的会员交流平台,并在指导教师的帮助下定期组织建模活动,比如进行协会内部培训活动,邀请有数学建模竞赛经验的同学开展数学建模知识交流会;邀请数学软件学习较好的同学进行软件方面的培训,如讲解 MATLAB、SPSS、LINGO、Excel 等一些简单实用软件的初步使用方法;邀请建模方法较好同学做讲座,比如说数据拟合、线性规划等建模基础知识。

七、重视赛后工作的总结

注重赛后总结,是逐步提高竞赛成绩的有效方法。竞赛后通过开会总结本年度的竞赛工作,参加竞赛学生与指导老师一起交流竞赛经验、心得体会,召开大会表彰、奖励获奖学生等系列活动,及时发现竞赛培训工作中的问题,总结经验,从而推动学校高等数学课程的教学改革,培养学生应用数学知识解决实际问题的能力,为逐步提高竞赛成绩打下良好的基础。

激励制度促创新，建模空间任飞翔

（桂林航天工业学院）

一、学校领导重视，给予政策支持

长期以来，我校领导大力支持数学建模竞赛活动。其中，分管教学的学院历任领导总揽全局，亲临现场进行慰问，在人力、物力和财力方面鼎力协助；教务处处长高度重视，时刻关怀，研究、制定一系列政策，促进了数学建模竞赛工作；教务处处长、副处长、理学部主任、信息工程系主任积极推动该项赛事，全力满足师生的相关要求，确保该项活动正常开展。在各级领导的关心和指导下，我校采取课时补助、奖金发放、评优树先等激励政策。例如，2010年学校出台了《教学工作奖励办法》，对学科竞赛活动获奖的指导单位给予奖励；2011年，学校出台新政策，数学建模竞赛以校级"学生学科竞赛项目立项"的形式、拨出专项经费开展工作。多次派教师到南宁等地参加数学建模师资培训。

这些工作，充分调动了师生的积极性，学生参与竞赛的积极性很高，卓有成效。2000—2013年，我校取得了优异成绩：共获得荣获全国一等奖5项、全国二等奖9项、广西赛区一等奖18项、广西赛区二等奖26项、广西赛区三等奖27项。同时，李修清教授获得"2001—2010年全国大学生数学建模竞赛优秀指导教师"的荣誉称号；荣获"广西赛区优秀组织者"3人次；荣获"全国大学生数学建模竞赛广西赛区优秀指导教师"荣誉称号4人次。学校3次荣获"全国大学生数学建模竞赛广西赛区优秀组织学校"荣誉称号。

二、竞赛组织有专人负责

航天工业学院分管教学的学院历任领导，分管学校的学科竞赛工作(含数学建模竞赛)，教务处处长、教务处副处长研究、制定相应政策，在人力、物力和财力方面鼎力协助，竞赛的具体组织、承办工作由理学部委派应用数学教研室主任及副主任负责。理学部主任、高等数学教研室主任、原信息工程系主任、书记及其全体指导教师大力支持大赛的各项工作。从学校到教务处，再到系、教研室，赛事都由专人负责。所有这些都保障了大赛的顺利进行，也促进了数学建模竞赛工作的进一步开展，为取得优异成绩奠定了坚实的基础。

三、组织工作到位,规章制度完善

组委会把竞赛相关文件下达到学校后,学校立刻做出反应,部署有关人员马上开展工作。而学生方面,我校有专门老师负责组织、培训学生;同时,数学建模协会的干部与教师之间以及他们之间相互保持通信畅通,按照竞赛要求开展活动。每一个人都有具体的分工和任务,制定了完善的规章制度,保证组织工作到位。

四、对竞赛意义认识到位,将竞赛与教学改革相结合

我校领导与教师对竞赛意义认识到位,认为数学建模能够培养学生的数学应用能力,激发和训练他们的动手能力、拼搏精神、团结协作和创造意识。对于促进高校的数学教学改革、培育新时代的人才具有重要意义。因此,自 2000 年以来,积极组织本校学生参加数学建模竞赛。

我校将竞赛与教学改革相结合,认真总结、交流组织工作经验,促进教改。将数学建模思想融入高等数学课堂教学,以便培养学生的数学建模意识和数学应用能力。在交流组织工作经验的同时,把数学建模经验转化为教学研究成果。由我校指导教师主持的新世纪广西高等教育教学改革工程项目"学建模与高职学生创新素质培养的探索与实践""基于认知负荷理论的高职高专数学信息化教学研究与实践"2 项、校级课题 2 项;作为主要研究人员参与新世纪广西高等教育教学改革工程"十一五"项目"数学建模与高职学生创新素质培养的探索与实践"1 项、广西教育科学"十一五"规划课题"高职高专院校高等数学课程教学内容与教学方法改革的研究"等 2 项;已发表《输油管的布置模型》《体现在"地面搜索"模型建立与求解过程中的数学变式》《让数学建模走进高等数学教学》等有关的研究论文 40 多篇。

为了更好地开展数学建模工作,提高学生建模水平,组织教师重新制定了"数学建模"教学大纲,针对我校的实际情况,开设了"数学建模Ⅰ""数学建模Ⅱ"选修课程;对年轻教师进行指导、培训,壮大了指导教师队伍。同时,针对学生的实际情况及其需求,组织、成立了教材编写小组,编写了《数学建模与数学软件应用》校内讲义,已经正式使用,并得到学生的一致好评。在此基础上,2012 年 6 月,重新修订该讲义,补充了新内容,并由广西师范大学出版社正式出版,该同志担任主编,书名为《数学建模及其常用数学软件》。另外,还编写了融入数学建模思想的教材"高等数学""概率论与数理统计""线性代数"。其中,2011 年,李修清主编的融入数学建模思想的教材"高等数学"获广西高等学校优秀教材三等奖(见桂教高教[2011]46 号)。

五、积极配合赛区组委会开展工作,按时提交各类材料,承办各类相关活动

我校积极配合赛区组委会开展工作,按时提交各类材料。按时传达赛区组委会下达的各种通知、文件,提交各类材料。成功组织、举办了各种建模宣传活动,大力宣传数学建模竞赛。

六、特色经验

多年来,我校开展数学建模活动的做法主要有如下几点:第一,做好宣传工作。取课堂渗透、讲座、标语、宣传画、主题班会等多种方式广泛开展宣传;第二,渗透数学建模思想,将数学建模融入高等数学课堂教学;第三,开设数学建模课程;第四,运用"二次筛选法"选参赛队员,第一次全校海选(每年春天开展全校"数学竞赛暨全国大学生数学建模参赛选手选拔赛",选出预备队员),第二次集训精选(所有预备队员再通过暑期集训确定参赛选手);第五,经验总结。

七、运用数学建模协会扩大受益面

学生踊跃参加数学建模活动,经常利用数学建模兴趣小组等多种方式开展数学建模活动。2010年正式成立了数学建模协会,由协会组织开展建模活动。现在,协会的规模日益壮大,是我校具有强吸引力的学生社团,已经成为学生开展数学建模活动的主要阵地。

扬帆起航，志在千里

（广西大学行健文理学院）

广西大学行健文理学院是经国家教育部批准，由广西大学和广西希达教育开发有限公司按照新机制和新模式合作创办的全日制本科普通高校。截至 2013 年底，学院专任教师 621 人，其中自有教师 279 人，聘请广西大学教师 319 人，其他外聘教师 23 人，学生数为 10 611 人。目前设立电气信息学部、工程与设计学学部、人文学部、财会学部、法商学部、外国语学部、管理学部和思想政治理论课教学部等 8 个教学业务单位。数学教研室隶属于电气信息学部，有数学专职教师 16 人，承担全院公共基础数学课的教学任务，指导学生参加全国大学生数学建模竞赛和全国大学生数学竞赛。我院于 2006 年首次组织学生参加全国大学生数学建模竞赛，当年共有 3 支代表队参赛，获得赛区一等奖和三等奖各 1 队，同时该赛区一等奖被推荐到全国，获得全国二等奖。2006—2013 年期间，我院参赛规模逐渐增大，成绩也是一年一个台阶。其中在 2013 年全国大学生数学建模竞赛中，我院获得国家二等奖 3 队，赛区一等奖 3 队，赛区二等奖 2 队，赛区三等奖 3 队的好成绩，这也是我院自参赛以来的最好成绩。与此同时，指导老师也由原来的 3 人增加到现在的 13 人，其中副教授 1 人，讲师 7 人，助教 5 人，培训和组织能力得到很大提高。

学院紧紧围绕"质量立院、特色兴院、人才强院、和谐建院"的办学理念，以办人民满意的高等教育为追求，以教学为中心，以教育质量为生命线，以发展为第一要务，以改革创新为动力、人才培养为核心、学科建设为主线、队伍建设为重点、优化办学条件为保障，以"天行健，君子以自强不息"为格言训诫，践行"厚德、自强"院训，不断夯实内涵，提升办学水平，全面提高教育教学质量，努力培养"厚基础、宽口径、强能力、高素质"的应用型人才，为广西壮族自治区乃至全国的经济建设和社会发展服务。

这几年，学院领导一直都很重视全国大学生数学建模竞赛，每年都通过学生学科竞赛划拨专项资金，对参加数学建模竞赛的学生进行培训和指导，并支付学生的参赛报名费和参赛生活补助，对获奖的同学发放学科竞赛获奖专项奖金，最高为 8000 元/队（即国家一等奖获得者），并优先推荐为院长奖学金。学院领导亲自带队去和兄弟院校进行数学建模教学与竞赛的交流。2011 年在学院副院长的带领下，数学建模团队部分成员赴广西师范大学漓江学院，广西工学院鹿山学院进行有关数学建模的交流与学习。学院每年都开设数学建模选修课，依托广西大学母体丰富的教学资源，开展相关教学和培训工作，聘请广西大学优秀的指导教师进行培训指导，并积极培养一批年轻教师，逐步成为学院数学建模的骨干教师，形成数学建模从教学到竞赛的专业团队。

在组织工作上考虑全面，规章制度规范完善。在每学年的第一学期，我们开设数学建模选修课，为数学建模竞赛打下基础。第二学期，我们会做以下方面的组织和培训工作：第一，利用各种手段对数学建模竞赛进行宣传，并召开全院性的动员大会，调动学生积极性，让学生认识和参与数学建模。第二，我们利用周末对学生进行中期培训，利用暑假对学生进行赛前集训以及论文写作指导，提高学生数学建模的能力。第三，按时组织和完成竞赛的报名工作，同时组织学生和老师认真学习数学建模的规章制度，做到竞赛的公平与公正，严禁参赛学生与指导老师舞弊、弄虚作假，一经发现指导老师与参赛学生违规者，将按照有关规章制度上报组委会，由组委会做出处罚。第四，协调学院相关部门为竞赛服务，并组织学生积极参加9月份的数学建模竞赛。第五，对于获得赛区一等奖的学生，由数模负责人带队进行面试。第六，召开数模团队成员的经验总结会，分析总结上一年的组织培训中的优缺点。第七，召开学院数学建模颁奖会，对获奖的学生进行表彰，同时也吸引低年级的学生参与数学建模竞赛，做到颁奖与动员相结合。

此外，我们以数学建模教研为着力点，提升科研能力，影响力日渐增大。目前，我院老师承担多项与数学建模有关的课题，比如：2008—2009年院级教改项目《独立学院数学建模课程建设和内容体系设计》；2011—2012年区级教改项目《面向北部湾经济区的独立学院信息类专业虚拟实验》，研究成果对日后开展数学建模活动提供帮助指导。通过整合学院优势资源开展数学建模相关学科的实践课程训练，提高学生的学习积极性。另外，通过开展"创新实践项目"等活动和构建数学建模教育教学网络平台，鼓励不同学科专业的老师参与数学建模教学，带领学生开展微型科研和实践活动。

数学建模协会的成立，为数学建模活动的开展注入了新力量。开展以数学建模团队为主导，数学建模协会会员与数模选修课学生为主体的数模活动。通过广播、网站、讲座等向广大学生宣传数学建模文化，提高学生用数学知识解决实际问题的能力，激发学生学习数学建模的兴趣和热情。数学建模活动的开展，对转变学风，推动数学教改都有重要的意义，也得到学院的肯定。

组织参加数学建模竞赛无论对学校，指导老师还是学生都非常有意义。对学校而言可建设优良学风，推动教学改革，提高评估水平，丰富学生的课余生活。对老师而言可培养崇高的师德，推动教学研究，提高业务水平。对学生而言可培养学生用数学方法解决实际问题能力，吃苦耐劳与团队协作能力，不怕困难，勇于拼搏的顽强意志，资料搜集与整理能力及科技论文写作的能力。总之，数学建模开展得成功与否和学院领导重视，老师同学们辛勤努力是分不开的。

以赛促学，以学育赛，赛学结合，受益学生

（广西科技大学鹿山学院）

广西科技大学鹿山学院创建于 2002 年，是一所经国家教育部批准实施普通本科学历教育的高等学校。学校位于广西工业重镇、历史文化名城柳州市，校园占地面积近 1000 亩，总投资 8.3 亿元人民币，总建筑面积 31 万平方米。学校拥有配套设施先进的教学与实验实训楼群，有现代制造、车辆结构、过程控制、定格动画等 100 多个实验室，图书馆纸质馆藏书约 85 万册。

近年来学校十分重视素质教育，加大对学生创新能力的培养，使学生在近年的中国大学生方程式汽车大赛、全国大学生机械创新设计大赛、全国机器人大赛、全国大学生数学建模竞赛赛、全国大学生艺术展演等各级各类竞赛中屡创佳绩，获得国家级、省部级奖项 400 多项、国家发明和实用新型专利 24 项。当前，学校广大师生正凝心聚力谋发展，为建设国内高水平、特色鲜明的应用技术型大学而奋斗！

全国大学生数学建模竞赛是教育部高等教育司和中国工业与应用数学学会共同主办的面向全国大学生的一项重大竞赛活动。这一活动对于提高学生综合素质、培养学生自主创新和团队合作精神，以及促进高等学校数学教学改革都具有重要作用。自 2007 年以来，我院一直积极组织学生参加每年的全国大学生数学建模竞赛，参赛规模逐年增大，共获得 10 个全国二等奖、7 个赛区一等奖、16 个赛区二等奖、14 个赛区三等奖，取得这样的成绩对于成立才几年的鹿山学院，实属不易。我们这些成绩的取得与学院领导高度重视和统一领导分不开，也与学院各个部门的积极配合及指导教师、参赛队员们辛勤付出分不开。下面结合我们的工作实际情况，谈谈近年来我院组织开展该项活动的一些做法和体会。

一、学院领导重视是开展数学建模活动的根本保证

培养高素质综合应用型人才是我院人才培养目标，而数学建模活动是培养学生综合能力、创新能力和应用能力的有效途径。学院领导一直非常关心数学建模活动开展情况。学院成立了数学建模工作小组，分管教学的副院长亲自挂帅，成员由教务科研部部长、团委书记、基础教学部部长及基础教学部数学教研室教师组成，由基础教学部负责组织该项活动。领导不仅在思想上重视，还多次深入基础教学部细致了解数学建模活动开展情况，学院还在财力、物力上给予大力支持，为数学建模活动设立专项经费。基础教学部领导亲自挂帅，具体参与数学建模活动的组织和指导工作，并协调好各部门的关系，如落实竞赛场地、竞赛使用的计算机机房和网络调试、后勤的餐饮保障等。由于学院领导的重视和其他部门的支持，大大激发了教师和学生参与竞赛活动的积极性，促进了我院数学建模活动良性循环。

二、加强数学建模指导教师队伍建设是数学建模活动顺利进行的基石

要提高数学建模竞赛活动的成效，培养出高素质的学生，首先要建立一支高素质的指导教师队伍。我院数学专职教师较少，截至目前仅有 8 人，而且都是教学经验不足的青年教师。为了数学建模活动的顺利开展，首先从思想上统一认识，强调数学建模活动培训、指导工作跟教学工作一样重要；其次，采取一切可能的手段提高指导教师的水平，近年来，我们学校多次派出教师参加全国数学建模组委会组织的数学建模学术研讨会，2007—2013 年学校组织数学建模竞赛经验的教师担任"数学建模"选修课的讲授，同时要求我院所有指导教师跟班学习；再次，邀请广西大学吕跃进教授等区内数学建模专家来我院讲座，让学生感受数模魅力的同时，提高了指导教师的指导能力和业务水平。

我们所有指导教师不计名利，甘于奉献，牺牲自己的休息时间，耗费大量的精力，自己摸索，坚持"在竞赛中培训教师"工作方法，建模团队全体教师共同分析、解决在数学建模培训中遇到各种问题。通过两年的积极工作，和校本部信计系数学建模团队的帮助和指导下，我院数学建模竞赛活动的组织工作和指导水平有明显提高，很好的完成我院数学建模团队建设的交接棒工作，到目前已组建成一支高素质、团结协作的指导教师队伍。

三、精心组织、强化培训是数学建模活动顺利进行的关键

我们学院现在实行的"3＋1"人才培养模式，使得数学课程学时剧减，高等数学仅为 128 学时，加上大多数学生的学习缺乏主动性、自觉性及自信心不足等现象，为此我们希望以数学建模竞赛活动为契机，吸引更多学生加入该项活动中来，激励学生学习数学的积极性，提高学生利用数学知识和计算机技术解决实际问题的综合能力，同时督促数学教师深化教学改革，将数学建模思想融入日常教学之中。为了扩大数学建模活动的受益面，为此，每年我们数学建模小组都做了充分准备，制订了详细的工作方案，主要包括：

（1）每学期都开设数学建模、数学实验选修课各 32 学时。每期选修课人数都达 150 多人，为我们挑选数学建模竞赛队员创造良好条件。

（2）4 月份做好当年的数学建模活动方案和工作计划，成立以主管教学的副院长为组长的建模工作小组，并明确指定该项活动由基础教学部负责组织、培训和指导工作，把竞赛的经费列入学院每年的学生学科竞赛经费预算中。

（3）4—5 月在全院范围内做广泛宣传动员，形式是多种多样的。首先，每位数学教师在所教班级宣传动员和挖掘综合能力强的学生；其次，利用广播、海报等方式宣传数学建模知识及历届参加全国数模竞赛取得的成绩；再次，邀请区内数学建模专家来我院进行数学建模专题讲座，让更多学生了解数学建模，并加入到该项活动中来。

（4）6 月份由基础教学部向各系发数学建模竞赛培训报名通知，每年我们自愿报名参加培训的学生达 200 多人。6 月底，面向所有自愿报名学生召开建模竞赛活动动员大会，端正参赛的指导思想，并强调培训时间是在暑期进行，鼓励学生克服一切诱惑，战胜困难，留校参加培训。

（5）7 月中旬到 8 月初，为期 20 天左右的数学建模赛前培训班开始。学员们在指导教师

指导下学习数学建模的基本方法、建模论文写作、快速查找文献、搜集资料等方法及MATLAB、SPSS、LINGO等数学软件。培训最后四天,由数学建模小组指导教师布置两道题,学员自由组队任选一道按照全国数模竞赛要求在三天内完成一篇论文,第四天所有指导教师分两组对学生进行答辩,最终选出学院数学建模队参赛队员。

(6)8月下旬到赛前,为期20天左右的强化培训阶段。由指导教师布置建模题目,让学生在三天时间内完成一篇论文,然后每组队员轮流上台报告论文,老师和其他同学提问,进行讨论。强化阶段实战5道建模题目,通过实战训练,大大提高了学生的建模能力、表达能力和团队合作能力,同时也为今后参赛积累经验。

由于赛前的充分准备,以及积极配合赛区组委会的工作,我们竞赛活动才能有条不紊地进行。

组织数学建模竞赛活动是一项长期的工作,我们会再接再厉,把这项工作继续深入开展下去,我们相信,在学院领导大力支持和赛区组委会的良好组织下,数学建模竞赛活动将会进一步推进我院数学课程建设和教学改革,会有更多学生参与该项活动中来,让更多学生受益。

这次我们取得一定的成绩,为我们积累了一些较为成功的组织经验,但我们鹿山学院这个年轻的数模团队还有很多需要改进和向同行们学习的地方。

数模舞台,伴我博文学子同发展

（桂林理工大学博文管理学院）

桂林理工大学博文管理学院成立于 2002 年 4 月,是教育部批准设立的以新机制创办的独立学院,是独立设置的全日制本科普通高校。校园位于桂林市雁山区教育园区内,占地 600 余亩,规划总建筑面积 35 万平方米,教学、生活、运动的设施齐全,环境幽雅。学院现有专任教师 490 余人,其中具有高级职称的 186 人,具有硕士及以上学位专任教师共 320 人,在校生 7200 余人,截至 2014 年秋季发展到万人规模。2009 年我院学生开始参加数学建模竞赛。至 2013 年,获得国家二等奖 1 项,广西一等奖 2 项,广西二等奖 4 项,广西三等奖 5 项。

学院依托桂林理工大学优质办学资源,以地方经济社会发展需求为导向,以土建、地质、经贸等学科专业为重点,形成以工为主,管、经、文、艺、理等多学科协调发展的学科体系。学院现有土木与建筑工程学院、经济与管理学院、信息工程学院、艺术设计学院、外语学院、基础部、思想政治理论课教学部等教学单位,设有 25 个本科专业,其中土木工程专业于 2011 年 9 月获得广西高等学校特色专业及课程一体化建设项目立项,土木工程、测绘工程两个专业获得 2013 年广西民办高校重点建设专业。全国大学生数学建模竞赛活动 2009—2014 年 6 月由学院副院长江晓云为分管(2014 年 7 月起由学院副院长杨乾尧分管),学院教务处主办,基础部承办,数学教研室负责具体组织实施。数学教研室目前拥有专职教师 9 人,其中 3 名副教授,3 名讲师,3 名硕士研究生助教,均参加数学建模指导工作。

学院秉承"博学于文,约之以礼"的校训,坚持"育人为本、质量立校、特色强校"的办学理念,培养品德高尚,具有较强学习能力、协作能力、实践能力、创新能力的高级应用型人才。学院积极实施"教学质量工程""师资队伍建设工程""校园文化建设工程"以及"国际交流合作工程",加大基础设施和办学条件的投入。以应用型人才培养为目标,以教学为中心,以学科建设为重点,加大教学改革力度,大力倡导实践教学,积极鼓励学科竞赛活动。近三年来学生在全国大学生数学建模竞赛、全国大学生英语竞赛、"挑战杯"全国大学生课外学术科技作品竞赛、全国电子设计大赛等竞赛中,共获国家级奖 185 项,省部级奖 489 项。在学院各类学科竞赛中,全国大学生数学建模竞赛颇具规模和影响力。在学院学工及基础部数学教研室组织下,学生社团"数学协会"于 2012 年春季成立,专门负责承办数学建模和数学竞赛的一系列校内活动。该学生团体于获得"2013 年广西壮族自治区高校大学生优秀学生社团"的荣誉称号。

全国大学生数学建模竞赛是高等院校学生展示自身能力的一个平台。在这个平台上,大学生们不仅仅是运用数学方法和计算机技术解决实际问题,更重要的是锻炼了他们分析问题解决问题的能力,同时也开拓了知识面,培养了他们的创新思维和团队意识。桂林理工大学博文管理学院自 2009 年参赛以来,由于领导支持组织得当,在历年的竞赛中取得了骄人的成绩,现总结我院多年来参加数学建模竞赛的工作经验,主要有以下几个方面:

一、领导高度重视数学建模竞赛活动。我院在全国大学生数学建模竞赛中取得优异的成绩,和学校各级领导给予的高度重视是密不可分的。其一,学校层次设立专门的科学竞赛奖励方案分配制度,奖励获奖的指导老师和学生,并给予相关辅导课时、伙食、交通补贴。其二,分管学科竞赛的学院副院长江晓云、分管基础部副院长杨乾尧高度重视建模活动,每次活动都多次召见基础部数学建模竞赛指导组,指导竞赛方案的落实,解决实际困难。赛前学院分管基础部领导杨乾尧副院长均亲临赛前动员会,鼓励师生继续发扬集训艰苦拼搏的精神,争取好成绩。其三,基础部主任何宝珠、主任助理王欣、数学教研室主任苏恒、副教授蒋良春、副教授王远清等多次组织建模有关会议和教研室活动,大家献计献策,集中集体的智慧解决问题。这些给我们数模组极大地激励与动力,使我们坚定信念,克服困难,圆满完成任务。其四,全院各部门通力协作。每次比赛全院上下各部门提供强有力的支持。在学院领导的关心下,现教中心在赛前赛中派人到现场检查并保证网络正常使用;资产处为队员提供安静舒适的办公室比赛场地;图案书馆为学生提供查找资料的方便;后勤保障饮水等,各部门形成了完善的后勤保证体系。这些都保证了工作的顺利进行和圆满成功。

二、组建强有力地指导队伍和选拔优秀学生组队参赛。组建一支强有力的指导教师队伍是保障数学建模培训顺利进行的核心。一个优秀的指导团队,需要具备自身的特点。一是奉献精神,数学建模需要指导教师花费比课堂教学投入更多的时间和精力,而相对课时的补贴则是很少的。二是指导团队师资的延续性,通过建模经验丰富的老师"传帮带"培养新人,保证指导队伍的延续性,不因个别老师退休或离职,而出现指导教师的断层。三是团队的自身的学习,通过自身的学习和探讨,以及借鉴其他兄弟学院的有效经验,提高自我的业务素质和能力。选拔优秀学生组队参赛是学院取得建模好成绩的保障。我们通过三层次的选拔:一是由任课数学老师和辅导员对大一大二的对建模有兴趣的学生,建议其参加数学建模相关课程的选修课学习;二是由数学教研室组办,学生"数学协会"社团承办,每年于 4、5 月份在数理月活动中举办校内的数学建模选拔赛,选拔出优秀学生参赛培训;三是经过暑期培训和赛前实战模拟后,于赛前筛选出参赛队。

三、综合系统的竞赛培训。经过多年的摸索,我院已形成了一套具有特色又实用的建模培训方法。培训分三个阶段:第一阶段为基础知识培训阶段,分两学期开设"数学建模中的数据处理"和"数学建模"课程,学习 MATLAB、LINGO、SPSS 等计算机软件以及简单数学模型的建立及求解;第二阶段暑期的强化集中培训,内容为数学建模中常用的方法和范例讲评,包括线性与非线性的规划模型、随机模型、多元统计模型、微分方程模型、智能计算模型、网络模型、层次分析法数据拟合计算机仿真等;第三阶段历年建模试题评析讨论,并练习实战模拟。通过三个阶段的培训,学生已经初步具备了参赛的能力,最终通过测试选拔出参赛队员。

四、大众、公开、公平、公正的组队培训参赛。一是大众,全国大学生数学建模竞赛活动是面向全国各高校各专业学生,因此,我院开设有关数学建模的选修课,是不分专业不分年级不设限制的,具有大众化的认知培训。二是公开,数学教研室以及学生社团"数学协会"所有有关数学建模的培训、校内预选、最终选拔组队参赛都是向全院师生公开化、透明化,努力把每一个步骤都做到公平。三是公正,不管校内选拔赛还是正式竞赛,数学教研室都组织相关指导教师和参赛学生认真学习数学建模的具体规定要求，严格按照规章制度的要求进行建模比赛，杜绝学生抄袭、老师舞弊、弄虚作假的现象出现，努力做到赛前、赛中、赛后数学建模比赛的公平、公正。

　　经过学院办学规模的发展、基础设施建设的完善，以及基础部各同事多年的有关数学建模工作的探索，虽然数学建模培训工作还有很多地方存在不足，但是，在一定程度上我校的数学建模工作是成功的，有效的。不足的地方我们不断地去探索、去改进、去完善，有效的建模工作经验需要我们继续去继承和发扬，力争年年创佳绩！

数学建模教学与竞赛实践总结

（桂林电子科技大学信息科技学院）

桂林电子科技大学信息科技学院 2008 年首次参加全国数学建模竞赛。同年也是我院大力引进人才的一年，4 位教师一起来到信息科技学院，使得我院专任数学教师扩充到 5 人。4位来自不同省份、不同学校的新教师刚参加工作就担起这副重担，深知任重而道远。由于缺乏经验，2008 年我院只报了 1 个队，摸着石头过河，一切都是从零开始。第二年的参赛队伍增加到 5 个队，在桂林电子科技大学段复建教授和朱宁教授的帮助下，培训模式逐步建立，并制定了详细流程按章办事。包括开设数学建模相关课程，暑期培训等都是在那时确立的。当时参加全国赛的队伍的选拔工作基本上是各班辅导员协助传达相关通知，校园网挂通知的方式，学生自愿报名参加。当时参加数学建模的学生很多都不知道数学建模是什么，糊里糊涂就报名了。

2010 年 4 月，我院数学建模协会正式成立了，有了这样一个平台，很多学生通过加入数学建模协会，对数学建模也有更深的理解。虽然各种设施并不齐全，各种制度也并不健全，我们总算有了自己的一片天地。在接下来的几年里，我们不断完善数学建模培训模式，开展了各种活动，共同探讨数学建模教学和竞赛培训的创新之路。

一、数学建模协会招新及数学建模课程的开设

每年 9 月新生报到后不久，数学建模协会便着手招收新成员，新成员的加入为协会的发展输送了源源不断的力量和活力，这些新成员会在老成员的带领下参加一系列的活动，让他们不断的加深对数学建模的认识。在指导教师的指导下，他们会了解到数学建模竞赛的程序，并且接触到一些基本的知识和技能。指导教师开设人文素质选修课《数学实验和数学模型》，并优先数学建模协会成员选修。通过这门课的学习，新成员会接触到如何进行数学建模，一些基本的方法和基本的工具，同时也会邀请专家来我院进行学术讲座。

2013 年 5 月，我院数学建模协会有了自己的小天地，并且配备了 30 套桌椅和电脑，并接通了网络和电源，数学建模基地的建立为今后同学们讨论问题，开展各类活动提供了固定的场所，结束了搞活动就要提前借教室的局面。这个基地必将为协会的健康快速发展提供保障。

二、组织参加校内赛

为了进一步提高同学们对数学建模竞赛的兴趣,也为大家提供一次锻炼的机会,我们会鼓励学生参加每年5月份由桂林电子科技大学举办的"所罗门杯"校内赛,并会初步体验数学建模竞赛的全过程。同时还有机会获得校级的一、二、三等奖,给大家提供了获奖的机会,对鼓舞士气有很大的帮助。校内赛不限于数学建模协会成员,凡是我院学生均可自由组合参加比赛。

三、全国赛队伍的选拔

在校内赛结束之后,我院会组织一次选拔面试,为参加全国赛做准备,选拔优秀的队伍。基本的操作过程是让参加过或没有参加过校内赛的队准备一篇自己完成的论文,在当天进行答辩,指导教师会根据答辩者的答辩进行提问,并要求参加面试的队伍做出正面的回答。依次了解每个队伍的实力,最终由指导教师给出分数,并进行统计,总分排在前10的将会代表学院参加9月中下旬的全国赛。同时会及早进行指导教师的分配,这样做的好处是能够充分发挥指导教师的积极性,同时可以有更长的时间进行师生之间的交流,有利于指导教师有针对性的指导。

四、基础知识培训

为了参加全国数学建模竞赛,还要做有针对性的培训。每年7月初放暑假开始进行为期一个星期的基础知识技能培训,指导教师为有资格参加全国赛的队伍准备了专题讲座,在"数学实验和数学模型"的基础上,更进一步夯实基础。在这个培训过程中,科大的教授也会受聘给队员们做讲座,在某种程度上进一步确保了培训的质量。

五、实战演练

有了这些基础之后在开学的前两周就可以进行实战演练了,在这个过程中指导教师是要参与对各自所带队伍的指导,培养与队员的默契,并适时给出指导意见,每做一个题目都能使每个队伍有一个大幅度的进步。这种指导工作也并非孤立的,在论文完成后,指导教师会集体对所有的论文进行点评,进一步指出论文存在的问题。整个过程要重复4次左右,在不断的实战演练过程中,队员们的基础得到了较大的进步,很多参加过数学建模竞赛的队员对于"一次参赛终身受益"的体会更为深刻。

整个培训过程既紧张又活泼,锻炼了队员和指导教师的能力和意志,这样的经历对接下来的大学生活产生很大的影响,有很多队员甚至每年都参赛,并乐此不疲。经过训练的队员在毕业的时候在撰写毕业设计的时候都做得非常好,各方面的能力都明显高于其他同学。并取得了喜人的成绩,在获奖率和获奖水平连年居区内独立学院之首。特别是2012年获得了全国一等奖,当年获全国一等奖的独立学院仅有5所,我院榜上有名。

六、取得的成绩

学生参赛获奖概况（全国赛）

年份	参赛队伍（队）	全国一等奖	全国二等奖	广西区一等奖	广西区二等奖	广西区三等奖	成功建模奖
2008	1				1		
2009	5		1	1	1	1	2
2010	10		1	2	2	3	3
2011	11		1	1	2	4	4
2012	10	1	1	2	3	2	3
2013	10		1	1	3	3	3

同时指导学生发表论文 5 篇，完成教改科研项目 5 项，教师完成论文数十篇。

数模魅力领风骚，漓院学子展风采

（广西师范大学漓江学院）

广西师范大学漓江学院成立于 2001 年 7 月 31 日，是广西首批成立的国有民办二级学院，是国家教育部批准成立的首批独立学院。学院设置有外语系、中文系、经政系、理学系、体育系、管理系、艺术设计系、音乐与教育系等 8 个系以及社会科学教研部，现有在校生 11 000 余人，其中数学与应用数学专业于 2005 年秋季首次招生，现已招生 9 届，目前已毕业约 400 人，在校生 399 人。目前拥有专任教师 17 人，办学规模和教学质量在全区独立学院中都是名列前茅，连续数年被评为全国百强独立学院。2007 年我院首次组织学生参赛，2007 年我院首次组织学生参赛，同年获得国家一等奖 1 项，区特等奖和区一等奖各 1 项，区二等奖 2 项。

学院秉承广西师范大学优良的办学传统，坚持"以质量求生存，以特色促发展"的办学思路，依托母体高校的学科和师资优势，利用双威教育集团的办学资源，发挥独立学院在体制和机制上的特色，坚持以德育为先导，以教学为中心，以管理保质量，以育人为目标，以就业为导向，积极推进教育创新。秉持"向学、向善、自律、自强"的校训，以社会经济的发展为导向，坚持以"应用性、复合型"人才为培养目标，加大教学改革力度，大力倡导实践教学，积极鼓励学科竞赛。特别是以全国大学生数学建模竞赛为代表的学科竞赛颇具规模与影响力。

参加数学建模竞赛可以培养学生的学习兴趣，增强学生的自信心，培养学生的理论与实践能力，联想与创新思维能力，吃苦耐劳与团队协作能力，分析问题与解决问题的能力，数学语言翻译与文字表达能力，资料搜集与整理能力及应用数学软件能力；可促进学院数学课程建设，推动学院教育教学改革，丰富校园学生课外科技活动，建设良好学风等。学院常务副院长唐凌教授高度重视参加数学建模的重要性，在其批示下相继出台若干条鼓励政策。

数学建模竞赛由理学系王成名主任统筹负责，谢国榕书记具体执行，负责数学建模的组织、培训、选拔、参赛、研讨等。学院加大数学建模竞赛的经费投入：①增加教师的指导经费与学生的竞赛伙食补助；②提高指导老师与学生获奖金额；③鼓励中青年教师参加数学建模培训班与各类研讨会议；④鼓励中青年骨干教师申请有关数学建模竞赛的区教育厅级或院级教改项目，并给予一倍以上项目经费支持；⑤鼓励教师自编"数学模型""数学软件"等培训教材及发表与数学建模有关的教改论文并给予资金扶持。⑥筹建独立的数学建模与数学实验微机室等；⑦学院每年招标与数学建模有关的学生科研项目并鼓励学生积极申请并给予经费支持；⑧开设数学模型、数学软件、常用统计方法等与数学建模有关的课程。学院出台相关学科竞赛保障措施，要求各教学管理与后勤保障部门充分配合学科竞赛的后勤保障工作

2007—2013 年我院数学竞赛的各项工作在谢国榕（负责 2007—2012 年）、陈迪三（负责2013 年至今）两位老师亲自负责下开展得有声有色并在竞赛的组织工作、规章制度建设、竞赛获奖及与数学建模有关的教改项目等方面成果丰硕。

一、竞赛组织工作

1. 宣传工作：首先每年 11 月份中旬确定当年竞赛结果，在学院网站实践教学专栏登出新闻稿宣传取得建模竞赛的成果；其次学年第二学期开学学院举行学科竞赛颁奖表彰大会；再次，每年四月中旬在理学文化月开展实践教学成果展示；最后，每年赛前的选拔及学生项目的招标，宣传参加数学建模的意义与规则等。

2. 具体组织流程：

(1) 每年 3 月底组织学生预报名。(2) 每学年均开设"数学模型""数学软件""常用统计方法"等选修课程。(3) 每年 6 月中下旬开展建模选拔工作并确定指导老师。(4) 每年八月初对选拔参加竞赛的学生进行强化培训：建模的方法、建模的步骤、建模论文的写作、资料搜集、数学软件、历年优秀论文讲解与点评、模拟比赛等。(5) 每年 9 月初的竞赛章程与规则的学习。

二、规章制度建设

公平竞赛的顺利进行需要强有力的制度保障措施，对于参赛的学生及组办单位具有重要的意义，因此我院高度重视数学建模的章程学习与参赛规章制度的建设问题。要求参赛学生与指导务必认真学习学习建模的章程，并建设我院学生参加数学建模竞赛的规章制度：

(1) 赛前认真学习数学建模的有关章程；(2) 确保竞赛的公平性、公正性、科学性与严肃性；(3) 严禁参赛学生与指导老师舞弊、弄虚作假，一经发现指导老师与参赛学生按照学院有关规章制度严惩；(4) 竞赛期间将安排院内外有关领导巡视；(5) 参加正式报名后的指导老师与参赛学生无正当理由不得退赛。

三、2007—2013 年获奖成果

近七年我院在参加全国大学生数学建模竞赛方面取得成果丰硕，在区内独立学院中名列第一，区内一般本科院校中名列靠前，国内独立学员中名列前茅。近七年获奖项目如下表：

年份	国家一等奖	国家二等奖	区一等奖	区二等奖	区三等奖
2007	1	0	1	2	0
2008	0	1	2	2	3
2009	0	2	2	1	2
2010	0	2	2	3	2
2011	0	2	2	2	2
2012	0	1	2	3	4
2013	0	2	2	3	3
合计	1	10	13	16	16

四、2007—2013 年数学建模教改项目及发表教改论文

将数学建模的教学和竞赛与作为高等院校的教学改革和培养创新人才重要途径，并努力探索更有效的数学建模教学法和培养面向新世纪的人才的新思路，对以培养："应用性、复合型"人才为目标广西师范大学漓江学院来说具有重要意义；因此作为高校的数学教师应当深刻认识到数学建模学科难度大、涉及面广、形式灵活的特点，在教学方面改变以教师为中心、以课堂讲授为主、以知识传授为主的传统教学模式，遵循以实验室为基础、以学生为中心、以问题为主线、以培养能力为目标来组织教学工作。鉴于此我院中青年积极开展与数学建模的教学改革研究，近几年年申请项目如下：

1. 培养独立学院学生数学建模能力的研究与实践（2011 年度新世纪广西高等教育教学改革工程项目（2011JGA137）批文号：桂教高教〔2011〕24 号文件）；

2. 数学建模竞赛的组织实施与培训策略的研究与实践（院级 B 类，2010 年）；

3. 数学模型课程的创新考核研究与实践（院级 A 类，2012 年）。

近几年教改论文如下：

1. 独立学院学生数学建模能力的影响因素及其培养策略，高教论坛 2011 年 11 期。

2. 数学建模竞赛培训模式的研究与实践（漓院鸿雪 2010 年，第三期），广西人民出版社。

3. 数学建模课程教学实践与改革对策（漓院鸿雪 2011 年，第四期），广西人民出版社。

4. 独立学院《数学模型》课程考核方式的改革实践与思考（漓院鸿雪 2013 年，第六期），广西人民出版社。

年轻的北航北海学院数模掠影

（北航北海学院）

北京航空航天大学北海学院是经国家教育部于 2005 年批准设立的,由北京航空航天大学、北海市人民政府和投资方三方联合举办的本科高等院校(独立学院)。学院坐落于南方滨海名城——北海,校区主体位于北海市大学园区中心,占地面积 1200 余亩,紧邻北海银滩和金海湾红树林,校园内海风拂面。

学院由北京航空航天大学指导教学计划的制定和实施以及教学水平的监测和评估。学院充分依托北京航空航天大学的教育资源和办学优势,致力于培养"高素质、有理论、懂实践、会动手"的国际化、应用型人才。自 2005 年建校以来,学院基础设施不断完善,建有图书室、体育场、网络中心、多媒体教室、实验室、实习实训基地等;住宿、餐饮、保安等服务保障体系完善。现拥有满足 12000 余名在校生学习生活的教学、实验、行政用房和后勤服务设。学院现设有经济与管理学院、软件与信息工程学院、外国语学院、规划与生态学院、旅游管理学院、东盟国际学院、现代体育学院、艺术学院等 8 个专业学院。此外,学院成立了国际教育学院,与美国、英国、澳大利亚、新西兰、日本、泰国、越南等国家近 20 所高校建立友好合作关系,可为在校生提供国外教育咨询和国外留学的服务。

北京航空航天大学北海学院秉承和发扬北航"德才兼备、知行合一"的校训,正在以北部湾经济区的国家战略实施为契机,向一所办学特色鲜明、教学质量优良的高等院校迈进。北京航空航天大学作为办学高校,组建了以专家和教授为核心的教学管理队伍,是北京航空航天大学北海学院优秀的教育管理资源。

2007 年我院为全校学生开设"数学软件应用""数学实验与数学建模"等选修课,当年就有150 多人选该课程,并成立了数学建模协会;通过数模协会组织开展数学校内数学建模选拔赛及数学知识竞赛等活动;数模协会每周都会定期开展活动,帮助每位成员打好数学基础,尤其是给大一学生辅导微分方程、线性代数和概率统计知识,及不定期的组织数学建模讲座,邀请经验丰富的数模指导教师给成员开设讲座。在科研方面,2008 年,我院李晓沛副教授主持的"独立学院数学课课程设置的研究与实践"为校级重点、新世纪广西高等教育教学改革工程项目区级项目,项目成员发表近 10 篇文章,对数学建模、实践性课程改革进行了研究,并取得一定的成绩。

在院领导的大力支持下,我院专门成立数学建模专项经费,使数学建模得到了很好开展,包括举行校内数模竞赛,对获奖的学生和指导教师给予奖励;在全校学生中积极宣传数模竞赛,不定期面向全校学生开展数模专题讲座,每年都派两名教师参加赛区颁奖会议及工作会议;在组织建模的过程中,我院主管教学的院长非常关心数模竞赛,在竞赛的三天里,亲自到竞赛地点看望参赛队员。

我院数模协会每周都会定期开展活动,帮助每位成员打好数学基础,尤其是给大一学生辅导一些微分方程、线性代数和概率统计知识;不定期的组织数学建模讲座,邀请经验丰富的数模指导教师给成员开设讲座,是成员能更好地认识数模知识;还有制作海报宣传数学建模,组织协会成员周末参加各种集体活动,通过活动成员之间增强合作精神,促进互相交流,互相了解。

我院开展数模活动是由学生处团委、教务处、数学教研室以及数模协会共同组织的,由学生辅导员做好学生的思想工作,鼓励学生参加数学建模,克服一切困难,勇于挑战;由各数学教师在所教班级进行宣传工作;数模协会开展各式各样的活动,尤其是互帮互助活动,很大程度上提高了学生的数学基础知识。

2008 年以来,我院数学竞赛的各项工作由何家文老师亲自负责,在竞赛的组织工作、竞赛获奖等方面成果丰硕,具体如下:

(1)结合我院学生的学习特点,在大一新生入学后,我们开始组织宣传数学建模活动,鼓励学生参加数学建模协会,使建模协会成为数学建模活动的主导者。根据学生特点,指导教师共同讨论,制定适合独立学院数学建模活动的教学、活动计划及实施方案。

(2)面向全校学生开设数学建模选修课,与数学建模协会联合开展数学建模知识讲座,组织学生将数学建模应用于实际遇到的问题,分组讨论,教师指导,培养学生团队合作等能力。

(3)我院每年五月份举办校内数学建模选拔赛,选出优秀学生参加暑期强化培训;通过全国大学生数学建模竞赛这一平台,真正检验学生运用数学建模解决实际问题的能力,进一步完善制定独立学院数学建模活动方案。

从 2008 年以来,我院参加了 5 届全国大学生数学建模竞赛,获得国家二等奖 3 项,广西区一等奖 5 项,二等奖 7 项,三等奖 6 项的好成绩。

我院通过多种途径和方法,让学生参加数学建模活动中来,学生通过建模解决实际问题和竞赛获奖证实自己的价值,大大激发学生学习专业知识和参加创新实践的积极性。同时,教师也能够实事求是地剖析自己,善于发现学生的长处,取长补短。在建模竞赛中师生不断磨合,相互协作,培养师生的团队精神和集体荣誉感。

参加全国大学生数学建模竞赛的工作总结

（广西电力职业技术学院）

大学生数学建模竞赛不仅可以激发学生学习数学的积极性，同时还可以培养学生分析问题和解决问题的能力，对于提高学生的综合素质、培养学生的创新能力与团队合作精神，以及促进我院数学教学改革和建设具有重要作用。

我院历年来都非常重视全国大学生数学建模竞赛，从 2006 年起每年都组队参加竞赛，2006 年有两支参赛队获得了全国专科组二等奖，2007 年也有一支参赛队获全国专科组二等奖，但 2008 年和 2009 年成绩有点滑坡，两年都只获得广西赛区的一、二、三等奖，因此，2010 年我们指导老师和学生在心里都暗暗铆足了劲，有这样一句名言："不想做将军的士兵不是好士兵"。同样，"不想拿大奖的队员也不是好队员"，暑假强化培训时就有队员说："我们就是冲全国一等奖而来的"。果然，2010 年我院 9 个参赛队，取得一个全国专科组一等奖，一个全国专科组二等奖，四个广西赛区二等奖和一个三等奖，收获了我院参赛以来的最好成绩。2011 年有一支参赛队获得了全国专科组一等奖，两个广西赛区一等奖、两个广西赛区二等奖和三个三等奖。2012 年有一支参赛队获得了全国专科组一等奖，一个广西赛区一等奖和三个三等奖。2013 年有一支参赛队获得了全国专科组二等奖，一个广西赛区一等奖、一个广西赛区二等奖和四个三等奖。回顾这几年的数学建模工作，之所以能取得这么优异的成绩，主要取决于以下几个因素。

一、领导重视是顺利开展数学建模活动的根本保证

培养高素质、高技能的应用型人才是我院人才培养的目标，而数学建模活动是培养学生综合能力、创新能力和应用能力的有效途径。学院领导特别是何宏华副院长、教务处谭永平副处长对数学建模活动十分关心，不仅从思想上重视、经常过问数学建模活动开展情况，还在财力、物力上给予了大力支持，学院专门设立有竞赛活动专项经费，用于假期强化培训班课时支出、指导教师组织参赛补助、学生参赛补助等，并统一协调院内各部门做好各方面保障工作；为鼓励师生多参加各种竞赛活动，学院还专门出台了师生参加各级各类竞赛的奖励政策。公共基础部领导每年都非常关心数学建模竞赛，并经常过问数学建模竞赛的组织和指导工作情况。正因为有院、部两级领导重视和支持，才使得我们的数学建模竞赛的各项工作得以顺利开展。

二、做好充分准备工作是竞赛活动顺利进行的关键

参加数学建模竞赛活动是培养高素质的人才的一个很好的手段。每年竞赛前都由数学教研室数模组提前做好充分的准备工作，主要包括以下内容。

1. 制订计划：3月份制订好当年的数模活动计划。

2. 宣传发动：充分发挥学院数模协会的作用。学院专门成立有数学建模协会，4月份在全院范围内，通过数模协会到各个班级进行广泛的宣传发动，让更多的学生认识数学建模并参与到数学建模竞赛活动中来。

3. 举行学院数学建模竞赛：每年5月到6月份，我们都举办一次学院数学建模竞赛。4月份到5月份，安排数模指导老师开展多次的数学建模知识的专题讲座和培训。让学生对数学建模有更多的认识和了解。5月底或6月初，以班级为单位组队参加学院数学建模竞赛。

4. 选拔参赛队员：通过组织学院数模竞赛，从中选拔出最优秀团队，再经过严格的面试，最终确定参加全国大学生数学建模竞赛赛前强化培训班成员。

5. 集中培训。

培训分三个阶段：

第一阶段为常用数学建模软件培训阶段，时间一般从7月中旬开始，为期约一周时间。同学们在指导老师指导下学习MATLAB、LINGO等数学建模常用的数学软件，通过培训，使学生在短时间内掌握了数学建模中常用的数学软件的使用。

第二阶段为常用数学建模方法选讲阶段，时间从8月中旬开始，为期约10天，主要讲授一些常见的数学建模模型和数学建模方法，使队员初步掌握好建模的方法和技能，学会快速查阅文献、搜集资料等方法。

第三阶段为历年优秀竞赛论文精读及模拟竞赛阶段，时间从8月下旬开始，到9月初，在此期间，我们进行了两次模拟竞赛，这两次竞赛，我们基本上是按照正式竞赛的场景和要求进行。并对每个队的模拟竞赛论文进行详细的修改和点评，找出其中的不足，为正式竞赛作好充分的准备。

在正式竞赛前一天，我们还召开赛前动员会，邀请学院有关领导给竞赛队员作总动员，给队员鼓励，让每一个队员都充满自信步入赛场参加竞赛。

正因为有周密的计划和赛前的充分准备，才保证我们的竞赛工作有条不紊地顺利开展。

三、不断加强指导教师队伍的建设

由于种种原因，我院数学建模指导教师很少有机会外出进行针对性的专业学习，水平有限，这是制约我院数学建模水平进一步提高的瓶颈。在客观条件极为不利的情况下，指导教师们不计得失，牺牲自己的休息时间，耗费大量的精力自己摸索，为学生开讲座，做辅导，组织暑假培训等，正是因为有我们数模组的老师们的乐于奉献精神，为竞赛取得好成绩奠定了良好的基础。通过几年的努力，我们已初步建立一支较为稳定的数模指导教师队伍，并以此为基础开展相关的教科研活动和一系列的教学改革，特别是在教学中注意将实际问题和数学建模思想有机地结合，加强对学生数学应用能力的培养，努力提高学生应用数学知识解决实际问题的能力。几年来，在赛区组委会的关怀、帮助和指导下，我院数学建模竞赛活动的指导水平、组织工作以及学生的竞赛水平等都有了明显的提高。

通过这几年的数学建模工作，为我们积累了一些较为成功的组织经验，也深知工作当中还有许多需要进一步改进和完善的地方。组织数学建模竞赛是一项长期的工作，在今后的工作中，我们一定会再接再厉，把这项工作继续深入地开展下去。我们相信，在学院领导的大力支持下，数学建模竞赛会更进一步地推进我院的数学课程建设和教学改革，会有更多的学生参与到这项活动中来，让更多的学生受益。

结合专业特色，发挥思维优势，推进项目改革，渗透素质教育

（柳州职业技术学院）

根据我院开展国家高职示范性建设和重点专业建设的要求，坚持"以服务为宗旨，就业为导向，能力为本位"的原则，紧密围绕提高我院大学生综合素质教育的根本目标，结合社会需要和专业需求实际情况，在学院以及公共基础部的领导下，柳州职业技术学院高职数学教学团队结合数学建模思想深入开展课程改革，在课程标准、课程体系、教学内容、教学方法以及教学模式等方面大胆创新，突破了传统的教学模式，教学质量有了显著提高，初步形成了我院高职数学课程教育教学特色。

柳州职业技术学院高职数学教学团队以"为专业课程教学服务、培养学生的数学应用能力"为理念，突出数学应用、科学素质、人文素质三者的有机融合。在强调数学应用性的同时，教学中树立为专业服务的思想，以职业综合能力培养为目标，让高职数学教学目标与高职人才培养目标零距离接轨，将高职数学课程融入到高职教育人才培养方案中，将数学建模的思想和方法融入到高职数学教学中，全面提高学生的职业综合素养。自我院 2006 年参加全国大学生数学建模竞赛以来，我院数学教学团队的教改教研成果也逐渐凸显出来。近年来，数学教学团队共编写出版了高职数学教材 2 部，主持申报立项广西教育厅科研项目 4 项，主持申报立项广西教育厅教改项目 2 项，主持申报立项学院教改项目 2 项。2006 年以来，指导我院学生参加全国大学生数学建模竞赛共荣获了国家级奖项二等奖 4 项，自治区级奖项一等奖 4 项，二等奖 9 项，三等奖 19 项。

其做法的主要特色和亮点表现在以下三个方面：

一是教学中引进数学建模的思想，突出其应用性。重视数学知识的应用成了高职数学课程改革的一个热点，也是高职数学教学改革的一个特色。通过教材内容的整合，突出培养学生的数学应用能力，体现数学的价值性和重要性，达到素质教育目的。为适应这一需要，我院高职数学教学团队编写出版了两本高职数学教材"应用数学"和"经济应用数学基础及数学文化"。

二是由单纯的数学教学方式向数学教学与素质教育相结合、基础知识教学与后续发展能力培养相结合、数学教育与人文素养培育相融合的方式转变。按照课程活动化、活动课程化的素质教育理念，我院高职数学教学团队在加强第一课堂教学活动的同时，积极开展第二课堂活动，提高学生的综合素质能力。第一，先后开设了数学模型、高职数学文化、运筹与决策等一系列选修课程。学生可以根据自己的兴趣和需要自主地选修这些课程。选修课程的开设增强了学生的数学应用能力，提高了他们的数学文化水平，对他们的全面发展提供了丰富的精神食粮，对他们的未来道路展翅飞翔奠定了基础。第二，在数学教学团队带领下，我院数学建模协

会积极开展数学文化活动,给我院校园文化增加了一道亮丽的风景线,凸显了我院的文化生活底蕴,让学生在校园中感受到"数学的精神,生活的艺术"。

三是有序地开展数学建模竞赛活动。第一,数学建模协会组织宣传数学建模的优势以及引导学生报名数学模型选修课(时间:安排在第一个学期,对象:大一新生)。第二,教师对报名数学模型选修课的学生人数进行分班上课,给予学生引进数学建模的思想,并在上课期间宣传全国大学生数学建模竞赛相关的活动,激发学生对数学建模的兴趣。第三,针对第一个学期参加选修课的人数在进行筛选,在此基础上,对学生进行深入培训,教学生数学软件MATLAB、LINGO 等数学软件的使用,培养学生的论文写作能力(时间:安排在第二个学期)。第四,校内组织选拔全国大学生数学建模竞赛参赛人员(时间:安排在第二学期期末)。第五,对选拔出来的人员进行分组培训。第六,参加竞赛。

数学建模已是当今时代所需要的,数学建模竞赛是全国各个学科大竞赛当中参赛者人数最多的一项比赛。高职院校开设数学建模课程以及参加数学建模竞赛,不但可以提高课程的教学效果和质量,而且还可以有效地提升学生的基本素质,激发他们的潜能。以上是我院参加全国大学生数学建模竞赛以来所获得的一些效益以及组织数学建模竞赛的工作总结。

数学建模的苦与甜

（柳州铁道职业技术学院）

为了培养学生的创新能力与团队合作精神，提高学生应用数学与计算机知识解决实际问题的能力，促进学生的综合素质和数学教学水平的全面提高，在院领导的直接领导与支持下，我校自 2005 年以来，积极组织学生参加每年的全国大学生数学建模竞赛，参赛规模逐年增多，并取得了较好成绩。现将 2010—2013 年我校组织参赛工作总结如下：

一、历年参赛及获奖队数

参赛年份	2010	2011	2012	2013
参赛队数	25	36	20	20
获全国二等奖以上（含）队数	1	1	0	0
获赛区一等奖以（含）队数	1	1	1	1
获赛区二等奖以上（含）队数	3	4	3	2
获赛区三等奖以上（含）队数	4	10	3	4
获奖队数	8	15	7	7

从数据显示我校的数学建模参赛队规模大、数量多，成绩有。指导教师和参赛学生的水平也在不断提高。

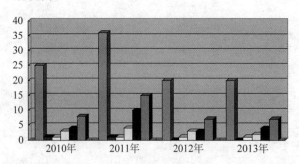

二、领导重视是竞赛顺利进行的重要保证

在我院上至领导下至老师有共同参赛理念——认为数模竞赛不仅仅是一次比赛，参加比赛也不简单为了拿奖，它更是一次提高学生综合能力、综合素质的好机会。因此尽管我校学生

的基础薄弱,但只要学生愿意参加,学校和老师都会全力支持。学校以各种形式,从各种角度给予了支持。

首先,学校的支持体现在政策、经费、后勤保障等方面,是竞赛的坚实后盾。

自 2010 年以来,每年都发红头文件明确指定教务处与公共教学部具体负责组织该项赛事,并成立工作指导小组,具体指导数学建模竞赛的组织、培训等方面的工作。竞赛期间,院领导亲自到赛场看望参赛队员,比赛三天,后勤部门,网络中心,图书馆等相关部门也安排有专人值班。

其次,学校坚持老师走出去、专家引进来的培训模式。

近几年学院多数学组的老师外出参加数学建模研讨会,与兄弟院校进行交流学习。同时也把专家请进来,我校先后邀请了广西赛区秘书长、广西大学教授吕跃进,广西科技大学教授赵展辉到我院讲学,指导数学建模工作;请广西科技大学周红卫老师对我校老师进行了MATLAB 软件的培训。其直接结果是我院近四年获全国二等奖 2 个,广西赛区一等奖 4 个,二等奖 12 个,三等奖 21 个的好成绩。两次被评为全国大学生数学建模竞赛广西赛区优秀组织学校。

再次,学校制定了有效的激励政策。

无论是学生还是教师参赛获奖均有奖励,最关键的是对获奖学生在评先、评优及保送本科等都有倾斜;对指导老师而言指导学生也是科研。这些激励政策极大激励老师和学生积极参加竞赛。

最后,学校还通过教学改革促进教学备赛。

在学校支持下,教研组吴昊老师主持了区级课题“基于弱电专业的数学实验的研究与建设”,通过教改课题的推进,在高等数学的教学中融入了数学建模的思想与方法,并引入数学软件增加了数学实验课。

三、老师重视赛前培训是竞赛顺利进行的关键

数学教研室全体老师以数学建模协会为活动基地,以数学学习网站为平台,以学院“技能节”为契机,开展了一系列数学建模的活动来宣传、组织、培训、选拔,主要工作如下:

1. 上半年开设数学建模知识的专题讲座、数学实验选修课。数学教师在上数学课中引进数学建模的思想,让学生更早地建立数学建模思想。

2. 3 月份做好当年的参赛方案及工作计划。

3. 4 月份在全校范围特别是新生范围内做好数学建模竞赛活动的动员,利用广播、海报、院报等方式宣传数学建模知识,并通过数学建模协会开展各种学习、交流、竞赛活动以及发动协会会员到各个班级作宣传动员,让更多的学生认识数学建模,了解数学建模,并加入到数学建模的活动中。

4. 5 月份组织学生报名参加学院的技能节——数学建模竞赛,并进行赛前培训,分入门、加深、提高三个阶段。

5. 6 月份进行院级数学建模竞赛,排出名次进行奖励,并从中挑选出优秀的学生组成当年参加全国数学建模竞赛队员,组建一个培训班。

6. 7 月份由数学建模指导教师给培训班的队员召开动员大会,端正参赛的思想,树立参赛的信心,坚定必胜的信念,并强调培训班的队员是经过选拔来的优秀学生,是代表学院参加

全国比赛的,是一件无比光荣的事。

7. 8月下旬培训班开班,学习 MATLAB 数学软件,进一步深入学习数学建模的方法和技能,指导学生如何快速查阅文献、搜集资料和撰写数学建模的论文,并进行实战训练。要求学生完全按竞赛的要求,三人一组,在三天时间内独立完成模型的建立与求解以及论文的撰写工作,使学生体验到竞赛的紧张感,为参赛积累经验。

8. 9月份,落实好竞赛及竞赛设备,保证竞赛工作有条不紊地进行。

四、存在的问题

虽然学校、老师做了很多工作,但是还有很多问题有待解决,如在现有的条件下如何保证学生参加培训的时间;怎样提高数学建模的吸引力,吸引更多有能力的学生参加竞赛;面对学校"2+1"的培训模式,怎样突破学生只能参加一次数模竞赛的现状……这些都是摆在我们数模老师面前的课题,值得我们探索研究。

重在参与——开启数学建模新航线

（广西幼儿师范高等专科学校）

　　我校于 2013 年开始参加全国数学建模竞赛，今年是第二次参加，在组织、比赛方面还处于学习阶段，我就从我校数学建模的组织、做法、经验、成绩，比赛、改革与发展思路等方面向大家做一个汇报。

一、建模竞赛前的准备

　　带学生参加数学建模比赛一直是我心中的梦想，这都源于大学时期数学建模课程的学习及数学建模比赛时留下的遗憾。大学本科期间，读数学专业的我有幸认识了数学建模，并积极参加了当时的数学建模比赛，但因当时没有做好赛前准备，最后没能参加，这个遗憾一直遗留至今。

　　现今，我已经工作多年，做了老师，这个梦想还一直在我心中，可是，当时我们学校还没有理科生，组织参加数学建模也比较困难，幸运的是，我校第一个理科专业—综合理科教育专业在 2011 年开始招生了，作为这个专业的专业带头人，从第一届学生入学起，我就在筹划我的数学建模梦，大一开始介绍这个比赛，告诉他们，我们将在大三上学期组织参加数学建模竞赛，请有意向参加的同学在平时数学课程的学习过程中，多下点功夫，把这些知识学习透彻，另外，我在我们的班级群里面时常放一些数学建模的知识，有兴趣的同学就可以下载自学，也确实有那么 1~2 个同学认真学习了并找我讨论。

　　这个做法一直持续到大二下学期，我们所有的数学类课程—高等数学、初等数论、概率论与数理统计课程全部完成之后，这个时候也到了数学建模比赛的时间，考虑到学生的基础不好，而且是首次参加这个比赛，没有任何的经验，我们就在学生报名之后，找到一个有多年比赛经验的老师给我们学生做暑期的赛前集训。这个老师在课堂讲过之后，我们指导老师在旁边对自己的组员再加以辅导，师生共同学习。

　　暑期集训大概 20 天左右，一般安排在开学前 20 天，参加完集训，正式的比赛也准备开始了，感觉这样的时间安排非常合适。还有一个是我们指导老师的培训，因为我们很多老师没有参加过这个比赛，或者是参加过但多年不学都忘记了，所以我也安排了指导老师利用晚上时间找老师给我们培训，这个培训大概在大二下学期进行，感觉效果还不错。当然，这里也要感谢我们学校教务处领导对我们这个活动的资金支持。

二、组织报名与赛场安排

　　目前，这个竞赛的报名费缴纳工作和赛场安排由我校的教务处负责，具体参赛名单由李晓静老师负责。参赛名单首先是学生自己报名，然后根据学生平时的表现择优选取，之后，我们将名单报给教务处,教务处上报给广西组委会。

赛场安排也是教务处负责,教务处根据组委会的要求布置比赛地点,保证每个队一个比赛地点,一个比赛地点至少2台电脑,旁边有休息的地方。

三、参加数学建模比赛的经验、成绩

我校在 2013 年有 4 个队参加数学建模比赛,并获得一个区一等奖、国家二等奖和一个区三等奖,这个结果出人意料,认真思考,可能有以下几个原因:

1. 学生的基础较好。综合理科教育专业 11 级学生中有一些数学基础很好,并且勤学好问,勇于挑战,学习能力较强。

2. 准备工作做得比较到位。赛前准备工作虽没有正式上过数学建模的内容,但在日常生活中一直有渗透,这个时间大概就有 2 年时间,还有我们的数学基础课程高等数学、初等代数、概率论与数理统计等也为数学建模竞赛奠定了基础。

3. 学校领导的支持。在我们学校有比较宽松的竞赛环境,教务处领导、系部领导都比较支持这个竞赛,这为我们的比赛解决了资金的后顾之忧。

四、改革与发展思路

在今年的数学建模会议上,通过与其他院校的交流,学到了很多好的做法,我们学校在很多方面都没有做到。

1. 数学建模竞赛的宣传工作力度不够大。我校的建模竞赛只在综合理科教育专业开展,也只有我们专业的学生知道,其他专业的学生都不知道,这就限制了数学建模的发展和普及,数学建模真正的意义就难以得到实现,下面我们将通过讲座、社团、选修课等形式扩大宣传力度。

2. 开展数学课程的教学改革。将数学建模的知识融入日常的数学课堂是一种比较好的做法,这个在其他兄弟院校都已经做了多年,我们下面首先将进行数学建模融入高等数学课程的课程改革。

3. 加强数学建模知识在学生日常生活中的渗透。在会议上听了广西师范学院韦程东教授的讲座,受益匪浅,原来数学建模还有如此有趣的一面,生活处处都有数学建模的影子,它不是某些人的专利,它还可以那么的平民化,将日常生活中的现象用数学建模的方式解释,这样的教学方式对提高学生的学习兴趣和积极性有重要的作用,因此,我们下一步将加强数学建模知识在学生日常生活中的渗透,加强指导老师在日常生活中的指导。

4. 建立相应的数学建模规章制度,保障比赛公平公正的开展。

数学建模竞赛在培养学生学习数学的兴趣,提高学生学习数学的主动性和积极性,培养学生解决实际问题的能力,吃苦耐劳的精神、团队合作能力等方面都有很大的促进作用,是一项对教师、对学生都非常有益的比赛,参加一次数学建模比赛对学生、对老师来说是一次很好的提升,在这个过程中,你所获得的东西比那个奖项重要得多,感谢有这样的一个比赛,感谢组织这个比赛的广西组委会,我校将会继续参与、支持这个比赛。

参加全国大学生数学建模竞赛的工作总结

（桂林师范高等专科学校）

全国大学生数学建模竞赛是由教育部高等教育司和中国工业与应用数学学会共同主办，面向全国高等院校学生的一项重大竞赛活动。这一活动对于提高学生综合素质、培养创新与合作精神，以及促进高等学校教学改革和教学建设都具有重要作用。因此，我校历年来都非常重视数学建模竞赛，自 2003 年起每年都组织学生参赛并获得多个赛区奖项。近年来，随着"迎评创建"工作的开展，学校对学科竞赛、教改科研工作更为重视，投入力度也逐年增大。在学校领导、教务处、和数计系等多个教学管理部门和教学单位的共同努力下，数学建模工作也有了很大发展，教师团队不断成熟，参赛成绩不断提高。参赛以来，我校共取得全国一等奖 3 个，全国二等奖 4 个，建立了成熟的指导教师团队和学生数学建模社团，竞赛各项工作都平稳高校运行。

一、领导重视，是竞赛工作顺利进行的重要保证

学校领导一直非常关心数学建模竞赛组织工作的开展。学校领导多次细致了解数学建模工作，对我们的工作提出宝贵意见，并对参加数学建模工作的各位教师的予以关心和鼓励。同时学校在人力、财力、物力上予以大力支持，确保了赛前培训、竞赛以及赛后的各项工作的顺利进行。对于在竞赛中获奖的指导教师和学生，学校予以大力的奖励，有效地提高了教师和学生的积极性。在系里面，我系系主任唐干武老师亲自挂帅，具体参加了数学建模课程建设与竞赛活动的组织、指导工作。正是因为学校领导和系领导的重视和支持，才使得我们的数学建模竞赛的各项工作得以顺利开展。

二、注重师资队伍的建设

一支稳定勤奋的指导教师队伍是竞赛成功的关键。数学建模应用性强，各种数学模型涉及的知识面广，对使用数学软件的能力要求高，与许多教师日常的教学内容差异较大。为了做好竞赛的培训和指导工作，我校的指导教师们花费了大量的时间和精力，自己摸索，学习和整理各种与竞赛有关的数学模型知识和数学软件的使用方法，钻研历年的数学建模竞赛题，一边学一边教。正是凭着这种不辞辛劳、甘于奉献的精神，我们建立了比较系统的培训体系，积累了许多第一手的教学资料，指导水平有了很大提升。一支由系主任挂帅的，以系里的中青年教师为主的指导教师队伍，正在逐步形成。

三、做好培训工作

数学建模内容广泛,涉及的知识众多。仅仅依靠学生在课堂上所学到的各种数学知识是远远不够的,必须进行对学生专门的数学建模知识培训。我校的培训工作,大致可分以下三个阶段:

第一阶段,课堂教学阶段。我校从 2006 年起,为数学教育专业的学生开设了《数学模型》课程。该课程设置在大二下学期,共 54 个课时。利用课堂教学,学生基本可以掌握线性规划、微分方程等常见模型。同时在这一学期,我们会给学生开设一些关于数学建模竞赛的知识讲座,拓展学生知识面,提高学生对数学建模的兴趣。

第二阶段,暑期初级培训阶段。在暑假期间,我们对学生开设数学建模培训班。开课时间一般为 8 月中旬,为期约 15 天。这一阶段的培训由学生自愿报名参加。主要通过各种实例帮助学生更好的掌握数学建模的各种方法,以及一些数值分析和统计分析方法。同时,学生还要学习 MATLAB、SPSS 和 LINGO 等数学建模的常用软件,以及数学建模论文的格式和写作技巧。在培训过程中,针对数学建模的方法、数学软件的使用、数模论文的写作三个方面分别对学生进行测验,最后根据测验成绩确定参加第三阶段强化培训的学生名单,并根据其各门成绩进行分组。

第三阶段,暑期强化培训。在这一阶段,我们主要对学生进行竞赛模拟。学生要在指定时间内,在指导教师指导下按照数学建模竞赛的要求完成一定量的数学建模模拟竞赛题。学生可以在竞赛模拟中磨合团队,进一步了解竞赛的要求,增强运用所学知识的能力。在竞赛模拟结束后,根据各个小组的表现对学生进行微调,确定最后的参赛名单。

四、注意数学建模竞赛的辐射作用

数学建模竞赛的影响,并不仅限于竞赛本身。事实上,通过数学建模的课程和竞赛培训,学生学会了如何将理论知识应用到具体的实际问题之中。为期三天的团队合作,也有助于培养学生协同合作的团队精神。竞赛会结束,但是这些素质却让学生受用终身。对于指导教师,在进行竞赛培训和指导的过程中,也在一步步探索将理论作用于实践的实现方式。当他们讲授其他课程时,会不自觉的考虑其在实际问题中的应用。这些都是数学建模竞赛的辐射作用。我们通过 QQ 群,引导本届参加数学建模竞赛的学生与有志于参加数学建模竞赛的学弟学妹交流。同时,通过指导教师团队间的研讨活动,促进数学建模思想在教师头脑中的成长。这些交流活动,有助于辐射作用的放大,为新一届的学生的培养和指导教师能力的提高形成一种环境因素。

挑战自我，创先争优

（柳州师范高等专科学校）

时光如梭，转眼间，柳州师范高等专科学校参加全国大学生数学建模竞赛已经十六年了。我校于1998年参加全国大学生数学建模竞赛，并于1999年获得赛区奖项，是我区最早参加该项赛事的专科学校。十六年来，我们通过举办暑期培训班和校级建模竞赛，积极努力地扩大这项赛事在我校学生中的知名度和影响力。我校是广西第一个获得乙组全国一等奖的学校，自2001年获得乙组一等奖、二等奖各一个后，2002年、2003年均获得乙组二等奖，一举成为我区首个连续三年获得全国奖的学校。参赛以来，我们累计获得乙组一等奖两个、二等奖8个。

十六年来，在学校领导的重视和竞赛组指导老师的积极参与下，我们累计举办暑期培训班13次，校级建模竞赛9次，培训人数达600余人次。通过组织学生的培训和参与比赛，我们编写了"'数学应用'讲义"一书，并参与"数学建模与实验"教材的编写，完成了数学建模课程由选修到专业必修的课程建设历程，培养出一大批优秀的指导教师。目前，我校数学建模工作在数学与计算机科学系主任秦发金教授的具体负责下，有序的开展数学建模的培训、选拔、参赛、赛后总结等工作，其中，2005—2011年由周优军副教授负责，2012年至今由秦发金教授负责。

随着数学建模竞赛的常规化开展和竞赛成绩的取得，学校逐步加大数学建模竞赛的经费和设备的投入：①固定竞赛经费额度（不含面试、会议等）；②增大竞赛成绩优秀者获得我校校长奖学金的机会；③鼓励中青年教师参加数学建模学术活动；④建立了数学建模和数学仿真等多个实验室供数学建模课程教学和活动开展；⑤将"数学建模与数学实验""数学解题方法"等课程列为数学教育专业的专业必修课程；⑥学校由学校办公室出面协调竞赛期间的各项保障措施，优先保障竞赛活动的顺利开展。

一、1998—2013年获奖成果

15年来，我校在参加全国大学生数学建模竞赛方面取得成果丰硕，在区内高职高专院校中名列前茅，获奖项目如下表：

年份	参赛队数	全国一等奖队数	全国二等奖队数	广西一等奖队数	广西二等奖队数	广西三等奖队数	备注
1998	3						
1999	3				1	1	
2000	3					1	
2001	4	1	1	2	1	1	

续表

年份	参赛队数	全国一等奖队数	全国二等奖队数	广西一等奖队数	广西二等奖队数	广西三等奖队数	备注
2002	4		2	2			
2003	4		1	1			
2004	4				1	3	
2005	4			3			
2006	5				1	2	
2007	5	1		1	2		广西特等奖
2008	5					3	
2009	5		1	1		2	
2010	6		1	1	3		
2011	8		1	1	1	3	
2012	8		1	1	3	2	
2013	8				1	1	

二、历年来数学建模教改项目及发表的教改论文

课题：

高职高专"数学实验"课程建设研究（2005 年广西教育科学"十五"规划课题 2005C145）。

高职高专"数学实验"网络课程体系研究（2010 年新世纪广西高等教育教学教改工程重点资助项目）。

大学数学传统教学与基于信息技术环境下教学优势互补的教学策略研究与实践（新世纪教改工程 2011 年一般项目（A 类））。

论文：

参与式教学在高职高专数学建模课程教学中的探索与实践,柳州师专学报 2014 年第二期。

高职高专"数学实验"教学团队建设的探索与思考,柳州师专学报 2012 第二期。

高职高专"数学实验"课程建构与探讨,柳州师专学报 2011 年第六期。

基于 MATLAB 计算机辅助解析几何课程的数学实验,柳州师专学报 2010 年第一期。

在概率统计教学中运用 MATLAB 渗透数学实验的探索,柳州师专学报 2008 第四期。

基于 MATLAB 的粒子群优化算法程序设计,柳州师专学报 2005 年第四期。

师专生参加 CUMCM 活动的实践和意义,柳州师专学报 2003 年第二期。

数学建模竞赛组织工作总结

（桂林理工大学南宁分校）

桂林理工大学南宁分校（高等职业技术学院）是桂林理工大学的二级学院，有南宁安吉、空港两个校区，校园面积 1300 多亩，建筑总面积超过 30 万平方米。安吉校区位于广西首府南宁市，空港校区位于南宁空港经济区内，属南宁市半小时经济圈范围。两个校区教学、生活和体育设施完备，安吉校区整洁幽静，空港校区风格别致的建筑与起伏的山势融为一体，树木郁郁葱葱，为广大学子提供了舒适、优雅的学习环境。高职学院专门从事高等职业技术教育。现有教师 450 余人，设有冶金与资源工程系、机械与控制工程系、计算机应用系、经济与管理系、土木与测绘工程系、电气与电子工程系等 6 个系和基础学科部。开设有金属矿产地质与勘察技术、选矿技术、冶金技术、工程测量技术、建筑工程技术、环境监测与治理技术、工程造价、数控技术、模具设计与制造、电气自动化技术、机电一体化技术、计算机应用技术、电脑艺术设计、通信技术、旅游管理、市场营销、会计、商务英语等 50 个专业，现有全日制在校生 9000 余人。

学院坚持"开放、融合、实践、创新"的办学理念，狠抓质量生命线，以专业建设为龙头，不断调整和优化专业结构，使专业结构与地方经济发展和企业需求相适应，教学内容与行业发展相吻合，实践教学与岗位需求相对接。学院把培养具有创新精神和实践能力的高技能应用型人才作为目标定位，形成了鲜明的特色，组织学生参加各级各类职业技能竞赛，取得骄人成绩。近年来，学生参加各类职业技能大赛获得区级以上奖项 367 项，其中，国家级奖项 70 项，省部级奖项 268 项。

在学院领导的大力支持下，由基础部数学老师负责数学建模的组织、培训、选拔、参赛、研讨等工作。从 2003 年至今，学院每年都参加全国数学建模比赛。在这十一年的组织参赛过程中，学院领导多次来到基础部调研数学建模的准备情况。对数学建模给予经费支持。通过多年的参赛工作，总结出学院自己特有的、系统化的数学建模培训过程。

一、动员更多优秀的学生参加数学建模选修课

每年的 3 月初，由建模负责人主持，数学建模协会干事及会员宣传全国数学建模比赛人意义和作用，在全院动员优秀生选修数学建模课程。因为绝大多数的学生不了解"数学建模"课程，对"全国大学生数学建模竞赛"更是知之甚少，因此，要让学生们更好地了解"全国大学生数学建模竞赛"，就需要在全院内宣传介绍，使学生了解到数学建模竞赛，让他们对"全国大学生数学建模竞赛"产生浓厚的兴趣，激发学生的参赛热情，吸引更多优秀的学生参与进来。

二、学习与探讨

学生通过参加数学建模的选修课,可以从中学习与数学在生活中的运用和数学的价值。学生可以在选修课上学到数学建模常用的方法、数学软件和常用统计方法。知道数学建模是一种数学的思考方法,是运用数学的语言和方法,通过抽象、简化建立能近似刻画并"解决"实际问题的一种强有力的数学手段;知道数学建模不是单纯的数学知识的运用而是多学科的综合;知道数学建模要经过模型准备、模型假设、模型建立、模型求解、模型分析、模型检验、模型应用与推广这七个步骤。同时,在每周的周末或者空闲时间里,数学建模协会都组织数学建模讨论会,让对数学建模感兴趣的学生有个讨论与相互学习的空间。

三、参赛队员的选拔

数学建模竞赛不仅要求很好的个人能力,也需要好的团结协作,是对整体实力的考察。首先在学生自愿报名的基础上,根据课堂观察和学生提交的选拔论文,各位指导教师进行综合评定,挑选出优秀的学生组成参赛队。选拔出的参赛学生都各有强项,有的具备良好的数学基础知识和计算能力,有的对文字的理解、编辑和表达能力较强,有的在计算机编程方面的能力比较好。指导教师应在自由组队的基础上,根据他们各自的特点,帮助协调,尤其是部分学生不愿跨专业组队的问题。这也是一个相互配合、互相学习的过程。

四、竞赛前的假期集训

为了加强队员们的建模竞赛能力,组织参赛学生进行为期半个月的暑期强化培训,教师要精心组织培训内容,合理安排培训进度。暑期培训的任务是为竞赛做集中准备,因此学习的内容我们以历年赛题为主。通过对往年优秀论文的详细讲解,帮助学生分析解题思路,理清建模过程,特别是对同一赛题的各篇论文从不同的角度进行对比分析,引导学生进行思考和讨论。如 2003 年的"SARS 传播模型",有的论文根据传染病传播的数学模型,采用微分方程的动态方法建模;有的根据 SARS 的传播特点,建立了传染病的随机感染模型。学生们在讨论的过程中各自发表意见,吸收优点,也提出自己的见解对论文进行了修改,激发了学习兴趣和竞赛热情。

五、团结合作精神及进行协调的组织能力的培养

数学建模竞赛是由三人小组参赛,需要在限定的三天时间内,通过合理分工共同完成竞赛论文。在实际竞赛中,由于学生大多对数学建模竞赛不熟悉,加上心理紧张等因素,往往会出现各种情况。因此培训后期,我们都会进行竞赛模拟,要求每个参赛队完成一篇包括完整建模过程及计算机实现在内的建模论文。竞赛题目都有一定难度和灵活性,培训中不限制学生一定要按照通常的思路,可以尝试不同的方法来解决问题,锻炼学生的随机应变能力和心理素质。通过每年的成果观察,各队在模拟练习中都能合理分工,发挥个人特长,发扬团队合作精神,遇到困难不退缩不放弃,队员们不仅掌握了建模技能,获得了实践经验,更为竞赛取得好成

绩奠定了基础。

学院每年只派几队去参加数学建模比赛,例如这两年只有 6 小队参加的全国数学建模专科组的比赛。获奖项目如下表:

年份	国家一等奖	国家二等奖	区一等奖	区二等奖	区三等奖
2005	0	0	0	1	2
2006	0	0	0	1	2
2007	1	0	1	2	1
2008	0	0	1	1	1
2009	0	0	1	3	0
2010	0	0	1	2	1
2011	0	0	1	1	2
2012	0	0	0	0	2
2013	0	1	1	1	1
合计	1	1	6	12	12

我院教师还将不断学习与总结,为取得更好的成绩而努力。

数学建模风采展示

（广西职业技术学院）

广西职业技术学院是 1998 年经教育部批准成为广西首批独立改制的公办普通高等职业院校。2014 年,学院"国家示范性高等职业院校建设计划"骨干高职院校立项建设项目以"优秀等级"通过教育部、财政部验收。现设有 11 个教学系部,是一所集建筑设计、机械汽车、工商管理、电子信息、计算机、财经、艺术传媒、生化、现代农业、食品等十个专业大类 66 个招生专业(方向)一、二、三产类专业协调发展的综合性高职院校,目前全日制在校生 12 500 多人。一直以来,我院以"应用型"人才为培养目标,狠抓教育、教学质量,加大教学改革力度,积极推进理论与实践相结合,鼓励开展各种学科竞赛、技能竞赛等活动。特别是以全国大学生数学建模竞赛、电子设计竞赛为代表的学科竞赛最具有影响力,颇受广大学生的喜爱。

数学建模竞赛目的在于提高学生的实践和创新能力,加强素质教育,培养学生团队和协作精神,提高学生建立数学模型、运用计算机技术和数学软件解决实际问题的综合能力。可以说,数学建模竞赛为理论知识与实践的结合提供一个较好的研究平台,这对于促进高职数学课和专业课的教学改革,丰富学生的课外科技活动都有非常重要的意义,因此我院领导非常重视数学建模竞赛。

一、做好竞赛相关工作

我院领导非常重视数学建模竞赛,由副院长梁裕教授亲自挂帅,教务处主持、基础部协助共同做好数学建模竞赛的相关工作。其中冯超玲为我院全国大学生数学建模竞赛和数学建模教学团队的负责人,全面负责参赛学生的选拔、竞赛的组织、培训和参赛等工作。

1. 竞赛的宣传工作

在每年竞赛开始、竞赛结果公布之后,分别通过学校的网站刊登竞赛的相关情况、当年竞赛取得的成绩,同时通过数学建模协会、新生入学教育宣传数模相关活动。每年 12 月份学院举行学科竞赛、技能竞赛表彰大会对获奖学生给予嘉奖;次年 4 月份通过数学建模协会展示竞赛的成果。通过上述活动宣传数学建模竞赛,提高我院学生参加竞赛的积极性。

2. 竞赛的工作流程

每年春季学期在全院范围内开设"数学建模""运筹学"等选修课,从 5 月份开始接受竞赛报名,6 月中旬按照竞赛的要求从数学能力、写作能力、编程能力等方面选出参赛人员,然后利用暑假对参赛学生进行强化培训,9 月份竞赛前让学生学习、了解竞赛章程和参赛的有关规定,最后参加竞赛,竞赛结束后总结参赛经验。

二、政策支持

我院非常重视数学建模竞赛,主要体现在以下几方面。

1. 对竞赛活动规范化。学校专门为国家级、区级的学科竞赛和技能竞赛的相关培训、参加竞赛等活动出台一系列文件,对竞赛活动进行规范化。从 2011 年起我院数学建模竞赛采用立项的形式,明确竞赛的各个相关事项,建立起组织、管理、激励制度,包括教师和学生的奖金、培训课时补助、指导教师的指导竞赛课时补助,学生的伙食补助等。目前教务部门已把竞赛纳入日常的教学活动中,力求以竞赛来促进我院的数学课程教学改革。

2. 鼓励教师外出学习。学院每年拨一定的经费用于选派数模指导教师参加全国数学建模的培训、相关会议和区内的各种工作会议,提高教师的能力。

3. 加大奖励力度。从 2009 年起,学院加大各种学科竞赛、技能竞赛的奖励力度,极大地提高参赛学生和教师的积极性。

4. 关心参赛学生。每年学院领导和教务处、基础部领导都参加培训动员会和赛前动员会,鼓励学生努力学习、沉着应战;竞赛期间去探望学生,了解当年赛题的难易情况和竞赛的进展等,对参赛学生寄予厚望。

三、特色

根据我院学生的专业课程设计和数模教师的特定结构,经过 9 年的实践,形成适合我院特点的数模特色。

1. 培训起点低。由于我院大部分专业没有开设高等数学和编程等相关课程,因此我院数学建模竞赛的培训基本上从零开始,培训起点低,但要求高、培训内容较多,故培训时间较长,需要利用整个暑假培训。

2. 培训的目标。力求每位参赛学生都具备建模的基本能力,掌握建模基本方法,都能利用数学软件解决竞赛中数学模型的求解问题。

3. 培训分三阶段:建模基础知识培训阶段,历年优秀论文选讲阶段,综合、模拟实战训练阶段。培训内容有:数学模型、运筹学、线性代数、高等数学、概率论与数理统计、预测的相关知识,以及 LINGO、Mathematica、MATLAB 等数学软件和 Excel 电子表格的使用,讲评 6～8 篇历年的优秀论文,模拟实战训练撰写 3 篇论文。

4. 提高数学建模团队整体水平。由基础部、管理系、计算机系 8 位教师组成数学建模教学团队,从 2013 年起初步对数模培训实行"模块"教学,不仅要求每位教师掌握本模块的相关知识,还要熟悉别的模块相关内容。因此教师要加强数模相关知识的学习,熟练掌握数学软件的使用方法,深入研究历年的赛题,掌握建模的基本方法,具有数学、编程、建模等能力。准备用 4～5 年的时间打造一个具有更高水平的数学建模教学团队。

四、竞赛成绩

从 2005 年以来,我院参赛学生在全国大学生数学建模竞赛中取得良好的成绩,在区内高职院校中名列前茅。具体获奖情况如下表所示。

年份	参赛队数	全国一等奖队数	全国二等奖队数	广西一等奖队数	广西二等奖队数	广西三等奖队数	备注
2005	6				4		
2006	9		1	1	3	2	
2007	9			1	3	2	
2008	5				2	2	
2009	5		1	1	1	1	
2010	6			1	3		
2011	5				1	1	
2012	5				1		
2013	5	1		1	2		
合计	55	1	2	5	19	9	

五、以竞赛为导向，提高科研能力，促进教学改革

从 2006 年以来，我院坚持以竞赛为导向先后开设一些应用数学类的相关课程：数学建模、运筹学选修课，管理系物流运筹与优化专业课，计算机系计算机数学专业课，由我院数模竞赛负责人冯超玲主讲，实行"理论＋实践"的教学模式，目的在于促进数学课的教学改革，使数学课能更好地为专业课服务。在教学过程上中，根据学生的专业特点，适当调整教学内容，增加一些与专业相关的内容，这样能更好地、有针对性把数学建模的思想和方法融入到专业知识当中，使数学课与专业课程之间的联系更密切，为学生的专业学习和后续学习奠定良好基础，为毕业就业提供有效的知识储备和能力支撑。

随着数模竞赛的推进，数模教师的各方面能力得到提高，从而提高了科研能力。从 2008 年以来，我院数学建模教师参与或主持的教改项目 5 个、发表的教改论文 4 篇。其中教改项目的情况如下。

序号	项目类型	项目名称	立项时间	项目编号	备注
1	院级课题	高职数学建模课程教学改革的探索与研究	2009 年	092212	主持
2	院级课题	以赛促教的高职计算机数学课程教学改革的研究与实践	2014 年	142202	主持
3	新世纪教改项目	高职电类专业高等数学教学改革研究与实践	2008 年	2008C112	主持
4	新世纪教改项目	高职学院开展大学生数学建模竞赛活动的研究与实践	2008 年	2008C085	参与第二
5	新世纪教改项目	基于"统一、共享、拓展"的广西高职院校数学建模教学活动的研究与实践	2009 年	2009B134	参与第三

千里之行，始于足下

（广西经贸职业技术学院）

广西经贸职业技术学院是 2004 年 6 月 4 日经广西壮族自治区人民政府批准设立，由具有四十多年办学历史的原广西区直机关干部业余大学与广西供销学校合并改制而成，是一所由国家教育部备案、自治区所属的普通高等院校。学院设有楼宇智能化工程技术、物流管理、计算机网络技术等 34 个高职大专专业。现有全日制在校生 5200 多人，成人高等教育本、专科生 1800 人。

学院发展定位规划秉承办学历史，发挥财经商贸类专业传统优势，围绕农村现代流通服务体系建设，力求将学院建设成培养全区独具特色的现代商贸和农村现代流通高端技能型人才的应用型高等学校，在办学过程中努力加大教学改革力度，大力倡导实践教学，积极鼓励学科竞赛和专业技能竞赛。

我院在数学建模方面的教学与竞赛起步较晚，经验较少，因此，我院主要采取了"双管齐下"的方法在校内推进数学建模竞赛，即一方面通过向兄弟院校借鉴经验，同时努力培养本校数学建模方面骨干教师组织学生竞赛。

第一，院内成立数学建模竞赛负责小组，根据学院文件建立竞赛管理制度。主要做法是：①提高指导老师与学生获奖金额；②派遣中青年教师参加数学建模培训班与各类研讨会议；③对选修数学建模课程的学生予以学分奖励等。

第二，我们聘请了数学建模方面有丰富经验的广西师范学院的韦程东教授到我院进行数学建模方面的知识普及讲座。韦程东教授幽默的语言和丰富的专业知识，使同学们对参加数学建模方面竞赛有了初步的认识和兴趣，提高了他们参加数学建模竞赛的信心和决心。

第三，在韦程东教授的协助下，我们聘请了有丰富数学建模竞赛经验的外聘教师到校进行数学建模竞赛的教学培训工作，并委派 2 名学院青年骨干教师全程跟进学习，保证了教学培训工作的质量。

第四，竞赛期间提供良好的后勤保障。在竞赛期间，学院教务科研处相关领导亲自负责学生的后勤保障工作，做好竞赛场地、设备及学生饮水伙食的安排，为学生顺利完成比赛提供了强有力的保证。

我院目前只参加了 2012 年和 2013 年两年的数学建模竞赛，获得区级三等奖 4 个，与其他学校相比，我们深感自己取得的成绩微不足道，但是从这两年的数学建模竞赛开展工作来看，参加数学建模竞赛培训的学生 2012 年有 24 人，2013 年上升为 50 人，参赛队伍从 2012 年的 5 队，上升到 2013 年的 9 队，对于我院来说也是一个新的突破。

通过两年的组织工作、与兄弟院校交流经验、参加数学建模培训班与各类研讨会议，我们学到了很多知识和经验,并在竞赛初期取得了一些成绩,但是我院在数学建模竞赛方面的努力只是万里长征的第一步。在今后的工作中,更需要我们改变传统观念,改革教学手段,改变教师的主导地位,树立以学生为主的教学模式,从提高学生创新思维为主开展我院的数学建模方面的教学竞赛研究。"千里之行,始于足下",相信经过我院上下的努力,我院在数学建模竞赛方面能逐渐崭露头角,取得更优异的成绩。

参加全国大学生数学建模竞赛工作总结

（广西工业职业技术学院）

一年一度的全国大学生数学建模竞赛，对于培养学生的应用能力和创新精神，激发学生学习数学的兴趣，促进数学课程改革、教育教学改革，起着较好的助推作用。

我院从 2005 年起参加全国大学生数学建模竞赛，参赛队数逐年增加，成绩稳步提高，近 3 年，共有 3 个队获得全国二等奖，3 个队获得区一等奖，5 个队获得区二等奖，6 个队获得区三等奖，该项赛事已经在我院师生中产生了深入广泛的影响，总结我院参加数模竞赛的工作和经验，主要有以下几个方面：

一、学院领导重视，各系部支持配合，奖励机制配套

学院教学副院长高度重视数模竞赛，协调教务处、学工处、基础部、计信系等系部支持配合数模指导组开展培训、参赛等系列工作，教务处为开设数学建模课程大开绿灯，计信系为暑假培训提供人力、场所支持，等等。为成功参赛打下了坚实的基础，提供了有力的保障。为了鼓励教师搞好数模竞赛的有关工作，学院制订了《广西工业职业技术学院学生课外科技活动暂行管理办法》，从培训工作和获奖方面给予经费的支持。学生方面，各系部都制定有学生参赛获奖给予奖励的相关政策，《学生手册》中对学生获奖给予了评奖、评优等方面的规定。

二、组建数模指导团队

为了做好数模竞赛有关工作，在院部领导的关怀下，我们组建了由 4 名教师组成的数模指导教师团队，负责数模的培训、竞赛指导工作。这些教师之前对数模了解不多，我们通过在职自学和参加培训的方式来提高数模指导教师的业务水平，从而为开展数模竞赛工作提供了一个有力的保障。

三、培训与竞赛

我院开展数模竞赛工作大致分为以下几个阶段：

1. 宣传动员

我们要求数学教师在讲授高等数学、经济数学课程时渗透数学建模的思想和方法，讲授一定的建模案例，介绍全国大学生数学建模竞赛的有关情况，动员学生选修数学建模课。此外还

通过学生社团有关组织开展活动,宣传介绍数学建模,让学生对数学建模先有个大致的了解。

2. 开设选修课

学生第一学期学习过高等数学、经济数学课程后,在第二学期,我们面向全院开设数学建模选修课,由于进行了宣传动员,近几年选课的学生比较多,都保持在 150 人左右。考虑到学生学习建模课的难度,为了培养学生的兴趣,在选修课中,我们主要是介绍建模的思想和方法,一些简单的模型,等等。

3. 暑假培训

选修课结束后,我们以自愿报名的形式,动员学生参加暑假的培训,近几年,都有 30 人左右。培训内容为全面综合的模型学习、软件使用、实战模拟,经过约 2 周时间的培训,学生对数模有了一个比较全面的了解,基本达到参赛的要求。

4. 组队参赛

培训期间,学生之间增进了了解,教师对每个学生的情况也都掌握,我们以自愿的方式组队,最后教师根据学生的情况再作微调,确定参赛队队员,学生在赛前继续学习数模的知识,进行分工,做好参赛的冲刺。

四、教学相长

随着数模工作的不断开展,数学建模的教学研究与课程建设,高等数学课程的改革也随之展开,2007 年,"数学建模推动高职数学教改的研究与实践"课题获得新世纪广西高等教育改革工程立项,2007 年,高等数学课程被评为区精品课程,2008 年,由我院主编,融入数学建模思想和案例的教材"高等数学"由湖南教育出版社出版,2008 年,我们自编的"数学建模"校本教材开始在本院使用,同时,数学建模资源库也在不断建设中。

五、工作展望

可以说,我院数模竞赛方面的工作是从无到有,白手起家,一路走来,我们从学生对数模的茫然,到参赛获奖的喜悦;从指导教师的不断成长,展望未来,我们对做好这项工作,既深感艰难,又充满信心。

着眼实际，启迪智慧，铸造成功

（广西水利电力职业技术学院）

广西水利电力职业技术学院是一所以水利、电力、机电、计算机与信息等工科类专业为主，经济、管理等人文类专业有机结合的创新型高职院校。广西首家获得教育部高职高专人才工作评估优秀学校，广西首批示范性高职院校建设单位，全国水利职业教育示范院校，国家骨干高职院校建设单位。学院占地总面积约 1100.13 亩，分为长堽、里建两个校区。学院现有教职工 590 人，专任教师中，高级职称占 32%，拥有中国工程院院士顾问 1 人，教授 25 人，博士 7 人、博士生导师 2 人。在校全日制学生 11 200 人，成人教育学生 3500 人。

我校自 2005 年开始组队参加高教杯全国大学生数学建模竞赛。现拥有一支团结务实、乐于奉献的数学建模教学团队，近年来，学院精心组织，屡创佳绩。学生参赛共获国家级和区级奖励共 54 项，其中全国一等奖 1 项、全国二等奖 7 项、区一等奖 9 项、区二等奖 16 项、区三等奖 21 项；学院获"2005—2008 年优秀组织学校奖""2012 年优秀组织学校奖"；梁薇老师获"2009 年至 2011 年全国大学生数学建模竞赛广西赛区优秀组织工作者"；成功承办了 2008 年高教杯全国大学生数学建模竞赛广西赛区工作会议暨颁奖大会。

我校数学建模竞赛工作能取得可喜的成绩主要来自于以下几个方面：

一、领导重视

培养高素质、高技能型的人才是我校人才培养的目标，认识到数学建模活动是培养学生综合素质和创新能力的有效途径，学校高度重视数学建模竞赛活动，我校的数学建模竞赛活动是在学校和公共课教学部的统一领导下开展的，学校分管教学的副校长、公共课教学部主任对数学建模活动十分关注，多次过问数学建模活动的开展情况，学校党委书记卢西宁教授、学校党委副书记、纪委书记罗显克教授、副校长黄伟军教授都分别为数学建模二十周年题词。学校坚持以活动培养人，以竞赛锻炼人的宗旨，在政策、资金上予以扶持，并将竞赛的经费列入到学校每年的经费预算中，竞赛经费逐年提高，竞赛经费由 2005 年的 5000 元增加到 2013 年的 20 000 元，为竞赛提供了财力物力保证。每次数模竞赛公共部领导都亲自挂帅，负责数学建模竞赛的工作，并协调好各部门的关系，如落实竞赛场地、竞赛用的计算机、计算机网络的调试维护、后勤的餐饮保障等。学校还十分重视数学建模团队的培养，每年都选派骨干老师参加各类培训和研讨会，提高教师的教学和指导水平，有力地促进了数学建模活动有序健康地发展。

二、老师辛勤无私的付出和赛前充分的准备

我们组织学生参加全国大学生数学建模竞赛的目的并不简单地为了竞赛的成绩,更重要的是培养学生应用数学知识解决实际问题的能力。组织学生参加全国大学生数学建模竞赛是一项艰苦的工作,我们有一支业务能力强、能吃苦的数学建模团队,数学建模老师不计名利、在付出与获得不成比例的情况下一直默默地耕耘、默默地付出、默默地奉献。正因为有了老师们的无私奉献,竞赛才能够顺利地进行。组织竞赛是一项长期而繁重的工作,这项工作已形成常态化,主要工作有:

1. 上半年开设数学建模、数学实验选修课。

2. 1月份做好当年的详细的参赛方案及工作计划,并把竞赛的经费列入到学院每年的经费预算中。

3. 4月份在全校范围内做广泛的宣传动员,包括由数模指导老师作数学建模知识的专题讲座,利用广播、海报、院报、电子滚动屏等方式宣传数学建模知识,并通过数模协会开展的各种学习、交流、竞赛活动以及发动协会的会员到各个班级作宣传动员,让更多的学生认识数学建模,并加入到数学建模竞赛活动中来。

4. 5月份给各个班级发参赛报名通知。

5. 6月份在学生自愿报名、任课老师推荐的基础上,经过选拔,挑选出优秀的学生组成数学建模赛前培训班。

6. 7月份由数学建模指导教师给数模竞赛赛前培训班的学生召开动员大会,端正参赛的指导思想,鼓励学生克服一切诱惑,在暑假中提前返校参加赛前培训,帮助学生树立克服困难、战胜困难的信心和坚持就是胜利的信念。

7. 8月份中旬,数学建模竞赛赛前培训班开班,学习数学建模的方法,以及 MATLAB、LINGO 等软件,通过培训,使学生在短时间内掌握了建模的方法和技能,学会快速查阅文献、搜集资料的方法,培养学生的自学能力和克服困难的信心和勇气。对于完成培训学习的学生,学校都给予数学建模和数学实验两门选修课学分的奖励。8月底,根据学生在培训中的表现及充分考虑各个学生的专长和专业特点,选拔出参赛的队员,参赛队员在老师指导下分组讨论、训练,并进行实战训练,模拟竞赛形式,完成1篇论文。

8. 9月份,落实好竞赛场地及竞赛设备(包括软件、硬件)。赛前要求学生严格执行竞赛章程,强调重在参与,公平竞争。并做好竞赛队员的心理辅导工作,减轻学生的心理压力,让每一个队员都充满自信步入考场。竞赛时,常有学生遇到困难就沮丧和萎靡不振,有的甚至想打退堂鼓,指导老师及时给予竞赛队员精神支持和心理辅导,鼓励学生克服一切困难完成竞赛论文。

三、充分发挥数学建模协会的作用

为了吸引更多的学生参加到数学建模活动,我校于 2007 年 5 月 23 日成立数学建模协会,协会以学院公共基础部数学教研室为依托,在学院团委和社团总会的直接领导下,由本院学生组成的学生群体性团体。协会每年都在健康地发展壮大,目前社团人数已达三百多人。协会本着"团结协作、务实创新、开拓进取"的精神展开活动,以"宣传数模、开展数模"为宗旨,培养

会员应用数学知识、运用计算机解决实际问题的能力。数学建模协会多样、灵活的学习、交流、竞赛等活动吸引了很多学生，协会每年都定期举办数学建模竞赛、数独竞赛、趣味数学竞赛，每次竞赛都有不少同学踊跃参加，在去年的数独竞赛上就吸引了 700 多名学生参赛。协会成员来自于不同专业、不同班级，他们在竞赛的动员、宣传上起到了老师难以起到的作用，他们是老师的得力助手。数学建模协会的会员在组织活动中得到了锻炼，也活跃了校园文化，提升和扩大了协会的创新意识和影响力。

数学建模活动不仅培养了学生创新能力、应用数学解决实际问题的能力，对教育教学改革也具有重要推动作用。我校以数学建模竞赛为切入点，因材施教、大胆创新，构建符合高职学生特点的具有鲜明高等职业教育特色的教学模式，实行"理论与实际一体化"教学，在全校的数学教学中开展"任务驱动教学"和"项目驱动教学"的教学改革，把专业知识与数学建模的思想和方法融入高等数学课程。我校在数学建模工作中虽然取得了一些成绩，但数学建模工作任重而道远，我们将一如既往地努力，争取更好的成绩。

高职院校参加全国大学生数学建模竞赛的经验与思考

（广西交通职业技术学院）

全国大学生数学建模竞赛是高等院校学生展示自身能力的一个平台。在这个平台上，大学生们不仅仅是运用数学方法解题，更重要的是锻炼了他们分析问题、解决问题的能力，同时也开拓了知识面，培养了他们的创新思维和团队意识。这项活动吸引着越来越多的大学生参与其中，更多的高校予以重视。

广西交通职业技术学院从 2006 年参赛以来，获得了 2 个全国一等奖；1 个全国二等奖；7 个赛区一等奖、11 个赛区二等奖；17 个赛区三等奖。回顾参赛历程，有不少经验和不足值得我们思考和总结，有很多方面值得我们进一步探讨。

一、参加全国大学生数学建模竞赛的经验

1. 领导高度重视是全国大学生数学建模竞赛取得优异成绩的前提

我院在全国大学生数学建模竞赛中取得了不俗的成绩，这和学院领导给予的高度重视是密不可分。首先，学院成立了教学副院长亲自挂帅，教务处、基础部、信息工程系、后勤处、图书馆负责人参与的数学建模竞赛领导小组，协调各项工作。其次，每年设立数模竞赛专项资金用于假期强化培训班课时支出、指导教师组织参赛补助、学生参赛补助、教师和学生的奖励等；把数学建模竞赛获奖列入每年优秀成果表彰项目，肯定教师和学生们的辛勤工作。此外，安排计算机用房，保证数学实验选修课实行全程的理论和实践一体化教学和假期培训、参赛活动；由于我院有两个校区，为了便于假期统一培训，后勤处积极协调住宿问题等。领导的高度重视，各部门的大力支持，促进了我院数学建模活动的良性循环。

2. 建立一支优秀的数学建模教师队伍是全国大学生数学建模竞赛取得优异成绩的关键

要提高数学建模竞赛活动的成效，建立一支高素质的指导教师队伍非常关键。尽管我院参赛较晚，但对指导教师的培训相对较早。从 2003 年开始，就派出教师参加数学建模指导教师培训班、应用数学研究生班以及每年赛区工作会议的学习等。现在，数学教师基本都接受过数学建模的培训。另外，学校还多次邀请区内专家到学院讲学，在让学生感受数模魅力的同时，教师队伍也有了提高的机会。考虑到数学建模需要的知识面较广，我们的指导教师队伍中不仅有专职数学教师，还邀请了土木专业、机电专业的教师加入。他们也非常重视数学建模活

动在教学环节中的作用,他们的加入,扩大了培训的知识面,改善了数学教师在具体问题中研究不够深入的不足,这也让学生领悟到数学建模实际上是一个需要多方面知识融合的活动。我校的数模参赛历史不长,在没有丰富经验积累的情况下,我们坚持"在竞赛中培训教师"的工作方法,让年轻教师担当培训工作主力,而团队全体教师共同分析、解决在数模培训中遇到的问题。目前,我院已经建立了一支有较高建模指导能力、团结协作的数学建模教师队伍。

3. 普及数学建模知识是全国大学生数学建模竞赛取得优异成绩的基础

首先,注重在数学课程中渗透数学建模思想与方法,宣传数学建模对学生综合能力提高的作用。由于我院数学教师基本都是全国大学生数学建模竞赛指导教师,通过竞赛深深体会到高职数学课程改革的紧迫性。因此,数学教师在数学课程教学中自觉地进行教学内容、教学方法等改革,加强学生数学应用能力培养和综合素质的提高。其次,从 2006 年起,我们面向全院一年级学生开设数学建模与数学实验的选修课,讲授数学建模的基本知识和方法,介绍用数学软件去求解问题。目前,我院约有 1500 人参加了该课程的学习。与此同时,2007 年,我院成立学生社团"数学建模协会",进一步扩大数学建模活动的受益面。我院基础部以"数学建模协会"作为学生素质拓展基地,组织各种活动,如教师举办数模讲座;参赛选手给新会员介绍竞赛情况;开展校际之间的交流学习等。充分利用学生社团的影响力,让更多的学生参与到这项活动中来。

4. 精心组织,强化培训是全国大学生数学建模竞赛取得优异成绩的手段

为了组织好每年的参赛活动,在教学中,教师们注意宣传数模活动,吸引有兴趣、有潜质的学生积极参加数学建模竞赛外。每年 5~6 月,通过数学建模协会的协助,召开上一年度数学建模竞赛表彰大会及数学建模竞赛动员大会,招收暑期数模培训班的学员。8 月中旬开始为期 20 天左右的数模强化培训班。学员们较为全面的学习各种建模方法、论文写作知识、查阅资料的方法、数学软件 Mathematica 和 Excel 电子表格的使用。在建模方法教学上,采用基本知识+历年赛题讲解的方式。而数学软件的教学不仅要讲授基本功能的实现,更强调面对具体问题的求解方法。培训的后期,布置建模题目,让学生自行组队分析题目,限期完成论文,然后模拟面试环节,学生在班上报告自己的论文,教师和学生一起探讨论文中存在的优缺点,提高学员参赛水平。多次的模拟实践,学生的建模能力最终得到质的提高,同时,教师也在这样的环节中挑选出竞赛队员。

5. 总结研究是全国大学生数学建模竞赛取得优异成绩的保障

每年竞赛结束后,针对当年的参赛情况做回顾总结是非常重要。我们总结经验体会到:模拟竞赛解题是强化培训中非常重要的环节。模拟竞赛解题包括:用软件对历年赛题的模型给出解答;独立完成模拟赛题。通过模拟竞赛解题环节,我们的队员真实感受到自身的进步,大大增强参赛信心,不仅顺利的完成了今年竞赛,而且赛后对数学建模活动的热情不减,在校"数学建模协会"的活动中继续带领新会员参与建模学习活动。

由于高职院校生源问题以及"2+1"工学结合人才培养模式改革使得数学课程课时的剧减,这些因素使得高职院校开展数学建模活动的难度增大。因此,我们加强了数学建模教学研究与改革,获省厅级课题立项 4 项,院级课题 3 项,自编校本教材 2 本,发表论文 7 篇。其中课题"高职院校数学建模教学活动的研究与实践"获 2009 年广西优秀教学成果三等奖和学校教学成果一等奖;"以数学建模教学为突破,推进高职院校数学课程教学改革"获 2012 年学校教

学成果一等奖。

二、参加全国大学生数学建模竞赛的思考

尽管高职院校的人才培养模式、生源、数学课程设置及其课时数等方面影响了高职院校数学建模活动的开展，但高职院校参加全国大学生数学建模竞赛，必须要摆正数学建模竞赛的地位，树立正确的数学建模教育观念。数学建模教育应该是一个有机的整体，落实数学建模工作，应注意以下四个结合：

1．与数学的教学改革相结合

目前高职院校的数学教学改革已势在必行。数学建模教育在培养学生数学应用能力方面弥补了传统数学教学的不足，因此要通过数学课程内容安排、数学建模课程设置、数学课程模块化教学等手段加强数学建模教育，从而使得数学建模活动的开展真正成为推动数学教学改革的契机和动力。

2．与专业课教学相结合

数学建模所涉及的大多为工程技术中的实际问题，专业课教师可以系统地向学生介绍问题的背景知识，在教学中直接介绍建模的思想方法，这种作用是别人所无法替代的。

3．与社会实践活动相结合

强调数学建模教育与社会实践相结合，不仅与数学建模的实践性要求相一致，而且将提高社会实践的活动质量。教师应安排一定的实践性内容，如数学模型实验、社会实践活动等，让学生亲自去建立模型，体会利用数学模型方法解决一些简单实际问题的要义。而且要使学生学有所用，对高起点的学生应该鼓励他们参加数学建模竞赛，去接受更高要求的训练，在竞争中进一步提高自己的水平；与此同时，也要鼓励其他同学在毕业实习、毕业设计、校园科技活动等环节中使用所学到的建模方法，锻炼自己的能力。

4．与教师专业素质培养相结合

数学建模教学是多门数学分支内容的重组，数学建模活动是综合性很强的学习和训练，在一个问题中可能牵扯到微分方程、概率统计、运筹学等数学门类、还可能涉及工程、经济、生物和社会等领域，要对学生进行这种交叉学科和交叉知识的训练，就要求指导教师本身具备有效地整合了知识结构，及再学习的能力。在指导学生数学建模活动过程中，教师自身的知识结构可以得到优化，提升教学水平、业务能力和科研水平。同时，数学建模的问题也为教师提供了学术研究的方向。

大学生数学建模竞赛工作总结

（广西教育学院）

从 2005 年开始,我院就组织学生参加每年一次的全国大学生数学建模竞赛,参赛的队数逐年递增,由 2005 年的 3 对到 2013 年增加到 22 个队,近几年,我院学生在全国大学生数学建模竞赛中的获奖等级和数量逐年增加,活动的开展也充分展示了我院学生应用数学解决实际问题的能力。现在数学建模竞赛已逐步成为我院数学专业及计算机专业一项重要的教学实践活动内容,成为了独具特色的大学生学科竞赛模式,从多方面有力地推动了我院的教育教学改革,取得了丰富的经验,得到了社会的广泛赞誉,更重要的是极大地提升数学和计算机专业学生就业竞争力。

一、领导高度重视数学建模竞赛活动

1. 经费投入与设备投入

从参加数学建模竞赛开始,学院领导高度重视学生参加全国大学生数学建模竞赛活动,每年设专项经费投入数学建模竞赛的组织培训,且经费逐年增加,2013 年达 2.5 万元。在 2011 年学院投入 40 万元建设了一个数学建模实验室的基础上,2013 年新建立一个功能更加完善的信息处理平台实验室。

2. 精神上的关怀与鼓励

每年竞赛期间学院及教务处领导都亲临现场看望和鼓励参赛的老师和同学们。各级领导和有关部门的重视及支持是数学建模竞赛能取得成功的重要保障。

3. 制度的保证

我们已经将数学建模竞赛作为一项重要工作,在制度上予以保证:

（1）将数学建模、数学实验课程纳入到教学计划之中,每学年的第一个学期开设数学建模,主要是介绍数学建模基本知识和基本方法,第二学期开设数学实验,介绍数学建模竞赛相关的软件,主要是 MATLAB 软件及 LINGO 软件,主要的形式就是结合具体模型的建立及求解来介绍软件用法及相关知识。

（2）在学院的教学成果奖励办法中,将指导学生参加学科竞赛获奖纳入到奖励的范围。

二、加强与组委会及与兄弟院校的联系

几年来,每年邀请广西赛区组委会专家到广西教育学院讲学,加深学生对数学建模活动的理解,强化参赛学生的数学建模的意识,使学生处于临战前的状态。每年组织指导教师参加全国大学生数学建模竞赛研讨会,使指导了解数学建模活动的动态,开阔视野。

三、精心做好竞赛宣传和组织工作,提高数学建模竞赛的影响力, 使学生的受益面扩大

每年报名前组织数学建模竞赛指导老师、学生的数学建模协会、学生会学习部参与数学建模竞赛活动的宣传工作,通过课堂教学、广播站、校园网、板报等手段,让学生了解数学建模竞赛,认识数学建模竞赛,并展示历年学生获奖成果,增加学生信心。对报名学生进行认真选拔,确保把对数学建模有浓厚兴趣的并且数学知识宽阔扎实的学生选到参赛队伍里面来。利用暑假集中对参赛队员进行数学建模知识强化培训和数学实验强化培训,让学生更进一步掌握数学建模的基本知识和基本能力。对学生进行竞赛论文写作方面培训,让学生能写出合格的竞赛论文。由于工作的扎实开展,使学生的参与面扩大。竞赛前夕,主动与学院各职能部门联系,争取支持,确保竞赛期间不断电、网络畅通、学生宿舍楼随时开门、医务室处于值班状态,同时安排人员布置竞赛场地。竞赛期间能和其他老师一起,做好后勤服务工作。每年竞赛结束后,都能认真总结经验教训,为第二年做好竞赛组织工作打下扎实的基础。

四、培养了一支充满活力的年轻师资队伍

几年来,通过数学建模竞赛活动,我们培养了一支充满活力的年轻师资队伍。我们主要采取:一是信任他们,安排青年教师上与数学建模有关的先期课程,熟练教学内容,提高教学水平,随后要求他们学习相关数学建模软件,在暑假为参加培训的学生进行辅导。二是为青年教师和老教师之间的交流搭建了平台,每位青年教师指定一名副教授以上职称的老教师作为指导教师,通过以老带新,使得青年教师逐步适应并承担一定量的数学建模教学工作,尽快站稳讲台。三是为青年教师外出学习和培训创造机会,每年都邀请广西大学的数学建模教师来我院讲学,有效地促进了我院数学建模的教学与竞赛。四是要求和引导青年教师积极参加科研项目,提升自身的科研能力,通过科研工作进一步提高数学建模教学水平,以科研促教学,将科研成果转换为教学资源,丰富和更新教学内容。通过几年的锻炼,我院青年教师的数学建模教学水平有了显著提高,数学建模指导教师实现了更新换代,已经建设成为一支规模适当、水平较高、结构合理、相对稳定的师资队伍,教师队伍从最初的两位中老年教师扩展为现在的八位中青年教师。课程教师队伍在年龄结构、学历结构、知识结构各个方面得到了很大的改善。他们承担起我院数学建模的教学和竞赛指导,在大家的共同努力下,我院数学建模教育在各方面都取得了较好的成绩。

五、形成一套有效、实用的教学模式和教学方法

经过几年的摸索和实践,我们已形成一套有效、实用的教学模式,这种教学模式不是以教师讲授为主,而是以师生讨论的形式为主,强调学生的直接参与,教师主要起组织和引导作用,也就是在教学过程中,老师以建模实例为内容,设置一些问题,引导学生动脑、动手、动口,形成一个生动活泼的环境和气氛,在互动过程中达到教学目的。总之,这是与以传授知识为主的课堂教学完全不同的一种教学形式,是以学生走上工作岗位后解决实际问题的过程为蓝本设计的,对于培养学生的素质和多方面的能力起到了很好的作用。

数学建模总结

（广西建设职业技术学院）

全国大学生数学建模竞赛时是由教育部高等教育司和中国工业与应用数学学会共同主办，面向全国高等院校学生的一项重大竞赛活动。自 2004 年以来，在学院各级领导的关心和支持下，公共基础部高度重视积极组织学生参加数学建模竞赛，并取得了突出的成绩，获奖率从最开始的 20％增长至 80％。至今共获得 7 个全国二等奖，10 个区一等奖，8 个区二等奖和 23 个区三等奖。

表 1　2004—2013 年广西建设职业技术学院参加高教社杯全国大学生数学建模竞赛获奖情况

年份	参加队数	全国一等奖	全国二等奖	赛区一等奖	赛区二等奖	赛区三等奖
2004	5	0	0	0	0	1
2005	5	0	0	0	0	2
2006	5	0	0	1	0	2
2007	8	0	0	0	2	2
2008	8	0	2	2	1	1
2009	8	0	1	1	1	2
2010	8	0	2	2	2	2
2011	8	0	0	1	3	2
2012	10	0	1	2	1	4
2013	10	0	1	1	0	5
合计	72	0	7	10	8	23

我院在组织学生参加 2004—2014 年全国大学生数学建模竞赛中所做的工作主要有以下几点：

一、学院的大力支持

我院的数学建模竞赛活动是在学院统一领导下，由公共基础部语数教研室主任梁宝兰老师具体负责指导数学建模竞赛的组织、培训等方面工作。我院自 2004 年组队参赛以来，学院分管教学的副院长、教务处处长以及公共基础部的各级领导一直以来都对数学建模活动十分关注，多次细致了解数学建模的有关工作，并对参见数学建模工作的各位教师予以关心和鼓励。同时学院在人力、财力、物力上予以大力支持，统一协调院内各单位做好后勤保障工作，如落实竞赛场地、计算机网络调试维护、后勤的餐饮保障等，确保了赛前培训、竞赛以及赛后的各项工作得以顺利开展。由于领导的重视和大力支持使得数学建模竞赛的各项工作能顺利开展。

二、制定各种奖励措施,鼓励师生积极参加竞赛与指导

我院为了鼓励教师和学生积极参加数学建模竞赛,出台各种政策。例如对指导参加数学建模竞赛取得突出成绩的指导老师给予一定科研工作量的奖励。对学生获得全国一等奖和二等奖的同学分别给予 500 元和 400 元的奖励;并给获奖学生计算相应的学分。在符合推荐专升本条件的前提下,获赛区三等奖以上者可以优先推荐。如:2008 年获赛区二等奖 2010 年毕业的学生农文兴被推荐到桂林理工大学,2009 年获全国二等奖 2011 年毕业的学生周志华、廖青被推荐到桂林理工大学,2010 年获全国二等奖 2013 年毕业的学生黄静被推荐到桂林理工大学等。

三、不断加强指导教师队伍

要提高数学建模竞赛活动的成效,建立一支高素质的指导教师队伍非常关键。从 2004 年开始我院就派出教师参加每年广西赛区工作会议的学习。旨在加强我院指导教师与其他院校广大教练员之间的交流,提高本院数学建模竞赛的水平。2010 年 7 月 16 日至 19 日我院派出梁宝兰老师参加由华东理工大学承办,上海市工业与应用数学学会和上海市大学生数学建模竞赛组委会协办,在上海召开的 2010 年全国数学建模竞赛培训与应用研究研讨会。2009 年 12 月 17 日至 21 日我院派出莫亚妮老师参加由中国工业与应用数学学会数学建模专业委员会、江苏省工业与应用数学学会、东南大学数学系联合主办,并由东南大学数学系承办,在南京召开的 2009 年全国数学建模竞赛教练员培训和经验交流会。

表 2　广西建设职业技术学院教学成果获奖表(含教学质量优秀奖、成果奖、教学名师奖、优秀教师奖、先进教师奖、优秀指导教师奖等)

序号	负责人	获奖项目名称	授奖单位	获奖级别	时间
1	梁宝兰	"十佳"优秀教师	广西建设职业技术学院	院级	2009 年 2011 年 2013 年
2	梁宝兰	优秀教师	广西建设职业技术学院	院级	2010 年 2012 年
3	马南湘	优秀教师	广西建设职业技术学院	院级	2012 年
4	马南湘	"十佳"优秀教师	广西建设职业技术学院	院级	2013 年
5	莫亚妮	优秀教师	广西建设职业技术学院	院级	2011 年 2012 年

表 3　广西建设职业技术学院与数学建模相关的教学研究(已出版的教改教材)

序号	负责人	教材名称	出版社	时间	备注
1	梁宝兰	高等数学	湖南教育出版社	2008 年	
2	梁宝兰	高等数学	广西师范大学出版	2010 年,2012 年	

表4 主持各级科研项目统计表

序号	学 校	主持人	项 目 名 称	级别	立项时间
1	广西建设职业技术学院	马南湘	建筑类高职院校图书馆党建工作与思想政治教育工作创新研究	校级	2010 年
2	广西建设职业技术学院	马南湘	高职理工类高等数学立体化教学包的研究与开发	区级	2004 年
3	广西建设职业技术学院	马南湘	基于"四种能力"培育的高职高等数学教育研究与实践——以建筑类专业应用为例	区级	2011 年
4	广西建设职业技术学院	于莹莹	基于优势关系的区间值信息系统多属性决策研究	厅级	2014 年
5	广西建设职业技术学院	莫亚妮	高职院校学生网上评教的数据优化处理	校级	2013 年

四、精心组织教学，强化培训

首先，组建建模协会，创建经常化的建模队伍。为了更好地宣传全国大学生数学建模竞赛对学生综合能力提高的作用，同时也为我院每年挑选数模竞赛队员创造良好的条件，2007 年 9 月组建了数学建模协会，进一步扩大了数学建模活动的受益面。仅仅通过短短的三年时间，会员从 2007 年的 43 名达到了现今的 250 名，并于 2010—2014 年连续四年被评为院级优秀社团。我院数模协会成员多数获得国家奖学金及学院奖学金，2007 级获奖学金率占协会总人数的 50%，2008 级获奖学金率占协会总人数的 80%，从 2009 级开始到 13 级学生获奖学金率占协会总人数一直都保持在 95% 左右。为增强与其他院校的经验交流，我院数模协会曾与交通学院及其他各个高校数模协会进行联谊交流活动。除此之外，组织会员参加学院各项活动，在一些文艺活动中，数模协会也积极组织会员排演节目，并荣获最佳组织奖。

其次，优化课程设置，加大培训力度。组织数模指导老师在开设数学建模、数学实验和管理运筹在工程中的应用选修课，在平时高等数学的教学过程中，把数学建模的思想融入到具体的教学中，主要解决与专业相关的具体实际问题。为让更多的同学加入到数学建模的队伍里来，扩大数学建模这一活动的影响，向全院的学生展示高等数学在其他领域中应用的广泛性，每年 5 月我部语数教研室主办数学建模协会承办数学应用竞赛。同时此次比赛也作为 9 月份高教社杯全国大学生数学建模竞赛参赛选手的选拔比赛，根据得奖选手最后确定参全国比赛的队员名单。8 月中旬，组织参赛队员进行为期 20 天左右的数模强化培训班。学员们较为全面的学习各种建模方法、论文写作知识、查阅资料的方法、数学软件的使用。其中数学软件的教学不经讲授基本功能的实现，更强调面对具体问题的求解方法。培训最后一部分，布置建模题目，让学生自行组队分析题目，限期完成论文。多次的模拟实践，学生的建模能力得到质的提高，为参加 9 月全国比赛打下坚实的基础。

数学建模竞赛实践总结

（广西机电职业技术学院）

我院从 2003 年开始参与数学建模竞赛,先后获得三个全国二等奖及多个广西赛区一、二、三等奖。成绩的获得离不开学院领导,老师及广大学生的共同努力,这里对我院参加建模竞赛的经验进行一下总结,同大家分享,同时也寻找进一步改进的方向。

一、我院开展数学建模竞赛的实践

为了能够扩大数学建模竞赛在学生中的影响力,提高受益面,同时选拔优秀的学生参与竞赛,我们会提前一个学期甚至一年为数学建模竞赛做准备,具体来说可分为普选,校内竞赛,赛前培训,参赛,赛后总结,共五个阶段。

1. 普选

参加数学建模竞赛不能为了参赛而参赛,也不能只局限于获奖,其目的最终是为了促进高等数学课程的改革,所以要做到以"赛"促"教",以"赛"促"学",使更多的学生了解数学建模,同时从中受益。在当前数学建模作为新生事物,很难成为高职院校的必修课,所以我们主要针对大一及大二学生开设了数学建模选修课。同时在高等数学教学过程中,有意识地加入数学建模的思想,讲解一些数学建模的实例,不仅能够开拓学生的视野,同时使学生对数学有一个直观的认识,让他们了解数学如何在现实生活中发挥作用,提高他们对数学的积极性。

2. 院内竞赛

为了进一步扩大数学建模竞赛的影响,提高学生学习的热情,同时为了能够选拔优秀学生参加数学建模竞赛,在每年的 5 月份我们会和教务处、学生处等部门共同举办校内数学建模竞赛。竞赛面向全院学生,完全按照全国赛的模式进行。首先进行预赛,选在 5 月份的第一个星期,利用周末的三天时间,三位学生一组从两道赛题中任选一道,最后以论文的形式提交成果,从中选出较好的论文,进入第二阶段的答辩。在答辩中,通过学生对自己论文的叙述和对老师提问的解答,可以更好地了解他们的思维和能力,以从中选择有潜力的学生参加全国竞赛。

3. 赛前培训

对选拔出来的学生来说,常常是对数学建模有足够的热情,但缺乏足够的数学知识和计算、写作等能力,因此在参加 9 月份的全国赛之前,需要对参赛学生进行必要的赛前培训。赛前培训主要集中在暑假进行。培训内容包括数学基础知识(如线性规划、图论、计算方法等),

科技论文写作,论文查询方法,数学软件(如 MATLAB,LINGO)等。在讲授过程中,注重广度,不要求深度,注重思想方法,不要求理论证明。在培训最后还进行一次模拟训练,一般利用往年试题进行,并要求学生必须完成论文,同时由指导老师对每组学生论文进行点评,指出缺点,进行改进,直到完善。

4. 参赛

对每一位参赛学生来说,连续 72 小时的竞赛无论在心理、身体和智力上都面临巨大的挑战,这时指导老师主要是做好后勤工作,多给学生鼓励,生活上多给予帮助,使学生能全身心地投入到竞赛中去。同时在竞赛最后阶段,及时提醒学生注意论文的格式、字体大小、摘要的撰写、参考文献要求等,以避免因为文章格式错误使论文作废。

5. 赛后总结

数学建模竞赛结束,并不意味着建模竞赛工作的结束,我们根据竞赛完成情况及论文获奖情况,及时召开赛后总结大会。邀请所有参赛老师和参赛同学参加,首先交流和总结参赛经验和心得体会,找出在整个参赛过程中各项工作的经验和教训,同时表彰和奖励在本次竞赛中表现突出的指导老师和参赛学生,最后将学生的竞赛论文搜集整理并装订成册作为资料保存。也鼓励那些学有余力的同学将自己的论文作进一步整理,参加学生创新大赛或进行发表。

二、开展数学建模竞赛的体会

在参加建模竞赛过程中,除了按照"普选,培训,参赛,总结"等步骤按部就班地进行外,还有几点应该重视的地方。

1. 领导重视是开展建模竞赛活动的基本保证

向学院及系部领导说明数学建模竞赛活动对学院发展,学生成长及数学教学改革的促进作用,获得学院领导的支持及系部领导的重视,可以使竞赛活动在资金和政策上得到保障。同时为了获得更多的资金支持及扩大宣传面,学科组同教务处、学生处等相关部门一起组织参加竞赛。有了充足的资金保障后可以改善建模活动的硬件水平,加大对参赛学生的培训及奖励力度,提高学生的参赛积极性。

2. 注重指导教师的培训

数学建模竞赛不是单纯的数学竞赛,它还涉及物理、化学、生物、医学、电子、建筑等领域及数学软件的应用。它对综合知识及综合能力的要求比较强。这不仅对学生,更对指导老师提出了更高的要求。一支具有较高业务水平和奉献精神的指导教师队伍是保证数学建模活动顺利进行的重要支柱,所以需要不断加强对指导教师的培训,拓宽教师的知识结构,提高教师的数学应用能力和科研水平,同时鼓励和支持教师走出去,参加与数学建模有关的会议,多和校外专家学者进行交流,了解建模的最新进展和成果。数学建模竞赛是一项非常有意义的大学生课外科技活动,不断地重视和开展这项活动,必将提高学生的综合素质,全面推动高职院校的教育改革。

第 三 篇

感言篇

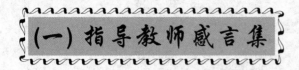

感受数学建模之美

吴晓层

（广西大学数学与信息科学学院，2001 年全国优秀指导教师）

读丘成桐先生的《数学与中国文学的比较》，不仅被大师的高屋建瓴所折服，更是被他所采集的中国古代文学中的淡雅的清香和数学微妙的逻辑酝酿出的纯真的美所陶醉。数学追求的目标，是从无序中找出秩序，使经验升华为规律，将复杂梳理成简洁，所有这些都是美的标志，而这一过程中沟通两岸的桥梁就是数学建模了。

我第一次接触数学建模问题并不是在大学里的数学模型课里，那是在所就读的大学的书店里看到一位人文学者的一本书，里面的一篇文章用数学模型来分析中国封建王朝更迭。原来印象中的数学，是研究关于数与型的关系，却能分析历史的发展问题，当时倍感新鲜。二十年后的今天，时不时从书架上取下这本页面已发黄了的旧书，还能体会到与数学建模问题第一次碰撞的感觉。

今天自己上了讲台，不忘记与自己的学生分享这数学建模之美。譬如，"椅子能在不平的地面上放稳吗"这样看似简单毫无"数学"的问题，当还原成数学分析里的函数连续性问题时，学生都惊讶不已；"冰山运输"问题，看似粗糙的想法，却能演绎出严谨而优美的数学模型来；血管的分布问题、冠心病与年龄问题等，精妙的建模过程和求解，激发了学生们无限的想象力。这样的例子，在任何一本《数学模型》的教科书都能找到很多。从课堂上学生圆睁的眼睛中，能看出他（她）们也沉浸在来自建模的美之中。

当然，数学建模之美，并不是孤芳自赏，而是遗传了数学科学本身概念的抽象性、逻辑的严密性、结论的明确性和体系的完整性同时，把应用的广泛性演绎得淋漓尽致。正因为这样，所以她的美更令人回味无穷。牛顿的经典力学，是人类在思想观念上真正走上科学化和现代化的开端。如果说牛顿开窍是因为上帝的苹果砸中了头，那么牛顿的成功，则是因为他建立了数学模型。"二战"以后，兰德公司的成就，举世瞩目。一页页价值不菲的报告，被各国政府和世界大公司集团趋之若鹜。这报告的字里行间不也飘着浓浓的数学建模的芳香？Merton、Scholes 等人的定价模型，使几多华尔街的探险者瓶满钵盈。Merton 在其名著《Continuous-Time Finance》一书的自序中说："The mathematical models of modern finance contain some of the most beautiful applications of probability and optimization theory,…, of course, all that is beautiful in science need not also be practical; and surely, not all that is practical in science is beautiful. Here, we have both."这是对数学建模之美的直接赞美。而丘成桐更是在他的文章里引用了《洛神赋》来赞扬某数学家对一个猜想的证明："翩若惊鸿，婉若游龙。荣曜秋菊，华茂春松。仿佛兮若轻云之蔽月，飘飘兮若流风之回雪。"

邱先生也罢，Merton 也好，大师们"得入其门而见宗庙之美、百官之富"。碌碌我辈，立于三尺台上解惑授业，凭借数学建模，亦能"窥见室家之好"，不亦乐乎。

庄子曰："判天地之美，析万物之理"，老先生也是在说数学建模吧？

数学建模事业是我精神支柱

朱 宁

（桂林电子科技大学，2001年、2011年两届全国优秀指导教师）

（朱宁，1957年5月生，1982年7月毕业于陕西师范大学数学系，获理学学士学位。现在是桂林电子科技大学数学与计算科学学院教授，数学建模竞赛总教练。从1995年至今，一直从事数学建模的教学、组织培训和竞赛指导工作。2002年以来主持了三项广西区级教改课题、十几篇学术论文和教改论文，均与数学建模的教学有着密切的联系。2001年、2011年两次被全国大学生数学建模组委会评为"优秀指导教师"称号，2008年被评为学校更名后首届"优秀任课教师"称号。2008年被广西区教育厅评为大学生数学建模"优秀组织工作者"。）

大学生数学建模竞赛已走过二十个春夏秋冬。我从热爱它到把它作为我人生的一项重要的事业。数学建模为我在了解和适应本专业科学技术发展，从事本专业学术研究，不断充实教学内容和改进教学方法提供了取之不尽的源泉。数学建模让我懂得：精神是我生命的支柱，数学建模事业是我精神的支柱。我现在最喜欢做的事是：教数学和用数学。

十年磨一剑，尽志无悔于数模

林 亮

（桂林理工大学，2011 年全国优秀组织工作者）

十年磨一剑，而我参加指导与组织数学建模比赛整整十六年了。这十六年，于有路处辟蹊径，无路处拓荒行，从开设数学建模选修课，到建立数学建模实验室，走出了大学数学教学改革之路。成就了学校 8 个全国一等奖，26 个全国二等奖，成就了十几个课外科技活动优秀指导教师，也成就了自己的 2 次全区优秀组织工作者以及一大批数学建模爱好者与数学建模优秀学生。

回想这 16 年的数模经历，那些或舒畅或艰辛或激动或感慨，不招亦来、挥之不去、时断时续的被链接中的记忆，无怨无悔的专业求索，刻骨铭心的生命体验，与学生共同度过的一个又一个暑假培训时光，一年又一年的三天拼搏，把那些积淀、尝试、压力、勇气、执着、超越以及赛后的期待汇成一股锲而不舍的精神，带给我的同事与学生，让他们一起发挥出最大的潜能，创造出桂林理工大学数学建模的辉煌，是一个组织工作者最快乐与幸福的体验，而我真的体会到了这样的快乐与幸福。

第一次接手数模，是 1996 年，指导的题目是"节水洗衣机的设计"，既没有计算机，也没有任何经验，最后只获得了一个成功参赛奖。1997 年因学校要参加本科院校的评估，没有时间再组织学生参赛，1998 年以后，每年都组织学生参赛，2001 年开始参加广西赛区的评卷工作，2004 年成为广西赛区组委会成员，为了评卷的公正性，2002 年开始不再担任指导教师，而专心负责组织工作，同时开始了数学实验课程的教学改革，第一个获得的教改项目就是"数学实验课程的探索与实践"。同时也参加了各种培训班，慢慢地积累了一定的经验，取得了较好的成绩。

只管耕耘，莫问收获。心无杂念，带着信念去追求，带着希望去寻找，带着爱心去探索，带着自信上路，前方的路远远没有尽头。在自己的教学生涯中，经历了十六年对数学建模的探索，这无论作为一种教学研究活动，还是作为一种学生的课外活动，都会取得一定的经验跟成绩，同时最大的收获是体会到这个活动的确能够培养学生的创新意识和实践能力，进而全面提升学生的数学素养，提高教学质量，促进教师和学生共同发展，尤为重要的是能够促进教师的专业发展和学生的就业质量，锁定了这样的目标，就义无反顾地继续走上了这条虽艰辛但充满挑战与乐趣的数模之路，并推广到研究生数模活动之中，进一步为广西的数模事业的发展尽力。

自　　豪

韦程东

（广西师范学院，2011 年全国优秀指导教师）

我 1998 年硕士研究生毕业后分配广西师范学院工作，从此与学生的数学建模活动结下不解之缘。置身于学生的数学建模活动中，深深地感到指导学生开展数学建模活动、参加全国大学生数学建模竞赛，是一项富于挑战性的工作，数学建模竞赛也是我们指导教师施展才华的平台，它焕发了我们的创新精神，激发了我们进行数学教育教学改革的热情，使我们以一种新的视角来认识数学、认识数学教学。

如何培养大学生们的创新意识，这是我们指导教师必须解决的首要问题。在平时的数学建模活动里，在数学建模比赛中，每当我们看到大学生们体验到了独立思考的乐趣，品尝到了从事科学研究的苦涩与成功的欢乐，学会了用数学的思想方法与计算机技术去发现问题，分析问题，解决问题，在数学建模中变得更自信乐观，更勤勉坚毅，更严谨踏实，更善于驾驭自己的想象力时，我们感到无比地自豪，因为我们的大学生有创新意识了，我们的大学生有创新能力了。

如何培养队员们的团队精神，让队员们在竞赛的日子里通力协作，团结奋斗？这是摆在我们指导教师面前的另一道难题。每当看到参赛队员与他人愉快地合作、准确地理解别人的思想，并恰当地表达自己的意见时，我感到无比地骄傲，因为我们大学生的团队精神增强了。

如何培养队员们的诚信？这又是摆在我们指导教师面前的一道难题。每当见到队员们在竞赛中遇到困难时，我们心理都很着急，但见到队员们没有等待外来的帮助，而是反复讨论，查找资料，得出的方案一个个被否定，又一次次重来，最终找到了解决问题的关键时，我感到无比地高兴，因为我们大学生的诚信品格在数学建模竞赛中经受住了考验。

看到同学们的数学建模意识得到不断的提高，许多同学从此喜欢上了数学，考上了硕士、博士研究生，许多同学走上教学工作岗位后，注重培养学生应用数学思想方法去发现、分析、解决问题，传播了数学建模的思想，我由衷地感到这十多年来的工作值啦。

柳暗花明别样景，机缘巧合数模情

冯 烽

（广西财经学院，2011 年全国优秀指导教师）

时光荏苒，从事数学建模的教学已是第十个年头，我也逐渐从数模队员成长为指导教师、组织工作者、赛区评委。然而，当初进入数学专业学习并与数模结缘却是我所未曾料想到的。1998 年，高考成绩超过重点线的我如愿收到了广西医科大学的录取通知书，然而十天军训后我被告知或者转学到广西师范学院数学专业或者退回原籍，原因是体检复查我患红绿色弱。没有任何心理准备，我开始了数学专业的学习。

尽管本科四年成绩一直名列前茅，但我仍对数学专业和人生目标感到迷茫，考研选择了当时热门的法律专业硕士（这次考研以失败告终）。为专心备考我放弃了与考研无关的活动，至于大四的数模竞赛则有点"被参加"的味道。受两位同学邀约，出于友情我答应"凑数"。尽管赛前我没有做任何的准备，但竞赛的氛围让我不得不全身心投入，那时才发现原来数学并不只是枯燥乏味更是充满了挑战与诱惑。那次偶然的参赛是我重要的人生经历之一，它成就了那两位同学后来的婚姻，也让我有机会成为一名高校教师。正是那张赛区二等奖的数模证书，使我从激烈的就业竞争中脱颖而出，签约了当时全区有名的广西商业高等专科学校，这多少带有些运气的成分。

2002 年广西商专首次组队参加全国数模竞赛，作为当时唯一具有参赛经验的老师我被委以重任参与数模队的培训工作，刚出茅庐的我颇感压力。查阅资料、自学软件、编写教案、培训指导伴随我度过了那个艰辛而充实的暑期。那年，队员们以赛区唯一的全国乙组一等奖回报了大家的共同努力。在品尝了过程的艰辛和成功的喜悦之后，我与数模已难舍难分，也坚定了自己带领学生靠近"数模"、走进"数模"、体验"数模"的信念。逐年来指导数模竞赛不仅提高了自己的科研能力，更收获着珍贵的师生情谊、真诚的同事关系。正是多年来指导数模的积淀，继 2008 年获得华东师范大学概率论与数理统计专业硕士学位后，2010 年又以两张博士录取通知书献给自己作为参与数模竞赛十周年的礼物。

在数模竞赛中所经历的磨难，学到的精神，获得的能力将让一批又一批的数模队员和指导老师享用终生，这让我更感受到所从事事业的伟大与光荣。感谢母校、工作单位以及赛区组委会对我培养，感谢帮助我的各位同事、信赖我的各位同学。未来我不会停顿，因为在数模的世界里处处胜景、满眼风光！

数学建模——师生受益之源

李修清

（桂林航天工业学院，2011 年全国优秀指导教师）

我自 2001 年以来开始讲授数学建模课程和指导数学建模竞赛，以及主持自治区级数学建模教改课题的研究工作，带队指导学生先后获得全国一等奖两项，广西赛区一、二等奖多项，2008 年获"大学生数学建模竞赛广西赛区 2005—2008 年优秀指导教师"称号。

从事数学建模活动多年来获益很多，感触较深的是，一是受益了一批学生：通过数学建模课程的学习培训，加深了学生对数学的理解，提高了学生学习数学的积极性，更重要的是提高了学生综合应用数学知识和数学软件解决实际问题的能力，数学建模竞赛期间，锻炼了学生的团结合作、吃苦耐劳和敢于向困难挑战的精神，目前我校已成立了数学建模协会，将数学建模爱好者凝聚起来，参赛过数学建模竞赛的学生也大多感慨："一次建模，终身受益"，通过建模活动学生变得更坚强、更自信了，在就业方面也明显具有更强的竞争力。

二是锻炼了一支队伍：从开展数学建模以来，我校已形成了一支较稳定的数学建模队伍，通过开展建模活动，对数学教学改革起到了很好的促进作用，主持自治区级教改课题 7 项，发表教改论文 30 多篇，主编融入数学建模思想和数学软件应用的教材 5 部，这些教材目前正在我校万名学生中使用。

三是提高了自我素质：通过数学建模教学和建模竞赛，使自己对数学教学改革有了新的认识，提高了教学水平和教学效果，通过主持数学建模教改课题，提高了数学教育改革理论水平，通过教学实践和理论思考融入数学建模思想的教材"高等数学"获广西高等学校优秀教材三等奖。同时也获得了"广西赛区 2005—2008 年优秀指导教师"称号。

我校数学建模活动成绩的取得是和广西赛区组委会的指导、学校各级领导的支持关心密不可分的，早在 2000 年赛区组委会领导吕跃进教授就亲临我校做学术报告、并对数学建模活动给予具体指导，为我校的数学建模活动奠定了重要的基础，多年来组委会对我校建模活动一直给予热切的关心、指导；校领导、教务处和系领导等对数学建模竞赛活动给予了大力支持，在人、财、物等各方面尽力协助，制定一系列政策，鼓励数学竞赛活动，采取了课时补助、奖金发放、评优树先、师资培训等激励政策。

在全国数学建模活动开展 20 周年之际，对为我校数学建模活动给予指导、关心和支持的组委会领导以及学校各级领导表示衷心的感谢！

数学建模——创新能力培养的舞台

王远干

（钦州学院，广西赛区优秀指导教师）

数学建模竞赛是培养创新能力的一个极好载体，它能充分考验学生的洞察能力、创造能力、数学语言翻译能力、文字表达能力、综合应用分析能力、联想能力等。我在 1999 年便开始了数学建模竞赛的培训与指导工作，历经十多年的数学建模指导工作，感触颇深。刚开始时感觉无从着手，在不断与经验丰富的老师交流，听专家讲体会，和加强自身学习，阅读了大量与数学建模有关的书籍："数学模型""运筹学""大学数学实验""数学模型与计算"等。同时学习了相关的数学软件，如 MATLAB、统计软件 SPSS、优化软件 LINGO 等。每年都看历年参赛的优秀论文，并提供给同学们借鉴，经过一段较长时间磨炼，在 2007 年指导一队获得了全国一等奖，2008 年获得一个全国二等奖，今年获得一个国家二等奖，虽然这些成绩与某些优秀指导老师取得的成绩相比微不足道，但对我们来说却是来之不易，它是全体钦州学院指导老师团队辛劳付出的结晶，是队员们刻苦钻研、分工协作、团队精神、勤于思考、善于发现、善于解决问题的多种能力产生的共同结果。

多年的建模指导，我体会到参加建模可以从以下几个方面着手准备：

1. 学好"数学建模"课程，认真分析优化、微分方程、概率模、综合评价等常见模型。

2. 熟悉常用的建模方法，如线性规划、动态规划、非线性规划、层次分析，概率统计方法等。

3. 熟悉几个常见的数学软件，如 MATLAB、Mathematica、SPSS 等。

4. 多阅读几篇参赛论文，分析其优缺点，并对论文的模型进行模拟和验证，锻炼自己动手解决实际问题的能力。

5. 加强队员之间的团结与协作，三个同学的能力最好较强的互补关系。

"一分耕耘，一分收获"，参赛同学凭着他们自己的认真与坚持获得了他们应得的荣誉；"一次参赛，终身受益"，参赛同学真正体会到了发现问题，研究问题，解决问题的滋味。指导教师也在指导过程中不断完备自己的知识体系和创新思维，提高了应用知识解决问题的能力，使数学建模真正成为了科技创新的舞台。

教学能手的数学建模情

钟祥贵

（广西师范大学，2011 年全国优秀指导教师）

　　我 2002 年首次参加全国大学生数学建模竞赛的指导工作，至今已有十个年头了。回想起来，当时我院教学改革的气氛远非现在这样的浓厚，正是伴随数学建模的指导引领了我一步步走进大学教学改革的殿堂。将数学建模与数学实验的部分内容融入自己承担的数学专业主干课程"高等代数与解析几何"的教学，坚持将应用意识的培养与创新能力的训练贯穿于各个教学环节，将数学建模的思想方法与能力训练贯穿于日常的课堂教学，大大提高了课程的起点和整体高度，形成了富有特色代数与几何有机结合的课程体系，推动了代数几何系列课程的教学改革和教学建设。我们编写了新教材并于 2007 年在清华大学出版社出版，建立了网站并于 2006 年成为自治区精品课程，培养了一批高素质的创新人才，建设的教学团队 2008 年成为自治区级教学团队，2010 年成为自治区创新教学团队。十年来，我指导的学生共获得全国大学生数学建模竞赛国家级一等奖 3 项，二等奖 3 项，广西赛区一等奖 7 项。我个人成长为硕士研究生导师，主持了 2 项自治区科研项目和 1 项自治区教改项目，获得广西师大"教学能手"和"育人标兵"荣誉称号。

数学建模伴我成长

梁 鑫

（广西师范大学，数学建模竞赛参赛队员、指导教师）

　　1999 年秋季，我有幸第一次参加了全国大学生数学建模竞赛，当时作为一名大三的学生，对数学建模竞赛是一个极为模糊的概念，参赛的三天里，团队三人在一个小小的办公室，一台 486 电脑，一箱方便面，一张草席，对着赛题绞尽脑汁，通宵达旦了三天，才勉强完成了一份作品上交。虽然过程是艰辛的，结果也难以令人满意，但从中的收获却难以衡量。记得当年做的题目是"自动化车床管理"，之所以选择该题是因为小组成员都觉得这题很贴近身边的生活，具有较强的应用背景，但是真正深入研究时才体会到"书到用时方恨少"，需要具备的知识实在太多，也体会到组委会为何要三个人组成团队参赛，正所谓"三个臭皮匠赛过诸葛亮"，团队协作精神此时真正体现出来了。也真是此次参赛，进一步激发了我对数学的兴趣和对知识的渴望。2000 年的秋季，经过一年的准备及上一次的经验，再次参赛时也不再毫无头绪，在组成员的团结协作下，较为顺利地完成了作品，也获得了赛区二等奖。2001 年，我以优异的成绩获得了保送就读研究生，这要归功于数学建模给予我的动力，我也毫不犹豫地选择了概率论与数理统计方向的研究生，目的是进一步充实自己。2004 年，研究生毕业后留校工作，2005 年秋季正式加入了数学建模指导教师行列，在每年给参赛队员培训的时候，在授予他们知识的同时，也以自身的经历激励着他们，近五年指导的参赛队伍获得了国家二等奖 2 项，区一、二、三等奖若干项。转眼间，从第一次接触数学建模至今已过去十多年，它始终陪伴着我成长，激励着我继续向前，也让我深深的体会到"一次参赛，终身受益"。

让数模之花美丽绽放

黎 勇

（百色学院）

大学生数学建模竞赛对于提高学生综合素质、培养创新与合作精神，以及促进高等学校教学改革和教学建设具有重要作用。近几年来，百色学院参赛竞赛成绩稳步提高，学生创新能力与综合素质得到进一步培养和加强，学生应用数学与计算机知识解决实际问题的能力得到进一步提高，促进我校数学教学质量的提高。我从 2007 年起担任我校全国大学生数学建模竞赛负责人，一直负责我校数学建模竞赛的组织和指导工作，现将这几年的组织工作汇报如下：

一、积极争取学校政策支持，参赛规模不断扩大

领导重视是开展数学建模活动的根本保证。为了扩大数学建模的影响力，我利用一切可以利用的机会，积极向学校领导阐述开展数学建模活动的意义和汇报我校取得的成绩。通过不断的努力，学校领导对数学建模活动越来越重视，不仅思想上关心，多次过问数学建模活动开展情况，还在财力、物力上给予了大力支持，从 2007 年开始设立竞赛活动专项经费，包括报名费、资料费、比赛场地建设费、暑假培训补助经费等，并统一协调院内各单位作好后勤保障工作。为奖励先进，2013 年，学校还出台了《百色学院大学生学科竞赛管理办法》，加大对各类学科竞赛的奖励力度，并将全国大学生数学建模竞赛列为一类项目进行资助。正因为有校、系两级领导重视和支持，才使得我们的数学建模竞赛的各项工作得以顺利开展。

二、重视指导教师队伍的建设

从接管数学建模组织工作开始我就深刻认识到，指导教师队伍是数学建模活动的中坚力量，因此建设指导教师队伍也是我们这几年工作的重心。通过这几年的努力，我们已初步建立一只较为稳定的、以中青年教师为主的指导教师队伍。我经常组织指导教师队伍集中学习讨论，培训新人。指导教师也不计名利，甘于奉献，团结协作，积极为学生开讲座，做辅导，组织培训，大力普及数学建模知识。并以此为基础开展相关教研、科研活动，不断提高自身专业素质，促进教学改革，在教学中有机将实际问题与数学建模思想结合，加强对学生数学应用能力的培养，努力提高学生应用数学知识解决实际问题的能力。这几年，指导教师队伍每年至少召开四次专题会议。2012 年本人主持的项目"抓好数学建模竞赛，促进数学课程教学改革的研究与实践"获得了校级教学成果奖二等奖，团队成员发表了十余篇与数学建模相关的科研和教改论文；百色学院"数学建模教学与学习网站"也不断完善，为学生提供了一个较好的网络学习平台。

三、加强对数学建模协会的指导，组建数学建模创新班

为了进一步扩大数学建模的社会影响力，扩大数学建模活动的受益面，让更多的学生参加到这项活动中来，在我的指导下，我校于 2006 年成立了百色学院数学建模协会。经过几年的努力，协会会员已经由 70 人发展到如今的 280 多人。在我们团队的精心指导和学生干部的积极组织下，协会每两周都开展以"开展建模，传授建模知识"主题的学术性讲座、培训、交流会等活动，内容丰富，形式多样，并取得了较好的效果。通过学生间的相互影响，带动更多的学生参与到数学建模活动中，有效的扩大了数学建模在学生中的影响，扩大了受益面。从今年开始，我们还组建了系级的数学建模创新班，让数学建模工作成为我系常态化的一项工作。

四、积极组织开展校级数学建模竞赛

随着数学建模活动越来越广泛地被人们认同，从 2010 年开始，学校在每年一度的百色学院校园文化艺术节中，将校级数学建模竞赛列为文化艺术节的一个项目来开展，吸引着越来越多的同学参与到数学建模活动当中来。

五、认真做好竞赛的组织工作

参加全国大学生数学建模竞赛，目的并不是简单为了比赛成绩，而是为了进一步扩大数学建模在社会上的影响力，扩大数学建模活动的受益面，让更多的学生参加到这项活动中来，同时也是为了锻炼和提高我们的组织能力、协调能力等。为此，我每年都制订了详细的工作计划，并组织指导教师利用暑假和开学初的双休日或晚上时间对报名参赛的学生进行有针对性培训，主要进行基础知识培训，并组织模拟竞赛 1～2 次。基础知识培训夯实了学生的数学知识，而模拟竞赛则让学生体会到竞赛的紧张性，及时发现自己的薄弱环节，并进行查漏补缺。

进过精心地组织和整个数学建模团队的共同努力，几年来，我校数学建模竞赛的组织水平得到了较好的提高，也取得了较好的竞赛成绩。今后，我们将再接再厉，发扬优点，克服不足，争取更大的进步。

一分耕耘，一分收获

宋　岩

（北航北海学院）

全国大学生数学建模竞赛是面向全国大学生的群众性科技活动，目的在于激励学生学习数学的积极性，提高学生建立数学模型和运用计算机技术解决实际问题的综合能力，鼓励广大学生踊跃参加课外科技活动，开拓知识面，培养创造精神及合作意识，推动大学数学教学体系、教学内容和方法的改革。

从 2008 年以来，我院参加了 5 届全国大学生数学建模竞赛，获得国家二等奖 3 项，广西区一等奖 5 项，二等奖 7 项，三等奖 6 项的好成绩。取得这样好的成绩，是学院领导的重视和各部门的大力支持、精心的竞赛组织和团队协作的结果。

（1）政策支持。在我院领导的大力支持下，于 2007 年为全校学生开设数学软件应用、数学实验与数学建模等选修课，同时成立数学建模协会，通过数模协会组织开展校内数学建模选拔赛及数学知识竞赛等活动。为推动我院更好的发展数学建模，专门成立数学建模专项经费，对获奖的学生和指导教师给予一定奖励，提高学生和指导教师参加数学建模竞赛的积极性。我院领导非常重视数学建模竞赛的组织工作，尤其在竞赛期间，主管教学的院长亲自到竞赛地点看望参赛队员，鼓励参赛队员争取好成绩。

（2）精心的竞赛组织工作。结合我院学生的学习特点，在大一新生入学后，我们开始组织宣传数学建模活动，鼓励学生参加数学建模协会，使建模协会成为数学建模活动的主导者。根据学生特点，指导教师共同讨论，制定适合独立学院数学建模活动的教学、活动计划及实施方案。面向全校学生开设数学建模选修课，与数学建模协会联合开展数学建模知识讲座，组织学生将数学建模应用于实际遇到的问题，分组讨论，教师指导，培养学生团队合作等能力。我院每年五月份举办校内数学建模选拔赛，选出优秀学生参加暑期强化培训。

（3）团结协作精神。我院开展数学建模活动是由学生处、教务处、数学教研室和数模协会共同组织的，由学校辅导员做好数学建模宣传工作，鼓励学生参加数学建模，克服一切困难，勇于挑战。我们知道，数学建模竞赛要求三人组参加，而不是一个人参加，这就需要我们组建一个结构合理的团队，这一点非常重要。我们力求组建既有数学程度较好的，又有计算机应用水平较高的团队，这样的团队在竞赛中才比较有优势。良好的队内协作是取得成功的关键因素，在数学建模竞赛中，学生与学生之间，学生与老师之间对某个观点或某种做法存在分歧是正常的，如果能恰当的处理这些分歧，才能充分体现团队的实力。竞赛中的合作是一种艺术，只有大家不断地磨合，才能使得合作达到默契的程度。

坚持自己的信念

刘丽华

（广西科技大学）

本人是 2007 年进入广西科技大学理学院的数学建模的任课老师,也是数学建模的指导老师。在本人读书期间参加过三次全国数学建模竞赛,第一次参加全国大学生数学建模竞赛是在 2003 年就读于当时广西科技大学的前身广西工学院信息与计算科学系本科期间,并荣获了全国一等奖的成绩;第二次,第三次参加的是全国研究生数学建模竞赛分别是在 2005 年,2006 年就读于桂林电子科技大学应用数学专业研究生期间,并都荣获全国三等奖的成绩。数学建模对于我而言真的是一次参赛,终身受益,它带着我走向了数学研究生的道路,最后以数学建模为终生工作方向。作为曾经参加过数学建模竞赛,以及现在以数学建模指导教师的身份工作的我,在建模工作过程中的感想和体会应该更加深刻。

参加过数学建模竞赛我深知搞建模的艰辛,也意识到作为学生应该需要什么的知识,因此从学生的选拔到学生的培训我都认真计划,然后总结每年的成功与失败,在来年的工作中改进。第一是学生的选拔工作,建模要求学生首先要具备一定的数学基础,因此我们在全校举行校级应用数学知识竞赛,然后按参赛人数的 15%(150 人左右)进行评奖,在给大家颁奖的时候进行数学建模的动员大会,进行数学建模报名,报名人数一般有 90 人左右,这些学生全部参加数学建模培训,由于建模培训是比较辛苦的,正值高温期,很多同学吃不了苦,中途放弃的很多,最后坚持下来的就是最终队员了。第二是培训课表的制定,根据各个指导老师的专长来设置课程,在参加建模竞赛的过程中我就意识到模型求解的重要性,因此在课表的制定时就以数学建模需要的三类软件为主 MATLAB,LINGO,SPSS,在软件求解模型过程中讲解数学建模的过程。第三是队员组队,培训过程中要求大家互相交流,讨论,在培训中互相了解,然后自由组队。第四是由指导教师一起参加模拟训练,出 A、B 两题模拟全国竞赛的形式让参赛队训练。

做这么多事情是需要花费很多精力和时间的,是什么让我能够坚持做下去呢? 原因就是(1)由于我获得全国大学生数学建模竞赛一等奖我破格录取为硕士研究生,由于建模竞赛我进入了教师的行列,我是从数学建模竞赛中得到甜头的人,我希望有更多的学生从中得到收获。(2)通过数学建模,使作为老师的我和学生们都更加成熟地对认识人生,认识外界,同时会增加我们的耐心,对待事情不再那么浮躁,让我们不再惧怕任何困难。(3)数学建模让我们指导老师无论在教改方面还是科研方面取得很好思路,为我们将来的晋升铺平了道路。

最后,我认为只有将数学建模作为事业来做才能够有更好的成绩,才能有坚强的理念继续为之而奋斗。

感谢数模，伴我成长

曹敦虔

（广西民族大学理学院）

作为数学建模指导老师的我，接触数学建模却是从学生时代开始的。1998 年、1999 年两次参加数学建模竞赛，虽然没有获得什么好的名次，但它依然让我收获满满。它彻底改变了我对数学的认识：原来数学是可以拿来这样用，她是那样迷人，只要你心里有她，她无处不在。大学毕业后，有幸留在高校，让我有机会继续从事数学建模工作，与学生们一起讨论数学建模，研究数模问题。看到如当年我一样喜欢数学建模的学子们如饥似渴地学习数学建模有关知识，一批批优秀数模才子走出校园，服务社会，我觉得这是我当老师最大的成就。参加数学建模，让我终身受益。感谢数学建模！

数学建模十六载，喜看人才年年出

黄敬频

（广西民族大学理学院）

1998 年，当全国大学生数学建模竞赛走过 6 年的时候，我才开始接触"数学建模"。那年，我还是柳州师专数学系教师，接到学校教务处通知后首次组队与本科组同台竞赛。1999 年，竞赛组委会增设了大专组，当时没有网络，只好到图书馆边查资料学习边指导学生，一点一滴积累教学方法，直到 2001 年初见成效，有 1 个队获得专科组全国一等奖。2002 年，我到广西民族大学工作后，一直同"数学建模"打交道，担任过数学模型课程教学，组织过数学建模竞赛，主持过校级数学模型精品课程建设，参加过数学建模区级教改项目研究。16 年的数学建模教学，与个人发展相辅相成，在工作中获得许多向同行学习交流的机会，更值得欣慰的是看到一批又一批从建模活动中受益的学生踏出校园，走向社会。

谈对数学建模教学与竞赛的一点认识和体会

梁　霞

（广西民族师范学院）

2011年我首次指导"高教杯"全国大学生数学建模竞赛，并取得专科组广西赛区一等奖。这样的奖项对于很多院校来说微不足道，但对于我们院校来说，是自2003年参加数学建模竞赛以来零的突破。这都是学院领导，教务处，系领导的重视、关心和帮助下，及全体指导老师在教学上不断探索和共同努力下取得的成绩。继2011年以后我们也有了更大的进步，在2013年竞赛中取得了本科组广西赛区一等奖的好成绩。虽然我接触数学建模的时间仅仅3年，但在这几年里对数学建模教学和竞赛有很多感触，对数学建模有了更多的认识和更深的体会。

一、数学建模课程的性质

"数学建模"是近十几年来开设的一门新兴课程，它以实际问题为载体，把数学知识、数学软件和计算机应用有机结合，容知识性、启发性、实用性和实践性于一体，特别强调学生的主体地位，在老师的引导下，用学过的数学知识和计算机技术，借助适当的数学软件，建立数学模型，分析、解决一些经过简化的实际问题。该课程的引入，是数学教学体系、内容和方法改革的一项有益的尝试。通过本课程的学习，使培养学生各方面能力，提高学生综合素质。

二、数学建模教学内容与方法

数学建模的载体是一个个具体问题，往往这些问题涉及各个领域，并且都有一定的深度和广度，单单靠数学知识和相关专业知识是根本无法建立数学模型的。因此，处理好书本知识与实际问题的关系，数学知识与其他相关知识的关系就是极其重要的。

目前，学院的数学建模课程主要在数学与应用数学、信息与计算科学这两个专业开设，教学内容不再是以前的以理论教学为主的单一形式，而是根据实际需要有了很多改善，主要分为三大块：(1)常用的数学建模方法讲解：如规划模型中的线性、非线性、多目标、动态规划，微分方程、图论方法、层次分析法、统计方法建模，数值计算中的数据插值曲线拟合、数值微分积分等。(2)数学软件及计算机编程能力的培养：主要有LINGO，MATLAB的使用，如矩阵的生成和运算、画函数图、解方程等方法。(3)创设实践教学：将学生以3人一组的形式进行分组(可自由组合)，每组给出一些实际问题，要求学生进行充分讨论，广泛查找相关资料，利用数学工具软件，做出模型，写出对应的论文梗概。

学院除了在这两个专业开课以外，还安排教师每个学期给数学建模协会有计划的上培训课,数学建模协会的学生共计50多个,来自学院各个系,有数计系、经管系、物电系、化生系等。通过这样的培训,让更多爱好数学建模的学生了解数学建模在解决实际问题中的重要性,让不同专业的学生参与到数学建模的学习和竞赛中。

三、数学建模教学与竞赛的关系

实践证明,数学建模竞赛推进了数学建模教学改革,数学建模教学为竞赛活动的开展打下了良好基础,课程开设的目的也逐渐转向了竞赛与普及相结合,以提高大学生的综合素质和实践能力作为重要目标。通过竞赛,促进了数学建模课程教学内容、教学方法的创新,参加过训练和竞赛的学生感到,数学建模竞赛跟以往的竞赛不一样,需要全面掌握问题领域相关知识,在深入理解、领会前人智能精髓的基础上,敢于提出自己的想法和观点。只有善于学习和运用知识,善于对已学过知识进行融会贯通,才能取得成功。在教学过程中,我注重学生各方面能力的训练,并时常鼓励学生积极参加竞赛。

四、组成数学建模教学团队的重要性

数学建模教学与竞赛离不开集体的力量,各方面能力的培养单靠一门课程的努力是不够的。数学建模教学内容涉及面广、方法多、工作量大,因此必须组建一支知识面宽,业务水平高,解决实际问题能力强,工作积极和乐于奉献的教师队伍。目前,我们已经建立了一支规模适当、结构合理、相对稳定的数学建模教学团队。团队共有10人,其中有4名副教授和6名讲师。教学团队的图谋献策,促进了教学的改革,也为数学建模竞赛活动的开展做了保障。

以上是我对数学建模教学及竞赛的一些认识和体会。由于与其他院校的交流和学习较少,教学上经验是不足的,希望今后能够与其他院校有更多的交流,让我们在数学建模教学、科研、竞赛活动中取得更大的进步。

促进创新人才培养——指导数学建模竞赛有感

徐庆娟

（广西师范学院）

全国大学生数学建模竞赛自 1992 年举办至今已 22 年，它以"创新意识、团队精神、重在参与、公平竞争"为宗旨，是全国规模最大、参与最广泛的大学生课外科技活动之一，现已经成为推进素质教育、促进创新人才培养的重大品牌竞赛项目。同学们通过参加数学建模的实践，亲自参加了将数学应用于实际的尝试，亲自参加了发现和创造的过程，取得了在课堂上和课本上所无法获得的宝贵经验和亲身体会，数学心智得到了启迪，同时也更好地应用数学、品味数学、理解数学和热爱数学，在知识、素质和能力三方面迅速地成长。许多同学都用"一次参赛，终身受益"来表达他们的切身体会。

然而，建模和指导建模的过程都是艰辛的。作为竞赛指导老师，每年 7 月初确定指导学生名单后，我都会建立一个 QQ 群，上传一些建模资料。并与学生见面交流，因队而异，制定不同的指导方案。然后指导他们做好分工，布置任务：几个队每次研读同一竞赛题目的多篇优秀论文，定期向我汇报。学生汇报期间，我有"疑"必问，引导其他学生一起思考；之后，我会重新分析解题思路以及模型建立和求解的过程，并指出论文的写作要领和注意事项。也会根据学生对论文中的"疑问"，进行谷歌或百度搜索，引导学生如何去查阅相关的文献资料，进行针对性阅读并及时消化，将其应用到建模中来。此外，通过对比同一竞赛题目不同的建模方法和模型，进一步启迪学生如何创新。几乎每次汇报我和同学们都要泡在机房一整天。学生汇报之后便是模拟训练，训练之后再汇报……其中的苦与累不言而喻。

正所谓"数学建模不仅是数学走向应用的必经之路，而且是启迪数学心灵的必胜之途"。理解了数学建模的真谛，作为竞赛指导老师，再苦再累我们都不会抱怨，获不获奖我们也不会在乎。因为同学们通过参加数学建模竞赛收获了很多！不仅提高了使用数学方法的技能和研究问题的能力，而且还培养了团结协作精神、拼搏精神和吃苦耐劳的良好品德。

当然，为全面培养学生的创新能力，提高学生的综合素质，作为竞赛指导老师，我们必须努力提高数学建模竞赛的质量。同时，也应清晰地认识到：单单开设数学建模课程，仅仅搜集现有的建模试题，并加以归纳整理来培训学生，包括向学生传授一些解题的诀窍，是远远不够的。我们应该深入理解和把握数学建模精神，努力提高自己的业务水平，全面力行"教学—竞赛—科研"三位一体的实践，努力开展"以问题驱动的应用问题研究"。此外，还应对现有的数学模型和数学实验课程准确的定位，努力将数学建模的思想和方法逐步融入到数学类的主干课程，使得数学建模在数学教育中发挥重要的引领作用。

20 年来，广西赛区在全国大学生数学建模竞赛中取得了优异的成绩。成绩的取得离不开广西教育厅、广西赛区组委会、各高校各级部门的高度重视和大力支持，离不开各位老师和同学的辛勤努力,也离不开所有为竞赛默默工作的人的大力支持。各级领导和组委会的高度重视和大力支持给予指导老师和参赛队莫大的鼓励! 尤其是那些默默无闻、勤勤恳恳、不计名利、长期奋战在建模一线、甘为人梯、牺牲假期进行辛勤培训的老师们,和那些不甘平庸、废寝忘食、齐心协力、勇于挑战自我极限参赛的同学们,非常令人钦佩! 作为广西师范学院的一名竞赛指导老师,我深知学校、教务处、图书馆和网络中心的领导对数学建模竞赛的大力支持! 竞赛前一天,我校数学建模竞赛的主阵地——理综楼网络全部瘫痪! 为确保竞赛的顺利开展,学校各级领导非常重视,决定架专线,网络中心老师们一直到晚上 10 点多才完成抢修工作。

　　然而,过去的成绩,带给我们的将是更严峻的考验,更高层次的挑战。成绩只能代表过去,新的征程正在前方等待着我们。"雄关漫道真如铁,而今迈步从头越"。希望我们各位指导老师积极行动起来,从我做起,从现在做起,努力培养学生的创新能力,提高学生的综合素质,让我们在这片育人的沃土中放飞新的理想,收获新的希望!

未来科技发展之所需，创新人才之摇篮

王春利

（桂林电子科技大学信息科技学院）

桂林电子科技大学信息科技学院2004年开始筹建，2008年才由原来的2位数学教师发展到5位，也就是从这一年开始有一个队参加全国数学建模竞赛，并获得广西区二等奖。参与到大赛的各项工作中的教师有4位，在袁媛老师的带领下，开始了数学建模的征程。2009年的参赛队伍壮大到5个队并且获得了全国二等奖1项，区一、二、三等奖各一项。2010年开始我院参赛队伍增加到10个队，获全国二等奖1项，区一等奖2项，区二等奖2项，区三等奖3项，获奖的质量和数量都有所提高。同年我院数学建模协会正式成立，成为数学建模大赛的生源地。特别是2012年我院获得了突破性的全国一等奖1项，同时获全国二等奖1项，区一等奖2项，区二等奖3项，区三等奖2项，当年全国只有5所独立学院获全国一等奖。并指导学生在国家级期刊上发表论文5篇。虽然参赛队伍总数不多，但是一直保持了较高的获奖率，基本上在80%左右。充分说明我院在人才选拔、培训方面都做了很多踏实的工作，并进行了不断的探索和实践。

一、成绩的取得离不开学院历任领导的大力支持

培训工作繁杂，涉及面广，学院在经费紧张的情况下，仍然能够给予大力的支持，解决了我们的后顾之忧，教师和学生获得了学院的经费支持。在学院的大力支持下，2013年数学建模基地正式成立，从此数学建模协会有了固定的活动场地，并配备了桌椅和电脑，开通了网络。这对数学建模协会的健康发展和数学建模竞赛的长远开展奠定了基础，解决了数学建模协会搞活动都要借场地的困难；同时也体现了我院对数学建模活动的重视和支持力度。不但前期的培训有经费支持，后期或将后学院依然有很好的奖励政策，对师生都是一种激励。如对获奖教师的奖励制度：①国家一等奖奖励8000元，二等奖奖励4000元；②广西区一等奖奖励1000元，二等奖奖励500元，三等奖奖励300元。对获奖学生的奖励制度：①团体获得桂电校级数学建模竞赛三等奖以上者，分别奖励200元、150元、100元；②团体获得广西区竞赛三等奖以上者，分别奖励800元、500元、400元；③团体获得全国竞赛三等奖以上者，分别奖励1500元、1200元、1000元。

二、桂林电子科技大学给予了技术上的指导和资源共享

数学与计算机学院的段复建教授、朱宁教授与我院数学建模紧密结合，在技术上给予最大限度的指导并参与到课程建设、前期培训、后期点评等各个环节当中，对培养我们年轻教师起

到了至关重要的作用。依托母体学校的资源和多年的参赛经验,师生的共同努力让我院的数学建模竞赛健康快速的发展壮大。母体学校每年组织的"所罗门杯"数学建模校内赛也同时邀请我院学生参加,赛后颁发获奖证书,并获得我院的认可。2008年入职的4名教师都获得了快速健康发展的平台和机会,在获得了诸多的奖项的同时,自身的能力和素质也得到了大幅度的提升,其中的3人已经获得了更大的发展空间。这充分说明在人才培养方面,学院、母体学校、公共课程教学部能够相互协调,给予青年教师很好的锻炼机会和平台。

三、区领导的关怀和帮助是我院数学建模竞赛开展的动力

从2008年第一次参赛开始,区领导对我院的数学建模工作给予了高度重视和大力支持。每年召开相关会议,凡是参加数学建模竞赛或有意参加的学校教师代表都可以参会。会议为大家提供了一个相互交流和学习的机会,获得了区内各高校教师的支持。通过面对面的相互学习,教师们能够快速地统一思想,对培训模式的不断完善有很好的促进作用。不但如此,区领导还经常到各市高校进行走访,了解情况,并给予技术上和思路上的指导,对我院数学建模健康、快速和可持续发展提供了必要的支持。

四、成绩的取得与指导教师团队的密切配合、学生们的共同努力
是分不开的

组织一个比赛不容易,同时,准备一个比赛也不容易。我院的数学建模相关工作,从一无所有到现在的比较完备的体系的建立经历了漫长的过程。袁媛老师在整个过程中起到了关键的作用,在她的带领下,我院数学教师都能以主人翁的姿态对待培训中的问题。从数学建模协会的建立、每年校内赛的筹备、全国赛参赛队伍的选拔、组织和培训,到最后指导全国赛,指导教师团队和学生同甘共苦,不离不弃,目标明确,取得了一次次的胜利。虽然所涉及的问题很多,但是在我院数学教师的共同努力下,每年都能踏踏实实地把各项工作落到实处。

五、稳定的指导教师团队对数学建模竞赛的发展起到了关键的
作用

人才培养不是一朝一夕就可以完成的,都要经历时间和工作的磨砺。小到一个教研室,大到一个学校,一个省市,一个国家,人才是最重要的。有了人才,一个集体才能快速的发展,才有生命力,才会大步向前。否则,就会原地踏步甚至倒退。在社会快速发展的今天,不能快速发展就会被社会淘汰。一旦有了人才就要稳定人才队伍,构建合理的人才梯队,事业这艘船才能走得更远。人才的流失对事业的发展是致命的,如何稳定人才队伍向来是各种企业、事业单位面临的挑战。任何事的发生都是双刃剑,我们培养了人才,获得了培养人才的经验是成功的,但是人才一旦培养好了就离开了团队,这对于团队而言又是很大的损失。人才培养的经验需要用时间来浇灌才能培育出人才,所以最大的问题还是要想办法留住人才,提高待遇,给教师希望,让教师们能够安居乐业才是根本。

六、对未来的展望

　　新的血液的注入，为数学建模的发展提供了资本。教师队伍的不断壮大的同时也会使得参赛队伍不断扩大，数学建模的受益面会进一步加大。在未来的 3 年内，我院的参赛队伍有望增加到每年 20 个队。人才队伍相对稳定，结构相对合理。随着学院的快速健康发展，数学建模竞赛能够拿出更多、更好的成绩回馈学院，同时也能够获得学院更为有力的支持，教师们能够到更好地发展。

　　数学建模协会能够不断发展壮大，并且不局限于单纯的为参加竞赛。能够有更多的资源可以共享，并且能够解决一些企事业单位、国家机关等部门亟待解决的问题，依据数据的支撑，从理论高度给出合理的解决方案，为社会的发展贡献力量的同时，自身也可以得到锻炼，这可能是真正的人才培养之路。

奉献与兴趣

苏 恒

（桂林理工大学博文管理学院基础部）

全国大学生数学建模竞赛是国内规模最大的大学生课外学科竞赛活动,目的在于激发学生学习数学的积极性,提高学生建立模型和运用计算机技术解决实际问题的综合能力,拓展知识面,培养创新精神及合作意识,同时,也推动了大学数学教学内容和方法的改革。这一竞赛活动,历年受到我院、基础部领导的高度重视与大力的支持和学生们的高度热爱。本人于2011年7月到桂林理工大学博文管理学院工作至今,虽共参加两次竞赛指导,但对数学建模的组织、教学、学生的参赛方面认识收获颇多。以下就三点谈谈自己对建模的感想。

其一,组建一支强有力地辅导教师队伍。在数学建模培训中,辅导教师是核心。辅导教师也是保证培训效果和竞赛成功的关键因素。指导教师业务技能的提高,最有效的方式是通过一些经验丰富的老师以"传帮带"的形式培养新的指导老师,使得师资得到连续;另一方面,通过教师自身的学习与教研室同事间相互的探讨交流学习;再一方面,通过跟兄弟院校的学习交流,吸取他校的有效经验。与其说数学建模培训的核心是指导老师,不如说指导老师工作精神的核心是——奉献。"采得百花成蜜后,为谁辛苦为谁甜"。一个数学建模活动是一个庞大复杂而长期的学习培训活动,需要指导老师们一两个多学期的用心指导,默默工作。待到学生们数学知识的增长,知识面的拓宽,计算机能力的提高,团队意识的增强时,指导教师们才体会到"百花成蜜"的甜。

其二,进行系统培训,选拔优秀学生组队参赛。数学建模或数学实验课程教学对于开发学生的创新意识,提升人的数学素养,培养学生创造性应用数学工具解决实际问题的能力,有着独特的功能。我院一阶段面向全院各专业学生,开设数学建模、MATLAB软件等相关课程的选修课;二阶段进行校内选拔赛选,选出有实力的学生进行专题培训;三阶段进行实战强化训练,在这个阶段培训教师和学生需要不断的看书、练习,编程、调试,探讨。过程虽是艰辛的,但一分耕耘,一分收获。

其三,参赛。一个团队三个人,不分白天黑夜地,为了解决一个问题而共同探讨努力。或找资料,或编程,或输入;或激辩,或"争吵",或归一;或苦思,或灵感的闪现,或喜悦地"尖叫"……数学建模竞赛经历了三个半白天加上三个晚上,到最后往往是"行百里半九十"的感觉。有的人选择放弃,有的人选择坚持。能拼到最后的往往是团队的学识、体魄和毅力。能产生强大的毅力来源于团队每个成员的对建模的兴趣。兴趣使人忘我地投入,孜孜不倦地工作,挺进目的地。学生交完卷都有种"醉翁之意不在酒,而在乎山水之间"的感觉,这就是建模带给他们的乐趣。

在建模的指导工作中,我体会到奉献精神的价值,看到学生们建模能力的提高、兴趣品质的形成及团队意识增强的喜悦,这都为我今后把数学建模工作做好,把学识和劳动与学生们共享提供了源泉。

数模是我人生道路上的一块敲门砖

韦 师

（贺州学院）

数学建模不仅改变我对人生的态度，更是改变了我对人生道路的选择。自 2007 年 10 月 19 日因为第四届全国研究生数学建模竞赛，我第一次接触数模。因为数模我成为广西区"三好"学生、优秀研究生、优秀毕业研究生，因为数模我成为了一名高校教师，因为数模塑造了我永不放弃、积极向上的拼搏精神。

2010 年 7 月我从在台下听课到台上讲课这么一个角色转换，也注定了我参加数学建模竞赛到指导数学建模竞赛的角色转变。从事了 4 年的教师工作，也参与了 4 年的数学建模竞赛的组织和指导，在这一过程充满着辛酸和泪水，但更多的是收获和喜悦。

数学建模竞赛极大地调动了学生学数学、用数学的热情。该项竞赛不仅对培养大学生创新能力、综合素质、应用数学解决实际问题的能力具有重要作用，同时对学生合作精神、拼搏精神等个人素质的培养也具有一定的促进作用。同时也顺应了高校向"应用型人才，综合型人才"发展的趋势。参与了几年的数学建模培训和指导，感同身受，积累了一定的心得与体会，在此与大家共同探讨。

一、加大宣传力度，提高数学建模的影响力

1. 加大宣传力度让学生了解数学建模，了解数学建模竞赛。以数学建模协会为主要力量，通过协会间交流、数学建模兴趣活动、网站建设和网络宣传等方式使得数学建模及数学建模竞赛在全校得以传播。

2. 提高学生对数学建模的兴趣。以指导老师为主要力量，通过讲座的方式让学生感受到数学建模其实就在自己的身边，数学建模是服务于我们生活，数学建模是我们理论联系实际的主要桥梁，数学建模是我们未来发展的一块垫脚石。

3. 鼓励数学建模爱好者积极加入数学建模协会，共同探讨数学建模及数学建模竞赛。

二、促进数学建模及数学建模竞赛知识层面、竞技水平的提高

1. 数学建模竞赛知识层面的提高。鼓励各专业人才培养方案中设置"数学建模"课程为必修课或者是选修课，将数学建模的思想和方法融入各课程的教学中，使学生在学习数学建模基础知识的同时，培养了学生运用数学建模的思想方法来解决实际问题的能力。

2. 通过培训的方式提高学生的数学建模及数学建模竞赛的知识水平和竞技水平。每年

5—9 月份,分三个阶段进行数学建模培训:第一阶段面向数学建模爱好者,主要培训数学建模的基本理论知识、基本方法原理(如概率论与数理统计,统筹与线性规划,微分方程等知识在数学建模中的应用及计算机软件 MATLAB,SPSS,LINGO 等的应用);第二阶段主要面向积极参与数学建模竞赛者,主要培训数学建模中常用的方法和范例讲评,包括网络模型、运筹与优化模型、种群生态学模型、微分方程模型、随机模型、层次分析法、数据拟合、计算机仿真等;第三阶段主要面向参赛者,主要培训资料的查询和写作能力。

三、以培养学生为目的,促进数学建模的良性发展

作为一名高校教师,肩负着人才培养的使命,作为一名数学建模竞赛指导老师,肩负着为学生创造锻炼自己、展示自己、造就自己的有利平台。自参与数学建模竞赛指导至今,我一直以"重在参与的过程我们学到了什么,而不是参与以后我得到了什么"为理念,鼓励学生参加数学建模竞赛,更相信通过数学建模竞赛在"知识、能力、意识"方面的提高,远远比暂时的"荣誉"对学生今后的发展更重要。

一次竞赛，终身受益

林浦任

（钦州学院）

　　全国大学生数学建模竞赛(CUMCM)（以下简称数学建模竞赛）是由教育部和中国工业与应用数学学会联合举办的一年一届的规模最大、影响最大的大学生课外科技竞赛活动。自1992年创建以来，参赛人数和规模越来越大，经过二十多年的发展，如今在我国大学生中已经深入人心。在我国大学生中开展的数学建模竞赛具有如此的生命力，从一个侧面反映了数学教育理念随社会进步而产生的积极变化，也是适应我国国力不断增强，实现中华民族伟大复兴的要求。数学建模竞赛以其挑战性的魅力，引导青年学子通过亲身参与，体验应用数学的价值，了解和掌握数学与现实世界联系的途径。数学建模竞赛一年一度，竞赛的胜利带给了我们值得珍视的荣誉，但无论失败还是成功，都不会改变亲身参与其中所获得的教育意义，它提供我们积累总结经验的机会，促使我们去思考，一次竞赛，终身受益。

　　本人自2004年参加工作以来几乎每年都指导学生参加全国大学生数学建模竞赛，取得了一些的成绩。多年来的实践与探索，作为指导教师体会到，要把数学建模竞赛这项活动指导好，要从多个方面有所准备：

一、教师层面

　　作为指导教师，首先要完善自己的建模知识。说句实在话，虽然数学建模竞赛开展多年，但能在学生期间就能参加的教师还是少数，因此要指导学生，当务之急就是完善自己的建模知识，为此我阅读了大量的数学建模方面的知识，熟悉各种常规模型，例如离散模型、连续模型、微分与积分模型、微分方程模型、概率统计模型、最优化模型等，同时也要掌握多种数学软件，数模建模最终还是要把问题解决，问题的最终解决体现在合理的结果上，而这必然涉及大量的计算，这非计算机软件无能为力也。

二、组织工作层面

　　在组建了一批数学基础扎实、对数学建模有浓厚兴趣、有一定数学建模的实际经验又有献身精神的指导教师员队伍后，对学生组织工作的扎实落实也非常重要，在我看来，尽早组织好学生队伍是形成威猛战斗力的关键，由于学生在校时间都不算长，基本上是刚出成果就面临毕业，这就足以说明尽早组建学生队伍的重要性，这可以从在社会上各种竞技性职业联赛中取得优异战绩的队伍的历练过程中得到佐证。另外，还有利于优秀做法（文化）的传承，这些都可以保证我们的竞赛有持续性和生命力。

三、指导学生层面

1. 认识层面的指导

在分配好指导参赛队后,接下的事情就是要跟自己所指导的参赛队做好沟通工作。一般来说,刚组好的参赛队,队员间的分工合作都不是很明确,这时候指导教师就应该和队员们多沟通以了解他们各自的特长,根据特长而作大概的分工磨合,可以说,这一项工作的成败基本决定了参赛结果的成败。

2. 指导培训层面

（1）案例分析指导

指导教师可以根据自己多年的指导经验和对历年赛题优秀论文的理解对所指导的参数队进行讲解、分析与讨论。在讲解完一两个案例后,一般要预留若干问题让学生自己讨论,这个方法在实际指导中收到了很好的效果。经过多次集体讨论,在学生基本能比较透彻掌握这些案例后,其他的案例以学生讨论为主;讨论中,教师加以必要的指导。通过自学和报告学生能很具体地了解这项竞赛的具体要求是什么,特别是竞赛成果的论文,应怎么写,了解得比较具体些。学生对竞赛中将会涉及的数学、非数学知识要有一个大概的了解,要求学生自己独立查阅有关文献。指导教师在要竭力提倡讨论、争辩、勇于提出自己想法的风气,这实质上是培养学生互相交流、互相学习、互相妥协的能力。

（2）数学软件应用指导

虽然之前的培训已经对数学软件有所了解,但很多学生并未能熟练掌握,可以说,你对数学软件的应用直接决定着模型大的走向和建模成果的关键环节,因此对计算机能力较好的参赛队员要强化数学软件的应用能力以提高本队的竞争力。具体可以要求队员计算历年的优秀论文结果,这样既有参考又有训练。

（3）搜集信息能力指导

对于数学建模的问题,对我们来说,基本上都是以前没有接触过的全新知识领域,这就要求我们具备利用一切手段查阅资料的能力,这可以指导学生有哪些途径可以搜集信息,这看似简单,但要在参赛的第一天完成也并非易事,否则就会影响模型的建立。

（4）社会热点问题的关注程度指导

看一看建模竞赛的题目,每年都有一至两题和社会热点问题是紧密相连的,比如 2003 年的传播预测问题,2004 年的奥运会和电力输送问题,长江污染问题等都与社会热点有关。如果能在赛前就对这些问题进行关注,竞赛时肯定会起到事半功倍的效果。

（5）实际操练

进行模拟竞赛是必需的,由指导教师指定竞赛题目,但一定要严格按实战要求来做,主要是使学生有一个实战演习的机会,看看三个人三天中能否完成任务,更重要的是给学生一个考验自己临场应变能力（要独立查找文献、编制程序、文章写作等）、组织能力（如何分工合作,适当时候如何互相妥协、互相支持鼓励）的机会,从而对即将到来的竞赛工作以及对自己的能力要求有一个比较切合实际的把握。实践证明,除了对知识的要求,队员间配合的默契程度直接关系到建模的成功与否。三个人既有分工，又有协作。当建模处于困境中时，队员之间首先要对题目进行充分的讨论，意见有分歧时，一定要达成共识，而一旦确定了方向，个人就要坚决摈弃自己和大方向不同的想法，这时三个人的劲要往一处使。当建模处于中后期的时候，每个队员要注意自己的工作重点，谁负责撰写论文，谁负责求解模型，谁负责继续完善模型，要分工明确。三个人什么时候分，什么时候合，如何分，如何合，这都是需要在建模练习中慢慢磨合的。

（6）加强对模型细节部分的处理能力

当建模处于后期的时候，主要是对模型加以修改和完善，这时我们要注意文章前后符号是否一致，语言表达是否清晰，排版是否正确，文中内容是否有遗漏，特别要提出的是文章的摘要在这段时间要细细琢磨，慢慢推敲。

以上是我多年来指导数模竞赛的几点体会，希望能对刚参加指导的新教师有所帮助，不妥之处敬请批评指正，希望能和各位把这项赛事持续下去。

敬业与坚持

耿秀荣

（桂林航天工业学院）

在我们学校，各级领导都非常重视数学建模竞赛活动，老师们也积极参与数学建模培训及指导工作。无论是他们思考时紧蹙的双眉，还是汗水湿透的衣背，在他们身上，我看到了一种敬业与坚持。是种子就会发芽。我们学校历年取得的建模成绩，正是这份敬业与坚持的种子发芽后所结出的硕果。在这种良好的氛围中，我也逐渐成长为一名建模指导老师。

回顾自 2006 年来指导学生参加数学建模竞赛的历程，有几点感触较深，总结如下：

一、坚持在教学过程中渗透数学建模思想

数学建模通常很难直接套用现成的结论或模式，但是有一种不变的东西始终在起作用，那就是数学建模思想。完成数学建模过程，学生需要具备良好的数学建模思想，而思想的形成需要过程。因此，我认为，在高等数学教学过程中渗透数学建模思想非常重要，可以培养学生用数学建模的观点和思考方式解决复杂的实际问题的能力。

二、坚持运用变式思维开展数学建模

从"数学建模过程示意图"（右图），我们可以看到整个建模过程。在数学建模的过程中，我们对原问题实施变式，抽象出问题的本质，建立合理的数学模型，然后再对该模型进行分析，判断它是否是最优的模型。如果不是，则再对问题实施变式，建立相应的新模型，再判断是否最优……，一直到得到最优模型，最终解决问题。在此基础上，还要对这个最优模型进行推广，把它应用到更加广泛的领域。可见，变式始终贯穿于数学建模的全过程。正是这种方法，才使得我们建立的模型越来越优化，也就使得数学的重要思想——最优化思想——得以实现。

在指导学生进行数学建模时，有意识地培养学生运用变式思维开展建模活动。首先，运用变式思维，学生可以有信心找到切入点建立初步模型——哪怕是很简单的模型。其次，运用变式思维，学生可以有意识地从不同角度对已有的模型进行改进。只要不断改进就可以得到更好的模型。第三，运用变式思维，学生可

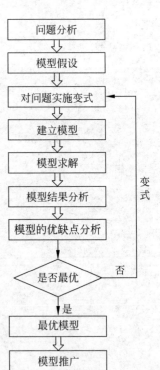

以优化建模论文。记得，在培训过程中，曾经有好多学生感慨 20 多页的建模"大论文"怎么能够写得出来？这时，我们用变式思维指导他们，在论文写作中要真实展现他们不断实施变式，从而建立不同模型的过程——毕竟这是属于他们自己的特色。如果这个寻找最终模型的过程过于曲折、论文则会太长，太乱。这时教会他们选择合理的、关键的步骤，从而形成具有自己特色的建模论文。

三、坚持培养团队意识

完成数学建模需要一个强有力的团队。团队中的每一个人都应该有强烈的团队意识，而不是仅仅是依赖某人，或把自己看做旁观者。这个团队包括指导教师团队和学生团队。作为指导教师要以身作则的意识。在建模前的各个阶段，做好各方面的指导工作，让学生有信心和能力参与建模。学生团队更为重要。毕竟正式的建模大赛是 3 个学生组成的建模队独立完成的。这时，队长的作用非常重要。他根据队员的特长进行合理分工，并且在建模过程中要负责协调各种工作，鼓励队员团结一致、坚持到底，而且尽可能把模型建好。

四、坚持学习，不断进步

建模的过程也是自身提高的过程。通过建模，学生们在各方面都有了大幅度提高，他们认为，这是人生得以升华的机会。同时，教学相长。通过指导学生的数学建模，老师在许多方面得到了提高，有助于进一步的教学与科研。

风采绽放，展望未来

霍海峰

（广西科技大学鹿山学院）

数学建模是沟通数学理论与实际问题的桥梁，是展现创新思维和发现思维的一个平台。全国大学生数学建模竞赛从 1992 年开始，她在教育改革的风雨中走过了整整 22 年，正是这 22 个由艰辛与汗水、鲜花和掌声、关注和期待交织在一起的全国大学生数学建模竞赛，使越来越多的人把热情与尊重，理解与关怀的目光投向了教育，投向了教师和学生，使我们度过的每一个平凡的日子，有了更加不寻常的意义。

每年一届的全国大学生数学建模竞赛，是目前全国高校规模最大的基础性学科竞赛，也是这些年来最成功的一项教学改革实践，竞赛培养了数以万计的创新人才。通过建模竞赛，明确了"重在参与，重在能力培养""重在综合素质的提高"的指导思想，加强了交流，增强了大学生创新精神和动手能力，提高了分析和解决问题的能力，增强了团结协作精神，这对学生的学习自觉性、主动性是极大的促进和鼓励。可以毫不夸张地说，数学建模竞赛活动为中国高等教育的改革、创新与发展做出了努力，对推进高等学校的素质教育做出了重要贡献，为其他学科大赛的举办，探索与积累了丰富的经验。

近年来，为鼓励在校大学生积极参加数学建模活动，学校在经费投入、项目立项、职称评审等方面出台了一系列鼓励政策，在创新实践学分等方面给予倾斜政策，这些政策措施得力，极大地调动了教师参与赛事工作的积极性。学校为培养在校大学生的数学综合素质和建模创新实践能力，成立了数学建模竞赛指导教练组，开设了"数学建模"选修课。这些措施使学生的业务素养、综合素质都得到了很大的提高，极大地推动了大学生数学建模竞赛的开展。

雄鹰用翱翔回报蓝天，骏马用驰骋回报草原。"一次参赛，终身受益"已成为广大参赛学生的共识，以竞赛为依托的教学与培训活动为有志于科技创新的在校大学生提供了一个良好的发展平台。今天，让我们把热情与梦想、创新与开拓，奉献给学校和学生，相信我们的辛勤耕耘，必将收获桃李芬芳。

回眸过去，我们风采绽放；展望未来，我们任重道远。国家中长期教育发展规划为我们绘制了一幅美好的教育发展蓝图，让我们共同努力，把每一次竞赛都作为一个新的起点，为建设自主创新型国家，为培养更多、更优秀的创新型人才，做出更大的贡献！

责任与毅力

陈迪三

（广西师范大学漓江学院）

全国大学生数学建模竞赛是我院学生中最有影响力的科技竞赛活动，受到院、系两级领导的高度重视与大力支持，学生的青睐。本人2008年7月到广西师范大学漓江学院工作至今，共参与指导六次竞赛，一路走来受益匪浅。

参与数学建模赛前培训与指导六载，深深感觉到数学建模收获不仅是奖状，而是收获了一双隐形的翅膀——大学生使用数学方法的技能和研究问题的能力。数学建模旨在提高学生从实际复杂系统中抽象化、理论化的能力，所解决的问题涉及工程问题、社科方向和自然现象探究等，这些特质奠定了数学建模在众多竞赛中举足轻重的地位。作为指导老师，在我看来以下三点，对大家参加数学建模竞赛有所帮助。

首先是综合培训。学校开设的数学建模系列选修课给大家提供了一个了解数学建模的好机会，使大家认识到：数学建模不是一道单纯的数学题，而是要求我们学会用数学来解决生活中的实际问题。数学建模系列课程，内容涉及运筹学、图论、软件编程应用各种统计方法等，给我们展示了数学建模的魅力，使我们能够真正理解数学建模的内涵。通过层层选拔进入到全国赛的同学们，在暑假期间还要经历痛苦的折磨——强化培训，在半个月的时间里，培训老师和同学要冒着酷暑天天浸泡在机房里，不间断的学练学，在我看来，正是这种高强度的训练，激发了各位同学身上的潜力，培养了创新能力，锻炼了毅力，使他们面对题目从无从下手到思如泉涌。也正是所谓的"梅花香自苦寒来"。

二是团队协作精神。良好的队内合作是取得成功的最关键因素，建模竞赛中，三人一小组，在三天三夜或四天四夜的比赛中融洽和谐并不容易。学生与学生之间，学生与老师之间对某个观点或某种做法意见不统一而产生分歧，如果能恰当的处理好，通过友好的讨论形成知识的互补，才能充分体现整体的实力。有分歧有争吵都是好事，关键是能从争执中迸发出火花与灵感，而不是非要争个高低与对错，互相之间的包容和理解，活跃的气氛，是一个优秀团队的必备条件。

三是责任心与毅力。比赛到最后一个晚上，拼的不是智力，完全是耐心与毅力，有的同学觉得没有思路，问题处理得不好，越来越会心，一点点的放弃，这是没有毅力，同样也是没有坚强的心。数学建模竞赛就是增强参赛队员的责任心与毅力，磨炼了他们的意志力，只有坚持到最后才能看到最美的风景。

作为一名指导老师，通过建模的锻炼，也使自己理论联系实际解决问题的能力有了大幅度的提高，在建模过程中所学到的点点滴滴，将伴随每一位同学的成长。

医学院校数学建模竞赛的开局、中局与残局

邓　洪　陈小军

（广西医科大学）

　　全国大学生数学建模竞赛创办于 1992 年，每年一届，迄今已经进行了 22 个年头，竞赛规模从首届的 10 个省市 79 所院校 1000 名学生，增加到 2013 年有 33 个省/市/自治区（包括香港和澳门特区）及新加坡、印度和马来西亚的 1326 所院校、23 339 个队（其中本科组 19 892 队、专科组 3447 队）、70 000 多名大学生报名参加本项竞赛，它是目前全国高校中规模最大、影响力最大的大学生课外科技活动。我校从 2011 年开始组队参加广西赛区的比赛，取得了一些成绩，也积累了一些经验，本人结合三年多带队参赛的经历，谈谈个人的感受和体会。

一、开局是基础

　　首次组队参赛，面临重重困难。数学在医学院校中属于非主流学科，其生存和发展会受到很多因素的制约，我校自 1999 年起《高等数学》课程就从医学类专业的必修课名目中消失，虽然医学类专业学生的入学成绩不错（一本线上），但由于未能得到系统的课程训练，很多学生的数学基础只停留在高中的水平，这样参赛选材的空间严重受限。面对困难，我和教研室的其他教师共同努力，提前规划。首先，鼓励任课教师在课程教学中介绍和宣传数学建模竞赛，并把数学建模的思想和方法融入课堂教学之中，注意发现和培养数学爱好者。其次，扩大数学类选修课宣传的力度，通过组织一些新专业学生参加课程建设，营造数学文化的氛围，并适时地开设一些讲座和培训，使更多的学生自觉自愿地提升自身的数学素质。最后，通过初步的选拔，整合了参赛的队伍，在冲刺阶段，我和其他教师不仅要完成指导任务，还要做好后勤保障服务，包括联系机房、落实住宿、网络联通等事务，确保了参赛学生全身心地投入到竞赛当中。俗话说，好的开始是成功的一半。首次组队参赛虽然很累，但也从中积累了经验，体验了其中的一些乐趣，为以后的建设和发展打下了基础。

二、中局是关键

　　要想在数学建模竞赛取得好成绩，光有热情是远远不够的，必须要建立能确保数学建模长远发展的长效机制。为此，我和教研室其他教师积极奔走，帮助学生成立数学建模协会，吸收更多的学生参加数学建模活动，教研室定期与协会成员交流学习，组织专题讲座，扩大学生的知识面，并邀请校外专家举办讲学活动，促进数学文化氛围的建设和发展。教研室已意识到建立数学建模专职培训教师队伍的重要性，从 2012 年开始，不断加强和充实教师队伍的建设，指

派专职教师负责参赛人员的选拔、培训及指导工作。与此同时,教研室开设了数学建模系列选修课并加强宣传和造势,为爱好数学建模的学生提供了系统培训及提升的平台。另外,教研室还积极争取学校层面的支持,把培训教师分批派出去参加交流会议,学校其他高校的经验,提高培训教师的水平。随着长效机制的建立,我校数学建模参赛队伍的选拔和培训已常态化,几年下来,在学校中已经营造出一定的数学文化氛围,这对于未来的可持续发展是非常关键的。

三、残局见功夫

开展数学建模活动,主要目的在于培养大学生学以致用的创造能力,数学建模是具有实践性、学科性、高强度、协作性的学术活动,具有旺盛的生命力,大学生数学建模竞赛活动有利于营造良好的学习氛围,有利于帮助广大同学端正学习态度,提高自身学习的积极性、主动性和自觉性,有利于提高学生的动手能力和理论联系实际的能力。实践证明,参加过数学建模竞赛活动的同学在学习成绩、创新能力、自我管理能力等诸多方面都体现出优秀的综合品质。如何让广大学生感受到数学建模并非高不可攀,数学应用无处不在,从而增加学生学习数学的热情和参加数学建模竞赛的可能性,成为现阶段我校数学教学改革的一项重要课题。为此,我们一方面通过开展数学建模活动带动课程建设和改革,持续在校园中营造数学文化的氛围,配合学校开展学风建设。数学建模竞赛活动,学生既是主体也是最大的受益者,参加竞赛的同学既学到了知识也得到了锻炼,同时也积累了不平凡的人生经历,他们不但自己在这项活动中受益匪浅而且还影响着周围其他的同学,这对我校形成良好的学风起到了巨大的促进作用。另一方面,我们不断完善基础设施建设,最近几年,学校加大了数学建模教学和培训的投入力度,安排了数学建模实验室,配备了计算机等设备,购买了数学建模的相关书籍,近期我们在学科建设中提出了建立我校学生备战数学建模竞赛实训基地的方案,希望以此为下一阶段的发展提供保障。另外,我们逐步加强数学建模竞赛的组织管理工作,精心组织、科学管理是我们在管理工作中遵循的原则,能否组织"精兵强将"参与到竞赛活动中来是我们取得好成绩的关键。我们期待通过一系列有效措施,在人才选拔上下足功夫,使得今后我校的参赛队伍更加精干,挖掘出最优秀的学生参加到数学建模竞赛中并取得好成绩。

现代大学教育的思想核心就是在保证打牢学生基础的同时,力求培养学生的创新意识与创新能力、应用意识与应用能力。数学建模竞赛活动是实现这一改革目标的有效途径,正是数学建模活动为大学的数学教学改革打开了一个突破口。近几年,我们通过数学建模竞赛活动所构筑的平台,对数学教学模式积极探索,取得了一些成效和成绩,通过课程教学的改革,使医学院校的数学教学能够适应不断变化发展的时代需求。

重在参与，用心做事

邹永福

（河池学院）

全国大学生数学建模竞赛是一项影响深远的比赛。它不仅注重培养学生们的创新精神、团结协作能力和学习能力，更重要的是培养学生发现问题，动手解决问题的能力。正如一个曾经参加过比赛的同学讲到的，在有过数学建模竞赛经历和深入了解数学模型课程后，自己在生活中无时无刻都在想，怎样运用数学建模的思想和方法解决遇到的实际问题，比如投资理财问题，交易中的风险评估问题等。从这位同学的回答中，我们不难发现，数学建模竞赛让每一位大学毕业生，能够更加理性的面对生活中的各种各样的问题。我想这也就是数学建模竞赛希望达到的一个目的。这也充分体现出了竞赛的宗旨，即一次参赛，终身受益。

本人作为河池学院数学建模竞赛指导教师中的一员，已经有十来次了。每次看到学生们能全身心的投入数学建模课程的学习和竞赛过程中，我都感到无比的欣慰，同时在与学生们并肩学习的过程中，我自己也在不断地成长。下面我从三个方面，谈谈自己的一点体会。

一、重在参与

大家都知道数学建模竞赛是辛苦的，由于数学建模涉及各个学科的内容，这对于一个大学本科生来说，是一个极大的挑战。甚至对于我们刚升格的本科院校的学生来说，想在竞赛中拿奖，可是一件非常不容易的事情了。因此，纵然获奖难能可贵，但我想，大家能在竞赛过程中获得知识和进步，这不就是我们参加竞赛的初衷吗？

二、加强基础知识学习

虽然，数学建模竞赛涉及的内容多，但是有一些基本的内容还是值得为之花时间细细研读。首先是动态建模方法，也就是通过运用微分方程思想，得到实际问题的数学模型的方法；再者就是最优化方法建模，其中包括线性规划，二次规划，整数规划等问题，这些问题不需要用到高深的数学理论，学生容易掌握。而且通过软件求解，及培养了学生的数学建模理论知识，也培养了大家的动手能力。

三、注重动手能力培养环节

如果有人问，数学建模竞赛的真正魅力在哪？我想，莫过于它的开放性。也就是说，数学建模竞赛中，三个队员可以在指导老师的带领下，自由的查阅文献资料，寻找问题的解决办法，能够把自己的想法建立起数学模型，并对模型进行求解，分析和改进。这就需要大家有较强的实际动手能力。而且建模过程中的每一步，都会给同学们在今后的工作中，实现创新带来帮助。因此数学建模竞赛的培训和学习过程中，同学们一定要注重动手能力的培养。

最后，数学建模竞赛即是一场比赛，同时也是一段充实的生活经历，只要我们用心去努力了，大家都会从中获得收获的。

我与数学建模的不解之缘

许成章

（梧州学院）

第一次接触数学建模是在 1997 年，当时我还是广西大学应用数学专业 1994 级的一名本科生。记得那时广西大学在广西率先开设数学建模课，上这门课的是谢士生老师，很多年没有见过了，印象中是一位黑黑瘦瘦具有儒雅气质的中年男子。这门课用的是姜启源和谢金星老师主编的数学建模教材，后来多次参加数学建模学术会议和培训班都亲自聆听了两位老师的教诲。在数学建模课程学习中，我才对数学建模有了深入的了解，从不曾想到小小的数字竟然能将纷繁的各种事物演绎的如此精彩，真是太奇妙了！也不曾想到数学与电子计算机技术结合后会爆发出如此大的能量。这门课程结束后，吕跃进老师召集全班同学进行参加全国大学生数学建模竞赛动员，而我由于母亲住院而未能参加当年的培训和赛事，迄今仍是我的一项憾事。1998 年我想参赛时，已经临近毕业了，本以为与数学建模就断了缘分。

毕业后我分配到广西大学梧州分校任教，广西大学梧州分校在 2006 年升格为梧州学院，是一所多科性的地方全日制普通高等本科院校。梧州学院从 2005 年开始组队参加全国大学生数学建模竞赛，我也续上了与数学建模的不解之缘。为了打响第一炮，学校领导高度重视，专门成立了由学校分管教学副校长为组长的竞赛领导小组，下设数学建模竞赛指导组，专门负责竞赛的组织和培训工作。我作为竞赛指导组其中一员参加了整个数学建模竞赛的指导工作。经过全体指导老师和参赛同学的共同努力，克服了对赛事不熟悉等诸多困难，第一次参赛就取得了一个全国二等奖和一个广西赛区一等奖，二个二等奖、二个三等奖，这给了我极大的鼓舞和信心。后来每年我都参加数学建模竞赛的指导工作，所指导学生曾获得全国二等奖，广西赛区一、二、三等奖，但非常遗憾的是没有获得过全国一等奖。

参与指导数学建模 9 年，深深感觉到数学建模竞赛并不是一个单纯的赛事，成绩固然重要，但更重要的是数学建模对高校数学教学改革的促进作用，对培养学生应用数学、计算机编程、自主学习、创新思维、协调配合等各方面能力起到的作用。为此，我仍将继续我跟数学建模的不解之缘。

指导教师新生力量心声——迎接挑战，放飞梦想

莫亚妮

（广西建设职业技术学院）

从 2009 年第一次组织学生参加全国大学生数学建模竞赛，参与到数学建模教学与竞赛工作不知不觉已有 2 年。在学院、教务处、公共基础部的领导下，通过在教学上不断探索和共同努力，在教研室主任梁宝兰老师的带领下共获全国二等奖 3 项，赛区一等奖 4 项，赛区其他奖项若干。如果比赛带给学生的一次比赛终身受益，那带给指导老师的就是不断迎接新的挑战，放飞一届又一届学生的数模梦想。

通过几年来的教学与竞赛活动，感触很多。感觉数模带给我们的是一次又一次的挑战，虽然很苦然而却乐此不疲。每次比赛结束时同学都会说终于比赛结束了，可是对于指导老师的我感觉这不是比赛的结束，而是另外一个未知的开始，在前方又会有更多工作等着去完成，还有很多没有实现的梦想需要一届又一届的努力。数模的工作不仅仅体现在竞赛的层面上，重要的是让更多的同学体会到数学建模的魅力。首当其冲就是需要在新生中推广数模，因此作为指导教师的我充分利用学生社团的影响力，让更多的学生参与到这项活动中来。以数学建模协会作为学生素质拓展基地。每年组织各种学习活动，例如举办数模讲座，组织历年参加选手给新会员介绍每年竞赛情况，组织全院数模方面的趣味知识竞赛等活动，还有与各高校之间的交流学习。每当跟学生们在一起的时候，感觉到同学们求知欲都很强烈，都想从老师这里学到更多的东西，因此作为指导老师的我，时刻都在想应该怎么设计课程，应该怎么讲授，才能让同学收益更多。时刻都感觉到自己不仅仅怀揣着自己对数模的梦想，更担负着一届又一届学生的梦想，有着非常强烈的愿望帮助他们在数模这个大王国里面的实现梦想。天气的炎热，身心的疲惫，只要看到同学们完成论文后开心的笑都觉得一切的努力付出都是值得的。

在迎接数学建模 20 周年即将来到的日子里，我会一如既往，和梁宝兰老师一起带领全院学生在稳步发展中寻求突破，为数学建模的发展尽最大的努力。因为在这个竞赛活动中我们不仅收获了荣誉，更重要的是培养了学生的综合能力，提高了教师的专业水平，丰富了学院的校园文化。

数模竞赛之己见

陈可桢

（广西水利电力职业技术学院）

本人作为我院数学建模组指导教师中的一员，来谈谈 2011 年本次数学建模竞赛的感想。

首先，数模竞赛的培训教学成果是集体智慧的结晶，而我个人的贡献非常有限。这里，我要感谢两位老师，一位是我们的组长梁薇老师，另一位是唐冰老师，是他们从零开始、一手组建起数学建模组的，没有他们多年的积淀，很难取得这么好的成绩。

其次，数模竞赛取得的成绩，与我们的参赛队员的独立思考、团结协作能力是分不开的。参赛期间，我们教练老师严格按照比赛章程的要求，除了对比赛试题做必要的说明外，都让学生自主讨论，独立完成数学建模、计算、检验和论文写作的全过程。比赛结束时，在观看了参赛队伍写的建模论文以后，我感到震撼，即使是我及在座的各位指导老师，也未必能写出这么好的论文。这样的活动不仅能培养学生的动手能力，逻辑思维能力，更重要的是培养了队员独立思考、团队的一种合作意识。

再次，我想对希望参加全国大学生数模竞赛的同学们说几句：要学好数学建模，还是要学好数学理论，打好基础。对于一年级新生来讲，踏踏实实地学好微积分、线性代数与线性规划、概率统计这三门课程是相当重要的。当然，经常关注数学建模网，参加数学建模协会的活动并且抽空学习相关软件也是有必要的。数学建模要一心一意，专心致志，吃苦耐劳，有创新能力、团结协作意识。数学建模能激发学生去调查、去研究源于生活的问题，源于他对生活的一种追求与探索，一种求知的渴望与兴趣，更带有一种执着与坚毅。

宝剑锋从磨砺出，梅花香自苦寒来

陶国飞

（广西电力职业技术学院，全国一等奖指导教师）

（2005 年全国大学生数模竞赛一等奖获得者；现为广西电力职业技术学院教师，获学院学习型标兵和优秀班主任等荣誉称号。）

日月如梭，与数模的交情已有七度春秋，我从数模队员成长为指导教师。数学一直是我喜欢的科目，初中、高中的数学竞赛我也都有过不错的成绩，高考第一志愿我所选择的是数学与应用数学专业。回首四年的大学美好时光，给我感触最深的是参加了数模竞赛，也正是那次竞赛，让我有机会成为一名高校教师。

2006 年广西电力职业技术学院首次参加全国数模竞赛，刚"出炉"的我压力重重。当时我还没个人电脑，除了吃饭睡觉的时间基本都在"数模实验室"里，读懂模型、学习软件、制作课件教案、培训指导……那年，我们有两个队获全国乙组二等奖。从此，建模的路上又多了一行我们的足印。

数模竞赛是我整装待发迈向人生成功之路的起点，也成为我追寻梦想一路前行的动力。一次参与，终身受益。希望有更多的同学能够喜欢数学建模，能够从数学建模中体会乐趣，收获成功，并从此走向更大的成功！

参加全国大学生数学建模竞赛的感想

杨吉才

（广西幼儿师范高等专科学校）

2013 年全国大学生数学建模竞赛已经过去将近一年,现在回想起来我感到非常充实和荣幸。去年最终成绩虽然不是太理想,但那段时间成为生活中愉快的回忆。古语云:"经一事,长一智,"从我当初参加学校举办的全国大学生数学建模培训开始,到现在的数学建模的结束,对我影响最大的是我对学习和生活的态度有了新的认识。总结起来我认为主要有以下几点:

一、团队精神的重要性

数学建模不是一个人就能轻松解决的事,是团队"1＋1＞2"一项活动。团队成员要互相理解,相互支持,相互信任。而不能只管自己(比如:负责编程的不管其他事情,负责写论文的只搞文章)。特别是建立模型,一个人根本不可能掌握全部模型,只有大家一起讨论并查阅资料才能想出解决问题的方法。现代社会更需要合作精神,合作的过程中,肯定会有产生一些小摩擦,这就需要我们各成员间磨合,团队协作精神和集体主义观念在这里得到了充分的体现。

二、开阔了视野,丰富了自身的知识储备

数学建模的目的是为了解决生活中遇到的问题,教我们用数学的知识认识一切,使得我们对问题的审视角度多了一层变化。在建模培训的那段时间使我的知识面有了很大的扩宽,将所学的数学和其他方面的知识活用到政治、经济、管理、工程、生物等各个领域,感受到从来没有体会到的成就感。比如线路选择问题,优化问题,污染问题等这些生活中的不同领域的实际问题。参加建模比赛开阔了我的视野,丰富了自身的知识储备,学到了很多专业外的知识,它让我在各个学科上走了一遍。建模过程中,有许多的数据要处理计算,如果单纯靠笔算,那费事费力而且不一定准确,通过人与人及交流和计算机的运用,学会了各种统计处理数据与绘图软件,如 LINGO、MATLAB 等。我相信在我今后的学习、工作和生活中,充分利用这些知识解决问题会事半功倍。

三、思维能力得到提高

数学建模竞赛可以锻炼思维,培养语言表达,指导教师在培训学生的每一个过程中同时也使得自己的大脑真正的进行了思考,一种空前的思考,一种没有参考的思考,一种真正自由意

义上的思考。这种思考可以使自己看问题的视野更加开阔,思维更加活跃,虽然一开始让人摸不着头脑,找不到头绪,同时为了解决问题,查资料、看书,查看相关专题,在短时间内要理解运用相关知识,这更使大脑能主动地去想问题,思考问题,提高了我们学习和应用知识的力,这是我们平常学习没有遇到的情况。

四、培养了自己的意志力

比赛虽然重在参与,但是实际竞赛时大家从不气馁,始终斗志昂扬、争分夺秒地坚持到最后一刻。三天里,三个队员的睡眠时间极少,正是由于坚毅的心理素质,才能坚持奋斗到最后。我忽然觉得,人的潜能是无限的,潜力非常大。人生道路不可能一帆风顺,在遭遇曲折时候,我们要充分发挥自己的优势,为团队、为学校、更为国家做贡献。

指导数学建模竞赛的体会

白克志

（柳州职业技术学院）

　　数学建模是一种数学的思考方法，是通过抽象、简化、并运用数学的语言和方法，建立数学模型，求解模型并得到结论以及验证结论是否正确、合理的全过程。数学建模活动是数学活动式教学实践的一个重要的手段。李大潜院士曾经说过："数学教育本质上就是一种素质教育，数学建模的教学及竞赛是实施素质教育的有效途径"。它对于培养学生的应用意识，提高分析和解决问题的能力及创新能力都有着十分的重要意义。

　　柳州职业技术学院自 2006 年以来，我带队参加全国大学生数学建模竞赛，并相应地在学院开设数学建模课程。由于数学模型课着眼于解决实际问题，因此，在教学方法上，我放弃了传统的"注入式"教学方法，改为采取教师讲清问题背景，启发学生讨论，指导学生建立数学模型的教学方式。在这样的课堂上，学生思考、提问和讨论的机会多了，这样使得我的课堂既活跃了教学环节又调动了学生的主动性，很自然的形成了以实际问题为中心的教学特点，普遍受到了全院师生的好评。因此，我获得了 2010 年院级第三批质量工程教改项目《"高职经济数学"教学改革与课程开发研究》（编号：2010-A027）。

　　近年来，在全国大学生数学建模竞赛中，柳州职业技术学院共 4 次获全国二等奖及广西赛区一等奖，9 次获广西赛区二等奖。通过指导学生参加数学建模竞赛，不仅给予我重新学习数学专业知识的机会，而且还让我了解了案例的背景及相关专业知识，开阔了视野，拓宽了知识结构和思维空间。另一方面，指导学生参加全国数学建模竞赛，提高我的数学应用能力，培养了我的创新意识、创新精神和创新能力，这都是我从书本中、课堂上所无法获得的宝贵经验，数学建模竞赛的参与也激发了我进一步学习的潜能。因此，通过指导学生参加全国数学建模竞赛活动，我有感而发地申请了 2011 年度广西教育厅科研立项项目《有理函数的高阶导数问题研究》（编号：201106LX741)并非常荣幸地获得了立项。

　　数学建模教学与竞赛，是培养学生创新能力和综合素质的重要途径，是高职数学教改的切入点和生长点，为创新型人才培养模式的探索，积累了宝贵的经验。将数学建模活动和高职数学教学有机地结合起来，有利于在高职数学教学实践中达到提高学生的综合素质，提高学生的数学应用能力和创新能力的目的。

多面数学——教学中的反思

梁东颖

（广西交通职业技术学院）

与数学建模结缘是我还在读大学的时候，当年没接受太多赛前指导就投入了数学建模竞赛。数模竞赛给我最深刻的感受就是：课本没有！从读懂题意到选择合适的数学工具，再到编写计算机程序，最后撰写论文，对一个理科生来说，考核也算全面了。我记得自己当时三天没睡觉，这种经历前所未有，到现在竞赛中的许多细节我仍历历在目。

而今我成为了一名数学建模指导教师，数学建模又给了我更多的感悟。长期流连在数学分析、高等代数、实变函数、复变函数……抽象世界，数学专业出身的我们很容易割裂数学与世界的关系，我们以为数学就是我们的世界，其他的世界无趣、不够美、不精彩。但7年指导数学建模下来，我发现有数学工具在，外面的世界一样精彩！客观世界中各种各样的问题可以由数学建模给出解答，为其提供帮助，这大大增加了数学的魅力。这种魅力丰富了我对数学的认识，也可以经由我在数学课堂上影响学生。作数学老师，一定常被学生的问题纠缠：学数学有什么用？用处大大的！数模老师都懂，许多领域常用到的各种数学方法，我们如数家珍。

数学建模竞赛不仅仅是为了锤炼参赛学生，更深层次的目的是要使数学走下高不可攀神坛，成为更多人手中好用且称手的工具。从这个层面上说，参赛学生不是数模竞赛的最大受益者，最大受益者应为数模指导教师。透过数学建模这个窗口，让更多的像我这样的数学教师，换一个角度感受本以为熟悉的数学工具，体会数学女神活泼的一面。然后再来重新思考数学课程的地位，以及数学课程的改革方向。

努力在路上……希望尽一名教师的责任，让学生真正学有所得、学有所用。

在新的领域拓展自己的专业技能

潘 颖

（广西经贸职业技术学院）

我本人并不是数学专业的科班出身,在学院也主要担任计算机类专业的专业课程的授课工作,但能有幸参加我院 2012 年、2013 年两年的数学建模竞赛,我深感受益匪浅。

与数学建模竞赛结缘也属于机缘巧合,我本科毕业于广西大学数学与信息科学学院,曾在本科学习里学习过数学建模方面的课程。在我院筹措组织参与数学建模竞赛的初期,因为相关经验较少,我被选派参与我院这方面的竞赛工作。总结这两年的数学建模竞赛工作,我有几点感触:

首先,数学建模于我来说是一个新的工作领域,在这个新的领域中,我也犹如一名初涉数学建模的新生,需要付出很多的努力。因此,我积极向数学建模方面的老前辈老教师请教学习,对数学建模竞赛的设立目的、竞赛流程等方面有了初步的认识。

其次,我院是一个数学基础较为薄弱的高职院校,不少学生对数学兴趣不大,更有甚至对数学课程极为害怕。要组织这样的学生参加数学建模竞赛,要求我们必须有"敢于吃螃蟹"的精神。在吕跃进教授和韦程东教授的帮助下,学院教务处组织了两期数学建模竞赛培训班,刚开始我也没有任何经验,只是跟着学生们一起上课,一起培训,在此过程中,慢慢发掘挑选适合比赛的学生。后来,我逐渐发现如果能鼓励学生结合自身专业基础知识,融合数学建模的思想,对学生学习相关知识有所帮助。从这两年竞赛论文看,学生们也较好的实践了这一思想。

再次,在参与数学建模竞赛的组织过程中,我也学习到了新领域的新知识,这有助于拓宽我原有的专业视野。我不仅将这些知识融入到我本身的计算机相关课程的授课过程中,还结合自身专业申报了相关课题项目。以数学建模思想编写的计算机软件,申报国家软件著作权一项。

总结与数学建模竞赛结缘的这两年,有辛苦、有汗水、有付出,但是更多的是看到了我们努力获得的收获,尽管我院取得的成绩还微不足道,但相信通过我们坚持不懈的努力,总有一天,我们将获得更好的成绩。

艰辛而快乐的数学建模之路

冯超玲

（广西职业技术学院）

本人负责组织学生参加全国大学生数学建模竞赛不是偶然。2005 年我院要迎接教育部的评估，就在 2004 年 6 月，我接到学校下达的"政治任务"——组织学生参加数学建模竞赛。由于各种原因，我院从 2005 年才开始组织学生参赛。时间过得飞快，我从事数学建模的教学及竞赛工作已有 10 年，我也从一位数学教师变为数模培训、指导教师，成为我院数学建模竞赛和数学建模教学团队的负责人。多年来，从事数学建模竞赛工作虽然非常艰辛，但受益匪浅，拓宽知识面，综合能力也得到很大提高，所指导的参赛学生取得良好的成绩，获得全国一等奖1 项，全国二等奖 1 奖，广西赛区一、二、三等奖多项。2013 年被评为全国大学生数学建模竞赛广西赛区优秀指导教师、优秀组织工作者。

数学建模竞赛是利用数学建模思想对实际问题建立数学模型，并借助于计算机解决实际问题的一个开放性竞赛。竞赛题目一般来源于工程技术和管理科学等方面经过适当简化加工的实际问题，题目有较大的灵活性，但难度大、协及面广，有利于发挥创新能力，能培养教师和学生的综合能力。

在数学建模之路上，最艰难的阶段在于开始，人人都说"万事开头难"不点不假。由于我院数模教师结构的特殊性，多年来都是我一人负责我院数学建模课程教学和竞赛强化培训工作，因此，我不仅要当数学教师、计算机编程教师，更要当好数模培训教师。培训内容涉及基础数学、应用数学、计算机编程等多方面内容，所以要做好数学建模培训工作，教师则需要跨学科学习，而且要学的内容多、难度大，困难可想而知。记得我当年在自学过程中，经常是好不容易才弄清楚一些知识点，然后再往后学习，但一回过头来发现前面的知识又完全忘记了，因此心情非常苦恼、着急，心里挂念着竞赛，整天睡不着觉。我曾经想过放弃，但想想自己肩负着学校领导下达的参加数学建模竞赛"政治任务"，不是想放弃就放弃那么简单。经过很长一段时间的一番思想挣扎之后，最后还是下了决心：坚持、坚持、再坚持，抱着"别人能行，我也一定能行"的信念继续努力。慢慢地，功夫不负有心人，我终于克服许多困难及心理障碍，慢慢地走上了建模的道路，而且越走越好。经过几年的努力，我的建模能力、综合素质得到了提高。虽然建模工作非常艰辛，但因为受益最大的是学生，所以我认为值得，并且越来越喜欢数学建模，把数学建模作为一件快乐的事去做。

组织全国大学生数学建模竞赛，最重要的是要培训好学生，提高学生综合能力。本人根据我院学生的专业课程设计特点和基础水平制定相应的培训方案。培训分三阶段进行：建模基础知识培训阶段，历年优秀论文选讲阶段，综合、模拟实战训练阶段。由于我院大部分学生没有学过高等数学和编程等相关知识，因此我院数学建模竞赛的培训基本上从零开始，培训起点低,但要求高、培训内容较多,故培训时间较长,整个暑假都用来培训。培训内容有:数学模型、运筹学、线性代数、高等数学、概率论与数理统计、预测的相关知识,以及 LINGO、Mathematica、MATLAB 等数学软件和 Excel 电子表格的使用,讲评 6~8 篇历年的优秀论文。通过数模强化培训,培养了学生的不畏艰难的钻研精神、顽强的毅力、团队合作精神,提高学生的自学能力。通过竞赛提升学生的数学、编程等综合能力,为学生的专业学习和后续学习奠定良好基础,为毕业就业提供有效的知识储备和能力支撑。经过培训和参赛,学生的感触很多,经常听到学生感叹:"一次参赛,终身受益","我发现越来越爱数模啦!"。听到这些的话,我感到非常欣慰,觉得负责数学建模竞赛工作虽然累、苦,但自己的努力得到回报,值!

虽然本人负责我院数学建模竞赛工作已有 10 年之久,但数学建模的道路我还要继续走下去,因为我爱数模。

团 队 精 神

李华胜

（桂林理工大学南宁分校）

2011年8月我来到桂工南宁分校工作，正好是桂工空港校区第一年招生。在这教学工作的三年里，一直都是在教学和数学建模的指导与学习中成长。从中学到了很多，受益匪浅。

数学建模是一种数学的思考方法，是运用数学的语言和方法，通过抽象、简化建立能近似刻画并"解决"实际问题的一种强有力的数学手段，是对现实世界的一特定现象，为了某特定目的，根据特有的内在规律，做出一些重要的简化和假设，运用适当的数学工具得到一个数学结构，用它来解释特定现象的现实性态，预测对象的未来状况，提供处理对象的优化决策和控制，设计满足某种需要的产品等。从这一概念就可以知道数学建模不是单一的数学运用，而是要多学科基础上运用数学的方法解决生产生活等各种问题，为社会经济生活服务。

所以要参加数学建模竞赛，就不可能一个人能完成，现在是个小组——三人一起完成。这就需要有团队精神。

从开始学习数学建模的理论数学建模常用方法、数学软件、常用统计方法等这些基础内容是一个人学习的，但竞赛时从拿到题目、分析、数据处理、求解、写论文等过程，不是一个人能在三天时间里能做出一篇优秀论文的，是要一个小组各成员的分工与合作。就像巴塞罗那俱乐部所获得的欧冠、西甲冠军等荣誉不是梅西，哈维，伊涅斯塔等各别球员的努力就可以获得的，而是整个足球队努力结果。

数学建模竞赛是由三人小组参赛，需要在限定的三天时间内，通过合理分工共同完成竞赛论文。通过每年的成果观察，如果队员在比赛中都能合理分工，发挥个人特长，发扬团队合作精神，遇到困难不退缩不放弃，就会取得不错的竞赛成绩。良好的队内合作是取得成功的最关键因素，建模竞赛中，三人一小组，在三天三夜的比赛中融洽和谐并不容易。学生与学生之间，学生与老师之间对某个观点或某种做法意见不统一而产生分歧，如果能恰当的处理好，通过友好的讨论形成知识的互补，才能充分体现整体的实力。有分歧有争吵都是好事，关键是能从争执中迸发出火花与灵感，而不是非要争个高低与对错，互相之间的包容和理解，活跃的气氛，是一个优秀团队的必备条件。

三天三夜的经历，充分发挥团队精神，为了一个共同的目标，在"烈日"下一同前行，在黑夜里一起前进。我见证了各小组针锋相对，面红耳赤，不约而同，为的一个共同的目标在奋斗着。我见证了深夜里互相鼓励、互相提醒、互相督促为的就是争分夺秒解决问题。最后一夜，是一个不眠之夜，所有组的同学都不约而同的没有休息。在关键时刻，大家都是为了自己的目标奋不顾身、有毅力、有决心的人。没有团队精神，怎么会有这么壮观的场面？

一次建模，终身受益，这话一点也不假。从中学生学到了许多知识，学会了坚持。最重要的是学会了团结合作——团结精神！

知易行难，坚持才能获得胜利

刘 剑

（桂林师范高等专科学校）

全国大学生数学建模竞赛是高校中最有影响力的科技竞赛活动之一，在我校也具有相当的影响力。本人从 2005 年进入到桂林师范高等专科学校任教职起，就开始指导学生的数学建模竞赛，不知不觉也有 9 个年头了，可以说数学建模伴随着我，从懵懂的青涩青年逐渐走向成熟。一路上，收获颇多，也有不少感触。

数学建模的问题都取自于生产生活的实际问题，通过数学的方式对之进行分析处理，从而得到有价值的结论。这一过程，说起来简单，做起来却需要大量的数学知识、严谨的思考、充分的查阅各种资料以及足够的联想能力，可以说，每个模型，都蕴含了建模者的大量心血。从事建模指导工作 9 年，自己处理过不少模型，也见过了大量学生学习建模、参与建模的过程，体会很多，总的来说就是一点：知易行难，坚持才能获得胜利。

数学建模的问题取之于实践，相较于课本上枯燥的理论知识，往往更容易引起学生的兴趣。但是在一开始的新鲜感过后，学生们就会发现，这门看起来有趣的课程其实可能比许多理论课更难，因为用到的知识一点也不比其他课程少，而且解决方法天马行空，不像课本上那样很多都有公式方法可以套。而且其他数学课里的习题，一题就是一个知识点，求导就是求导，积分就是积分，但是建模的问题，一题就是一个小论文，其中有许多的环节，每个环节都有可能用到不同的知识点。遇到困难后，许多学生就会选择放弃。我们每年暑假培训，一开始报名上课的学生都很多，然后上着上着就开始有学生请假退出，能坚持到最后的往往只有 2/3 左右，许多学生在一开始，就已经败给了自己的畏难情绪，而坚持下来的同学，就会明白，在看似天马行空的建模过程中，也形成一些常用的套路，许多建模过程，就是将这些常用的模型灵活运用的过程。

培训结束，进入竞赛模拟，学生开始要靠自己的能力去建立一个模型，许多学生又因为缺乏思路，或者对一些复杂的问题不愿意花足够的时间去思考去处理而败下阵来。这时候其实体现出中学阶段应试教育的缺陷，学生并不适应没有标准答案的问题，总是希望老师能给一个框架给他们，他们只要自己去套就可以了。一旦发现这个问题没有一个既定的框架可以套，有些学生就会开始漫无目的的消极怠工，败下阵来。虽然我们对竞赛模拟的淘汰率设置得很低，但是还是会有个别学生到了这个阶段主动放弃。

最后到了真正的竞赛阶段，一开始的第一天往往是最活跃的一天，大家都很积极的在想题目，每道题都觉得有思路，所有人都干劲十足。然而，到了第二天，大家的劲头就会差很多，有些队甚至考虑要不要换题。这时候，只有意志较为坚定的学生能够坚持下来，按照一个拟定的方向持续做下去。到最后第三天，基本已经可以看出哪些队有机会获奖，哪些队只能勉强完成。能够坚持下来的队往往这时候已经建立起了模型，可以开始写论文，可以利用模型讨论最后的一两个问题，而有些队，由于没有建立起模型，只能做一些泛泛之谈。

　　学生的种种表现深刻的体现了建模过程的特点，问题刚提出，可能会很有趣，但是深入分析，就会遇上许多难以处理的棘手问题，要学会该忽略的问题要忽略，该简化的条件要简化，设法先把模型建立起来，能度过这最难的一关，接下来就可以利用建立的模型对问题进行分析，这时候有趣的结论就会一个接一个出来。而坚持，就是度过这个难关最有力武器，只要坚持去想，就不怕不能诞生好的想法。

　　这就是我对建模的感受，在竞赛的组织和指导工作中，我们也会遇到很多困难，我们也会坚持下去，相信美好的结果就会一个一个地到来。

挑战与魅力

全国大学生数学建模竞赛是我校最早开展的学科竞赛活动，在学生中有着强大的影响力，在校、系领导的大力支持和热情关怀下，数学建模竞赛和数学建模课程教学在我校有序组织和开展。在历年的学习和工作中，我深深地感受到数学建模不是单纯的解一道数学习题，而是要求我们学会用数学是思想和方法来解决生活中的实际问题。

数学建模竞赛有其自身的特点，要用到数学知识，它离不开计算机还涉及物理、化学、生物、医学、电子、农业、管理等多个学科的知识，这给我在赛前的培训和指导既带来了压力，又带来了动力。为了更好的给参训学生和参赛队员进行讲解，我通过自己的努力，提高应用这些知识处理实际问题的能力，增强自身的综合素质，为提升自己分析问题和解决问题的能力奠定了扎实的基础。

在师范专科学校中，学生开始的数学课程各不相同，跟专业相关，为更好的培养学生运用数学知识处理实际问题的能力，我在授课和指导中注重以下几个方面：

一、在实践中不断提高学生素质、拓宽知识面

通过数学建模课程的学习和竞赛活动，培养学生独立思考和主动探索的习惯，引导他们亲身去体验一下数学的创造与发现过程，让学生亲自发现和体验其中的乐趣，达到培养其创造精神、创造意识和创造能力的目的。

二、完善培训计划，选拔优秀参赛队员

由于师专生所学专业、年限及课程设置的局限，他们的数学基础薄弱，又由于师范属性使得他们对其他学科领域内的知识涉猎甚少，因而无法与其他工科学生在知识面和知识深度上一较高下，从而无形中为师专生的赛前准备工作增加了压力。因此详细周密的培训计划和参赛队员的选拔就显得非常重要，而要选拔出一个好的参赛队员，不仅要看其知识掌握的程度，更重要的是看其分析问题和解决问题的能力。

三、培养学生的团队精神

团结协作是取得成功的关键，参赛队员三人一组，每个队员都是重要的主体，时间短，任务

重,在短短的三天时间内完成一份图文并茂且条理清晰的答卷并不容易。俗话说得好:"三个臭皮匠,顶个诸葛亮",只有充分发挥每个队员的聪明和才智,通过相互的交流和协作,使得那些互相冲突的意见在问题的解答中得到统一,才能在低起点上取得好成绩。

作为一名指导老师,唯有不断的通过建模的锻炼,才能更深刻的领会到数学建模的魅力,才能使得自身素质不断提高。

数学建模促进自我全面发展

吴 昊

（柳州铁道职业技术学院）

柳州铁道职业技术学院是 2004 年由铁道部重点中专升格为高职院校的。我院为打造"以技能为核心"区级示范院校,大力支持我们数学建模活动。我是 2007 年参加我校的数学建模组织活动的。每年的假期学校都支持教师外出参加培训。通过培训,我了解了数学建模的意义,了解了组织数学建模活动的方法。通过这些年参与活动的实践,我的教学及学术的思维都上了一个台阶。

一、数学建模与数学实验促进了我的教学成长

当代的高职院校学生多是"独生子女",他们处于信息多变的网络时代,兴趣广泛、思维活跃、追求新意,对学习及人生充满了幻想。由于网络的信息量巨大且多变,导致他们不会轻易地盲从于某个结论,不会不假思索的迷信和接受某种价值观,同时他们缺乏踏实、勤奋、专注、耐心的学习习惯,加之数学基础差,导致他们深恶痛绝照本宣科、死气沉沉的一支粉笔加黑板的教学方式。

大多数高职学生没有"数学实验"这一概念,所有的高职学生没有参加过数学建模活动。他们初次接触感觉兴奋。数学实验是计算机、数学软件、数学模型的结合物。数学软件具有形象性、直观性、互动性、时效性,可以解决数学运算、函数绘图、猜想创新等问题,可以帮助他们理解抽象的高等数学概念。数学建模是将实际问题适当假设简化为理想化的数学模型,并由三位学生合作,开放式的用一定的思维、知识、软件、计算机工具解决实际问题的活动。

高职生要求教学能解决实际问题、要求师生互动热烈,要求知识点图文并茂、操作性强且易于接受。为此,我和我的建模团队,为了贯彻体现"为专业教学做工具,为学生终身学习打基础"的指导思想,我们针对高职建模活动编写《高等数学》(上、下册)、《同步数学实验基础》。在教学中,我们注重将数学建模的思想融入到数学基础课教学中,通过分析不同的实际问题所具有的相同本质思想、步骤,将实际问题简化、抽象为合理的数学模型结构。我们或多或少地解决了高职各专业学科要求数学的知识面广,而数学课时少的现状,加强了高职生学习数学的方法、习惯养成,为学生的专业学习及终身学习的思维与方法奠定了基础,体现了高职院校的教学特色。

我们通过组织参加数学建模与数学实验活动,促进了教学改革,教师与学生课上课下交流热烈,学生主动提问,主动查资料,不再害怕或厌烦数学课,互帮互学,班级学习氛围浓烈,积极要求参加数学建模活动,加入数学建模协会,要求辅导课外知识点,一半以上的学生参加本科

函授学习,数学素质大大提升。同时,数学建模活动也促进了我的教学成长。

二、数学建模与数学实验促进了我的学术提升

要给学生一碗水,自己要有一桶水。在学科教学中,我先后指导覃雄燕等 2 位青年数学教师的教学、科研工作。通过带教,2 位教师先后发表数篇论文,参与指导建模竞赛;举办公开课,教学业务及科研水平提高较快。作为数学公共基础课的数学建模骨干教师,我还带领数学组何友萍等 7 位教师、应用电子技术组黄莺等 3 位青年教师做教学科研课题,将数学与专业联系,进行教学业务的培养和科研进修的提高,教师们的科研成果丰硕。黄莺 2012 年被破格评为副教授。其他教师均发表多篇论文。我本人也发表 13 篇论文,其中 2 篇 EI 检录,3 篇国家级核心,7 篇广西优刊。没有数学建模活动,我不可能学会编教材、做课题、写论文,也不可能在短时间内显著提高学术水平。同时数学建模活动也使数学组教师团队的素质得到整体提高。

三、数学建模与数学实验让我体会到了人生价值

建模活动的主要目的在于培养高职生学以致用的创造能力,综合运用所学知识和方法分析问题和解决实际问题的能力,丰富灵活的想象力、抽象思维的简化能力,一眼看穿问题的洞察能力,与时俱进的开拓能力,灵活运用的综合能力以及使用计算机的动手能力。通过对"人口(或养老金等)预测问题"等典型案例的讲解,大大拓宽了我的视野,树立了新的理念。通过参加数学建模组织活动,使我体会到了人生价值。

四、数学建模与数学实验的难点与方法

我感觉最难的是在建模过程中如何由浅入深地启发学生将复杂问题简单化的思想,使得高职生稍加补充不很高深的理论和复杂的知识背景,跳一跳就能抓住重点和要点,能将复杂问题转化为简单的数学问题。这也是培养学生创造性能力的关键。

在数学建模与数学实验教学中应注重以下几点:

1. 平时教学中进行创新训练

使学生接受一种近似于项目工程化的训练,多让学生分析生活中的实际问题,让他们从中发现问题,抽象归结出具体的数学问题,初步建立数学模型。然后,再分析模型及结果的合理性,找出所设计模型的优点和不足,进一步改进模型,最终得到一个更合理的模型。

2. 数学建模竞赛激发创新思维

在数学建模竞赛中,同一个问题从不同的角度去理解,会获得不同的数学模型和求解方法,没有唯一的正确答案。数学建模改变了传统理论教学模式,把培养学生思维能力和实践能力放在了首位,它要求学生发现问题,提出问题,分清主次,抓住实质的能力。数学建模涉及的知识面广,它要求学生自己查阅资料,甚至动手实验。所有这些都提高了学生解决问题的能力,激发了学生的创新思维。

　　此外,在平时的数学建模活动中,师生都需要注重知识交叉和融合,尤其在科学技术高度发达的今天,各门学科之间相互渗透、相互支持已经相当普及,由于学科交叉,一门学科某个方面的突破带动其他学科进展的事例层出不穷。学科交叉、知识融合也是创造性的源泉之一。

　　总之,数学建模给我们提供一个充实度过职业生涯的平台。我会与我的团队、我的学生、我的其他学校的战友互相交流数学建模活动的苦与乐。将他人之长慢慢融入自己的教学过程,培养自己的数学素养,从而影响学生。

从参赛学生到指导教师：一次参赛，终身受益！

朱艳科

（广西大学数理专业1996级毕业生，现华南农业大学教师，全国一等奖获得者）

我共参加了1997年、1998年和1999年三届全国大学生数学建模竞赛，在1999年我和队友刘云、覃家创获得了全国一等奖。在此我首先要感谢广西大学的数学建模指导老师们悉心的教导，我们获得奖项和殊荣，是与他们紧密相关的。

现在我在华南农业大学数学系任教，从2004年开始担任数学建模的指导教师，曾指导学生获得过三次全国一等奖，四次全国二等奖，三次美国大学生数学建模竞赛一等奖。巧合的是，我当年的数模队友刘云现在任教于云南玉溪师范学院，他也一直在担任着数学建模的指导老师。现在我们都取得了中山大学的博士学位，我们的研究方向虽然不同，我们一直都有着很深的数学建模情结，也是这项竞赛的受益者。全国大学生数学建模竞赛自1992年创办以来已举办20届，在20周年这个非常有纪念意义的时候，我非常荣幸地作为广西大学获奖学生代表和大家分享我参加此项大赛的收获和感想。

数学建模竞赛培养了我们综合运用所学知识解决问题的能力。我们在学校里努力地学习数学专业的各门功课，但是综合应用的机会不多。而数学建模竞赛需要参赛队员能综合运用平时所学的数学基础知识、各种数学计算软件、算法设计和编程实现等技能，最终解决源于实际生活、基于多门学科的应用性问题。这为我们开拓了视野，让我们知道原来数学是如此有用的科学，从而为我们日后的专业学习注入了强大的动力。

数学建模竞赛培养了我们良好的科研素质和创新能力。数学建模竞赛的问题紧密结合社会热点问题，新颖而富有挑战性。我们必须通过查阅资料、学习新知识、发现新问题、寻找新方法等过程解决问题。这些过程中我们必须迅速掌握现有的相关理论技术，并能建立新观点、新方法。数学建模竞赛培养了我们的团队协作精神和协调能力。数学建模竞赛是团体赛事，我们必须充分发挥三个人的力量。在比赛过程中，三个人既要有明确分工，又需要相互帮助，发挥团队协作精神。数学建模竞赛能培养了我们不怕吃苦、永不放弃的精神。数学建模竞赛要通过一个漫长的培训过程，此过程中，我们需要付出全部时间和精力。最终在三天的比赛里经历了不断探索和寻找解决方案的过程，身心都将受到极大地考验和锻炼。这些都为我们日后进行科研工作提供了具备的素质。

总之，通过参赛数学建模竞赛和指导数学建模竞赛，我们尝试了将数学应用于实际问题，取得了在课堂里和书本上所无法获得的宝贵经验和亲身感受，促使我们更好地应用数学、品味数学、理解数学和热爱数学，在知识、能力及素质三方面迅速地成长，真是一次参赛，终身受益！希望更多的大学生能参加到这项赛事中来，从中受益。

感受数学的艺术灵魂

陈志强

（广西师范学院，数学教育 2002 级毕业生）

（陈志强，广西师范学院 2002 数学教育专业本科生，2006 届硕士研究生。2005 年参加全国大学生数模竞赛获全国二等奖，现为南宁市统计局统计师，先后被评为南宁市统计局优秀共产党员、先进工作者、第六次全国人口普查南宁市先进个人、广西区先进个人。）

上学时曾参加过多次数模竞赛，回想过去，收获不少。如今，走上工作岗位，还是经常和数据打交道，心中满是感激。我时常怀念那些日子，在秋日明媚的阳光中，我们在数学海洋中酣然遨游，为破解那一纸论题，引经据典，各执一言，夹杂着面红耳赤的争吵，最终却不记得是谁说服了谁，三个人的鼎足成就了那一篇万言文章，道出了我们的艰辛，为的，只是能在三天的白驹过隙中感受这数学的艺术灵魂的熏陶。

当年的我成绩极差，但却也用极大的热情去领会。到如今，你问我什么是数学建模，或许我只懂得告诉你："其实，数学建模就像折一个能飞的纸飞机。"不错，我心中的数学建模，就是这样，她就像我们小时候折纸飞机，一张纸，怎样才能折出一个飞的又高又远的纸飞机呢？

一、团队合作

数模竞赛作为一个团队参赛的形式，首先就要求我们要有一个良好的团队精神，要有大局观，这对于生活而言也是极其重要的，我们总是要进入社会这个大环境的，如何在一个更加复杂的环境中更好的生存下去，需要有良好的大局观。

二、坚持不懈

任何人做一件事，只要去做了，就要承担相应的责任，切忌半途而废。数学建模中每每有不能攻克的难点，也有心志不坚者半途退堂，殊不知这样就丢弃了自己作为一个新时代青年的责任！经历过的，都是一次难得的锻炼。

三、学会取舍

面对一个论题，不同的思想，领会的程度不同，考虑的解决思路不同，如何在不同的思路中找到最合适的那个，这就需要取舍。在思想的碰撞中，领略智慧的闪光。最终，才会有那一篇壮怀激烈的论文。

四、增强竞争力

从本科到考研究生,从毕业到踏上工作岗位,我充分感受到了数模竞赛带给我的竞争力。特别是在求职应聘的过程中,为了找到一份合适的工作,我特别突出了数模成果。如今,在工作中,虽没有时时运用到数学建模,但却处处感受数学建模带给我的思想的转变。

想当年,初生牛犊不怕虎,有激情,有追求,一头扎进了数学建模的故事中,到如今,回首再看,那些曾经的故事,一直激励着我们。如同数学建模本身一样。我们通过她取得了在课堂里和书本上所无法获得的宝贵经验和亲身感受,启迪了数学心智,在各方面迅速的成长。借此,祝愿这项充满活力的竞赛,不断向前,蓬勃发展。

积累、合作、自信

黄 宁

（桂林理工大学，统计学 2006 级，2008 年全国一等奖获得者）

  总结数模比赛获得的成绩，我深切的认识到下面几点比较关键：(1)赛前培训很重要。赛前高强度的训练，扩展了我们的知识面，同时也积累了很多知识。数学建模让我意识到知识积累的重要性，只有储备了充分的知识，在解决问题时才能游刃有余。(2)团队合作精神更重要性。获得成功仅靠个人能力还不够，需要的是组员们发挥团结合作精神，分工合作。要见己之长，勿略己之短。若有比较好的想法时，及时地与队友探讨，利用好他人之长。(3)需要百分百的自信。在培训到竞赛的全过程，遇到难解的问题太多太多，有些甚至没有标准答案，只要不偏题，能说出理由就是一种成功，要的是自信。

  参加数学建模大赛让我收获的不仅仅是荣誉，更重要的是结识了志同道合的朋友，共同将理论知识和现实生活更好的结合，阅历增加了不少，需要学习的东西更多。它考验了速学能力，训练了思维能力，磨炼了意志力，锻炼了人际交流能力。同时参加数学建模大赛让我学会了拼搏，老话说得好"人生贵在选择，选择贵在拼搏，拼搏贵在坚持"。我深刻的认识到"数学建模"是理论与实践之间的一道桥梁，是发现问题到解决问题的重要途径，是培养抽象思维乃至发散性思维的有效手段。数学建模只是人生道路上的很小一步，希望同学们能够在自己的人生大道上创造辉煌。祝福每位热爱数学建模的同学都能从建模中找到无穷的乐趣！

衣带渐宽终不悔，为伊消得人憔悴

王云亮

（广西师范大学应数专业 2005 级，现广西师范大学教师，全国一等奖获得者）

大学四年，我参加了三次数学建模，这给我的大学生活增添了浓彩重墨的一笔。三天的时间，像参加一场战役，日夜都在急行军，打磨着你的思想，考验着你的意志；但同时又给你一种战场杀敌的淋漓尽致之感。我钟情于这种感觉，每次交卷的时候，不管你成果如何，你都是凯旋的战士。

当然，参加建模比赛不仅给了我充实、畅快的享受，更激发了我对数学、对科研的浓厚兴趣。培训时聆听大师的讲座，比赛后欣赏他人的杰作，每次顿悟都是全新的收获，当然更有对自己成果的执着。以前从未对一个问题如此深入、如此细致的剖析，而建模之后突然发现，自己竟做出了以前想都不敢想的成果，于是这促使我走上考研的道路。参加建模时的一些想法也被我继续研究，写成了论文发表，为我的研究生生活带来了很大帮助。

"独上高楼，望尽天涯路"。刚参加建模的时候，不知建模为何物，只知道很难对付，于是踌躇满志的我，沉醉不知归路。满纸的疑惑是我对建模的第一份答卷，争渡、争渡，常记建模日暮。

"衣带渐宽终不悔，为伊消得人憔悴"。面对如此巨大的挑战，我选择厉兵秣马、继续冲锋。为调试一个程序通宵达旦，为查找一篇文献泡图书馆，一切的付出只为沙场再战。建模已成为我大学的伙伴，陪着我风风雨雨一年又一年。

"众里寻他千百度，蓦然回首，那人却在灯火阑珊处"。研究生毕业，我继续追随着数学建模的脚步，正是凭借这"一技之长"，我留在了高等学府，继续着建模的情缘。现在已为人师，为一个个懵懂学子拨开云雾，看那一脸迷惑一如当初。

总之，参加数学建模比赛给我带来了很多收获，也带给我无数的快乐，我爱建模充满创新，不断进取的感觉，也将把建模当成一份事业，一如当初的执着。

团结奋斗、执着向前——数模精神助力梦想

张 沅

（广西大学数信学院管理科学专业 2003 级）

（张沅，2006 年美国大学生数学建模竞赛 MCM 国际一等奖（Meritorious Winner）获奖团队代表。广西大学数信学院管理科学专业 2003 级本科，管理科学与工程专业管理决策方向 2007 级硕士。现工作于易观国际管理咨询有限公司北京总部，高级咨询顾问，易观商学院五大讲师之一。）

回想起跟蒋晶晶、赵江涛一起备战 2006 年美国大学生数学建模竞赛的日子，真是令人难忘。从组队、报名、赛前准备到正式比赛，我们收获的不仅仅是一个奖项，更重要的是回报给母校一份沉甸甸的荣誉。

我们三个都是广西大学首届特培班学员，虽然来自不同学院和专业，但幸运的是特培班这个平台给我们机会认识，发现大家在数学建模方面的共同兴趣，并结合各自特长组队参赛。从 2005 年 11 月正式组队开始，三个月的赛前准备主要是在研究美国赛方法论的基础上，侧重数学和计算机方面相关知识和工具的积累。正式比赛的四天里，切身体会了头脑风暴和团队协作的力量，虽然发生了一些思想和方法上的争执，但最终都达成一致并顺利结题。比赛结束后，我们根本没想过结果，只想着好好睡一觉，因为四天时间里我们休息了不到 8 小时。后来看到我们队的 control number 出现在 MCM 官网的时候，我们笑了，因为大家的努力没有白费，老师和学校对我们的期望没有辜负。

曾经有人问我数学建模最吸引你的是什么？我的回答是团结奋斗、执着向前的数模精神。首先，参赛的队员要在各自擅长的领域不断积累，不仅是掌握基本知识和工具，还要学会把实际问题解析还原为基本问题。其次，团队头脑风暴的过程中，如何集大家所长达成团队目标，而不是各执己见。最后，当发生分歧，遇到瓶颈时，如何鼓舞团队士气，执着向前不是简单一句话就做得到的，一定要切身经历才有体会。数模参赛经历让我亲身领悟到的数模精神给了我强大的精神动力，直到我现在参加工作仍然受用。身为咨询顾问的我，无论是集合团队力量为合作伙伴做出整体解决方案，还是代表团队做报告时表现出的缜密逻辑，都受益于这种精神。而且我深信数模包含的逻辑思维和系统解构能力能够很好的解决实际问题，所以作为广西高校第一个 MCM 国际一等奖获奖团队，我们希望以后会有越来越多的学弟学妹加入到数模竞赛中，为自己的人生留下一缕绚烂的色彩，为我们的母校争取更多的荣誉，同时也为数模事业贡献一份绵薄之力！

在比赛中成长

杨燕华

（广西大学数学与信息科学学院 2010 级，2013 年全国二等奖，2013 年美赛一等奖）

第一次知道数学建模是在大一入学的新生典礼上，看到众多前辈因为数模获奖而拿到校长奖学金，心生羡慕，从此开始了我的数模旅程。

起初以为数模是实物模型，上过培训课方知数学模型是抽象的数学结构，可以用各种数学语言、符号来表示。数学模型看似冰冷枯燥，其中却妙不可言，很多问题在细细琢磨和品味中，总让我有"山重水复疑无路，柳暗花明又一村"的顿悟之感。数学建模从开始培训到最后的比赛，整个过程就是一个坚持的过程。大学里强调自学能力和创新能力的培养，这两样在数学建模学习中都可以得到锻炼。真正锻炼人的是竞赛的这几天。大家都恨不能一天有 48 小时。而且赛题内容往往是我们之前接触不深的领域，需要在短短的时间里，获取自己未曾了解的知识。从大量的复杂数据中，发现与题意相关的东西，一步步到出结论，验证模型。在历经了一次次尝试，失败再尝试，在失败的折磨和痛苦之后收获的是成功的喜悦。

大学本科四年中，我一共参加了四次数学建模竞赛，包括国赛还有美赛。这四年与数模初识、深入的过程，一次次比赛的磨炼，我从中受益，学会了最重要的四点。一是积累和巩固。集跬步致千里，而且要巩固才能把东西沉淀为自己的。二是团队合作。明确的分工和互相积极协作才可能最大最优地发挥团队整体能力和优势。三是冷静的思维。如果选定题目后就只是草草读了一遍就开始一边理解题意一边解题，就会走很多弯路、进入很多误区，只有在定好题目后认真地冷静地去分析题目、学习我们并不熟悉的相关专业背景，整个过程会轻松很多，因为建模比赛的专业要求并不深，只要静下心来，理解背景是很容易的事情。四是最最重要的一点，坚持到底，不要轻言放弃。当思路枯竭走进了死胡同，万不可提及放弃，灵感往往在更深入更全面思考之后眷顾我们。所以，坚持下去，至少就成功了一半。

如今回想起来，每次参赛的情形依旧历历在目，那注定会成为我永久的回忆。在数模中进步，在比赛中成长，这也不失为学习中一大乐事。

收获在九月

耿超玮

（桂林航天工业高等专科学校，通信技术专业2009级，全国二等奖获得者）

九月的天是澄碧的，风是柔和的，阳光是温暖的。

就在2010年这个美丽的九月，我很荣幸参加了全国数学建模大赛，并有幸获得了广西区一等奖，全国二等奖的佳绩，现在我想和大家分享一下我参赛的经验和感受。

首先，我认为成功需要知识的积累，机遇是给有准备的人的。在赛前，我们经历了长达一周的培训，在此期间，我对比赛的整个流程有了详细的了解，也熟悉了每种题型。我们认真研究了最近两年的考题，做到了心中有数。这样就为我们慌乱的心吃了一颗定心丸，它使我们学会了如何从数学的角度去看待现实中的问题并解决问题，这对于成功是至关重要的。

其次，就是团队精神，我真正领略到了团队力量的强大。

我担任我们团队的队长，一开始，我就明确地分配了任务，经常帮老师整理文件的那个队友王小娇负责整个论文的编写以及排版工作，学会计的另一个队友农小梅负责前两问的解答，我的计算能力比较好，所以我就负责最后一问的解答及全部的计算过程。如果有谁做完自己的工作就要去帮助自己的队友。这样，大家各尽所能，团结协作，使得整个过程都在高效且有条不紊地进行着。团队人数虽少，但每一个人都不是旁观者，同时每一个人的努力又都在见证着其他队友的汗水。

累了，告诉自己，不能休息，因为有队友在。

困了，告诉自己，不能合眼，因为有队友在。

乏了，告诉自己，不能懈怠，因为有队友在。

烦了，告诉自己，不能放弃，因为有队友在。

因为有队友在，我不曾浮躁，不曾孤单。一幕幕相互讨论的画面，一个个相互鼓励的微笑，这些，那些，或细枝末节，或粗枝大叶，我细数着日期，将比赛一步步小心地踩下去，任脚印遍布比赛的全过程。昼夜的努力的确有些辛苦，但尽心尽力的喜悦让我不禁自豪，为团队，更为自己。

最后一点是坚持，坚持就是胜利！我相信这句话。参赛的过程是苦的，三天的奋战，前两天的睡眠均不足六个小时，最后一天更是奋战了个通宵，一袋袋的咖啡是我们坚持不懈的最好见证，还记得就在最后一天的凌晨一点我还在计算着一组数据，我用两个半小时将它解决掉了。我们也是十个团队里唯一一个将那组数据解决出来的，很是开心。那个时候十个团队仅剩下四个了，我的队友们还在一遍遍修改着论文，长达二十多页的论文不知被我们修改了多少遍了，我们争取做到最好，直到早晨七点才彻底完工。三张疲惫的脸上全是欣慰的笑容。

"苦心人天不负，卧薪尝胆，三千越甲可吞吴"，沉甸甸的荣誉证书，承载着一个团队的光荣与梦想,印证了一个团队的凝聚力。捧着获奖证书,呼吸着桂林湿润的空气,我深心地感到舒畅。是幸福,是激动,是开心,是辛酸?什么都是又说不清具体是哪一种,清晰而模糊,也许只有真正用心付出的人才能体会得到吧!

在收获的同时,我又深知,荣誉是脆弱的,是稍纵即逝的,但追逐成功的日日夜夜是甜蜜的,是历久弥新的,正是因为当时默默的奋斗,正是因为大家的齐心协力才使得这荣誉多了份厚重感。

我们用努力和付出编织了属于九月的梦。品味九月的青春,在参赛中成长,在协作中流汗,在晴空下欢笑,一半付出,一半明媚,一路走来……

汗水下的星光

黄启彬

（桂林航天工业学院 2010 级机电一体化技术专业）

三个不眠之夜，三天的奋战，三种思想的碰撞，三天的汗水浇筑了我们的建模梦……

我非常幸运地参与了这项活动，三天的坚持是艰辛的，但同时也是幸福的！因此我们为之拼搏，哪怕废寝忘食！

无论是比赛的三天，还是前期的训练，是意志的磨炼，也是能力的培养。在比赛的过程中我们需要解决的问题相当复杂，必须冷静而迅速地将它理清，可往往结果是旧问题刚一解决，新的问题却又接踵而至，甚至有在解决新问题时又发现前面的解决方法不完善，前面的工作都功亏一篑，这时我们都显得有些疲惫，因为我们不得不又重复前面的过程。但我们稍作调试后，更奋勇向前，大家互相交谈、切磋、磨合，在这个过程中我们也出现过分歧，出现过争吵，其实讨论的目的是为了把题做好，而争吵的目的也是为了把题做好。这时我们需要的不是争吵，更多的是先静下心理清思路，倾听其他同学的意见和看法，再一起讨论、研究，共同去解决问题，最终达到一致的意见。当解决一个又一个问题的时候，那种"柳暗花明又一村"的感觉是没有经历过的人无法感受的。我们同思、同忧、同乐，真正体会到了团队的力量与魅力。

其实数学建模就是不断发现问题，不断解决问题！当我们在设计模型、解决模型的时候，感到更多不是纯粹的竞赛，而是在完成一项科研工作，攻克一道有价值的难题，不能有丝毫马虎。我们没有时间想其他的，只有不停地思考、不停地写，全身心地融入进去，满脑子里是怎样解决模型、如何优化模型……当我们把三天辛苦耕耘的成果写成有生以来的第一篇论文的时候，一种成功的自豪感油然而生。

此时此刻，结果已不重要，因为在建模的过程中，我们共同努力过，共同拥有过，共同领略过她的魅力！她磨砺了我们的意志，提升了自身的科研实践能力，让我们清楚地意识到了自身的不足，清楚地看见团队的力量……如果要用一句话来概括我的感受，那就是"一次参赛，终身受益"！

数学建模让我坚定考研的决心

李圆利

（广西科技大学工程管理专业2009级，现中山大学硕士研究生）

本人是广西科技大学管理学院工程管理专业2009级学生李圆利。2011年9月9—12日，我参加了全国大学生数学建模比赛，这是一个值得回忆的生活经历，这是自己第一次以这种方式，这么疯狂地获取新的知识，在教室呆了差不多三天三夜，熬夜、通宵，累同时兴奋也伴随左右，为了一个程序，我们连续奋斗三四个小时；为了一堆数据我们与疲惫抗战五六个小时。现在都能清晰地记得我们运行出结果后的那种兴奋心情，我们一起分工合作，只为能有一个满意的答卷，不管最终的结果如何，都请记得我们努力过了，无论如何这一个过程我很快乐，很满意。最后我们的努力没有白费，荣获广西区二等奖。

参加全国大学生数学建模比赛的我们这个团队，是第一个在"学术"方面改变我的团队，我们一起参加了不少国家的比赛（如深圳杯全国大学生数学建模比赛、国际企业管理挑战赛等），我们性格各异，虽然合作的过程中有很多争论，可是我很喜欢那种争论之后的感觉，每次争论都是思想的碰撞，都会取得一定的进步。正是由于我们的经历与为人的各异，我们取得了意想不到的成绩。我很快乐！很感谢我的队友黄全、郭诚！当我们花费4、5个小时去解决一个小小的问题的时候（由于缺乏一定的知识积累，我们只能用很低级的方法解决问题），我发现自己是那么的微不足道，也在这时我才深刻的认识到自己学识的极度欠缺，我发现我没能有效率的生活。知识的欠缺很容易让人没有法子，解决问题时也需要花费更多的时间。所以，我决定考研！

很感谢这样的经历，让我坚定考研的决心，也为我真正的考上中山大学的研究生提供了助推剂！同时也很感谢刘丽华老师的栽培教育，我们能取得这样的成绩与您的耐心指导离不开，谢谢！

结果并不重要，关键是过程

曾昭发

（广西科技大学理学院应数系 2010 级，现就职于上海富基电气有限公司）

本人是广西科技大学理学院数学与应用数学系 2010 级学生曾昭发。本人总共参加了三次数学建模竞赛，一次是 2012 年 9 月的全国数学建模竞赛，一次是 2013 年 9 月的数学建模竞赛，还有一次是 2014 年 2 月份的美国大学生数学建模竞赛，下面分享一下我参加这三次数学建模竞赛的感想与体会。

带着几分怀疑，带着几分犹豫，2012 年 9 月 7 日—9 月 10 日我首次迈进了数学建模的海洋。参加比赛之前，通过学校的培训自己对数模有一点认识，但很模糊，只是感觉它是属于数学那方面的竞赛。可当我在 7 号上午看了竞赛题之后，感觉这并不是一个纯粹的数学问题。渐渐知道数模其实是用数学工具解决实际问题，建立模型求最优解。我这才真正体验到知识海洋的精彩，尤其是数学的博大精深，真正认识到世界上形形色色的问题都可以通过数学知识去解决、分析和预测。

由于我和其他两个队友是第一次合作，加上又都是第一次参加数模大赛，在看到题后发现题目跟建筑方面有关，而我们都没有建筑方面的知识，对这方面一点都不了解，心里就开始有点乱了，有点找不到方向的感觉了。经过几个小时的讨论确定问题后，我们就着手怎么去建立模型。查找各方面的资料，通过老师指导仔细推敲，对模型有一定的了解，最后就是写论文，论文才是比赛的关键，只有把自己的建模思路，模型用论文好好表达出来，才能赢得比赛，最后一天晚上我们就是在忙赶论文，终于在第四天的早上 6 点左右完成写作论文，感觉很累，这次我们也没有抱什么希望得奖，过了十几天，指导老师通知我们去参加数学建模答辩时，心情是多么激动，觉得是不可能的事，接下来就是准备答辩，通过答辩也明白了很多事，再一次理解建模的过程，最终我们组获得了全国二等奖的好成绩。

第一次参加数学建模竞赛感觉还是蛮有趣的，就选择参加 2013 年 9 月的数学建模竞赛，而这次竞赛又是跟另外两个队员合作，又都是学数学的，也没有跨专业队员的优势，不过有了第一次数学建模竞赛的经验，这次建模题目是碎纸片的拼接，感觉跟数学也没什么关系，纯粹是编程来实现，由于我们三个编程又都不是很好，第一天也基本上没什么头绪，主要还是查找相关的资料，经过查找资料跟老师的指导，第一问的程序才有一点点思路，到了第二天才把第一问搞定，接下来的第二问第三问更难，一点思路没有，后面也没有完成，最后一天就是写论文，这次虽然只获得了广西区三等奖，还是收获蛮多的，也了解了很多知识，但最大的收获还是编程方面，能够学会用软件解决实际问题，还有团队合作精神的重要性。

第二次是 14 年 2 月份举行的美国数学建模竞赛，这次建模感触最深的还是要把英语学好，有较强的英语写作能力是比较重要的，开始就是报名的时候，由于是第一次参加美赛，老师也不懂,最后经过通过和老师交流,就开始准备美赛的报名,报名流程有点复杂,而且都要用英语填写,我们三个英语也不是很好,最终通过跟指导老师一起填好了报名,由于对美赛没什么了解,感觉在参加竞赛过程中很多事情做起来也比较吃力,接下来就是比赛,由于美赛一般是在春节举行,学校宿舍也没有电,我们几个四天四夜都在老师办公室完成竞赛,在这四天是比较难熬的,我们几个都是轮流休息,大概4天每人只休息了十几个小时,由于时间很紧,在建模过程中查找文献也是一大难点,由于我们英语又不好,要查找很多英文文献是比较困难的,最后我们大多数是查找中文文献,然后就是一步步分析题目,建立数学模型。写中文论文,先确定论文主干,然后一步步去写。美赛不像国赛有固定的答案,美赛的思路是最重要的,写好一篇论文才是关键。

由于美赛收获比较多,下面主要讲讲美赛的参赛过程及一些感想。

美赛是2月7日上午九点出题,由于是第一次参加国外的竞赛,没有经验的我们心理也没底,忐忑的心情充斥着赛前的一个小时,掺夹着紧张和兴奋。

当我们看到比赛试题时,三个人都很坦然,各自搜索着网上的资料,分析并且汇总问题,提出其主题和设计重点,分别把两道题做一比较,看看哪个类型的题比较适合我们。团队精神是建模竞赛能否取得最终成功的关键因素。这是一个三个人的团队参加竞赛,不能每个人都按自己的想法做出任何草率的决定,三个人要相互理解,相互支持,相互鼓励,在很多问题上要相互讨论,以得到最理想的结果。团队精神就是要锻炼合作和沟通交流的能力。每个人都要尽自己最大的努力想出最合理的设计方案。"一个人或许只有一种想法,三个人都把自己的想法表达出来,一个人就可以有三种想法。"我们互相探讨,把所有的想法汇总,从中选择最佳的方案进行设计。

今年我们选择的参赛题目是 The Keep-Right-Except-To-Pass Rule。这是一道设计交通规则的题目,首先没有数据,找数据尽量去数据库网站直接下载或者有其他方法。需要我们了解元胞自动机,蒙特卡洛算法,这些之前也没有接触过,A题可能是众多参赛着稍有把握的一道题目,题目背景比较简单,首先题目告诉我们的是什么? 一个规则,什么规则? 其次这个规则的运行情况,低负荷和高负荷,你如何界定? 这时交通路况的表现如何? 在下面他给了提示,流量、安全、车速等,考察一下流量和安全的权衡问题,车速过高过低的限制,或者这个问题陈述中可能出现的其他因素。这条规则在提升车流量的方面是否有效? 如果不是,提出能够提升车流量、安全系数或其他因素的替代品(包括完全没有这种规律)并加以分析。在一些国家,汽车靠左行驶是常态,探讨你的解决方案是否稍作修改即可适用,或者需要一些额外的需要。要考虑流量和安全的权衡、限速的作用,以及那些题目中没有明确提出的因数,我觉得反应时间、车速、车辆型号和安全都有直接关系,还比如说醉酒驾驶,疲劳驾驶之类的影响判断的因素(这些如果没时间没必要做,意义不是很大),重点考虑:堵车安全,把单次超车模型完善好,去思考单次超车对整个车辆流(分车道车辆流)的影响,然后再整体考虑。

翻译是这次竞赛最重要的一个环节。最终上交的是英文论文,首先就是要正确翻译,我们觉得这是最起码对评分老师的尊重。由于时间比较紧,我们只用了最后一个晚上来翻译而且英语水平有限,对数学专业英语不是特别了解,翻译的过程是相当困难的。我们借助电脑上的有道翻译软件进行大体翻译,再自己仔细推敲、反复修改。虽然翻译的过程很"痛苦",但是我们的英语水平在翻译的过程中得到了很大的提升。

美国数学建模竞赛时间是四天,这也需要我们合理安排作息时间。盲目的拼命会浪费时间。第一天,我们分别在网上查找相关资料,由于要查找一些英文文献,又进不了外国网站,这也是我们的难点之一,查找文献后并把资料汇总。然后根据题目进行分析,到了下午终于决定了建模方向。第二天早上开始,一鼓作气,把重点都放在一起思考,思路不致被打乱,直到第三天早上。然后对建立好的模型进行分析和优化,剩下的时间对论文进行翻译,在翻译的同时对论文进行优化。参加建模竞赛,合理安排时间是相当重要的,注意饮食保持体力,这样头脑也会灵活,会想出很多新点子。

参加数学建模竞赛给我们每一位队员都带来很大的收获。

很多问题自己一个人是无法解决的,必须要靠团队的力量,还有发散思维是比较重要的。数学建模,虽然过程是痛苦的,结果是不尽如人意的,但我们在建模过程中学到的东西却是终身受益的。接受数学建模培训,参加全国赛,真的能学到很多东西,包括做人,做事,能够提高人的团队合作能力,文字表达能力以及学习能力,且我们的口才还能够得到很好的锻炼,在那过程中还能学到很多平时学不到的解决问题的方法。就凭这些,我毫不犹豫的报名了美国大学生数学建模竞赛,结果并不重要,关键是过程。

在比赛时我们也可以接触了解各种领域的模型,它不仅可以解决物理化学等自然科学的问题,还可以解决经济社会学科的问题,并且在国家军事领域也起到重要的作用学到的每一个数学知识都可以作为建模的基础,因为即使是一个简单的方程求解,它的数学思想都是十分严密的。我发现数学建模并不是一朝一夕就能够掌握的。我们在生活中遇到的每件事都可能激发对数学建模的思考,积极关注生活中出现的问题,提出解决方案,建立模型,解决问题。其实这就是一次很好的建模过程。

参加美赛和国赛的感觉是完全不一样的。参加国赛时,一定要通过建立模型得出一个合理的结果,如果只有理想的模型而得不出最优的结果,是很难取得好成绩的。然而美赛就完全不同,我们可以尽情的放开自己的思想,可以说加入"异想天开"的元素,即使得不出最合理的结果,也是会吸引评委们的眼球,重要的是我们看待问题的思想。再者说,参加国赛时的题目是比较明确的,我们只要根据题目搜索有关资料,就能够找到出发点。然而美赛的切入点确实要通过认真思考和研究才能找得到。参加美赛也锻炼了我们的英语写作能力,能够让我们学以致用。

数学建模培养的是一种创新合作的精神,以及快速解决问题的能力。参加数学建模竞赛,也给了我们一次简单的科学研究工作的体验。科学工作需要的是严谨、大胆。这次不平凡的经历使我们体会到了科研工作的艰辛,这些将对我们今后的学习和工作产生积极的作用和深远的影响。

数学建模使我们明白了:不管我们遇到什么问题,什么困难,还是我们的能力多么有限,只要我们懂得与人沟通协作,只要我们去拼搏,我们的明天就会更美好。路就在脚下,只要我们自己主动去争取,我们才会有机会,只要我们敢于超越自我,有必胜的信心,明天定会更加美好。

最后感谢我的三次建模竞赛的指导老师刘丽华老师,李政林老师,李克讷老师,以及帮助过我们的所有人!

数模路上的遗憾

黄盛君

（广西民族大学信息管理与信息系统 2008 级，现就职于广州市盛戈移软信息科技有限公司）

如今还在社会上打拼的我，还不时会回想自己在大学四年里面参加过的 3 次数学建模竞赛。每次参赛，都是那么激动、兴奋，但每次又留有那么些遗憾，也许，正是这些遗憾和伤感，促使我不断向前进。

2009 年第一次参加全国大学生数学建模比赛，比赛前的暑假，学校组织参加数模的队员进行培训，第一次做数模题目的时候，在大学迷茫了一年之久的我突然发现原来在解数模题的时候，可以有一种让我深度思考的感觉，在做题的整个过程中，感觉是那么的充实和满足，从此，我有了一种特别的数模情怀。

第一次参加数模比赛，热血沸腾，我在日志里面写道："三天三天，七十多个小时，睡眠时间不到十小时，从来没有过的疯狂，没有过的认真和努力，什么都不想，七十多个小时里只想汽车是怎么刹车的，只想那制动的轮子是怎么转动的，想、想、想，不断地想，不厌其烦地想，所有的一切都消失了，只剩下那个问题。从兴奋，到平静，到不安，到烦躁，到无奈，再回到平静，七十多个小时就这样的过来。在逸夫楼的三天里，真的是废寝忘食了，从来没有过睡觉、吃饭的念头，只是在想怎么去把这个题目的模型给建出来。在论文完成的时候，我是整整三十个小时没有合上眼了，累到再也不想思考任何事情。"第一次参加数学建模比赛，我们获得了广西区三等奖。

在经历过第一次数模比赛之后，我想自己是找的了在大学中的目标了，从此开始了我的数模比赛之路。2010 年第二次参赛，带着 2009 年的遗憾，我满怀希望去做这个比赛。这次的比赛给了我一个很大的教训，三位队员的组队很重要，互相的了解和退让也是比赛成功的关键，也许是我太在乎，在讨论问题的时候，三个队员之间矛盾爆发，争论到最后连答案都没算出来，这是一次失败的比赛，我们没有做好分工合作，我们没做好矛盾处理，这一次的失败比第一次的遗憾更让我无法释怀，这是我在数模路上的第二次遗憾。

2011 年，我已经大四了，因为前面两次比赛失败，曾经一度想放弃，不再比赛，但是真的在比赛即将来临时，发现自己实在是无法割舍和放下曾经在数模路上的努力，再次参赛了。有了前面比赛的经验，这次的比赛显得顺利很多，三个队员之间的配合和默契也比之前的比赛好很多，虽然我们建模的过程中，有不同的方案和意见，但是我们都已经学会了退让和，因此这次从分析问题、画图到建模、解模、写论文的整个过程中，都相对的顺利了很多。最后这次的参赛，我们交上了一份也算让自己满意的数模论文。接下来是漫长的等待成绩的过程，广西区评卷成绩出来后，我们到了 B 组全区最高分，被送到全国评奖。如果我们获得了全国一等奖，那么我们的小组将打破了学校这么多年来没有过全国一等奖的历史记录，当时的等待成绩的兴奋已经不是现在能想起的感受了。可惜的是,在全国奖评比下来之后,我们得到的是全国二等奖。很清楚地记得,那天晚上在网上看到成绩公布之后,我是那么的难过,难过到我都无法说话,躺在床上,我的眼泪情不自禁的溢出,浸湿了我的枕头,那一夜,我彻夜无眠。这是我在数模路上的第三次遗憾。

尽管在数学建模的路上,三次比赛都让我留下了很大的遗憾,但是我却很感激在我的大学生涯里面有那么多次的数学建模比赛经历,因为数模,我找到在大学里面可以坚持和努力的方向,因为数模,我的大学和其他同学有些不一样,因为数模,我学会分析、学会思考、学会应用、学会合作、学会坚持,这些在数模比赛中学到的东西都在我现在的工作中都一一体现了。直到今日,数模在我的记忆中依旧是一件非常遗憾的事情,可是也许正因为有遗憾,我才会永远地记得那些数模比赛的日子。

美妙的学术之旅——数学建模

王 丽

（广西民族师范学院数学与应用数学专业 2011 级）

2013 年 9 月 16 日，是我对数学有了更深层次的理解与认识，也是我将这一对数学的抽象意识付诸实践并产生了不同寻常的数学产物的时刻。这是 2013 年全国大学生数学建模竞赛交卷的最后一天。从 9 月 13 日起至 16 日结束的三天时间，我和我的组员们浴血奋战，终于，在 9 月 16 日上交了一份满意的答卷，最终获得了广西区三等奖。这是一扇让我进入神秘数学世界的大门。

数学建模是用数学语言描述实际现象的过程。是一种数学的思考方法，是运用数学的语言和方法，通过抽象、简化建立能近似刻画并"解决"实际问题的一种强有力的数学手段。在上大学之前，我认为数学是应用于生活中简单的加减乘除以及考试得分的工具。当我步入大学，学习了更多更深层次的数学课程，如数学分析、高等代数与解析几何、常微分、概率论等，对数学和数学建模的理解更加深刻。以上所学的课程为我参加此次比赛打下了夯实的基础，"不积跬步，无以至千里，不积小流，无以成江海。"数学本身就是一门利用符号语言研究数量、结构、变化以及空间模型等概念的学科。数学，作为人类思维的表达形式，反映了人们积极进取的意志、缜密周详的逻辑推理及对完美境界的追求。虽然不同的传统学派可以强调不同的侧面，然而正是这些互相对立的力量的相互作用，以及它们综合起来的努力，才构成了数学科学的生命力、可用性和它的崇高价值。若要将数学应用于实际生活当中解决实际问题，就更需要对各种数学知识与工具有一定的掌握。我们现如今还是初出茅庐，对数学方法只有一定的了解和较浅的应用。

对于此次比赛，我们小组的成员分别来自金融数学专业和数学教育专业的大学二年级的同学，我们所选的题目为碎纸片的拼接复原。虽然这个题目的题干简短，所给的解题信息几乎看不出来。但是，此题的结论明确，即要求我们从杂乱无章的材料中找出规律，从而解答问题。介于我们组的三个成员对于数学的规律性较敏感，我们很快就确定了这个题目。接下来，我们便开始分工，在第一天的时间内各自查找资料，了解相关知识并且独自思考解题方式。到了第一天的晚上，我们便集中起来，各抒己见，进行了一个"头脑风暴"似的交流，并且向指导老师咨询建议之后确定了我们的解题方法：由于题目所给的材料是一张张规整的矩形纸片，这就像线性代数里面的矩阵一样。于是，我们就用了矩阵的基本原理，将矩形纸片中的字分为两种类型，即残缺字用"0"表示，完整字用"1"表示，于是碎纸片便被我们转化成了一个个由"0、1"组成的矩阵，再运用 C 语言软件，以及一系列数学建模方法解出了此题。在此过程中，我们思路清晰，但也遇到了不少难题。一是数据量庞大，我们在整理数据方面花了不少心思；二是软件操作方面,我们还不熟悉,这也下了很大的功夫。

总之,参加这次比赛让我受益匪浅。我们的成功来自于团队合作与信心,我们的信心来自于实力。这是参加数学建模比赛的基本要素也是最关键的要素。同时,我们也做好了迎接2014年全国大学生数学建模竞赛的准备,我们将在2014年的比赛中再接再厉,取得更好的成绩!

参加数学建模竞赛的心得

莫明丽

（河池学院数学与应用数学专业2002级，现工作单位：广西南丹县高级中学）

怀着对数学巨大的热情在知识的海洋中缘结数学建模，通过老师的介绍以及我们在网上对数学建模的了解，心中也不断燃烧着对数学建模学习的热情，希望通过自己的努力也能经历这样的学习过程。在2003年第一次参加数学建模大赛并获得全国二等奖广西一等奖的好成绩时，也给我留下深刻的印象。

首先，数模的培训学习过程，是一个经历观察、思考、归类、抽象与总结的过程，也是一个信息捕捉、筛选、整理的过程，更是一个思想与方法的产生与选择的过程。能让我们了解数学建模在我们生活中的应用的认识，不仅培养了自己善于钻研、锻炼吃苦、开拓创新的精神，及培养自己的思维能力还养成严谨的学习态度，提高综合素质。同时对自己专业课学习的信心倍增，各科学习的兴趣得到大大的提高，生活中处理事情、解决实际问题能够做到较为全面的思考。还有一个不可忽视的环节就是数学建模让我意识到团队合作意识的重要性。在培训学习过程和比赛三天中始终让我知道我们是一个团队，我们要相互支持，相互鼓励，相互包容，共同讨论齐心协力才能完成一篇高质量高水平的文章。因此，数学建模竞赛的训练和参赛的经历对毕业后的职业生涯产生重大影响。

另外，2007年大学毕业后，我通过事业单位考试顺利地进入公办的学校任教，成为一名高中教学一线教师。在新课改的到来更体现了数学建模的数学精神。教学上，数学建模问题贴近生活，充满趣味性给我教学上提供了帮助。的确，数学建模把课堂上的数学知识延伸到实际生活中，呈现给学生一个五彩缤纷的数学世界，数学建模问题如正多边形密铺地面，手机付费，打公车计费等问题都贴近实际生活，有较强的趣味性，学生容易对其产生兴趣，这种兴趣有能激发学生去更努力地学习数学。学生在数学建模的学习中采取各种合作的方式解决问题更能让学生合作完成任务的分工、过程及合作的体会，然后交流。学生在整个学习过程中，可以对自己以及他人在完成任务过程中的作用认识的更加清晰，从而对自身的价值，他人的价值，合作的价值，数学的价值认识得更加深刻。这就是新课程数学教学目标的要求，数学素质的要求。

以上是我对数学建模竞赛的感想。数学建模充实了我的生活，数学建模给我带来快乐，数学建模让我的大学生活和工作焕发光彩，真心感谢带我进数学建模神圣殿堂的老师，是您让我发现了如此神奇精彩的数学世界，感谢共同奋战的队友们，你们的友谊让我充满力量，感谢数学建模，你是我生活中的新起点，相信明天会更好。

有一种精神叫数模

王汝芳

（贺州学院数学与应用数学专业 2011 级）

说起数模，我可以实实在在地说，真心感激数模带给我的潜在影响。没有浮躁的辞藻，没有华丽的语言，只有一句：真心感激。

刚从大一升上大二，开学没多久，老师就通知我和另外两个队友参加九月份的全国数模竞赛。正如大家猜到的那样，是很不情愿参加的，还跟老师讨价还价，"老师，我什么也不懂，你让我参加就乱来写一通"，还记得老师从电话的另一头传来："你没试过怎么知道不懂，你要牢牢地把握机会，努力的去锻炼一下。你就试一下嘛，这么大一个人，试一下都不敢试吗？"。我参赛的初衷不是在于对数模无限的热爱和追求，而是老师的一句试一下。我们的参赛结果没有别人那么完美，不是电视剧的那种尝试去做后有出乎意料的惊喜，而是什么奖也没有。

但是第一次参赛数模不完美的经历，却是那么深刻。参赛的第一天，才知道什么叫做数模论文，老师给我们发了一篇往年获奖论文当做模板，这才领悟原来数模论文要有这样的结构，参赛第二天，其中一个队友不来，我连题目都看不懂，该不该坚持呢，反正写了也不会获奖，干脆破罐子破摔，随便随便乱写一通吗？老师就过来告诉我们："你说你不懂，人家就会懂了吗？大家都一样的，不懂。但是人家一样有信心去参加。参赛意义在于坚持，能把一件你不会做的事情也认认真真地去完成，你就是很了不起了。"于是我就和剩下的一个队友下定决心一定要认真地完成这次参赛论文，不能敷衍对待。我和队友就分工合作，我负责论文编辑，她负责建模和运算，吃饭时间也只有 10 分钟，参赛第三天的晚上我们谁都没有回去睡觉，一心只想着要认真完成论文。埋头认真、专心致志地去做一件事情，不知不觉就天亮了这种经历是多么可贵的。

第二次参加数模就是大三了，这时候一切都那么顺利，也获得区二等奖。

数学建模给了我什么？当你经历了连续三天和一个晚上不睡觉，专心致志地区做一件事你起初认为很难的事情，那么你懂得了什么叫做坚持和执着。当你经历了从没有信心想着要放弃到一种下决定决心要勇敢面对，一步一步去解决时，你懂得了什么叫做不放弃。当你和自己的队友互相帮助，团结一致去做一件事情时，你懂得了什么叫做合作共赢。

参加数学建模让我感受最深的不是什么奖项，而是越是困难越要尝试去解决。

大三阶段了，经历了数模的培训和学习，我对自己的专业也越来越喜欢，越来越喜欢思考和钻研数学。得益于数学建模学习的一种精神，我在大学期间，和同学组队参加了学校首届大学生创新创业训练项目，完成了论文设计并获得一等奖，在大三阶段也深入研究了我国计划生育政策调整对人口结构数量的影响这方面的数模。

数模的让思考和学习我思维有了突破，让我懂得如果轻松掌握专业知识，对于专业课的学习,我也越来越容易掌握。

　　如今也出来工作实习了,在一家物流公司从事物流统计的工作,我如大部分的同学一样,一开始觉得什么都不会,什么都不懂,生怕做错事,又怕老板骂,所以就越来越觉得有压力。参加数模的经历,告诉我,就是因为不会又不懂,所以要努力去学习,找出解决问题的办法,不要自己给自己下定义—我不会。当老板交给自己任务任务时,不要说我不会,我不懂,没有尝试去做过,又怎么会知道自己不懂呢? 公司的老员工,他们也有刚来公司的第一天,那人家又怎么可能一开始什么都懂做呢。所以我下决心,不要说我不会,要勇敢地说,好的,我会努力去做好。数模让我懂得了什么叫做坚持和执着,所以我坚持下去了,一个月时间不到,已经熟悉掌握公司的运作流程,也能应付大部分工作遇到的问题了。

　　数模的学习经历对我今后的工作发展带来了很大帮助作用。在数学建模中的几个软件的学习也给了我们较大的帮助,让我在工作中,能够得心应手的应用 SPSS 统计软件去处理某些物流统计数据和分析数据,把繁杂累赘的数据处理变得更加容易科学,也提高了工作效率。

　　我认为数学建模的学习,是一种生活和思维的学习,参加数模竞赛,锻炼的是执着和坚持。数学建模与用模问题是新课标着力强调的新理念,它不仅关系到我们专业课的学习,也关系到我们对社会工作的适应,更是促进一个人思想上的进步。

　　对于数模,我是真心感谢我的大学里与数模结了缘,也真心感激把我带向数模的老师。

历练自我，感受建模快乐

苏加俊

（钦州学院计算机科学与技术 2011 级）

2013 年全国大学生数学建模竞赛已经过去快一年了，我们组获得了全国大学生数学建模全国二等奖，回想起来，我感到非常自豪。虽然比赛只是短短的三天，但是我认为那段时间是值得记忆的。除了在培训中知识面有了很大的扩宽外，我感到对我影响最大的是使我对学习和生活的态度有了新的认识。总结起来我认为主要有以下几点：

一、使我体会到了和他人交流合作的重要性

数学建模是一个团队协作的过程，需要队友间密切配合。要达到这点，参赛组成员必须通力合作，发挥所长，肯于接纳队友的观点与意见。我自己的专业是计算机科学技术，一个是资环学院的，一个是数学专业的，看起来风马牛不相及的专业凑在了一起，取长补短，互相学习，迸溅出智慧的火花。现代社会需要合作，合作的过程中，肯定会有各种各样的问题，需要我们有宽广的胸怀来容纳。团队协作精神和集体主义观念在这里得到了充分的体现。

二、提高了我们的思维能力

数学建模竞赛可以锻炼思维，培养语言表达，无论是在培训期间还是在竞赛的那三天，大脑真正的进行了思考，一种不同于以往的思考，是对未知知识领域的探索，是对陌生软件的学习。这种思考可以使自己看问题的视野更加开阔，思维更加活跃，虽然一开始让人摸不着头脑，找不到头绪。为了解决问题，查资料、看书，查看相关专题，在短时间内要理解运用相关知识，使大脑能主动地去想问题，思考问题，提高了我们学习和应用知识的力，这是我们平常学习很难得到的。

三、知识面有了很大的扩宽

数学建模教会了我们用数学的知识认识一切，使得我们对问题的审视角度多了一层变化。虽然平时对等 LINGO、MATLAB 数据软件接触不是很深，但是通过三天时间不断的学习，共同探讨，加深了对这些软件的理解和应用，获益匪浅。同时我们在求解以及表达这些模型的过程中，也使我们的软件应用水平，论文的写作水平，特别是运用数学思维解决实际问题的能力有了大幅度的提高。

　　当然数模使我们收获的不仅仅是这些，它培养了我们的综合素质，比如计算机应用能力，检索文献能力，学习新知识的意识与能力，论文撰写能力等；在和队友一起奋斗的过程中，使我们建立了深厚的友谊；在和指导老师的交往中，使我体验到了完全不同于课堂的另一种师生友谊；与周围的交际能力也得到提高。还有就是培养了自己的吃苦耐劳，在竞争中勇于挑战自我，在拼搏中开拓创新的精神。三天三夜的数模竞赛是我人生中难得的一种经历。

　　数学建模是一项很有意义的活动，它已经超越了竞赛本身的界限，那段时间的回忆都将会伴我一生，那段时间的收获都将会对我今后的生活学习产生深远的影响，参加数据建模对我个人是一种能力的历练，同时，我也从中深深地感受到了快乐。

痛苦并快乐着

韦星光

（梧州学院 2007 级数学与应用数学专业）

作为梧州学院第一届数学与应用数学专业的本科生,曾经在 2009 年和 2010 年两次获得全国大学生数学建模竞赛全国二等奖,下面是我参赛的一些感想。

作为一名数学专业的学生,我曾怀着对数学巨大的热情在知识的海洋遨游,但枯燥冗繁的计算令我心灰意冷,这些计算能有什么作用? 令我耗费巨大精力的学习,究竟能给我带来什么? 直到有一天我参加了由黎协锐老师和许成章老师举办的数学建模讲座,我终于知道我需要什么了。于是我报名参加了数学建模培训班,培训班在每周三晚上都开设讲座,还有暑期进行集中培训。

直到暑期培训,我才对数学建模有了深入的了解。我被其中蕴含的丰富知识倾倒,从不曾想到小小的数字竟然能将纷繁的各种事物演绎的如此精彩,真是太奇妙了! 这一次我是真正的投入了,不再有对未来的忧虑,不再有对枯燥计算的厌恶,不再有迷茫时的踌躇,我像一只看到灯塔的船,飞速驶向目的地。

暑期培训的是一些基础知识,我又自己学习了一个暑假,感觉脑子里像个杂货铺,乱乱的理不出头绪。开学后我们在老师的带领下开始了实战训练,渐渐的,我脑中的知识被"应用"这条主线项链般的穿了起来,我对自己所学的知识有了更系统的了解,有的知识联系起来想一想,还会有更多的收获,我对这种学习有了更深的兴趣,虽然即将参加程序员的考试,但现在我是欲罢不能了。每天我都忙忙碌碌,上课、自习、图书馆、机房,虽然没空去逛街、买衣服,但我心里依然很高兴、很充实。

参加竞赛是一个很大的考验,我是个从来都按时作息的人,熬一夜下来还真是很难受。除了身体的不适,我还得应付心理的压力。随着程序员考试的日益临近,我却无法复习,这可是很危险的,万一……我不敢想,但我知道:自古华山一条路!

这真是煎熬的三天啊! 我每天都忍住睡意,与自己做心里斗争:只有三天了,挺住! 令我惊讶的是,这平时都不曾想象的痛苦,到今天真正发生在我身上时,我竟然毫不以为苦;相反地,我正以百分之二百的力量投入其中。每当有所进展,我都欣喜异常;每当出现争论,我都热情参与;每当遇到拦路虎,我都告诉大家镇静;每当出现错误,我都鼓励队友们不要灰心……

呵呵,功夫不负有心人! 有投入就有回报。回想以前与枯燥计算打的交道,此次不知复杂多少倍,然而我却毫不以为苦。是数学建模充实了我的生活,是数学建模帮我把痛苦变成了快乐,是数学建模让我的大学生活焕发光彩! 真心感谢带我进入数学建模神圣殿堂的老师,是您让我发现了如此精彩的世界;感谢共同奋战的队友们,你们的友谊让我充满力量;感谢数学建模,你是我生活中新的起点,相信我会有更美好的明天!

意志和勇气的磨砺与考验

黄玉茜

（2010 级电子工程系）

回想 2012 年的夏天，似乎又似乎的过得不是很久。或许是当时的比赛真的是太辛苦了，也或许是比赛那会所要学的东西太多了，也可能是那场比赛给我们三个成员太刻苦的记忆，种种的累积在一起，我们想又不想忘掉。

记得比赛时间是 2012 年 9 月 8 日～9 月 10 日。比赛准备的时间很长，一个假期基本就由基础培训和赛题集训构成了。那年的夏天特别的热，暑假的缘故，校园里的人寥寥无几，也就基本是认识的。现在说起来有些得意的是，我们队的"起早贪黑"是实现了其价值。

基础知识培训那段时间是按照老师的指示，学习各种比赛相关知识，就算是一个大教室授课，我们三人分工还是挺明确的，各自侧重记笔记，过后会聊聊课上的内容。在这个培训阶段里我们三个都没有请过任何的假或者迟到，这是培训的基本要求也是挺难守的规定，毕竟这样的大热天气。在比赛题目集训的日子里，我们都是约定好最迟七点到开放教室做题，中午是不回宿舍的，午餐就是其中两个人去吃然后打包一份回来，要不就全打包回来再一起吃，晚上到天黑才回宿舍，晚餐也基本是同午餐那样的做法。晚上天黑了才回宿舍，不确定时间，只是依稀的记得做套题的时候每天都是迎着灯光回宿舍的。

比赛三天期间，我们出现过争执，各抒己见会在所难免的出现冲突而导致不欢，这样的情况在集训的时候也曾出现过，经历过也就更相互体谅并用更理性的心态去对待，都分析后得出哪个方法更好就用哪个，分工的明确使我们更快的确定了建模方案。比赛的第一天早上一拿到题，立即就各自看各自分析，然后才开始讨论并对比方案，确定大致的建模方法，一起搜集相关的材料，曾使用过的资料、书籍、网上的文档等我们都不会放过，而后就开始三个方向的工作了。江俊谕负责确定后的建模方法所使用的软件及内容进行学习并使用，王秀兰对相应方法所需要的数据进行处理和分析，而我则主要负责该方法的论文部分的学习并应用。其实也并不一定处于这样的分工状态，如果其中一人的主要任务完成后也不会闲下来，都会去做另外两人的未完成的任务，中途任何一人提出异议都会进行讨论再继续或者变动工作内容。比赛期间，差点崩溃的就是比赛的第二天晚上我们把前面应用的建模方法给推翻了，处理出来的数据与假设情况没有对应，还好我们还是冷静下来了并换了之前也有讨论过的另一种方法。当时的那种情况，有种要窒息的感觉，每每想起都会后怕。在最后上交论文的格式转换中，也是个很头疼的问题，我们各自使用的电脑的 Word 版本不同导致我们最后汇总的时候在格式上花了很多时间，最后关头也因此差点吵架，还好我们没吵，还好我们按时上交了，还好的还好我们是个经得住考验的团队。三天的比赛，我们的作息还是听从了指导老师的建议，头一个晚上是休息的，后两个晚上都是熬夜过来的，直到把论文交上去了我们才安心。三天的奋战消耗了太多的脑力和体力,随便吃了一些东西就回宿舍休息了,倒头就睡到了傍晚。我们的指导老师也是非常的辛苦,陪我们完满的度过了这艰难的三天。那三天的付出,非常的感谢我的队友江俊谕和王秀兰,大家的相互了解、谅解、理解到最后才发现我们不只是为了比赛而比赛,在那段日子里我们都已经是不可或缺的朋友。在此还要感谢我们的指导老师及我们的院校,如果没有你们所给的平台和指导就没有我们的比赛。

　　2012年那个夏天的辛苦劳累在接近秋天那个收获的季节里我们满载而归,在此祝参加全国大学生数学建模竞赛的各位参赛队员付出必有收获!

数学建模给了我什么

林自强

（广西师范大学漓江学院应数专业 2005 级,现工作单位：广西来宾市民族中学）

缘结数模竞赛,始于 2007 年。直至今日,当年的参赛情景历历在目,可谓一次参赛,终身受益! 记得 2007 年、2008 年的数学建模竞赛,本人都有幸参加,并荣获全国一、二等奖的殊荣。

参赛的初衷在于对数模无限的热爱和追求,正因为如此,顺理成章地开启了数学建模的学习、钻研之门,在参加数学建模培训的日子,聆听专家、教授的悉心教导,团队的同心协力,受益匪浅。参加数学建模让我感受最深的是恒心的磨炼和意志的培养,参赛的过程中,自己曾提出这样的问题：数学建模给了我什么?

现在回想起来,本人可以从大学期间和工作中这两阶段来简述数模的培训学习带来的帮扶作用。

大学阶段：数模的培训学习过程,不仅培养了自己善于钻研、吃苦耐劳的精神,同时对自己专业课学习的信心倍增,各科学习的兴趣得到大大的提高,生活中处理事情、解决实际问题能够做到较为全面的思考。不加掩饰地说,对毕业求职时的简历里多呈现一个闪光点,尤其是在参赛中获奖,做到人无我有的境界,从而博得用人单位的欣赏。

工作期间：2009 年毕业,可以说是比较顺利地找到了公办的学校任教,成为在职在编的公办教师。掐指一算,近五年的工作,已经带了两届高三,并且所带班级成绩名列前茅。教学上,本人能够较好的驾驭课堂,恰到好处地对教材进行处理和分层施教,这些也得益于数学建模学习的一种精神。尤其是在科研方面,作为年轻的教师,敢大胆的参与课题的研究与论文撰写,至今已有 4 篇论文在国家、省级刊物公开发表,有两篇全文收录中国知网,在广西数学教育成果评比活动中的论文以及课件制作均获得广西一等奖,对今后的发展带来了很大促进作用。所以,数模不仅对我们专业知识的升华,同时也给了我们的研究指明了方向。在信息快速发展的社会,对于信息技术教学已经渗透到课堂教学,在数学建模中的几个软件的学习也给了我们较大的帮助,让我们能够得心应手的应用多媒体教学,把枯燥的数学课堂变得活泼生动,学生学有所得。

数学是自然科学的基础,是一切科技发明的基本工具问题。而数学学习与研究的核心问题是数学的建模与用模问题。选择大于努力,在数学建模比赛过程中,也是如此。选择了突破问题的方向就很难改变,时间是最主要的因素,重要的还是自己团队齐心协力的努力,认准方向不断的解决更深入的问题,直至得到更优化满意的答案。

我认为数学建模,建的是方向,模的是方法。"不会建模就不会科研,不会用模就不会生活。"数学建模与用模问题是新课标着力强调的新理念,它不仅关系到学生的学习,也关系到学生的一生发展。

坚持就有成功的可能,放弃就不会有收获。

从数学建模中学到的

苏晶晶

（鹿山学院计算机科学与技术 2008 级,现工作单位：邮政科学研究规划院）

　　时间如白驹过隙,忽然而已。工作闲暇时从大脑一隅翻起当年参加数学建模竞赛的情景,可谓是历历在目。从 2010 年初开始报名,参加了 9 月份建模竞赛,通过老师帮助和自身努力取得了广西区一等奖的成绩。

　　参赛的初衷是源于对数学的喜欢,同时也为了证明自己。现在想想,一次数学建模竞赛又何尝只是证明了自己,更是让我在以后的生活和工作中受益,慢慢体会到了"一次参赛,终身受益"的真正含义。回想起当年建模的整个历程,有赛前培训的痛苦与快乐、有参赛期间的奋战与努力、更有赛后获奖的欣喜与激动。时至今日,当我重新审视数学建模的时候,才发现它给我带来的帮扶作用远比当初想象得要多。下面我从大学时期和工作期间这两个阶段来简述我从数学建模中学到了什么。

　　大学时期：数学建模选拔赛之前是培训,当时正值暑假高温时期,锻炼了自己独立自强的性格和坚持不懈的精神。提高自己的过程同时也是忍受孤独寂寞的过程,虽然培训是难熬的,但是学到了很多东西。让我拓宽了数学知识面,掌握了数学软件的使用,还结识了很多志同道合的朋友,有些同学直到工作之后都有联系。培训下来,学习能力也增强了不少,数学是锻炼思维的体操,使得大脑更加清晰灵活。比赛的结果也让我赢得了毕业后取得工作机会的筹码。

　　工作期间：2012 年初还未毕业就有幸得到了一个实习机会,由于比别人的简历多一些筹码,所以几乎没有面试就入职了北京一家科技公司。毕业后,几经辗转,进了邮政科学研究规划院,一直至今都在做邮政储蓄银行资金清算系统、社保卡系统的程序开发工作。工作中需要写需求分析规格说明书,40 万字的说明书一周就写完了,都是得益于数学建模打下的基础,因为数学建模需要以论文的形式呈现参赛结果,工作中遇到的文档内容格式调整的问题在参赛中写论文时都曾遇到过,所以大大提高了工作效率,同时也得到了项目经理的赏识。软件系统程序的开发需要很好的严谨的逻辑思维,当时的建模培训和比赛也无形中锻炼了大脑的逻辑思维,这方面使我受益匪浅。在工作中一个项目的开发不是一个人的闭门造车,而是一个团队的齐心协力,团队协作的思想在数学建模中早已经根深蒂固,所以工作沟通起来毫无压力。还有,程序的开发也需要很多数学算法,有些算法在培训中老师也提到过,在其他同事不知道的情况下,我对算法是有些了解的,这就让我在工作中有了更多的机会。

　　所以从建模中学到的不仅仅是数学知识那么简单,还有严谨的逻辑思维、良好的编写文档习惯、团队的协作理念以及更多的工作机会。这些在现在以及将来的工作中都是必须的,也都是数学建模潜移默化的影响到了我,是我一生的精神财富和美好回忆。

不要在乎结果,只有经历过才会懂得过程的艰辛,也只有经历过才会知道这些经历会对自己有怎样的影响。当时做的每一个选择、经历的每一个时刻都是在成就将来一个独立无二的我。数学建模是艰苦的,整个过程可以当做一场修行,将来的正果就在坚持中慢慢发芽开花长大。

数学建模打开我的百科全书

石小乐

（北海学院计算机科学与技术专业 2012 级）

谈起数学建模，每个人都有自己的感想。对我来说，从开始接受教育到现在，2013 年的数学建模竞赛是我唯一的一次将所学的数学知识得到淋漓尽致的运用。

2013 年数学建模竞赛有两道题，一道是堵车规律，另一道是碎纸片还原。看到考题后，我们仔细认真地阅读题目，选择出我们自己的考题。碎纸片还原涉及了很多软件编程的内容，对于另外两个非计算机专业的队友来说整体操作相对困难，计算机的知识也不是几天就能学会的，所以我们选择了 A 题，两车交通事故所占的车道对堵车长度和时间的影响。

题目中有很多陌生的词汇，对于题目整体的把握需要我们广泛的寻找资料，确保研究问题的方向正确。与以往不同题目的是数据在两段视频中，这就提高了我们对数据的提取、整理、归纳等数学方法的要求。我们在统计数据的时候精确度不统一，在计算最后一问的时候没有得到精确的答案，只取了一个约数并给出一个取值范围。因为这个不精确的数，导致我们论文的不完整。我们去南宁答辩时，老师专门指出："我们这个数学建模是一个量化的计算，需要精确的数字。"

在比赛中，我们需要解决很多问题，尤其团队间的协作。我们分配好任务开始做题，随着问题的深入，我们最初的计划会暴露出很多问题，因为意见不合队友吵架了，说什么都不想继续，就直接躺床上睡觉了。我知道大家很辛苦很累，但生活总得继续，缓解压力调节气氛才得以继续进行，现在想起来还是让人哭笑不得。

经历了一次数学建模竞赛，我体会很深。数学建模竞赛犹如建造一座埃及金字塔，我们注重方法和结果，有的人认为需要 10 万人花费 20 年的时间由下往上建造，而另外一种是改变建造方式，由内向外建造只需 4000 人还可提前完工。细想大自然有很多规律我们可以利用，我们用生物、化学、物理等一系列方法去解决很多实际问题，古埃及人难道就不会混凝土浇灌技术？滑轮、杠杆的力学系统运输只有 21 世纪的现代人才能用吗？对于每一人来说，一切都是公平的，因为大家都有机会。所以细节决定成败，态度决定一切。

数财院精英，敢"走火入模"

李玲玉

（广西财经学院金融1141班，2013年高教社杯广西赛区一等奖）

"数财院精英，敢'走火入模'"，现在提到数学建模，最先想起的还是这几个字。从对数模的相遇、相识到相知的这几年，一路走下来学到了很多值得我受益终生的东西。在以后的生活里，我相信我也会和它相守下去。

全国大学生数学建模竞赛结束已经有一年时间，但是对中间参加竞赛的那三天还是记忆犹新。或许它真像罂粟一样，会让你着迷，既爱又恨，但是又离不开。现在回想参加比赛的那几天，都没想过自己会挺过来，虽然很累很累，但是我从来没有后悔过。

记得数模竞赛的第一天是2013年9月13日周五，上午八点左右我和队友拿到题目后，就先开始找了一些相关的资料，最后经过队友们一番的讨论我们确定了题目。第二天，我们查阅了很多的文献资料，并且三个人交流了各自的看法和意见，确定了论文的大概框架和模型以及方向和思路。第三天，是最累最苦也是最有成就感的一天，前半天我们统计出了大量的数据和一切基础的东西，到了下午我们开始论文的撰写，因为时间的紧迫，那一晚我们决定通宵。印象最深的是从下午五点到第二天早上五点，整整一夜我都在不停地写，那时虽然很困但是脑海里一直有一个信念就是我一定可以的，那晚的感觉确实很奇妙，思路犹如泉涌一般。最后我们成功完成了论文，并且获得了不错的成绩，那是无法言喻的幸福，最重要的还是这个过程，因为我们很努力的争取过，这些就足够了。

通过这次数学建模竞赛我学习到了很多东西，不仅是在学习上，还有生活上以及心智上的成长。首先，我觉得也是最重要的一点，就是要相信自己并且要勇于去尝试。记得参加数模以来听到最多的就是我不懂数模是什么，我不会用软件，我不会用模型等。我想说的是虽然这些很重要，但是并不是必要条件，如果不会我们可以去学，你不学肯定永远都不会，不会不可怕，最可怕的是不知道要去怎么解决它，要给自己多一点机会，可能你会发现不一样的自己。其实在数模竞赛中很多东西都是现学现用，而且更多考验的是思考问题的方式和解决问题的能力；其次，团队精神十分重要，因为数模竞赛是团队的一项活动，不是独角戏。三个人之间要相互支持，相互鼓励。不能只管自己的那一部分，要能容忍对方的不足和缺点，要学会站在队友的立场为对方考虑。不能太以自我为中心，太自负，太固执，毕竟一个人的想法有时局限性太大，只有大家一起讨论才能把问题搞清楚，多探讨才能让思想碰撞出火花；再次，要有一定的时间规划。因为比赛时间只有三天十分有限，所以我们必须事先安排好每天的具体工作，和人员的分工。避免因为一些小细节而影响了比赛的进程，确保比赛可以有条不紊的进行。最后，这次竞赛培养了我的意志力。回想比赛的那几天，虽然竞赛八点开始但是我们每天早早的六点多就起床了。因为赛点在老校区而我和另一个队友住在新校区，所以那三天参赛期间我们都是早上六点多起床,然后坐第一趟公交车赶到老校区,晚上十点左右再坐最后一趟公交车回到新校区,尽管很累,但是每天都从未有过的充实与满足。记忆最深是最后一天晚上奋战了 12 个小时之后,第二天在回学校的校车上,我们睡得天昏地暗。其实没经历过这些以前从没想过自己会这么能吃苦,这些也培养了我一个良好的心理素质,很多时候要学会调节自己的情绪和状态,学会从不同的角度看问题并且去解决它,很多事我们都可以去做并且可以做得很好,我们远远比自己想象中要棒。

这次数模竞赛让我学到了很多在其他地方学不到的东西,我想我永远不会忘记这段时间,总之受益匪浅,终生难忘。最后特别要感谢我的指导老师和队友们,教会了我很多东西,并且一直陪着我支持我像家人一样,给了我莫大的鼓励与信心,谢谢你们。

数学建模获奖感言

杨忠行

（广西大学电气工程及其自动化专业2009级）

尊敬的各位领导、老师、同学们：

大家好，我是电气信息学部的2009级电气杨忠行。今天有幸代表我们组的同学在这里发言，我感到很激动也很高兴。这种荣誉不仅是属于我，更属于我们的团队，属于所有为此付出努力付出过心血的人。

要感谢的人太多了，但首先感谢的，就是这次参赛队伍的总教练和指导老师。从几百人的竞赛知识培训到预赛队伍的模拟演练与筛选；从赛前每个参赛队详细的考场和休息室安排，到每顿饭的饮食搭配与分发，带队老师们细致的工作着实让每个参赛队员感动。同时还感谢和我同组的两个好搭档，我们一起讨论，一起研究，一起度过了那忙碌而难忘的三天。

还要感谢所有参赛的朋友们，用热情和智慧成就了这一次成功的比赛，也成就了一段难忘的经历。我们厉兵秣马这么长时间了，终于到了考验的时候了。在比赛的那三天我们每个人都使出浑身解数，大家都知道建模竞赛拼的既是毅力又是实力，在三天内要交出一篇高质量的论文真的很难，记得当时我们组到第二天下午还剩下三问，我们三个都筋疲力尽了，我们就相互鼓励不要放弃，还开玩笑缓解情绪，最终在大家的共同努力下在交卷的前一个小时把论文写完。

其实，很多时候我们因为辛苦因为迷茫看不到出路而想放弃，但是也许只要坚持一段时间就可以渡过难关，而给我们留下深刻印象的正是这些"艰难"的过程。成功的花朵只有在汗水的浇灌下才能绽放的更加美丽。我想很多队员和我一样，备战竞赛的生活，是非常充实的。也许苦，也许累，但我们苦中有乐，我们的知识在增长，我们的自信在加强。

我想从这个意义上来说，每个参赛队都是最后的胜利者。数学建模比赛带给我们什么？是坚持不懈的精神。三天三夜的比赛实在是很枯燥，一大堆新鲜的论文或书籍需要参考、繁杂的程序要不断改进、模型尝试了又推翻……报名参加比赛的人有几千组，有多少人能最后真正完成了论文呢？我想说，不论得奖与否，哪怕题目没有全部答完，只要坚持把论文完成同学都是值得可嘉的！其实我想说，数模竞赛并不是很多人心目中的那么遥不可及。亲身经历过就知道，它并不要求多么高深的学术知识，而是团队综合能力的考验。

数学建模比赛还让我们学会了两个反思：一个反思是健康的体魄。尽管"拥有一个健康的身体，才会有一个好的成就"这话大家都会挂在嘴边，但真正体会到还需要身体力行。三天三夜，不仅是个脑力活，还是个体力活，三天下来疲惫的我们才发现身体强健是多么重要的事情。另一个反思是冷静的思维。我们在选定题目后就只是草草读了一遍就开始一边理解题意一边解题，这让我们走了很多弯路、进了很多误区。事后才觉得如果当初在定好题目后认真地冷静地去分析题目、学习我们并不熟悉的相关专业背景,整个过程会轻松很多,因为建模比赛的专业要求并不深,只要静下心来,理解背景是很容易的事情。

　　数学建模带给了我一份特别的礼物,是什么呢? 友谊。在培训时,我和另外两个队员并不是很熟悉。后来经过我们队长的连线,我们组成了这个两男一女的小队。比赛之后的我们感情更加深厚了。我永远忘不了那三天三个人在小实验室里的奋斗:永远忘不了各自完成任务时静悄悄的实验室,翻书的声音、键盘的声音……永远忘不了三个人围在一起只要用心,只要努力,只要你肯付出,肯定会有所收获! 最后,请允许我再次感谢我的两位搭档,感谢所有关心和支持这次建模比赛的人,也希望同学们勇敢得挑战自己,让自己多一份经历,多一段青春的回忆,并预祝今年取得更好的成绩。谢谢大家!

数学建模感怀之决战 72 小时

文玉娟

（广西建设职业技术学院造价 0904，全国二等奖获得者）

·

如果，你要问我：失败了，会后悔吗？

我会告诉你，也是所有爱数模的人都会告诉你的：

我，不后悔！

因为，我们为自己的梦想奋斗过！

2010 年 9 月 10 日 8：00～2010 年 9 月 13 日 8：00 这 72 小时是我大学生活中最难忘的时光。这三天的比赛给我最多感想的是：一种毅力，信念；一种团结合作精神；交流沟通能力，语言组织表达能力。72 小时对于第一次参加全国高教杯的我们来说觉得时间很紧。

第一天选题，原计划是早上选定题目，下午查找资料。经过一起讨论，初步搜索两道题的相关资料，比较优劣。最终在 17：00 左右确定选做 D 题。D 题是通过分析比较而建立模型确定四个学生宿舍楼设计平面图的最优方案，我们组三人的专业是建筑工程和工程造价。所以在识图，建筑设计分析，造价方面是比较占优势的。虽然这样，但我们还是不敢有半点懈怠，抓紧每分每秒，查找书籍，上网搜索相关资料，回顾培训期间老师教的知识。第一天晚上回去补了一下睡眠，为第二天，第三天的通宵做准备。建模的组员真的很用心思考、看资料和计算，甚至吃饭的时间都压缩着来建模。找资料的组员也是在快速的搜索各数模相关网站，查找资料。我们再一起讨论，提出自己的想法，确定建模方法。终于在第三天十点前得出了初步模型。之后就是做最终的数据处理，我也是一步步跟紧着写论文，反复的推敲终于在 13 日 7：40 左右完成了一份较满意的论文。当打印出论文，交给指导老师的那一瞬间，觉得这是多么神奇，多么神圣的一刻。提交了论文，不管结果如何，我们都是成功的了，因为我们都是很用心很努力的参加这次比赛，我们坚持到了最后一刻。当我们（参赛选手）拿着自己的"家当"走在学校园主干道上时，此情此景，我觉得这是多么亮丽的一道风景线。

回想起那 72 小时，我们都可以拍一部电影，名字就叫《决战 72》，迭连起伏，危机不断。最终通过我们的努力获得了 2010 年专科组的全国二等奖。在此真的很感谢我们的指导老师，在暑假时期，不辞辛苦，往返于家和学校间，备课到深夜。只为了，看到我们能拿到好的成绩。谢谢老师为我们准备优越的物质条件，给我们精神上的大力支持。在此，深深地向你们鞠一躬：老师，辛苦了！

数模比赛，且赛且珍惜

张远生

（广西建设职业技术学院设计 1203 班）

数模无处不在，挑战今日启程。三天三夜，既漫长又短暂，如今回想，却历历在目。能有机会参加全国大学生数学建模竞赛，与全国各高校的大学生们进行公平、公正、公开的比赛，我感到非常自豪，不能不说是一次终生难忘的经历。

数学建模竞赛以"创新意识，团队精神，重在参与，公平竞争"为宗旨，从培训到比赛结束的一个多月里，收获了很多。我觉得这宗旨看似简单其实暗含着大道理，简单总结起来主要有以下几点：

首先，数学建模教会了我们用数学的知识认识世界，让我们理解什么才是数学建模，具体怎么用数学知识去建立一个数学模型然后去解决实际问题，使得我们对问题的审视角度多了一层变化。在暑假培训期间就使我的知识面扩展了很多，将所学的数学建模方法和其他方面的知识活用到生活和学习上，感受到前所未有的成就感。我们在培训时遇到的背包问题、指派问题、运输模型和各种分析方法，就很值得我们用到生活或学习当中去。总的来说，提高了我们的综合素质和逻辑思维能力，让我们能条理分明、有条不紊地处理头绪纷繁的各项工作；也培养我们认真细致、一丝不苟的作风和习惯，形成精益求精的风格。也能使我们了解和领会到由实践到理论，再由理论回到实践，最后解决问题的全过程。

其次，就是创新的意识。就一次数学建模竞赛而言，题目只有 A、B、C、D 四题，但参赛队伍有几千队，比赛结果也有几千种，所以才要创新意识。谁能做到"创新"，谁就是佼佼者。想到这点，在做题过程中，我们队员都是三思后行，很容易就想到的解题思路先放到一边，再想想有没有更好、新颖的其他思路。

最为重要的是，数学建模是一个团队协作的过程，需要队友间密切配合，共同完成。从赛前培训到比赛结束，无不需要团队合作，各挥其长，一致做题。从选题到分工，一切以建模为中心，发挥团队精神。就像负责写论文的队友，看见在计算的队友在挠头发，就知道遇到困难了，跟我不约而同的都把视力转移到计算的队友那边，后面我们三个一起计算，团队协作精神和集体主义观念在这里得到了充分的体现，在比赛之余，同学们还收获了难得的友谊，可以说是"患难见真情"的友谊，起初的面面相觑，到后面的情同手足，真乃"路途坎坷"。

虽然从数模培训到比赛结束只有短短的一个月，但是千言万语尽在不言中的一个月。我们深深地体会到了跟课堂非同一般的师生关系，不，应该说是朋友关系。我认为数学建模竞赛不仅仅是一种建模的竞赛，它已经超越了竞赛本身，而且有一种无形的力量在潜移默化着我们每个参赛队员，使他们收获的不仅仅是竞赛的结果。我想这个月的回忆都将会伴我一生，这个月的收获都将会对我今后的生活学习产生深远的影响，真乃参加竞赛"深似海"。相信，在各位老师的辛勤指导和培训下，我院参赛队定能后浪推前浪，勇创佳绩。

乘风破浪会有时，直挂云帆寄沧海

刘祝池

（广西电力职业技术学院供用电技术 2008 级，全国一等奖获得者）

2008 年刚入学，偶然的一次讲座，让我与数模结下了不解之缘。特别是老师的最后一句话："学数模就好比登山，过程很艰苦，山顶的风景很美丽！"它激起了我们无比的好奇和探索的冲动，正是怀着这种好奇和向往，我加入了数模协会。

2009 年我担任了数模协会的副会长，还入选了暑期数模强训班。由于家庭困难，我选择了"半工半读"。培训时间短，又是软件又是模型，为了不缺席数模的培训课，我每天清晨 6 点起床劳动，一完成任务就直奔教室，一直忙到深夜。9 月 11 日，全国大学生数学建模竞赛正式开始，我和队友满怀信心投入了战斗，期待放手一搏，也渴望有个好结果。但最终却意外的"名落孙山"。数模竞赛艰辛重重，毕竟为之真诚地付出了，而今却终无所获，我百感交集。11 月，我们重整旗鼓，又参加了全国电工数模竞赛，只为了证明一点：我们没有被失败击垮！

也许是命运的安排，2010 年全国大学生数学建模竞赛机会再次降临。竞赛的第一天，我们就选定 C 题：输油管线布置。大家分工合作，查资料、讨论、计算……曾因与队友一拍即合而沾沾自喜，也曾因意见不一而争执不休；曾因为思路太多举棋不定，也曾因找不到结果而焦躁彷徨……，记得第二天晚上，感觉快要大功告成的时候，队友黄金凤提醒："我们是不是少了点什么重要的东西？"大家回头检查才发现的确有很多隐藏的问题，且越做越难。不停地想办法，又不断地否定，目标似乎近在咫尺，我们却找不到通路，难以企及。时间分秒流逝，大家焦急地寻觅……。当最终把论文完整上交时，吸一口窗外的空气，忽然感觉那如隔三秋的阳光是那么的灿烂明媚。

当得知我们组获全国一等奖时，顿时不敢置信，但是细细想来，也在情理之中。数模的学习和参赛经历本身早就超越了竞赛，超越了获奖。学数模让我结识了很多志同道合的朋友；学数模让我变得更理智更周密了，遇到问题会从多个角度分析，由表及里逐渐深入；得到结果也不会大喜大悲，一切还有待实践检验。学数模还让我懂得了很多道理：人生因为有了失败才显完美，好比大海因有了浪涛方显壮丽。只有遇到挫折才会激起美丽的浪花，只有乘风破浪，才能到达理想的彼岸。

感谢母校和老师，让我拥有学习数模的经历，尤其是那三次 72 小时心智和体能的磨炼，铸就了我敢于从头再来的豁达，它将成为我人生的一笔财富受用终身。无论今后遇到什么困难，我都会劈波斩浪，沧海扬帆。

难以忘怀——逝去的日子

陈　婕

（广西电力职业技术学院生产过程自动化专业 807 班，赛区二等奖）

人生中留下许许多多美好的回忆，他们像沙滩上闪光的珠贝，时不时地让你捡起它，细细地咀嚼品味。望着窗外的雨，突然发现在不知不觉中全国数模比赛已过去快两个月了，真不敢相信自己真的经历了数模比赛，真的经历了那段让我难以忘怀的日子，让我成长了。回想起培训的日子，那些一点一滴不断涌入我的脑海里，很多的第一次我想都是从这里开始的。第一次在异地过暑假，第一次那么少人同班，第一次同时认识那么多不同系不同班的同学，第一次三个人在教室同心协力做数模竞赛题，第一次三天三夜做一道题……虽然很累，但是却是我难以忘记的日子，真的很开心能够参加数模的培训，很开心能够参加数模比赛。因为它让我得到了很多。

比赛那三天真的很让我们受益匪浅，第一天收到题目经过我们的共同讨论，我们选择 D 题，然后开始了我们的工作。第一天我们还很和谐地做题，因为大家的想法一致，我们都很有激情。但最后却不行了，到了最后一问的时候，大家开始意见不一样了，然后就有了争吵，最后闹得大家都不开心。但最后我们还是努力控制自己的情绪，最终完成了比赛。虽然交上去的答卷我们一直认为是最好的，但是对我来说还是不太满意的，因为我们不会建立模型，这是我们组的缺陷，虽然我们能够做得出来，但是不能够建立模型是很难说服别人的，所以我们组只得了广西区二等奖。虽然只是区二等奖，但我们还是很开心的，因为不管怎么样，只是我们一起努力的结果，我们很满足。

对于我来说，数学建模其实已经结束了，结果已经不重要，因为我已然满载而归。我的青春曾在这里燃烧，信念在这里铸就，理想在这里扬帆。尽管驶向成功彼岸的路途充满着坎坷曲折和艰辛，但我从未想过是否能成功，既然已经选择了远方，便义无反顾，风雨兼程。所以在最后离开的时候所能带走的，只有这里的回忆。

最后，我想给我们的学弟学妹一句话：参加这个竞赛的收获绝对要比你付出的多得多！她是一笔用之不竭的精神财富！

书到用时方觉少

陈 彬

（数学与应用数学 2009 级，全国二等奖获得者）

2011 年 9 月 9 日，全国大学生数学建模竞赛正式开始，我和我的队友从搜集资料，分析确定题目到建立模型并编程求解，到完成论文的写作，到 10 月 6 日去南宁参加面试，竞逐全国的奖项，虽然建模只有短短的几天几夜，但是锻炼的能力却是其他的活动无法培养的。以下就是我对这次参加全国大学生数学建模竞赛的一些心得体会。

首先，我收获了友谊，也学会了如何在团队中合作。数学建模是一项团体比赛，难度大、工作量大，在竞赛的过程中，我和队员分工合作，一人负责数学分析，一人负责编程和上机，还有一人则从开始就考虑论文的写作。这样一来，不仅省时，而且提高了效率。让我看到合作之重要性，体会了合作的效率和乐趣。

其次，自身的综合能力得到了提升。通过这次竞赛，我在数学思想，计算机知识，还是思维能力，语言组织能力都得到了很大的提升。数学建模的确改变了我很多，让我学会了怎样发现问题、解决问题，让我变得更自信乐观、更勤勉坚毅、更严谨踏实。我想，这是我一生的精神财富。

同时，这次竞赛让我认识到了我自身的知识面狭窄及知识体系不够完善，而我最大的感触就是"书到用时方觉少"，真正体会到了所学的专业知识不够用。而在撰写论文及在准备面试过程中，我都深刻体会到我们的语言组织能力真的有待加强，这也是我以后必须努力的方向。

而我们这次能顺利地完成比赛任务，交上满意的答卷，得到去南宁面试的机会，都离不开王远干老师的精心指导。在老师那里，我不仅学到了数模的知识，更让我学到了如何在生活中待人处事，如何提高自身能力等。老师陪伴我们度过了这个成长的过程，我们取得的每一点成绩，那都与他辛勤的工作、耐心的指导分不开。我和我的队员都真心地感激老师的鼓励和教导，同时也十分感谢学院为我们提供的物质条件以及精神上的大力支持。

数模竞赛感想

颜荣湖

（交通职业技术学院计算机网络技术专业 2006 级，2007 年全国一等奖）

  我在大二的那一年参加了全国大学生数学建模竞赛，获得了那一年的国家一等奖，这个经历带给我很多的收获。首先，在建模竞赛中，我体会到了坚持自我与合作的重要性，在三天的比赛中，由于队员之间意见不统一，争吵不断，但最后还是靠大家的通力合作，才完成了论文，如果我们大家没有坚持，也不会在意见的讨论中不断完善论文，但只是争吵，没有合作，也不会有一个共同作品出现。然后，数模活动锻炼了我的组织交流能力。在建模竞赛后，我与其他同学在老师的指导下组建了数学建模协会，我们自己设计了协会会徽和指定了协会章程，多次开办讲座，并与外校交流。这样的经验极大的锻炼了我，同时也让我在就业过程中较其他同学顺利。感谢数学建模比赛，它极大地锻炼了我。我有自信，在今后的工作中能够更上一层楼。

数学建模竞赛让我开阔了视野、锻炼了能力

张东妮

（广西教育学院数学教育 2007 级）

　　我参加了 2009 年全国大学生数学建模竞赛。通过参加数学建模，我最大的感触就是所学知识在解决实际问题中的应用，就印证了那句话，知识源于生活，又回归到生活。此次的参赛，不仅开阔了我的视野、丰富了我自身的知识储备，还让我学到了很多专业外的东西，增长了我的见识。比赛时三天三夜的奋战，让我体会到了"科研"的影子，是一次"科研"的经历，也让我体会到了团队合作的重要。我感受到，人生就像是一个数学建模的过程，太多的诱惑使人生目标变得模糊，让我们无从下手，疲惫不堪，因此，我们需要保持平和的心态，通过不断的分析和优化，最终才能得到良好的结果。

团结就是力量

蔡彰艳

（广西水利电力职业技术学院工程造价 2009 级，全国二等奖获得者，现在钦州市财政局工作）

建模比赛分为建立模型、模型求解、论文写作三部分。选定参赛题目后，我和队员开始查找相关资料和模型，思索的过程就像在黑夜中摸索一样，刚想出一点东西，突然又想到另外的方法，经过不断找寻、思索、取舍、抉择，最后得到了较完整的思路；第二天就开始整理思路、书写论文及模型求解，刚开始有点收获的感觉，一会儿就烟消云散了，刚从黑夜中摸索过来又进入了迷宫，很多地方都不够完美，经过无数次尝试和改进，建立了好的模型，找到了好的算法；第三天继续完善论文和修改论文，此时，有点柳暗花明又一村的感觉，实际上，这里还是黎明前的黑暗。突破黎明前的黑暗后，就成功的提交了来之不易的论文。

一次参赛，终身受益。我们参加竞赛一方面是为了证明自己的实力，展示自己，为学校和自己争光，但更重要的却是在竞赛中锻炼自己的能力。通过数模竞赛，知道了我们学了什么，学到的知识能干什么，不再是空洞的理论；我们改变了习惯性的思维方式，懂得了怎样积极主动的分析和解决问题；我们体会到了团结协作的重要性，真正明白了团结就是力量的真谛；我们提高了领导和组织能力，学会了如何带领一个团队进行科研活动。这些对我们后来的做毕业论文或毕业设计都大有裨益，我想这将是我以后学习和工作的一笔财富。当然数模竞赛也让我更加自信，从此我们更加不畏困难，更加勇敢的接受任何的挑战。数模竞赛是我们大学期间的一个小小驿站，它也将是我们整装待发迈向人生成功之路的新的起点。数模结束了，但是对我们来说又是一个开始，对于参赛的队员也是如此，不管是否获奖，结束后都是一个新的旅程。

数学建模让我终身受益

甘红贤

（柳州铁道职业技术学院信息安全专业 2009 届，全国一等奖获得者）

对于我这样一个高职生来说，能在大二参加数学建模竞赛我感到非常荣幸，更没想到的是在 2007 年的全国大学生数学建模竞赛中夺得广西赛区特等奖，全国一等奖的好战绩。

正因为数学建模的历练培养了我各方面的能力，诸如，论文写作、与人协作、吃苦耐劳、团结协作、努力拼搏、思维拓展等方面的能力，有了同甘共苦的、配合默契的挚友。

数学建模竞赛不论是在知识面上还是在动手能力上都是对我的一种挑战，尽管一路走来十分辛苦，但是却使我多了一种充实自我的经历，多了一份创造的经验，多了一份坦然面对的自信，让我能游刃有余于工作中的各种突发情况，从而在前进的道路上走得更顺畅。

数学建模竞赛就是一个浓缩的毕业论文写作过程。比赛的 3 天，约等于我在写毕业论文的一个多月。在这里，很多同学没有经历过数学建模竞赛的"残酷"洗礼。在写论文的时候他们很难找到正确的途径。而我有了之前数学建模竞赛的经验，就可以分步高效的进行我的毕业设计。不论从搜索信息、筛选信息、组织排列信息，还是到最后对有用信息的呈现，实际上我在数学建模竞赛的过程中都有过磨炼，使我的毕业设计更加得心应手，且成绩优秀。

参加数学建模竞赛是一种综合的训练，在相当程度上它模拟了我们大学生毕业以后的工作环境。在我毕业找工作时，因为曾获得过数学建模竞赛奖，公司直接录用了我。由于参加过数学建模比赛，在这过程中培养了我的创造能力、应变能力，组织、协作、管理能力，交流表达能力以及写作等诸多方面的能力，还培养了我坚强的意志，自律、"慎独"的优秀品质和正确的数学观，这使我在工作中受益不少。

虽然每个人参加数学建模活动的收获都不一样，但我想我们却有着同样的感受——自己学会了学习的方法，这种学习是融知识与应用于一体的学习；学会了思考，这种思考是集理论和实践于一体的思考；学会了合作，这种合作是成功的助推器，在合作中促进成功，也在合作中产生友谊。这使我们在今后的生活和工作中有很大的帮助。数学建模的历练将成为我一生的财富。

建模求解真巧妙

鲁俊鸿

（柳州铁道职业技术学院青岛通技 2011 级）

我是信息技术学院 2011 级青岛通技 1 班的鲁俊鸿。第一次接触数学建模，是大一上学期的第一堂数学课上，吴老师在课上除了告诉我们大学数学与高中数学的内容、学法的异同点外，还介绍了数学建模的活动，并说有兴趣的可以报名。因为不想大学生活一天天的虚度，也为了防止自己无所事事而沉迷网游，同时也想提高一下自身素质，增强以后的社会竞争力，我便报名参加了数学建模的培训课。

随着数学建模课的进行，拿着一本厚厚的资料，我逐渐感觉到这其实并不是一个纯粹的数学问题。而是用数学工具和数学思维来解决实际生活中遇到的各种问题，建立数学模型求出最合适的答案而不是唯一正确的答案。我这才真正体验到数学建模的博大精深，几乎所有的问题都可以通过数学知识来解决、分析和预测。

暑假结束，数学建模的全国比赛也就正式开始了。由于大家都是第一次合作，加上又都是第一次参加数模大赛，缺少合作经验和参赛经历，拿到两道比赛题后，心里就开始有点乱了，找不到解决的方向。经过一个上午的分析讨论，才最终定下做哪一道题。选择往往才是最困难的，而定好目标后，我们就着手去建立模型。忙了整整一天之后，终于有了点眉目。当问题模型都想清楚之后，写论文就成了最重要的事，写一篇优秀的论文不是很容易的事，前期准备过长，再加上第一次参赛对时间把握不是很好，我们的论文直到第三天早晨六点多才算草草的完成，再加上用词修改，页面调整，才终于在最后时刻提交了论文，而我的二个通宵也就这样过去了。

通过这次比赛，我对数学建模有了一个更为深刻的认识：理论固然是很重要，不知道理论就没法解题，而怎样才能合理利用也同样重要。数学建模不是什么高深莫测的学问，其实就是使用几个公式，建造一个合理的模型，把错综复杂的实际问题简化、抽象化为具有合理的数学结构的过程，利用数学的理论和方法去分析和解决问题。当然，这需要深厚扎实的数学基础，敏锐的洞察力和想象力等。

而这次比赛我最大的感触就是"书到用时方觉少"。当拿到一个实实在在的数学问题时，自己不能将以前所学的知识信手拈来，能想到的可以用来解决问题的知识点不多，而且对于专业以外的东西涉足太少，建模时要用到的 MATLAB，在编写的时候还要一点点对照着学习资料来做。

比赛中的合作意识同样重要，两次的比赛经历让我真正感觉到了什么是坚持与毅力，什么是团结与合作。得不得奖还是其次，而在我们成功的将模型建立成功时，那一瞬间的激动无以言表，仿佛一座高山，三人历经千辛万苦、团结合作终于登顶的时候，觉得这几天的付出终于没有白费,队友间互相鼓励支持与合作,更是令我难忘。同时也要感谢吴昊老师的培训导,没有您的付出也就没有我们收获胜利的喜悦。

当初吴老师曾经告诉过我们,数学建模在各个领域都能应用的到,类似的话我相信大家都不陌生,当时的我还觉得这句话有些水分,但是现在我到一家电子公司的设计部实习,实习期虽然还不长,但是也自己动手跟着师傅做了一次标书了,做的是技术标,拿到一个工程后需要做的自己部门的预算设计,这些其实已经很复杂了,要考虑哪家生产商的设备最合适,同时要符合甲方提出的要求,但其实这只是预算的一部分,除此外还要与商务一起,算清楚竞争对手的实力,对方的加分项有哪些,根据商务部分少于对手的分,相应的我们的预算就要降低多少才能竞标成功,同时还要考虑最后的净利润,是否值得去竞标。这些其实就是数学建模了,没有正确答案,但是必须要得到最佳方案,同时还必须与队友配合起来才能取得最后的胜利。

再举一个小例子吧,我上班的公司在 16 楼,整个写字楼有 30 层,还有地下 3 层,2 到 5 层是没有电梯的。每天八点到八点半是上班的高峰期,排队就要 20 分钟,正如那句话所说的,只有当排队的时候,我们才能意识到我们是“龙的传人”。不想迟到,又不想爬楼,其实这两个不矛盾的。因为是上班时间,大家都是上楼的而不会有人下楼,我想到的办法就是走到负一层,按下向下的按键,这样一来,电梯下来后不会在第一层停下,而是先到负一层停下,然后才会走到负三层,最后才是一路向上,这样一来我就成功的上了电梯,并且是在负三层开私家车来上班的人和在一楼按部就班排队的人前面。虽然这有点投机取巧,不怎么厚道,但这就是在学了数学建模后,通过自己分析解决了一个很实际的问题。

数模竞赛已经是过去式了,但它对我的帮助却一直伴随着我,在以后的学习中,要积极思考,灵活运用,在实践中逐步提高分析问题、解决问题的能力。

祖国未来的走向

吴敏婵

（广西经贸职业技术学院 2011 软件技术专业，
2014 年专升本保送广西师范大学计算机科学与技术专业）

时间稍纵即逝，又到了 8 月中旬，离 2014 年的全国大学生数学建模竞赛时间不远了，不知道参赛的选手是否做好了充分的准备，来迎接我们神圣的数学建模竞赛呢，如果我还有机会参赛，那将会怎样？挥之不去的感慨无边蔓延。

天性喜欢思考，尤其钟情于数学。始终认为数学能让人思考问题更加周密；始终认为数学厉害的人处理事情都能从容镇定，因为他们早已分析好事情的因果关系，还能预测到接下来会发生什么；始终对他们怀着崇高的敬意。而我作为一个软件编程者，就需要这样周密地分析每一种可能性，让每一步程序能按照正确的逻辑运行，才能让 BUG 趋于最小值。由此我不禁想到算法，也是我热爱的并将终生学习的一门学科。算法是程序的灵魂，而算法也源于数学。我想是因为我先爱上数学，所以一切与数学有关的事物，我都爱不释手。我参加 2012 年，2013 年两次全国大学生数学建模竞赛，能充分证明这一点。

数学建模到底是什么，让没有接触过数学建模的人们瞬间茫然。数学是科学的皇后，而数学建模是建立在数学的基础上贴切生活的解决问题的手段。通俗的理解：通过数学思维分析问题，进行条件假设，建立解决方案，逻辑推理求证，推翻错误方案，得出最佳方案，编写成完整的论文的过程，这就是数学建模。

其实一开始我对数学建模的概念也理解得很模糊，心里想：数学建模不就是数学嘛，通过已知，求证。第一次参加比赛的时候，是我们学校的第一届参赛。当时每小组有三个参赛者，心里没什么把握拿奖，但激情满满。最着急的还是我们的指导老师，所以在开始比赛之前就和大家说过：重在参与，结果其次，但一定要有始有终。比赛时间一到，大家都万分焦急地期待第一时间看到赛题。那时我还是大一，和一个学姐、一个学长在同一个小组，当我们看完了赛题，决定选择机器人绕过障碍物行走，到达各个目的地的最短路劲，最短时间和最佳方案的最后一道题。初步分析出，题目很简单，我们小组可以在一天内完成。午饭后，我们正准备把这道"简单"的数模赛题完成的时候，一系列的约束条件出现了，障碍物是不规则的几个图形，机器人行走当中，必须与障碍物保持一定的距离……高中、初中学的数学知识真正派上用场了，但哪一步要用到哪一条数学公式来解答，分几步才能解决这些问题，要进行全面分析。经历了两天的苦战，终于有些眉目了，但在第三个晚上，我们还在努力的解题中，一致决定通宵奋战，困了只能轮流休息一下，学长、学姐休息了多久，或者基本没有休息我已经记不清楚了，只记得我最后一次醒来，已经是第四天的 7 点了，太阳光已经照射到我的位置了。我们继续检查，完善论文。虽然过程很累，但满满的成就感掩盖了所有的疲倦。最累的还是我们的老师，我们比赛期间,肯定睡不好,我们比赛完毕,还要为我们把每个小组论文打印好,寄到教育厅。

当我参加第二次比赛的时候,才清楚的理解,并深刻体会数学建模的奥妙。因为上一次比赛,我还是个打酱油的,而这一次,我却成了带头人。这一次选择了根据不完整的数据计算古塔变形,扭曲,倾斜等。竞赛结束日正好又是教师节,我们的老师却在忙碌中度过了大半个教师节。亲爱的老师们,你们辛苦了!

最后还是没有辜负老师的期望,我们学校的第一次参加全国大学生数学建模竞赛,共五个小组参赛,其中两个小组获得广西赛区三等奖,虽然成绩微不足道,但是对于我来说,也是人生重要的一次突破。第二次比赛,我所在的小组再次获奖,为我奋斗之路注入了更多的活力。获奖固然开心,但我更陶醉于其中的过程,我始终觉得上数学建模课,是一种享受,因为我能从中收获到另一种全面分析问题,找到最佳解决问题的方案的逻辑能力。

我认为数学建模是目前很好的一种挖掘人类潜能的做法,我希望像我,或者比我对数学更有热情的人们能有很多的机会锻炼自己,挖掘出自己最大的潜能,为国家富强贡献力量。虽然数学无处不在,只要善于思考的人,都会自创机会锻炼自己,但是如果国家,学校,社会,家长更重视孩子们潜能的挖掘,重视目前的数学建模对孩子们的重要性,在不久的将来,将会涌现出一批批国家栋梁。另外,如果数学建模面向的不仅仅是大学生,如幼儿,小学,中学,高中,社会人士,难易程度按具体决定,那么我们的明天将是不可估量的。

超越自我，挑战极限

韦 海

（广西职业技术学院电子信息工程技术 2006 级）

或许很多人都有过这样的疑问：学那么抽象的数学到底有什么用？如果你真想知道答案的话，那么就来参加数学建模活动吧，当你成功地做出一个数学模型的时候，你就会明白我们所学数学知识的真正价值。我个人体会，数学建模简单来说，就是利用自己所学知识（主要是数学与计算机方面的）来解决实际问题。这些问题与一般书本上的问题不同，它贴近实际，更贴近生活。说得专业一点，数学建模就是一个把所学知识转化为生产力，转化为财富的手段。

回首 3 年大学生涯，能够让我值得回忆的，只有美丽的校园，志同道合的朋友和数学建模竞赛了。在大学期间，我已经参加过两次（2007 年、2008 年）数学建模比赛。我记得刚上大学时，有些讨厌学习，觉得书本上的东西对将来工作没有什么用处，觉得学数学没有用，直到参加全国大学生数学建模后，才发现原来数学知识对解决大型的实际问题是如此有用，但是我基本功掌握得不太好，参加数学建模要用到数学知识时感觉有些吃力，还好，数学建模是团体参赛，与我一起的队友都很友好，也比较有实力，我们三人各有所长，最后在竞赛中都取得优异的成绩。这两次数学建模竞赛让我知道学习数学是多么的重要，而且拥有团队合作精神是多么的可贵！

2008 年的竞赛虽然已经结束，但参与这项活动给我们带来的收获和体会却没有消失。在学习数学建模之前，我有一种感觉：数学是一座空中楼阁，和实际应用差距甚远。以前，当每天别人问起数学究竟有什么实用价值时，我总不知从何说起。然而通过数学建模竞赛的经历，我充分认识到"数学建模"是理论与实践之间的一架桥梁，是发现问题到解决问题的重要途径，是培养抽象思维乃至发散性思维的有效手段。

数学建模竞赛不同于一般的竞赛。其竞赛题目一般来源于工程技术、生物医学和管理科学等领域经过简化而成的实际问题。竞赛所要解决的问题，要求我们做的是一个从实际到理论再到实际的过程，时刻牢记理论联系实际可使我们少走弯路，并最终检验我们的结果。竞赛采取开卷的形式，参赛的人可使用图书资料、计算机软件、互联网等，在三天内从两道题中选择一题完成并上交一篇论文。通过竞赛培养了我们的团队精神，在竞赛过程中，我们三人一组，各司其职又共同协作。就我这个队而言，在竞赛中，一方面要因人而异，合理分工，充分发挥个人的潜力；另一方面要集思广益，密切协作，形成合力。在三天的竞赛中，我们先就题目进行各抒己见的讨论，相互启发，达成共识；在此基础上，再建立模型，编程求解，最后形成论文。这类竞赛活动使我们深深体会到个人智慧与团队精神有机地结合，就能达到事半功倍的效果！这就需要大家相互信任，谁有困难，大家共同攻克，团队协作精神和集体主义观念在竞赛中得到充分的体现。

在苦苦坚持奋斗了三天三夜而最终取得成果的人，大多都会有些反常，辛苦也罢，高兴也罢，能痛痛快快流泪的人总觉得是幸福的，我的快乐是单纯的，在三天里能交出一篇论文总是好的。如果说有另外的东西，那就是倘若获奖的话，应该献给在暑假中辛苦授业的冯老师。在整个暑假里，我受到了冯老师无尽的关怀，同时，我也总能够很积极、很愉快地去吸收冯老师的思想以及由此带来的自信：在我们这样的一所学校里，我们照样有能力与其他院校的同学在同一片蓝天下搏击，我认为这构成了数学建模最令人惬意的景观。

回顾我参加数模的经历，我深刻地感谢数模，它真正地改变了我，改变了我对问题的思考方式，提高了我思考的能力；最为重要的是，在一次又一次的磨炼中，我变得越来越能战斗，越来越坚强，能守得住寂寞。因为在这段竞赛生涯中，我明白了很多的道理，很多的事情。首先，终于知道什么是良师益友，什么是团队配合，什么是忍耐与宽容；其次，个人自学能力得到了相应的提高，终于明白学习是一件快乐美好的事情；最后，也让我看到生活的追求和意义：在于不断地超越自我，挑战极限，在绝望中寻找希望，人生终将走向辉煌。在这场无硝烟的战争中，让我懂得珍惜拥有的一切，让我明白人生始终充满了希望，只有不断地追求，才能获得幸福。

学会建模，学会坚持，学会合作

邓琦斌

（桂林师范高等专科学校 2009 数学教育专业，现工作单位：桂林阳朔县公安局）

2010 年，是我第一次接触数学建模，当时我还是大一，听了两次刘剑老师关于数学建模的讲座，觉得很有趣。刚好暑假没回家，就去参加了建模的培训，在培训过程中，才知道很多问题还可以这样用数学的方法去分析，原来一个问题的解决应该要一个团队共同去努力。对建模的了解越深入，对它的热爱就越深。带着这份热爱，我连续参加了 2010 年和 2011 年两届的数学建模，并且获得了一个全国二等奖和一个赛区二等奖，作为专科生，这是非常少有的，是我们学校的第一个。大三时，已经不能再参加竞赛了，我就着手组建了我校的数学建模协会并任第一届会长，所以数学建模是我大学时代一个不可磨灭的记忆。

有时候我也问自己，到底为什么会爱上数学建模呢？

我想，首先是数学建模教会我用数学的观点去思考问题。面对一个问题时，虽然不一定说建立一个数学模型去算，但是至少不是简单模糊的去判断好不好，对不对，而是更具体的分析，到底哪儿好，到底哪儿坏，综合起来怎样，对其他事情的影响怎样，可以说改变了我的思维模式。

其次，是让我学会了遇到困难要坚持。许多问题刚摆在我们面前时，看上去是很简单的，但是仔细分析，就会发现有很多需要考虑的方面，解决起来可能很复杂。这时候，许多人可能会回避它，或者简单粗糙的处理掉，使得很多事情不能得到最理想的解决。但是，建模培训和竞赛过程中，我学会不要被面前困难的表象吓到，要学会忽略或简化掉一些次要问题，抓住问题的关键去分析，就能得到正确的结论。这对我大学阶段的学习过程帮助良多，经历过建模过程中许多复杂的问题，我对专业课的学习信心倍增，成绩一直在班上名列前茅。毕业时参加公务员考试，在大量的竞争者中，我考出了第一的成绩，胜过了很多警校的毕业生，作为一个数学教育专业学生，竟能考入阳朔公安局，应该说实属不易，这也和建模带给我的坚持精神分不开。

再者，数学建模让我学会了合作。从小到大，所有的考试竞赛，都是一个人参赛，周围的人都是竞争者，只有数学建模是团队比赛，最后的成绩，要靠整个团队共同的努力，这影响了我对周围人的态度。事实上，这也是我们进入社会后要学会的，不要把身边的人都视作对手，要把他们变成队友，大家共同努力，互相鼓励，一起面对困难，一起解决问题，一起分享成功的喜悦，一起承担失败的痛苦，这个观念对我工作后帮助颇多。作为民警，团队协作非常重要，由于有着足够的团队意识，我很快地融入了团队。

学校生活已经逐渐远去，所学的很多知识也已经不太记得清，但我永远也不会忘记数学建模竞赛期间辛苦的不眠之夜，它提醒着我，学会建模，学会坚持，学会合作。

数学建模的快乐

罗山民

（柳州师范高等专科学校数学教育专业 2000 级，2002 年全国二等奖）

  系里招队员的时候，从小就喜欢数学的我，毅然决然地报了名，而且很幸运的被选上了。现在回过头想，很庆幸在我三年的大学生活中，有幸参加了数学建模。

  从培训到参赛，回想那些日子，从暑假集训到竞赛，中间经历了许许多多，初见题目的茫然、讨论时的唇枪舌剑、合作的默契与欢笑、收获后的喜悦和激动……每每想起，总有一股热流涌上心头，感慨良多。渐渐地我对数学有了不一样的看法。以前的自己一直以为数学就是像考试那样，使用适当的方法、公式把一道道题求解出来，仅限于解题得结果，从来没想过原来数学建模可以运用到这些问题上。

  但是数学建模比赛的日子并不轻松，连续三天的时间，几乎都坐在电脑前，每天就这样穿梭在饭堂、宿舍和机房之间，确定方法，运算，对比结果，到最后一天，通常连宿舍都回不去了，直接通宵直到把建模论文提交上去才能松一口气，其中的艰辛也只有自己才能体会，但是我心里却是高兴的，有句话说得好：痛并快乐着。

  建模比赛的日子是紧张又忙碌的，当然也异常艰辛。但是不管那三天如何难熬，当比赛悄然落下帷幕，我们每个人脸上都会露出喜悦的笑容，一种如释重负的感觉充斥心田。谁敢说我们是含着金汤匙的一代，经过比赛洗礼的我们，也具备了做好一件事情的能力，具有了坚持不懈的精神和坚忍不拔的毅力。这是建模带给我们的一笔最宝贵的财富。当然，建模给我的，远不止这些。

  建模丰富了我的阅历。比如自己的沟通能力、合作意识、吃苦精神。要想把自己的思想讲明白，说清楚，一定得有表达能力；说服别人要有足够的自信和勇气。与人相处，三个人磨合要有合作精神和沟通能力；能完成这么大的一个竞赛，一定是吃苦精神在前，三天三夜不睡觉，这让常人是难以想象的，但我们都坚持了下来。好的心理素质也是建模培训出来的。我不会因为害怕失败或者被别人否定被队友误解而自暴自弃或萎靡不振。我可以很好的控制调节自己的情绪，及时调整自己的状态。看待事情的角度也变了很多，学会了客观地看待一个事物，用不同的眼光从不同的角度看问题。遇到困难，我不会退缩，不会着急和气馁，我首先要做的是会想办法解决问题，让损失降到最低。

  最大的一个收益就是思维方式的改变，我们可以用传统的方式考虑问题，也可以用创新的意识思考问题，使我们的思维更开阔、更活跃。同一数学模型可以赋予很多现实意义，需要我们具备很强的洞察力和多种思维方式，从不同角度对问题进行研究。通过比赛的磨炼，我的思维方式有了极大的变化，使我在以后的工作上、生活上受益匪浅。

  通过参加数学建模的学习和比赛，我发现建模的精深和自己的不足，那些题目所描述的情况就像我亲身经历的一样,它综合了现实生活中的实际情况,而对问题的解决让我充满了学习的成就感,让我不再觉得我所学的知识毫无用处。

乘风破浪会有时,直挂云帆济沧海。很多事情,我们无法决定最终结果,但是我们可以把握过程。数学建模竞赛重在参与,最终结果并不重要,重要的是我们在这个过程中学到的东西,重要的是我们参与了,我们尽力了。

参加数学建模竞赛的心得体会

陈金生

（柳州职业技术学院机械设计与制造专业 2011 级）

大家好，我是柳州职业技术学院 2011 级机械设计与制造专业 1 班的陈金生。2012 年 9 月，我参加了第二十一届全国大学生数学建模竞赛，最终我们组获得了广西区二等奖的荣誉。以下内容是我参加数学建模竞赛的经过及赛后个人心得体会。

在大一下学期，学校开设了数学模型选修课。我出于好奇选上了它，因此，也与数学建模结下了难舍之缘。在大一下学期期末，针对 2012 年全国大学生数学建模竞赛，学校组织了校内数学建模竞赛选拔赛。在老师的推荐和带领下，我参与了校内选拔赛，且最终以第二名成绩成功地代表学校参加 2012 年全国大学生数学建模竞赛活动。带着几分怀疑和信心，我首次迈进了数学建模竞赛的海洋。

2012 年 9 月 7 日上午 8：00 是竞赛题目发布的时间，也是最激动人心的时刻，题目的难易全在此刻揭晓。虽然我和队友是第一次合作，且都是第一次参加如此盛大的数模大赛，但是带着几分自信的我们在看到题目后未多加考虑便选择了共同感兴趣的题目。然而，经过一天的努力，我们未取得太大的进展，并相互开始怀疑自己的选题正确性，最终，在团队的讨论下，决定放弃了原题。怀着忐忑的心情，我们开始对另一题目进行了全面的分析，令我们诧异的是这题目看似困难却对我们相对地简单，最终我们确立了相应的模型。通过对题目细节的把握，我们对问题进行一次次的假设，对模型进行一次次的改进，此时，我真正体会到"团结就是力量"的内涵。经过不懈的努力，针对问题相应的模型已被我们基本建立出来。下一步的任务就是编写论文和模型程序的计算，此时，我们进行了任务分工，我专门负责论文的编写，其他两位队友则负责模型的改进及程序计算。在书写论文的时候，我顿时感到"书到用时方恨少"。不知不觉比赛已经进行到了第三天，这一天是最关键的一天，然而也是最难渡过的一天，我们要在这一天中将论文写好，我们的身体也要在这一天中接受极大的挑战。此时，我感觉到我的精神状态出现了问题，前两天的疲惫在这一天中全都显现出来。尽管十分疲惫，但仍然不舍得休息很长时间，累了稍加休息一会儿便继续投入到写论文当中，经过我们不懈的努力，我们终于在第三天的最后时刻完成了竞赛论文的提交。当交上论文时，我们都松了一口气，心想："不管结果如何，我们已经尽最大的努力了，没有什么可遗憾的了。"

最后结果出来了，我们队获得了省二等奖的荣誉，我们感到无比的兴奋，激动不已。虽然这个结果并不是很理想，但这是我们已经尽了自己最大的努力三天奋斗的结果。

通过数学建模，我认识了许多尽职尽责的老师，认识了那些为了共同目标而奋斗的同学们，同时竞赛也考验了自己的身体素质，磨砺了自己的心理素质。在整个竞赛过程中，我认为队友之间的团结最为重要。因为基础知识在竞赛前已经基本形成定局，然而团结可在这一基础上使团队的水平更上一层。在数模竞赛三天中，我认为我们队在团结方面做得比较好，这也使得我们能够坚持到最后，笑到最后。数学建模竞赛最令我难忘的三天三夜的做题阶段，在这三天的时间里我们要完成一篇论文，在没有正式参赛前我们都下定了决心，即使不睡觉也要拿出一篇高质量的论文来，但到最后我才发现，要坚持到最后的确是好难，不管怎样，我们总算从三天中熬了出来。走出机房，呼吸一下新鲜空气，感受一下太阳的沐浴，那种感觉真好。徘徊在午夜里，我们并没有迷惘，我们也没有驻足不前，我们始终保持清醒的头脑，向着既定的目标一步一步迈进。三天的时间说长不长，说短不短，然而却是对人的意志的极大考验。

第四篇

数据篇

全国大学生数学建模竞赛广西赛区
1994—2013 年获全国奖名单

1994 年

序号	参赛学校	参赛学生	指导教师	获奖等级
1	广西大学	李炎锋　戴海剑　刘勇	谢土生	全国二等

1995 年

序号	参赛学校	参赛学生	指导教师	获奖等级
1	广西大学	王　烨　韦世豪　李　勇	潘　涛	全国一等
2	桂林电子工业学院	常志泉　吴　岭　刘召卫	周孝华	全国二等

1996 年

序号	参赛学校	参赛学生	指导教师	获奖等级
1	广西大学	谢植飚　韦世豪　彭杏川	潘　涛	全国一等
2	桂林电子工业学院	林　俊　曾星文　张　涛	朱　宁	全国二等

1997 年

序号	参赛学校	参赛学生	指导教师	获奖等级
1	桂林电子工业学院	王勇辉　丁　勇　鲍习霞	朱　宁	全国一等
2	广西大学	陈　彪　李岳铸　王晖光	潘　涛	全国二等

1998 年

序号	参赛学校	参赛学生	指导教师	获奖等级
1	桂林陆军学院	丁　勇　季建文　陈志为	教练组	全国二等
2	广西大学	覃家创　黎光旭　朱艳科	吴晓层	全国二等

1999 年

本科组

序号	参赛学校	参赛学生	指导教师	获奖等级
1	广西大学	刘　云　朱艳科　覃家创	数模组	全国一等
2	广西大学	王智超　管卫利　薛　力	数模组	全国一等
3	广西民族学院	秦华东　蓝雁书　周必厚	何登旭	全国二等
4	桂林空军学院	帅　强　李宏邓　松	谭宏远	全国二等

专科组

序号	参赛学校	参赛学生	指导教师	获奖等级
1	河池师范专科学校	韦春柳 李 凯 陈昭智	赵丽棉	全国二等

2000 年

本科组

序号	参赛学校	参赛学生	指导教师	获奖等级
1	桂林电子工业学院	宋宇明 程智辉 朱玉平	陈宝根	全国一等
2	广西民族学院	黄海帆 俸 斌 彭富武	何登旭	全国二等
3	桂林电子工业学院	刘 彬 陈 列 杨 亮	朱志斌	全国二等
4	广西工学院	罗运懋 钟家林 李树参	张德龙	全国二等

专科组

序号	参赛学校	参赛学生	指导教师	获奖等级
1	右江民族高等师范专科学校	韦 佳 黄茹松 姚胜波	罗朝晖	全国二等
2	右江民族高等师范专科学校	陈 雷 张桂蓉 农彩对	姚源果	全国二等
3	钦州师范高等专科学校	陈慧华 黄 澈 林玉霞	龙启平	全国二等

2001 年

本科组

序号	参赛学校	参赛学生	指导教师	获奖等级
1	广西大学	李国胤 张 丽 何文球	数模组	全国一等
2	桂林工学院	唐柱鹏 邹强军 王丽红	数模组	全国一等
3	广西大学	王丽丽 李小金 王 茜	数模组	全国二等
4	广西师范学院	唐海伟 梁 斌 杨春传	韦程东	全国二等
5	桂林电子工业学院	索凤超 章承科 徐 科	陈宝根	全国二等
6	桂林电子工业学院	朱玉平 杨 彦 周 辉	数模组	全国二等
7	桂林工学院	魏明智 项秀强 于生勇	数模组	全国二等

专科组

序号	参赛学校	参赛学生	指导教师	获奖等级
1	柳州师范高等专科学校	杨贵乾 吕 超 韦素催	数模组	全国一等
2	河池师范高等专科学校	黄生源 张 新 张渝金	王五生	全国二等
3	柳州师范高等专科学校	陈英义 何文杰 莫郁连	数模组	全国二等

2002 年

本科组

序号	参赛学校	参赛学生	指导教师	获奖等级
1	桂林电子工业学院	何 荣 王国庆 董永乐	陈宝根	全国一等
2	广西民族学院	罗睿鹏 韦 海 杨灿能	数模教练组	全国二等
3	广西师范大学	王江亮 翟 莹 聂 菁	建模指导组	全国二等
4	广西师范大学	佘青海 覃志宇 马林涛	张军舰	全国二等
5	广西大学	黄政权 符 华 龚智华	数模组	全国二等

专科组

序号	参赛学校	参赛学生	指导教师	获奖等级
1	广西商业高等专科学校	卓 伟 许世敏 陈向月	商专数模组	全国一等
2	广西柳州师范高等专科学校	罗山民 葛志强 谢华秀	周优军	全国二等
3	广西柳州师范高等专科学校	何文杰 黄冰冰 黄俊琦	李洁坤	全国二等

2003 年

本科组

序号	参赛学校	参赛学生	指导教师	获奖等级
1	广西师范大学	赵新芳 郑 彬 李 荣	钟祥贵	全国一等
2	广西工学院	谭永恒 刘丽华 王爱赟	赵展辉	全国一等
3	广西大学	欧运龙 王柳君 张 炜	数模组	全国二等
4	广西大学	黄 志 温 浩 吴宜辉	数模组	全国二等
5	桂林电子工业学院	刘重才 叶葛旺 周翠林	陈宝根	全国二等
6	广西民族学院	吴进东 李世炀 陈建华	数模教练组	全国二等
7	桂林工学院	莫 毅 李彦翔 刘庆庆	庞宏奎	全国二等

专科组

序号	参赛学校	参赛学生	指导教师	获奖等级
1	桂林航天工业高等专科学校	杨 明 季盛叶 刘子敬	李修清	全国一等
2	河池学院	卢 燕 莫明丽 黎 川	邹永福	全国二等
3	柳州师范高等专科学校	岑德玲 张经俊 黎家龙	数模教练组	全国二等
4	钦州师范高等专科学校	宋传少 黄科先 何承醒	郑李玲	全国二等
5	桂林工学院	梁 莹 孙鸿博 谢 宇	数模组	全国二等

2004 年

本科组

序号	参赛学校	参赛学生	指导教师	获奖等级
1	广西大学	黄 志 吴宜辉 李华龙	范英梅	全国一等
2	广西师范大学	吴宗显 单俊辉 谭春亮	数模指导组	全国一等
3	广西大学	骆 强 禤品滨 潘林琳	卢喜森	全国二等
4	广西大学	黄宣钧 胡 建 丘律文	陈武华	全国二等
5	广西师范大学	李传华 李远玻 黄明文	申宇铭	全国二等
6	广西师范大学	何家文 孙 逊 蔡静雯	刘永建	全国二等
7	广西民族学院	曾永添 冯 霞 刘小花	数模指导组	全国二等
8	桂林电子工业学院	陈记文 程文杰 何恩源	数模指导组	全国二等
9	桂林电子工业学院	吴 通 姚建强 梁健辉	马昌凤	全国二等
10	桂林工学院	王 娜 张光龙 万基正	数模指导组	全国二等
11	桂林工学院	韦智勇 何建昭 王 栋	数模指导组	全国二等

专科组

序号	参赛学校	参赛学生	指导教师	获奖等级
1	河池学院	莫明丽　黎川　韦继乐	邹永福	全国一等
2	桂林工学院	袁孟强　王哲　张莉	数模指导组	全国一等
3	广西大学	周莲　张剑锋　张海涛	谢士生	全国二等
4	广西大学	何政　曾庆毅　吴文豪	谢士生	全国二等
5	广西中医学院	欧阳小光　曾洁　杜秀	覃洁	全国二等
6	桂林航天工业高等专科学校	黄利军　陈一君　姚俊银	黄国安	全国二等
7	桂林工学院	蒋翠云　丁慧珍　刘彬	数模指导组	全国二等
8	桂林工学院	董云　庄文娟　黄晓媛	数模指导组	全国二等
9	右江民族医学院	吴秀锐　苏胜有　蓝声远	数学建模组	全国二等
10	河池学院	覃罗江　张贵清　韦丽萍	黄春妙	全国二等

2005 年

本科组

序号	参赛学校	参赛学生	指导教师	获奖等级
1	广西师范大学	黄勇萍　覃荣存　陶胜达	数模组	全国一等
2	广西师范大学	黄荣　张海英　罗中德	数模组	全国一等
3	广西师范学院	蒙智　陶国飞　张引俊	陈建伟	全国一等
4	广西大学	郭会林　杨翠罗　张春华	冯海珊	全国二等
5	广西大学	苏凯　易豪武　邓俊	朱光军	全国二等
6	广西工学院	何丝丝　刘权　王乾雨	赵展辉	全国二等
7	广西师范大学	杨帮辉　杨光胜　姚桂兰	数模组	全国二等
8	广西师范学院	陈志强　张瑞华　王廷飞	韦程东	全国二等
9	桂林电子工业学院	杨雪洲　陈伟贺　覃雪梅	陈宝根	全国二等
10	桂林电子工业学院	张华南　荣希良　杨剑	数模组	全国二等
11	桂林工学院	万基正　张光龙　吴丽娟	何宝珠	全国二等
12	桂林工学院	黄进　马龙　温志桃	刘筱萍	全国二等
13	桂林工学院	罗尚锋　吴博俊　徐向前	杨立	全国二等

专科组

序号	参赛学校	参赛学生	指导教师	获奖等级
1	桂林航天工业高等专科学校	李志刚　闫召红　李东风	刘期怀	全国一等
2	桂林航天工业高等专科学校	刘元章　魏沐枝　王丹	李修清	全国一等
3	广西财经学院	刘泽安　甘明丽　张琼香	李静	全国二等
4	广西大学	曾庆毅　何政　黄燕芳	莫兴德	全国二等
5	广西大学梧州分校	易英群　林月华　黄俊巍	数模组	全国二等
6	广西中医学院	廖泽勇　刘圆圆　邹玉书	数模组	全国二等
7	桂林工学院	毛细根　邹凤晖　张莉	邓光明	全国二等
8	桂林工学院	戴菓　李荣胜　任燕菲	郦园	全国二等

2006 年

本科组

序号	参赛学校	参赛学生			指导教师	获奖等级
1	广西教育学院	龙振辉	黎莲荣	李明霞	数模组	全国一等
2	桂林电子科技大学	唐庆华	李彦光	张　星	教练组	全国一等
3	桂林工学院	周夏鹏	胡　翠	和　娟	数模组	全国一等
4	玉林师范学院	蔡业辉	覃　明	潘宏辉	区诗德	全国一等
5	广西大学	许　剑	李　黎	朱　后	韦　革	全国二等
6	广西大学	孙属恺	于晓伟	刘倩敏	莫兴德	全国二等
7	广西大学	米永峰	谢里斌	凌国光	李春红	全国二等
8	广西大学行健文理学院	卢显利	苏　敏	曾丽斯	卢喜森	全国二等
9	广西工学院	黎桂键	韦炳益	陈　旋	莫春鹏	全国二等
10	广西工学院	张福平	曾昭辉	杨卫君	赵展辉	全国二等
11	广西民族大学	杜　琳	覃允源	谢　强	数模组	全国二等
12	广西民族大学	冯　仲	莫树良	范艳梅	数模组	全国二等
13	广西师范学院	庞祖联	钟　林	曾明盛	麦雄发	全国二等
14	桂林电子科技大学	蔡惠民	蔡庆平	刘少成	数模组	全国二等
15	桂林电子科技大学	王　永	张世财	张东燕	教练组	全国二等
16	桂林电子科技大学	刘　伟	杨再仲	李　健	谢永安	全国二等
17	桂林电子科技大学	彭　翔	王佳炳	董锐秀	教练组	全国二等
18	桂林工学院	黄　进	黎铁虎	戴怀玉	封全喜	全国二等
19	桂林工学院	李泽球	肖富元	吴承发	孟　兵	全国二等
20	桂林工学院	马　龙	张　杰	李伟光	吴长亮	全国二等
21	玉林师范学院	李翠雅	冯琦君	何奇艳	刘永建	全国二等

专科组

序号	参赛学校	参赛学生			指导教师	获奖等级
1	桂林工学院	高招连	徐　佳	张正欢	莫绍弟	全国一等
2	广西财经学院	甘明丽	高文华	史建东	何利萍	全国二等
3	广西财经学院	张宇韬	陆媚春	唐　浩	吉建华	全国二等
4	广西财经学院	俸丹妮	秦海洋	唐志华	林　李	全国二等
5	广西财经学院	滕伟庆	蒋利林	李壮伟	李　静	全国二等
6	广西电力职业技术学院	黄　浩	蒙　练	韦仁富	数模组	全国二等
7	广西电力职业技术学院	潘冬秋	黄均祝	蒙俊力	数模组	全国二等
8	广西交通职业技术学院	徐黄毅	赵海斌	黎巧丽	杨　蓓	全国二等
9	广西职业技术学院	黄　恩	谭永荣	谭燕芳	罗运贞	全国二等
10	广西中医学院	周金艮	袁军林	王　颖	数模组	全国二等
11	桂林航天工业高等专科学校	陈招权	张　洁	钟启星	王彩彦	全国二等
12	桂林航天工业高等专科学校	戴金荣	谢用基	杨　玲	耿秀荣	全国二等
13	柳州职业技术学院	谢旺盛	温飞鹏	李圣泉	指导组	全国二等
14	玉林师范学院	刘　念	柳向海	伍盛海	吴庆军	全国二等

2007 年

本科组

序号	参 赛 学 校	参 赛 学 生	指导教师	获奖等级
1	广西大学	刘玉荣　曹盛强　陈孝堂	谢　军	全国一等
2	广西师范大学	刘超平　刘建龙　蒙春丽	张军舰	全国一等
3	广西师范大学漓江学院	余　学　林自强　黄　娟	数模组	全国一等
4	广西师范学院	钟兴智　尹海军　斯　婷	韦程东	全国一等
5	桂林工学院	姚珊珊　陈晓轩　李　丽	数模指导组	全国一等
6	广西财经学院	廖　松　储可汗　罗家胜	冯　烽	全国二等
7	广西大学	张　玉　孙再省　肖行文	朱光军	全国二等
8	广西大学	李文娇　李丽红　王　雷	吴如雪	全国二等
9	广西大学	许　亮　甘振忠　陈应盛	刘建平	全国二等
10	广西大学	于晓伟　孙属恺　刘倩敏	王中兴	全国二等
11	广西大学	邓　兵　秦德昌　王凤云	李春红	全国二等
12	广西大学	李　元　张禹珩　徐小琳	谢　军	全国二等
13	广西工学院	冯文敏　李秋燕　叶晓梦	赵展辉	全国二等
14	广西民族大学	黄俸强　李　晶　邓健萍	数模指导组	全国二等
15	广西民族大学	唐　芳　何志红　周泽兴	数模指导组	全国二等
16	广西师范大学	覃庆玲　吴庆林　吴立琼	张颖超	全国二等
17	广西师范大学	许维益　侯肖玲　许发君	李秀英	全国二等
18	广西师范大学	杨广德　张德志　谢宇萍	梁　鑫	全国二等
19	广西师范学院	余　萍　张宗坤　黎建平	陈建伟	全国二等
20	桂林电子科技大学	韦　亮　彭　翔　谢春生	徐安农	全国二等
21	桂林电子科技大学	曹建宇　马时义　王伟涛	丁　勇	全国二等
22	桂林工学院	袁俊波　王小香　韦梅华	数模指导组	全国一等
23	桂林工学院	刘占兴　靳　巍　李文秋	数模指导组	全国二等
24	河池学院	梁奕华　薛海飞　韦　晓	赵丽棉	全国二等
25	梧州学院	陈　祯　谢　慈　黎新荣	覃桂荘	全国二等

专科组

序号	参 赛 学 校	参 赛 学 生	指导教师	获奖等级
1	广西交通职业技术学院	陈　莹　颜荣湖　刘燕红	黎　群	全国一等
2	桂林工学院南宁分院	杨　兵　陈　维　卢丝琳	数模组	全国一等
3	柳州师范高等专科学校	毛　鹏　蒋学新　吴深佐	数模组	全国一等
4	柳州运输职业技术学院	王跃生　陈华超　甘红贤	邱同保	全国一等
5	钦州学院	邓绍奕　赵时春　梁福鑫	王远干	全国一等
6	百色学院	何树莲　梁贞华　龙海燕	周智超	全国二等
7	广西财经学院	李贤慧　陆道稳　陈润坚	黄凤丽	全国二等
8	广西财经学院	陈　昀　林炳娜　张国杰	李成群	全国二等
9	广西电力职业技术学院	覃金贵　肖　曙　张利军	数模组	全国二等
10	广西水利电力职业技术学院	邓元元　陈泉强　傅　健	袁良凤等	全国二等

2008 年

本科组

序号	参赛学校	参赛学生			指导教师	获奖等级
1	广西大学	赵妍珠	袁 丁	林坤圣	李春红	全国一等
2	广西师范大学	王云亮	左全晟	黄 玉	数模组	全国一等
3	桂林电子科技大学	郭厚情	张伟杰	侯 捷	李余辉	全国一等
4	桂林工学院	黄 宁	李乾坤	蒙海珍	数模指导组	全国一等
5	广西大学	吕 丰	陈小强	林梦娜	李春红	全国二等
6	广西大学	钟 铭	林祖馨	叶 伟	谢 军	全国二等
7	广西大学	李思佳	高 阳	陈 前	袁功林	全国二等
8	广西大学	赵东升	程 普	李 雪	朱光军	全国二等
9	广西民族大学	陈德健	潘亮至	黎建程	数模指导组	全国二等
10	广西师范大学	晏 振	叶春翠	黎祖月	黄健民	全国二等
11	广西师范大学	王玲玲	黄 斌	李家成	邓国和	全国二等
12	广西师范大学	许发君	周 云	邓学明	钟祥贵	全国二等
13	广西师范大学	蒋静霞	蒋 黎	王 宇	王金玉	全国二等
14	广西财经学院	陈 薇	覃东明	何 根	屈思敏	全国二等
15	百色学院	黄思源	黎德昌	翟 鹏	周智超	全国二等
16	桂林电子科技大学	李金英	黎 超	古作仁	教练组	全国二等
17	桂林工学院	唐玉腾	余小舟	龙 升	数模指导组	全国二等
18	桂林工学院	谭孟怀	陈福明	郑坤钊	数模指导组	全国二等
19	桂林工学院	邓爱萍	刘志军	张国庆	数模指导组	全国二等
20	桂林工学院	危婷华	李全鑫	陈国涛	数模指导组	全国二等
21	玉林师范学院	刘 荣	苏本金	蒙日玲	冯 瑜	全国二等
22	玉林师范学院	李 杰	明 星	钟 梅	吴庆军	全国二等
23	广西师范大学漓江学院	林自强	林桦森	黄 娟	数模组	全国二等
24	北京航空航天大学北海学院	李衡峰	张志刚	刘 恩	数模指导组	全国二等
25	北京航空航天大学北海学院	蒋无名	曹 磊	陈世辉	数模指导组	全国二等

专科组

序号	参赛学校	参赛学生			指导教师	获奖等级
1	广西水利电力职业技术学院	邓云夏	韦彩雀	韦训正	数模组	全国一等
2	桂林师范高等专科学校	陈国华	李华丽	古明楷	刘 剑	全国一等
3	百色学院	朱 颖	贺友莉	李日红	黎 勇	全国二等
4	广西工业职业技术学院	莫传灼	罗 义	唐发振	刘崇华	全国二等
5	广西建设职业技术学院	杜国权	韦仁凯	陈家伟	张丽玲	全国二等
6	广西建设职业技术学院	马龙标	黄其勇	徐益强	梁宝兰	全国二等
7	广西教育学院	邹道坚	谢丽娇	施丽霞	林志恒	全国二等
8	广西水利电力职业技术学院	蒋芬芬	蒋远新	黄 志	数模组	全国二等
9	桂林工学院南宁分院	孙 玄	方镇明	黄 虹	数模组	全国二等
10	桂林航天工业高等专科学校	杨亮亮	徐小曼	姚群伟	耿秀荣	全国二等
11	桂林航天工业高等专科学校	赵石荣	聂臣朵	张家河	黄国安	全国二等
12	柳州职业技术学院	眭方方	白 冰	覃少林	数模组	全国二等
13	柳州职业技术学院	吴 健	黄添瑞	刘建成	数模组	全国二等
14	钦州学院	冯江华	钟秋明	潘 扬	王远干	全国二等

2009 年

本科组

序号	参赛学校	参赛学生			指导教师	获奖等级
1	广西大学	李龙海	尹倩青	周盛昌	王中兴	全国一等
2	广西师范学院	梁希	骆科妤	罗成才	欧阳	全国一等
3	桂林理工大学	傅珊	罗宇	李金锋	数模指导组	全国二等
4	广西大学	翁世洲	王双	杨阳	吴如雪	全国二等
5	广西师范大学漓江学院	周训平	庞珺	黄彩兰	王春勇	全国二等
6	桂林理工大学	余小舟	李慧	李存	数模指导组	全国二等
7	桂林电子科技大学	周效先	覃龙	吴连美	李余辉	全国二等
8	桂林理工大学	陀超梅	何幸霖	吕耀福	数模指导组	全国二等
9	百色学院	李桂敏	胡秀冰	潘俊蹄	周智超	全国二等
10	桂林电子科技大学	韦振兴	张永昌	蒋正鸿	冯大河	全国二等
11	广西师范大学	梁媛	黄日灵	李丹	数模组	全国二等
12	玉林师范学院	俞欣连	梁肇	刘琪姣	冯瑜	全国二等
13	梧州学院	钟全	萧集祥	潘家顺	卢振坤	全国二等
14	百色学院	石巧玲	黄献琴	黄亚林	黎勇	全国二等
15	广西师范学院	姚佳	黄红娣	覃兰飒	杨芳	全国二等
16	广西大学	吴昊	陈乐乐	刘李	刘芳	全国二等
17	广西大学	蒋林	张立军	覃亮朋	冯海珊	全国二等
18	玉林师范学院	黎宁汉	莫梦露	杨桀馨	吴庆军	全国二等
19	广西师范大学	陈镔	卢敏	张宁玲	数模组	全国二等
20	梧州学院	黄正远	韦星光	夏玉堂	黎协锐	全国二等
21	河池学院	谢秋谷	张雄森	韦海金	于波	全国二等
22	广西财经学院	周宇	欧阳莹	周维	唐沧新	全国二等
23	桂林电子科技大学信息科技学院	杨翠	张世红	程茜	袁媛	全国二等
24	广西师范大学	庞维琼	郑翔尹	吴金蔚	数模组	全国二等
25	广西师范大学漓江学院	牙柳脉	赖惠玲	杨柳云	数模组	全国二等
26	广西师范大学	彭冬梅	马小青	徐金波	梁鑫	全国二等
27	百色学院	黄小琳	宾亮	梁耀升	柳长青	全国二等
28	广西大学	屈东胜	丁才文	林巾琳	吴如雪	全国二等
29	桂林电子科技大学	何伟	朱玉徽	任卓异	毛睿	全国二等

专科组

序号	参赛学校	参赛学生			指导教师	获奖等级
1	广西交通职业技术学院	莫础宁	田发进	范金江	数模组	全国一等
2	桂林师范高等专科学校	张书铭	李冠森	董丽芳	数模指导组	全国一等
3	桂林航天工业高等专科学校	宋丽红	梁威振	尹东方	李修清	全国二等
4	广西职业技术学院	张祖藏	邓柳瑶	杨秋梅	冯超玲	全国二等
5	广西工业职业技术学院	卢盛东	韦新	甘道遥	刘崇华	全国二等
6	广西建设职业技术学院	周志华	廖庆	杨伟燕	数模指导组	全国二等
7	钦州学院	何远昆	李玲燕	罗锋	梁家海	全国二等
8	广西机电职业技术学院	黄泽明	凌峰	吴垂禄	高英	全国二等
9	柳州师范高等专科学校	吴科峰	贾钰	李凤英	数模组	全国二等
10	广西教育学院	李桂峰	罗小娇	秦小兰	晁绵涛	全国二等
11	桂林工学院南宁分院	刘建伟	廖仕菲	吴彩红	数模组	全国二等

2010 年

本科组

序号	参 赛 学 校	参 赛 学 生			指导教师	获奖等级
1	广西师范大学	林明进	邵严民	容 蓉	数模组	全国一等
2	桂林理工大学	利仕坤	佘华煜	周 毅	数模指导组	全国一等
3	桂林理工大学	沈孝文	叶彩园	张 震	数模指导组	全国一等
4	广西大学	王江帆	梁健霖	黄 振	范英梅	全国二等
5	广西大学	邱慧淮	张蓓蓓	唐书喜	莫兴德	全国二等
6	广西大学	杨 武	李可力	岑东益	李春红	全国二等
7	广西工学院	王 越	刘兴黎	韦 豹	数模组	全国二等
8	广西工学院鹿山学院	代富江	龙国强	张 磊	建模组	全国二等
9	广西民族学院	韦宇星	黎成林	黄显朝	韩道兰	全国二等
10	广西师范大学	赖廷煜	李万淳	黄基荣	数模组	全国二等
11	广西师范大学	刘巧玲	黄海燕	陈超江	数模组	全国二等
12	广西师范大学	李朔崎	何小龙	贾丽铭	张颖超	全国二等
13	广西师范大学	莫崇星	郑萍萍	彭夏玲	郭述锋	全国二等
14	广西师范大学漓江学院	刘晓璐	梁 丹	吕延丽	谢国榕	全国二等
15	广西师范大学漓江学院	周嘉丽	辛雅茜	韦芳芳	黎 玲	全国二等
16	广西财经学院	余升奇	银潇让	温龙星	涂火年	全国二等
17	百色学院	覃春丽	曾训兰	刘君妹	罗朝晖	全国二等
18	河池学院	韦 玉	卢小兰	李洁新	李绍波	全国二等
19	桂林电子科技大学	庞 强	赵立华	赵正青	赵汝文	全国二等
20	桂林电子科技大学	罗厚健	秦 红	黄钊慧	段复建	全国二等
21	桂林电子科技大学	黄敦明	朱名军	张文伟	教练组	全国二等
22	桂林电子科技大学信息科技学院	陈海敏	秦 堃	张 艳	袁 媛	全国二等
23	桂林理工大学	胡建祥	刘向平	秦春燕	数模指导组	全国二等
24	桂林理工大学	黄均毅	黄志英	余艳葵	数模指导组	全国二等
25	桂林理工大学博文管理学院	潘会彬	江思义	杜广林	数模组	全国二等
26	梧州学院	丁红发	韦贤岁	韦星光	黎协锐	全国二等

专科组

序号	参 赛 学 校	参 赛 学 生			指导教师	获奖等级
1	广西电力职业技术学院	陆春富	刘祝池	黄金凤	数模组	全国一等
2	广西工业职业技术学院	刘 能	何宝来	陈东琦	指导组	全国二等
3	广西水利电力职业技术学院	蒙文献	蔡廷标	覃红兰	数模组	全国二等
4	广西水利电力职业技术学院	谭玉朝	张朝舟	蔡彰艳	数模组	全国二等
5	广西电力职业技术学院	周振朝	宋少梅	韦 宝	数模组	全国二等
6	广西建设职业技术学院	黄忠专	侯彦康	文玉娟	数模指导组	全国二等
7	广西建设职业技术学院	黄 蓉	黄 静	施清华	数模指导组	全国二等
8	广西教育学院	潘 艳	陈挥琼	李铭洋	数模组	全国二等
9	广西教育学院	杨雪媛	梁元基	庞家凤	数模组	全国二等
10	柳州师范高等专科学校	贾 争	朱汝凤	赵雪凤	指导组	全国二等
11	柳州铁道职业技术学院	周志强	农升强	潘仁丽	倪艳华	全国二等
12	钦州学院	杨和鹏	李科扬	卓名伟	林浦任	全国二等
13	桂林师范高等专科学校	梁金栋	邓琦彬	韦宇莎	刘 剑	全国二等
14	桂林师范高等专科学校	李 芬	黎小平	区飞燕	张 红	全国二等
15	桂林航天工业高等专科学校	王小娇	耿超玮	农小梅	耿秀荣	全国二等

2011 年

本科组

序号	参赛学校	参赛学生	指导教师	获奖等级
1	广西大学	何保霖　廖宗劢　秦艳丽	吴晓层	全国一等
2	桂林电子科技大学	王　晨　赵　振　贾　宁	毛　睿	全国一等
3	广西工学院	沈海云　周海珍　周　伟	李政林	全国二等
4	广西工学院鹿山学院	陈　花　周冬冬　张　鹏	霍海峰	全国二等
5	广西大学	宁纪源　何张婷　李亚星	谢土生	全国二等
6	广西大学	朱孟彦　梁熔升　邢梦盈	王中兴	全国二等
7	广西大学	李　林　李　湘　邓达成	张更容	全国二等
8	广西大学	陈万翠　张亚东　韦新星	唐春明	全国二等
9	广西大学	雷　震　郭雪婷　姚秋帆	吴晓层	全国二等
10	广西大学	翟　昊　刘金云　向　淘	徐洁琼	全国二等
11	广西大学	黎江威　李德志　刘江帅	邓镇国	全国二等
12	广西民族大学	黄盛君　蒋秋香　吴沛霖	曹敦虔	全国二等
13	广西师范大学	农艳华　梁　婕　吕运甫	数模组	全国二等
14	广西师范大学	庞　聪　李琦琦　黄媛媛	张颖超	全国二等
15	广西师范大学	曾泓顺　容　颖　任　旭	数模组	全国二等
16	广西师范大学漓江学院	邵先轰　杨隆廷　王　琳	陈迪三	全国二等
17	广西师范大学漓江学院	周嘉丽　辛雅茜　韦芳芳	唐美燕	全国二等
18	广西师范学院	庞伟民　商　蕾　王盈盈	隆广庆	全国二等
19	广西师范学院	黄海英　韦月明　胡惠娟	韦程东	全国二等
20	广西财经学院	李　震　伍丽婷　罗月明	李成群	全国二等
21	百色学院	张洪勇　曹　亮　覃联全	李自尊	全国二等
22	河池学院	梁周华　朱秀芳　覃春红	黄春妙	全国二等
23	钦州学院	颜海林　吴雪娜　陈　彬	王远干	全国二等
24	贺州学院	覃振雄　李锦芬　陆　攀	韦　师	全国二等
25	桂林电子科技大学	陈梦晴　廖青云　张清梅	段复建	全国二等
26	桂林电子科技大学	梁希韵　洪文春　彭　涛	朱　宁	全国二等
27	桂林电子科技大学	潘桂芬　杨先强　翟伟晨	邓国强	全国二等
28	桂林电子科技大学信息科技学院	袁文佳　许元馨　邹　佩	余文质	全国二等
29	桂林理工大学	马福贤　冉万元　汤永星	数模指导组	全国二等
30	桂林理工大学	卢威任　潘勇军　傅雅玲	数模指导组	全国二等
31	桂林理工大学	郝佳佳　林万秋　王偲婧	数模指导组	全国二等

专科组

序号	参赛学校	参赛学生	指导教师	获奖等级
1	广西电力职业技术学院	覃　顺　黄天增　劳开拓	数模组	全国一等
2	广西城市职业学院	周　亚　刘振堂　陆雪阳	黄　德	全国一等
3	广西教育学院	覃秋兰　汤珍兰　邹海华	数模组	全国一等
4	桂林师范高等专科学校	文海玉　伍彩春　邱冠雄	赵　翌	全国一等
5	桂林航天工业高等专科学校	梁耀文　孔　亮　覃　永	孔庆燕	全国一等
6	广西水利电力职业技术学院	易裕思　谢世江　周素灵	数模组	全国二等
7	广西机电职业技术学院	刘　欢　钟镇东　张文德	数模指导组	全国二等
8	广西教育学院	李松娟　易海萍　黄民斌	数模组	全国二等

续表

序号	参赛学校	参赛学生			指导教师	获奖等级
9	柳州师范高等专科学校	余石兰	赵　玉	陈凤梅	指导组	全国二等
10	柳州铁道职业技术学院	邹娜娜	文君葵	龚春连	倪艳华	全国二等
11	钦州学院	吴宗媛	李科杨	王　政	林浦任	全国二等
12	桂林电子科技大学职业技术学院	徐　增	张少飞	梁洁铭	数模教练组	全国二等
13	桂林电子科技大学职业技术学院	覃　玉	覃健珍	祖东兵	数模教练组	全国二等
14	桂林师范高等专科学校	黎小平	区飞燕	曹愉滟	张　红	全国二等
15	桂林航天工业高等专科学校	蒙婉兰	陈远载	梁海峰	吴果林	全国二等
16	桂林理工大学南宁校区	周海轮	陆贻辉	莫金华	数模组	全国二等

2012 年

本科组

序号	学　校	队员一	队员二	队员三	指导教师	获奖等级
1	广西师范大学	莫双任	苏彦文	陈宏娟	申宇铭	全国一等
2	桂林电子科技大学	廖　静	欧凯波	杜娜娜	陈光喜	全国一等
3	桂林电子科技大学信息科技学院	黄玉茜	王秀兰	江俊谕	袁　媛	全国一等
4	桂林理工大学	周诗灿	梁　帅	吴丽丹	封全喜	全国一等
5	百色学院	吴瑞芬	吕树森	黄永享	罗中德	全国二等
6	百色学院	黎媛媛	移苗苗	李自霞	李自尊	全国二等
7	百色学院	蔡柄源	廖博灵	梁巨岳	李自尊	全国二等
8	北京航空航天大学北海学院	丁梓育	毛　超	姚文杰	陈盼盼	全国二等
9	广西财经学院	冯晶晶	莫少妮	叶凯溪	唐沧新	全国二等
10	广西大学	黄良知	蒋雪莲	文　霞	陈　良	全国二等
11	广西大学	陈百浩	欧春梅	王张燕	吴晓层	全国二等
12	广西大学	符昌波	何　丹	莫美兰	朱光军	全国二等
13	广西大学	黄　琦	沈　良	张东东	唐春明	全国二等
14	广西大学	陆雪旦	韦敏捷	祝国华	王中兴	全国二等
15	广西大学	莫崇安	覃森井	周海扬	陈　良	全国二等
16	广西大学	陈伟宏	黄爽爽	杨秀龙	吴如雪	全国二等
17	广西大学行健文理学院	唐胜义	杨忠行	刘小连	刘德光	全国二等
18	广西工学院	曾昭发	冯彩凤	葛亚炬	刘丽华	全国二等
19	广西工学院鹿山学院学校	李柳平	陆国伟	阳牧然	赵新暖	全国二等
20	广西师范大学	王　华	周　姬	冯慧英	梁　鑫	全国二等
21	广西师范大学	罗燕红	党淑娟	杨　洁	黎玉芳	全国二等
22	广西师范大学	赵志成	蔡玉汉	韦丽珍	范江华	全国二等
23	广西师范大学漓江学院	王　莹	王　琳	张　研	王云亮	全国二等
24	广西师范学院	谢智聪	蒋颖萍	周晓丽	徐庆娟	全国二等
25	桂林电子科技大学	陆任智	林海鸿	刘健昌	李余辉	全国二等
26	桂林电子科技大学	刘庆华	王玉颖	艾志国	朱　宁	全国二等
27	桂林电子科技大学	李　丹	耿亚琼	覃雄河	段复建	全国二等
28	桂林电子科技大学信息科技学院	王　进	颜　杰	宁梦耘	丁少玲	全国二等
29	河池学院	李大新	谭治序	邓贵光	钟　华	全国二等
30	贺州学院	李金敏	李心湄	岑梁静	韦　师	全国二等
31	玉林师范学院	谢祥光	姜滔莉	李欣容	欧诗德	全国二等

专科组

序号	学　　校	队员一	队员二	队员三	指导教师	等级
1	广西电力职业技术学院	赵予婕	黄精皓	石伟旺	陶国飞	全国一等
2	桂林航天工业学院	鲁志龙	吕华川	豆庆云	耿秀荣	全国一等
3	广西机电职业技术学院	莫东源	林　青	韦增敏	数模组	全国二等
4	广西建设职业技术学院	王文娟	覃创华	谭　伟	数模组	全国二等
5	广西教育学院	李大鹏	吴景花	梁少香	数模组	全国二等
6	广西教育学院	庞添耀	冯月香	宣育萍	数模组	全国二等
7	广西教育学院	李光文	黄丽斯	叶水兰	数模组	全国二等
8	广西水利电力职业技术学院	伦　君	甘晓军	屈妮萍	数模组	全国二等
9	广西水利电力职业技术学院	甘正官	雷　富	吴　倩	数模组	全国二等
10	桂林电子科技大学职业技术学院	郭俊燊	郭　建	杨　丹	数模组	全国二等
11	桂林电子科技大学职业技术学院	祖东兵	王坤坤	张婷婷	数模组	全国二等
12	柳州师范高等专科学校	谢海丽	杨桂芬	李佩娟	数模组	全国二等
13	柳州职业技术学院	韦建宇	杨海婷	周志霖	数模组	全国二等
14	钦州学院	吴林泽	黄黎明	潘朝晓	刘　琼	全国二等

2013 年

本科组

序号	学　　校	队员一	队员二	队员三	指导教师	获奖等级
1	广西大学	黄良知	沈　婧	蒋雪莲	周婉枝	全国一等
2	广西师范学院	欧美凤	王小玲	陈冬至	徐庆娟	全国一等
3	百色学院	黄燕妮	陈锦花	吕明香	罗中德	全国二等
4	广西大学	赵　欢	刘桦臻	韦敬铭	黄敢基	全国二等
5	广西大学	钟富林	何东霖	李晓欣	钟献词	全国二等
6	广西大学	郭　琴	马文青	陈百浩	袁功林	全国二等
7	广西大学	陈伟宏	李　莎	谢银意	吴如雪	全国二等
8	广西大学	杨燕华	井红霞	田兴邦	张更容	全国二等
9	广西大学行健文理学院	梁　任	张　瑞	雷智杰	刘德光	全国二等
10	广西大学行健文理学院	张丽媛	王佳佳	于　翔	赵恒明	全国二等
11	广西大学行健文理学院	覃利杉	卢尚辉	梁植阳	刘　逸	全国二等
12	广西科技大学	杨梅红	李　增	肖丽梅	韦泉华	全国二等
13	广西科技大学鹿山学院	刘茂奇	郑　雯	秦　章	唐新来	全国二等
14	广西科技大学鹿山学院	李柳平	武　杰	李　想	赵新暖	全国二等
15	广西民族大学	黄国航	庞　杨	樊庆超	莫愿斌	全国二等
16	广西民族大学	韦佳怡	贤惠萍	徐伟榕	黄留佳	全国二等
17	广西民族大学	农　历	艾良亭	肖　洁	曹敦虔	全国二等
18	广西师范大学	林建龙	陈玉莲	黄一娉	张军舰	全国二等
19	广西师范大学	劳荣旦	倪丽洁	汤兴光	钟仁佑	全国二等
20	广西师范大学	黄丽冰	冯　慧	谢东明	李　玮	全国二等
21	广西师范大学	覃建丽	朱慧娟	梁　义	邓国和	全国二等
22	广西师范大学	傅冰琪	李　琦	梁雪珍	数模组	全国二等
23	广西师范大学漓江学院	桂　枭	凌思敏	文永陈杰	陈迪三	全国二等
24	广西师范大学漓江学院	晏　星	吴荣火	单巧萍	唐美燕	全国二等
25	广西师范学院	董泽滨	熊月珍	黎海珍	韦程东	全国二等

序号	学　　校	队员一	队员二	队员三	指导教师	获奖等级
26	广西师范学院	胡　莲	周兰燕	黄利华	徐庆娟	全国二等
27	桂林电子科技大学	卢永梅	黄丽琴	柴阿锦	毛　睿	全国二等
28	桂林电子科技大学	吴小莉	凌雪琴	辜道博	段复建	全国二等
29	桂林电子科技大学	刘文惠	邱丽娟	刘文顺	龙腾飞	全国二等
30	桂林电子科技大学	盛　媛	莫春岑	秦　华	李余辉	全国二等
31	桂林电子科技大学	李　丹	耿亚琼	覃雄河	朱　宁	全国二等
32	桂林电子科技大学信息科技学院	潘柯宇	张浩霖	王科钧	丁少玲	全国二等
33	钦州学院	全金丽	梁凤梅	张功宣	王晓航	全国二等
34	钦州学院	刘　淼	王敏君	苏加俊	黄　东	全国二等
35	玉林师范学院	谭冬燕	潘艳远	卢江南	易亚利	全国二等
36	玉林师范学院	黄敏英	裴　珍	肖　美	何家莉	全国二等

专科组

序号	学　　校	队员一	队员二	队员三	指导教师	获奖等级
1	广西职业技术学院	朱世春	蓝志光	李晓枫	冯超玲	全国一等
2	桂林电子科技大学职业技术学院	李智君	马　超	覃玉龙	数模组	全国一等
3	桂林电子科技大学职业技术学院	张　兵	周涛涛	陆小结	数模组	全国一等
4	广西电力职业技术学院	王志文	陈炜豪	黄冬春	陶国飞	全国二等
5	广西工业职业技术学院	谢　靖	韦光赞	唐志群	何远奎	全国二等
6	广西建设职业技术学院	潘显荣	韦　芳	许柳婷	数模组	全国二等
7	广西教育学院	吴雪梅	张海平	苏诗棋	段璐灵	全国二等
8	广西教育学院	谭艳芳	黄　琼	黄善鸿	孙刚明	全国二等
9	广西教育学院	冯振仪	卢美兰	张进凤	凌中华	全国二等
10	广西幼儿师范高等专科学校	卜娟华	罗晓萍	苏杭昊	李晓静	全国二等
11	桂林电子科技大学职业技术学院	刘纪伟	刘　军	杨娥丹	数模组	全国二等
12	桂林航天工业学院	刘淮海	陈广林	张　辉	唐友刚	全国二等
13	桂林理工大学南宁分校	牛澳奇	罗美连	莫明菊	王泸怡	全国二等
14	桂林师范高等专科学校	黄荣达	黎荣梅	阮彩华	刘　剑	全国二等

广西赛区从事数学建模科研、教学与竞赛的教师所获奖励及主持各类教学项目统计表

区级以上,仅根据各院校提供数据统计,除教学名师统计表外截至时间为2011年。

一、教学名师统计表(按时间顺序排列,下同)

序号	学　　校	姓名	获　奖　名　称	区级	本科/专科	时间
1	广西师范学院	唐高华	首届广西高校教学名师奖	区级	本科	2006
2	广西大学	吕跃进	首届广西高校教学名师奖	区级	本科	2006
3	百色学院	黄　勇	八桂名师	区级	本科	2010
4	广西师范大学	杨善朝	第四届广西高校教学名师奖	区级	本科	2011
5	桂林电子科技大学	段复建	第六届广西高校教学名师奖	区级	本科	2014

二、精品课程统计表

序号	学　　校	负责人	课程名称	精品课程	级别	本科/专科	时间
1	广西大学	吕跃进	数学模型	精品课程	区级	本科	2006 年
2	广西工学院	熊维玲	高等数学	精品课程	区级	本科	2006 年
3	广西师范大学	易忠,钟祥贵	高等代数与解析几何	精品课程	区级	本科	2006 年
4	桂林理工大学	吴群英	统计学	精品课程	区级	本科	2008 年
5	广西大学	王中兴	高等数学	精品课程	区级	本科	2008 年
6	广西大学	韦增欣	运筹学	精品课程	区级	本科	2009 年
7	广西大学	徐尚进	高等代数与解析几何	精品课程	区级	本科	2010 年
8	广西师范学院	韦程东	数学建模	精品课程	区级	本科	2010 年
9	桂林理工大学	林　亮	运筹学	精品课程	区级	本科	2010 年
10	钦州学院	刘　琼	数学建模	精品课程	区级	专科	2006 年
11	广西工业职业技术学院	韩志刚	高等数学	精品课程	区级	高职	2007 年

三、优秀（精品、重点）教材统计表

序号	学　　校	负责人	教　材　名　称	区级	本科/专科	时间
1	广西大学	吕跃进	数学模型简明教程	区级重点	本科	2004 年
2	广西师范学院	邓天炎	概率统计	区级	本科	2004 年
3	广西师范学院	邓天炎	离散数学	区级	本科	2004 年
4	广西师范大学	钟祥贵	高等代数	区级	本科	2004 年
5	广西师范大学	易忠,钟祥贵	高等代数与解析几何	区级	本科	2006 年
6	广西师范学院	杨立英等	近世代数	区三等奖	本科	2006 年
7	广西师范学院	赵继源	数学工具软件及其应用	区级	本科	2008 年
8	玉林师范学院	胡源艳	大学生数学竞赛（副主编）		本科	2011 年
9	广西大学	戴牧民	实分析与泛函分析	区一等奖	本科	2011 年
10	桂林航天工业高等专科学校	李修清	高等数学	区三等奖	专科	2011 年

四、教学成果奖统计表

序号	学　　校	负责人	成　果　名　称	区级	本科/专科	时间
1	广西大学	吕跃进	改革理工科数学教育建设《数学模型》课程	区二等奖	本科	1997 年
2	广西师范大学	苏缔熙,杨善朝	改革《概率统计》课程教学方法,培养学生综合运用能力	区二等奖	本科	1997 年
3	广西大学	吕跃进	面向新世纪的数学模型课程改革研究与实践	区三等奖	本科	2005 年
4	广西师范大学	杨善朝	应用数学系列课程教学改革研究与实践	区三等奖	本科	2005 年
5	广西师范学院	韦程东	面向新世纪高师大学生数学素质培养的探索与实践	区二等奖	本科	2005 年
6	广西师范学院	韦程东	面向基础教育改革地方高师数学专业教学内容与教学方法的实践探索	区一等奖	本科	2009 年
7	广西财经学院	阳　妮	大学数学分层教学的研究与实践	区三等奖	本科	2009 年
8	广西交通职业技术学院	颜筱红	高职院校《数学建模》教学活动探索与实践	区三等奖	专科	2009 年
9	广西工业职业技术学院	韩志刚	高职院校精品课程建设的研究与实践	区三等奖	专科	2009 年

五、优秀（先进）教师及其他教学荣誉统计表

序号	学 校	姓名	获奖名称	区级	本科/专科	时间
1	广西大学	吕跃进	区优秀教师并记个人二等功	区级	本科	2005 年
2	广西财经学院	冯 烽	广西高校优秀共产党员	区级	本科	2008 年
3	广西师范大学	杨善朝	广西高校"八桂先锋行"先进个人	区级	本科	2008 年
4	广西大学	吕跃进	广西高校"八桂先锋行"先进个人	区级	本科	2008 年
5	广西大学	吕跃进	宝钢教育奖优秀教师奖	全国	本科	2008 年
6	广西师范大学漓江学院	谢国榕	区优秀教师并记个人二等功	区级	本科	2009 年
7	桂林航天工业高等专科学校	张德全	优秀党员	区级	专科	2010 年
8	柳州师范高等专科学校	吴建生	广西五四青年奖章	区级	专科	2011 年

六、教改项目统计表

序号	学 校	负责人	项目名称	区级	本科专科	立项时间
1	广西大学	吕跃进	面向新世纪的数学建模课程建设研究与实践	区级	本科	2001 年
2	广西工学院	赵展辉	数学实验课程与提高大学生科学素质的研究与实践	区级	本科	2001 年
3	广西师范学院	韦程东	数学阅读教学法的实验研究	区级	本科	2002 年
4	桂林理工大学	林 亮	数学实验课程的探索与实践	区级	本科	2002 年
5	广西师范大学	杨善朝	应用数学系列课程教学改革研究与实践	区级	本科	2002 年
6	广西大学	吕跃进	基于数学建模的高校数学教育改革研究	区级	本科	2004 年
7	广西师范学院	刘合香	广西区域基础教育信息化现状调查与综合评价方法的研究	区级	本科	2004 年
8	广西师范学院	刘合香	区域教育信息化评价体系的研究	区级	本科	2005 年
9	广西大学	吕跃进	在高校数学教育中融入数学建模思想的研究与实践	区级	本科	2006 年
10	广西大学	吕跃进	大学生数学建模竞赛的研究与实践	区级	本科	2006 年
11	广西大学	吕跃进	地方院校"信息管理与信息系统"专业教学内容与课程体系整体优化的研究与实践	区级	本科	2006 年
12	广西大学	尹长明	《概率论与数理统计》课程教学改革研究与实践	区级	本科	2006 年
13	钦州学院	刘 琼	数学建模课程的改革与建设	区级	本科	2006 年
14	广西财经学院	阳 妮	大学数学分层教学的研究与实践	区级	本科	2006 年
15	广西民族大学	黄敬频	数学与应用数学专业实践教学环节的改革与实践	区级	本科	2006 年
16	广西师范学院	韦程东	在高师院校数学专业主干课程中融入数学建模思想的探索与实践	区级	本科	2006 年

序号	学　　校	负责人	项 目 名 称	区级	本科专科	立项时间
17	广西师范学院	杨立英	精品课程辐射及推动教学专业课程群教学改革及互动培养模式的实践和研究	区级	本科	2006 年
18	广西师范学院	欧　阳	无纸化上机管理系统的研究与实现	区级	本科	2007 年
19	河池学院	王五生	基于"四种能力"培养目标上的数学建模教学改革研究与实践	区级	本科	2007 年
20	广西大学	吕跃进	以数学建模竞赛促进创新型人才培养	区级	本科	2008 年
21	北京航空航天大学北海学院	李晓沛	独立学院数学课课程设置的研究与实践	区级	本科	2008 年
22	广西师范学院	韦程东	以数学建模为先导培养大学生创新能力	区级	本科	2008 年
23	广西师范学院	韦程东	指导学生参加全国研究生数学建模竞赛	区级	本科	2008 年
24	桂林理工大学	林　亮	数学实验系列课程与创新人才培养的研究与实践	区级	本科	2008 年
25	广西大学	吕跃进	组织数学建模竞赛,构筑数学应用创新型人才培养新平台	区级	本科	2009 年
26	桂林电子科技大学	朱　宁	数学建模教学团队建设的研究与实践	区级	本科	2009 年
27	广西大学行健文理学院	蒋　婵	面向北部湾经济区的独立学院信息类专业虚拟实验环境创新研究	区级	本科	2010 年
28	广西师范大学	钟祥贵	地方高师数学专业课"四位一体"教学模式的探索与实践	区级	本科	2010 年
29	广西师范学院	苏华东覃城阜	地方高校数学专业分类教学改革的研究与实践	区级	本科	2010 年
30	桂林电子科技大学信息科技学院	余文质	独立学院公共高等数学学科建设改革研究与实践	区级	本科	2010 年
31	玉林师范学院	吴庆军	大学生数学建模竞赛与培养大学生综合素质和创新能力的探索与实践	区级	本科	2010 年
32	广西大学	王中兴	"优化高等数学课程教学内容、提高教学实效性的研究与实践"	区级	本科	2011 年
33	广西民族大学	莫愿斌	在数学分析教学内容与方法上凸显信息与计算科学专业特色的教学研究与实践	区级	本科	2011 年
34	广西师范大学漓江学院	谢国榕	培养独立学院学生数学建模能力的研究与实践	区级	本科	2011 年
35	广西师范学院	杨立英	基于高师与中学合作的教师继续教育培训实践与研究	区级	本科	2011 年
36	桂林电子科技大学信息科技学院	袁　媛	独立学院数学建模类课程教学的探索与研究	区级	本科	2011 年
37	柳州师范高等专科学校	朱宝骧	师专理科高等数学教学与教材改革新研究	区级	专科	2002 年
38	柳州师范高等专科学校	李洁坤	高等数学教学中开展研究性学习的探索与实践	区级	专科	2005 年
39	钦州学院	刘　琼	高职高专学生数学建模能力培养与提高的方法研究	区级	专科	2005 年
40	广西教育学院	林志恒	公共课"高等数学"教学改革研究与实践	区级	专科	2005 年
41	桂林师范高等专科学校	罗　奇	《数学教育学系列》课程的建设与实践	区级	专科	2005 年

续表

序号	学　校	负责人	项目名称	区级	本科专科	立项时间
42	广西工业职业技术学院	何远奎	阴阳五行学说的数学模型研究（参与）	区级	本科	2005 年
43	广西工业职业技术学院	何远奎	数学建模推动高职数学教改的研究与实践	区级	高职	2006 年
44	桂林航天工业高等专科学校	李修清	数学建模与高职学生创新素质培养的探索与实践	区级	专科	2006 年
45	桂林航天工业高等专科学校	张德全	高职高专院校数学教师的素质拓展研究	区级	专科	2006 年
46	柳州师范高等专科学校	曾凡平	高等师范专科学校专业调整与人才培养方案改革研究与实践	区级	专科	2007 年
47	广西电力职业技术学院	施宁清	高职学院开展大学生数学建模竞赛活动的研究与实践	区级	专科	2007 年
48	桂林航天工业高等专科学校	耿秀荣	基于认知负荷理论的高职高专数学信息化教学研究与实践	区级	专科	2008 年
49	柳州城市职业学院	莫　平	新形下高职生综合素质测评系统的开发与实践	区级	专科	2008 年
50	广西交通职业技术学院	颜筱红	基于统一、共享、拓展的高职院校数学建模教学活动研究与探索	区级	专科	2009 年
51	柳州师范高等专科学校	朱宝骧	基于新课改要求的高师生职业能力"立体化"培养模式的研究与实践	区级	专科	2009 年
52	柳州师范高等专科学校	曾凡平	高职高专《数学实验》网络课程体系研究	区级	专科	2010 年
53	广西交通职业技术学院	梁东颖	面向专业提高应用能力的《经济数学数学》课程教学改革研究	区级	专科	2010 年
54	广西电力职业技术学院	陆春桃	基于能力本位的电力类专业高职数学课程研究	区级	专科	2010 年
55	广西教育学院	黄海平	基于校园网的《概率统计》课程教学改革研究	区级	专科	2010 年
56	桂林航天工业高等专科学校	张德全	高职高专院校高等数学课程教学内容与教学方法改革的研究	区级	专科	2010 年
57	广西交通职业技术学院	陈晓兵	高职土建类《高等数学》课程模块化教学研究与实践	区级	专科	2011 年
58	广西交通职业技术学院	杨　蓓	服务于创新人才培养的高职院校《数学实验》课程的改革与研究	区级	专科	2011 年
59	广西交通职业技术学院	苏　坚	高职院校《数学建模》课程的教学与研究	区级	专科	2011 年
60	广西交通职业技术学院	颜筱红	基于合作文化角度下的数学建模教学团队建设与研究	区级	专科	2011 年
61	广西教育学院	戴祯杰	以竞赛促进计算机专业课程教学改革的研究与实践	区级	专科	2011 年
62	桂林师范高等专科学校	唐干武	广西高等学校特色专业及课程一体化建设	区级	专科	2011 年
63	柳州铁道职业技术学院	吴　昊	同步数学实验基础	区级	专科	2011 年

照片 1　2008 年广西大学在北海承办了当年全国大学生数学建模竞赛评阅工作会议

照片 2　区政协副主席俞曙霞教授出席 2007 年的赛区工作会议暨颁奖仪式

照片 3　广西部分高校代表 2006 年参加海南全国数学建模会议与全国组委会秘书长谢金星教授合影

照片 4　2005 年赛区组委会到广西电力职业技术学院作推广报告

照片 5　2011 年全国组委会委员时任广东工业大学副校长　　　照片 6　2002 年清华大学谢金星教授为
　　　　郝志峰教授为广西大学师生作数学改革报告　　　　　　　　　　广西高校师生作数学建模报告

照片 7　全国组委会副主任、北京理工大学叶其孝教授（前排左三）
出席 2003 年广西高校数学建模学术研讨会并作学术报告

照片 8　全国组委会委员北京大学孙山泽教授（前排右四）出席
2006 年广西高校数学建模学术研讨会并作学术报告

照片 9　学子们被全国组委会委员北京工业大学孟大志教授的精彩报告所深深吸引（2011 年）

照片 10　第二届赛区组委会主任戴牧民教授主持 2003 年全区
数学建模学术研讨会暨师资培训班

照片 11　2004 年全国大学生数学建模竞赛颁奖仪式在桂林广西师范大学举行

照片 12　广西师范学院承办 2005 广西赛区颁奖仪式及工作会议

照片 13　玉林师范学院承办 2006 广西赛区颁奖仪式及工作会议

照片 14　广西大学承办 2007 广西赛区颁奖仪式及工作会议

照片 15　广西水利电力职业技术学院承办 2008 广西赛区颁奖仪式及工作会议

照片 16　桂林师范高等专科学校承办 2009 广西赛区颁奖仪式及工作会议

照片 17　广西电力职业技术学院承办 2010 广西赛区颁奖仪式及工作会议

照片 18　2007 年河池学院承办评阅工作会议赛区全体评委合影(2007.10,河池)

照片 19　2002 年广西赛区部分评委合影(桂林，广西师范大学承办)

照片 20　2004 年广西赛区评委合影(象州，广西工学院承办)

照片 21　2006 年广西赛区评委合影（桂林，桂林工学院承办）

照片 22　2009 年首次与广东、海南、江西、福建组成五省区联合评阅（广东韶关学院承办）

照片 23　阅卷时严肃认真(2006,桂林)

照片 24　连夜评阅聚精会神(2011,南昌)

照片 25　评委在认真评阅论文中

照片 26　赛区组委会巡视竞赛情况(一)

照片 27　赛区组委会巡视竞赛情况(二)

照片 28　2008 年徐尚进教授代表广西赛区领奖　　　　照片 29　2006 年人民大会堂领奖

照片 30　2010 年优秀组织工作奖奖杯

照片 31　柳州职业技术学院学生数学建模协会　　　　照片 32　广西大学学生数学建模协会经验
　　　　　　　　　　　　　　　　　　　　　　　　　　　　　　　交流会座无虚席

照片 33　广西大学竞赛期间打出横幅标语激励斗志

照片 34　广西建设职业技术学院竞赛期间
打出横幅标语激励斗志

照片 35　广西水利电力职业技术学院
数学建模协会板报

照片 36　钦州学院数学建模协会板报

照片 37　2011 年广西大学学生参加深圳数模夏令营

照片 38　2006 年广西参加全国数模夏令营同学
和姜启源教授合影

照片 39　学生在参加美国大学生
数学建模竞赛(2008 年)

照片 40　学生在参加全国大学生
数学建模竞赛(2005 年)

照片 41　全国大学生数学建模竞赛一等奖奖状

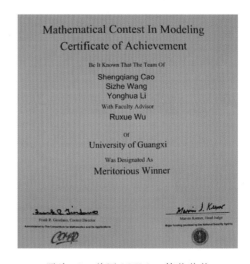

照片 42　美国 MCM 一等奖奖状

照片 43　2006 玉林师范学院学生报告
获全国一等奖作品

照片 44　广西大学王双同学荣获 2010 年度
宝钢优秀学生特等奖

照片 45　2006 年广西师生代表与王元院士合影

照片 46　赛区组委会主任席鸿建教授与玉林师范学院党委书记张鹏教授等领导为师生代表颁奖(2006 年,玉林)

照片 47　各院校教师代表上台领奖(2006 年度)

照片 48　广西赛区优秀组织工作者上台领奖(一)(2008 年度)

照片 49　广西赛区优秀指导教师上台领奖(二)(2008 年度)

照片 50　教师代表上台领奖(一)(2009 年度)

照片 51　教师代表上台领奖(二)(2009 年度)

照片 52　参加广西赛区 2010 年度工作会议暨颁奖仪式的全体代表在"零公里"处合影(2011.1,东兴)